高职高专“十三五”规划教材

工　程　制　图

第二版

王　姣　邵娟琴　主编

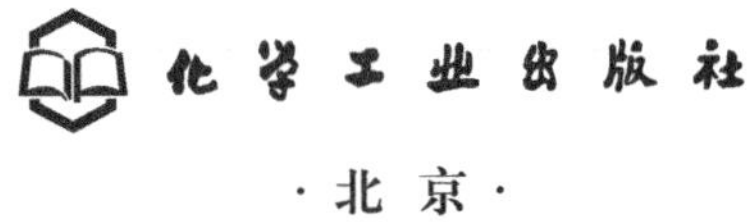

化学工业出版社

·北　京·

本书按照现代企业对高职毕业生制图方面的要求，依据制图教学改革的经验、结合专业特点编写而成，主要内容包括：制图国家标准简介、平面图形的画法、投影基础与三视图的概念、组合体三视图、机件的表达方法、机械图样（包括标准件与常用件）、建筑制图基础、制冷空调工程图以及化工图。本教材采用模块化教学，共设两大模块，第一模块为基础必修内容，下面设置 4 个单元，每个单元都采用任务驱动法教学；第二模块为专业选修内容，设置 4 个项目，教师可根据不同专业的需要选择取舍。本书采用最新国家标准，注重分析解题的思路和作图步骤，培养学生阅读和绘制工程图样的基本能力和空间想象能力，难易适中，案例典型。

本书适用于高职高专机电类专业、建筑管理专业、制冷专业和化工专业等相关专业学生使用。

图书在版编目（CIP）数据

工程制图/王姣，邵娟琴主编. —2 版. —北京：化学工业出版社，2017.5（2024.2 重印）
高职高专“十三五”规划教材
ISBN 978-7-122-29282-7

Ⅰ.①工… Ⅱ.①王… ②邵… Ⅲ.①工程制图-高等职业教育-教材 Ⅳ.①TB23

中国版本图书馆 CIP 数据核字（2017）第 050550 号

责任编辑：高 钰
责任校对：王 静　　装帧设计：刘丽华

出版发行：化学工业出版社（北京市东城区青年湖南街 13 号 邮政编码 100011）
印 装：北京印刷集团有限责任公司
787mm×1092mm 1/16 印张 16½ 字数 425 千字 2024 年 2 月北京第 2 版第 5 次印刷

购书咨询：010-64518888　　售后服务：010-64518899
网 址：http://www.cip.com.cn
凡购买本书，如有缺损质量问题，本社销售中心负责调换。

定 价：48.00 元

前　言

本书与王姣、绍娟琴主编的《工程制图习题集》（第二版）配套使用。

本书按照教育部《高职高专专业人才培养目标及规格》的要求，结合现代企业对高职毕业生在专业方向的需求，在充分总结各高职院校工程制图教学改革及成果的基础上编写的。

本书中使用了最新的《技术制图》、《机械制图》等国家标准及行业标准，以正投影法为基础，重点培养读者识读和绘制各专业典型工程图样的能力，力求内容精炼，联系实际。

本书采用模块化教学，共设两大模块，分别为基础制图模块和专业制图模块，由 4 个单元和 4 个项目组成。本书始终坚持以实践为理论学习的先导，基础内容编写采用任务驱动课程模式，专业内容编写采用项目教学模式。第一模块为基础必修内容，以任务的形式组织教学，下面设置 4 个单元，分别为绘制平面图形、投影法和三视图、组合体、机件的表达方法，每个单元由任务描述、任务分析、相关知识、任务实施、拓展提高五个部分组成，其中拓展提高是选编部分。各单元仍然按循序渐进的顺序设置，任务之间既独立又相通，由浅入深并保证学习工程制图的各专业够用。第二模块为专业选修内容，以项目的形式组织教学内容，每个项目由项目描述、项目分析、相关知识、项目实施、拓展提高五个部分组成，其中拓展提高为选编内容，共设置 4 个项目，分别为识读与绘制机械图样、识读与绘制建筑工程图样、识读与绘制制冷空调工程图样、识读与绘制化工图样，所选项目为该专业方向中典型的案例，通过项目学习相应知识，能够起到以点盖面的作用。教师可根据不同专业的需要取舍。

本书主要有以下几方面的特点。

① 采用模块化教学，基础必修模块和专业选修模块，教师可根据不同专业的需要选择取舍。

② 基础必修模块在内容和结构体系上进行了一定的调整，以实用为目的，以突出培养学生画图能力和读图能力为主线，根据画图与读图实际需要组织教学内容，删减了画法几何中不必要的内容，贯穿了徒手绘图的相关学习。

③ 采用大量的立体插图，分解画图步骤，便于学生理解，将二维图形与三维立体紧密结合，便于学生自学。

④ 专业选修模块，突出做中学，强化对学生综合实践训练能力的培养。

⑤ 采用了最新颁布的《技术制图》和《机械制图国家标准》。

本书适用于高职高专近机械、建筑管理、制冷和化工等相关专业的制图教学的需要。

本书由王姣、邵娟琴主编，姜丽萍为副主编。此外，参编人员有：熊森、张桂霞、孙铁。参编人员全部是教学一线教师，多年从事制图和相关专业教学，了解当前学生现状和教学改革方向，对所编写内容都有较深入的研究。书中制冷空调工程图由宋菊工程师提供，对于在本书编写中提供帮助的同志，在此表示感谢。

由于作者水平有限，书中难免有疏漏不足之处，敬请专家、读者批评指正。

编　者

2017 年 2 月

目　　录

绪　论

一、课程的目的及意义

工程制图以图样作为研究对象，主要研究如何准确表达工程对象的形状、大小和技术要求。在产品设计过程中，图样是表达设计者思想的综合性信息载体，也是制造、检验、调试产品应严格遵守的技术文件。工程图样是工程技术人员表达设计思想、进行工程技术交流、指导生产的必备工具，在企业中，无论是设计者、制造者还是使用者，都必须懂得工程图样。因此，工程制图是工科学生必须掌握的一门技术基础课。

二、课程的学习内容

本课程分为基础制图模块和专业制图模块。在基础制图模块中主要介绍制图的基本知识、投影基础与三视图以及机件的表达方法，这部分为各专业必修内容；在专业制图模块中主要介绍机械图（包括标准件与常用件、零件图和装配图）、建筑图、制冷空调工程图和化工图（包括化工工艺图和化工设备图），这部分为专业选修内容。

三、课程的学习目标

① 熟悉制图国家标准所规定的基本制图规格，能正确使用绘图工具和仪器，掌握常用的绘图技能；

② 掌握用正投影法表达空间几何形体的基本理论和方法；

③ 通过投影制图的学习，了解制图标准中有关符号、图样画法、尺寸标注等规定，掌握物体的投影图画法、尺寸注法，并初步掌握轴测图的基本概念和画法；

④ 学习相应专业制图的内容，掌握识读工程图样的能力，并能绘制出简单的工程图样。

四、本课程的任务

① 正确使用绘图仪器和工具，熟练掌握绘图技巧；

② 培养空间思维能力和空间分析能力；

③ 掌握并能适当地运用各种表达物体形状和大小的方法；

④ 掌握有关专业工程图样的主要内容和特点；

⑤ 熟悉有关的制图标准及各种规定画法，简化画法的内容及其应用；

⑥ 学会凭观察估计物体各部分的比例而徒手绘制草图的基本技能；

⑦ 培养认真负责的工作态度和严谨、细致的工作作风。

五、课程的学习方法

① 要养成认真负责、一丝不苟的工作和学习态度；

② 重视对每一个基本概念、投影规律和基本作图方法的理解和掌握；

③ 学习时，注意进行空间分析，弄清把空间关系转化到平面图形的投影规律以及在平面上作图的方法和步骤；

④ 边听、边分析、边画图；

⑤ 细致认真地完成每一道习题和作业。

模块一

基础制图模块

- 单元 1　绘制平面图形
- 单元 2　投影法和三视图
- 单元 3　组合体
- 单元 4　机件表达方法

单元 1　绘制平面图形

工程图样是工程界用以交流的重要的技术语言，是工业产品的生产、检验、安装、维修等的重要技术文件。为了便于生产和交流，工程图样必须遵守国家标准和相关的技术标准，正确使用绘图工具，采用正确的绘图方法。本单元中的制图国家标准主要摘自《技术制图》与《机械制图》中的国家标准，是工程技术人员在绘图中必须遵守的准则。

任务 1.1　绘 制 垫 片

任务描述

齿轮油泵是一种输运油的装置，其中的垫片放置于泵盖和泵体之间，主要用于密封作用。齿轮油泵垫片零件图如图 1-1-1 所示。

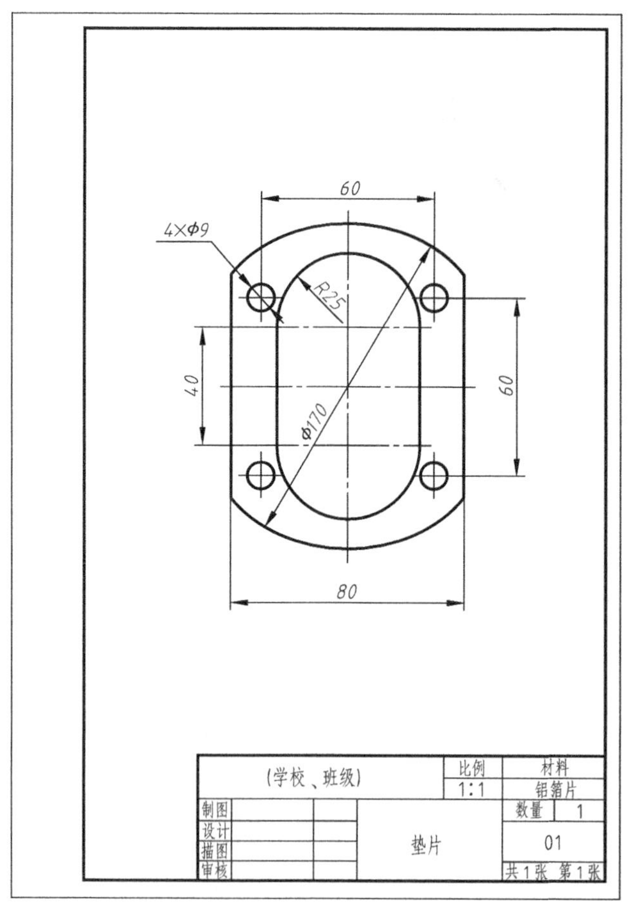

图 1-1-1　齿轮油泵垫片零件图

任务分析

选用合适的图纸绘制图形，绘图中正确使用绘图工具，正确使用线型、线宽，根据最新的制图国家标准绘图。

相关知识

正确熟练地使用绘图工具，掌握制图国家标准是保证尺规绘图的绘图质量、提高绘图速度的必备条件。本节着重从两方面介绍绘制垫片零件图的相关知识。

一、常用绘图工具的使用

1. 绘图板和丁字尺

绘图板是用来铺放和固定图纸的长方板，如图 1-1-2 所示。绘图板一般用胶合板制成，板面须平整，左右两边必须平直，一般左导边为丁字尺的工作导向边。

丁字尺由尺头和尺身构成，尺身上刻有刻度，用来画水平线。使用时，尺头内侧要紧靠图板左侧导边上下移动，然后沿尺身的上边画水平线（图 1-1-2）。

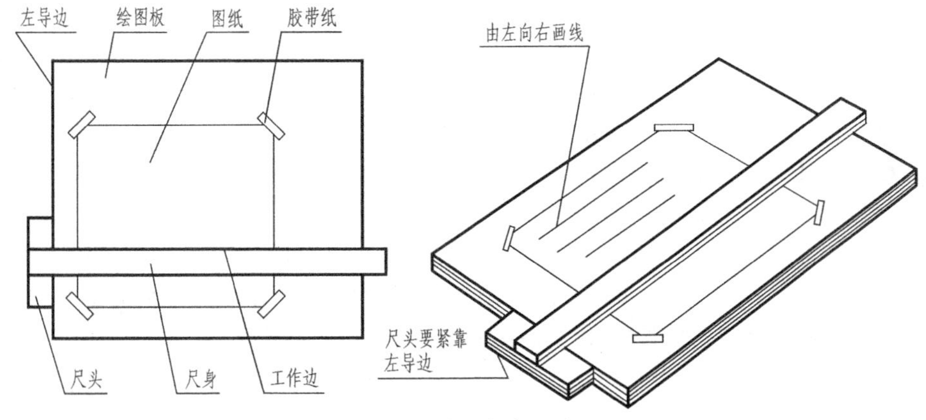

图 1-1-2　绘图板与丁字尺

2. 三角板

三角板由 45°和 30°与 60°角的两块组成一副，可与丁字尺配合画出垂直线及 15°倍角的斜线，也可用一副三角板配合画出任意角度的平行线（图 1-1-3）。用三角板画垂直线时的手法如图 1-1-3 所示。

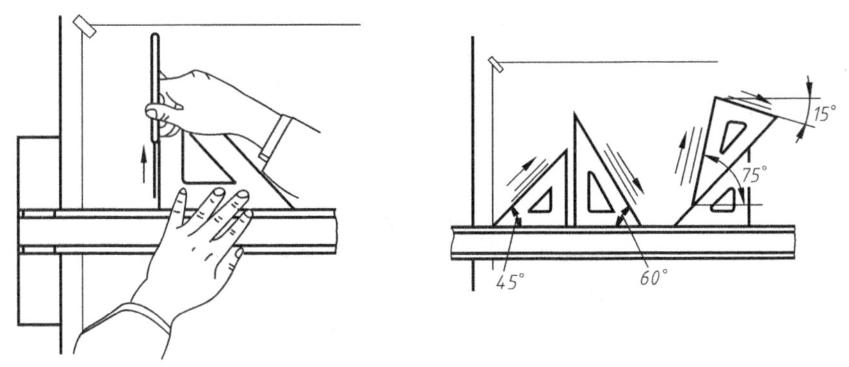

图 1-1-3　三角板的用法

3. 铅笔和铅芯

绘图铅笔铅芯的硬、软分别用标号“H”、“B”表示。HB为中等硬度。绘图时一般都用H或2H铅芯画底稿，用HB铅芯书写文字和徒手绘图，用B或2B铅芯加深图线。

削铅笔应从没有标号的一端开始，以保留铅笔的软硬标号，利于使用时识别。用于画粗实线的铅笔和铅芯应磨成矩形断面，其余的磨成圆锥形，如图1-1-4所示。

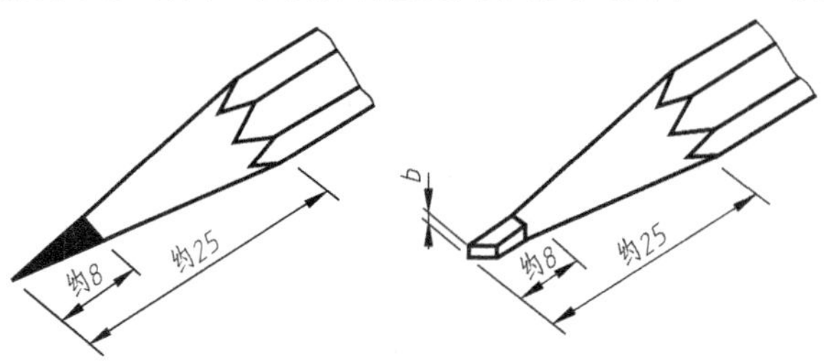

图1-1-4　修磨铅笔的方法

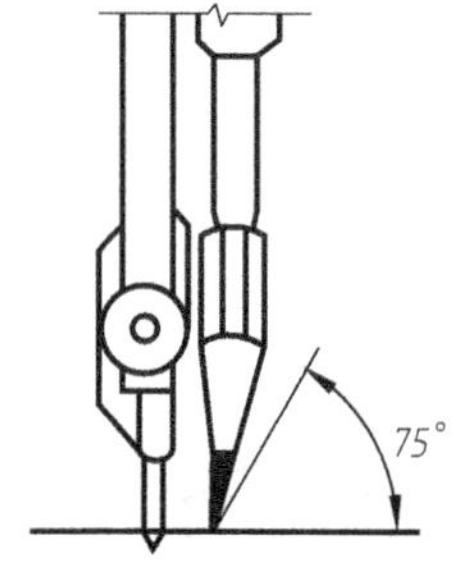

图1-1-5　圆规的针脚

画线时，铅笔在前后方向应与纸面垂直，而且向画线前进方向倾斜约30°。当画粗实线时，因用力较大，倾斜角度可小一些。

4. 圆规

圆规用来画圆及圆弧。画细线圆时，用H或HB铅芯并磨成铲形；在描黑粗实线圆时，铅芯应用2B或B（比画粗直线的铅笔软一号）并磨成矩形。圆规的针脚上的针，当画底稿时用普通针尖，描黑时应换用带有支承的小针尖，要注意针尖应调整得比铅芯稍长一点，如图1-1-5所示。

用圆规画圆时，将针尖插入圆心后，圆规应向前进方向（顺时针）稍倾斜，如图1-1-6（a）、（b）所示；画较大圆时应使两脚均与纸面垂直，如图1-1-6（c）所示；画大圆时应接上加长杆并以双手画圆，如图1-1-7所示。

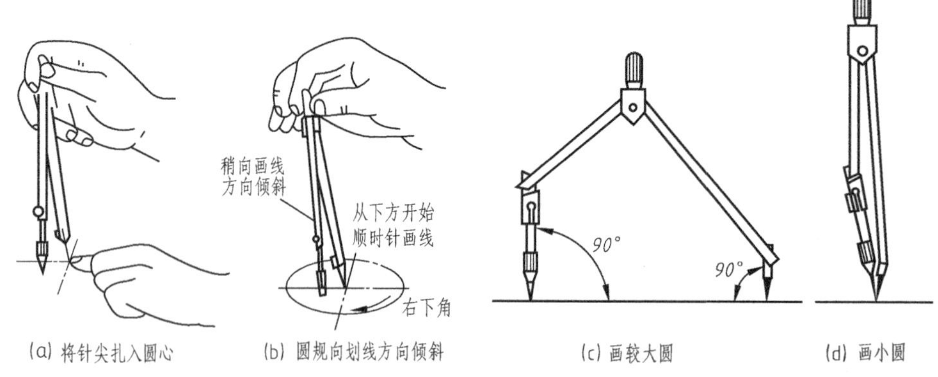

图1-1-6　圆规的用法

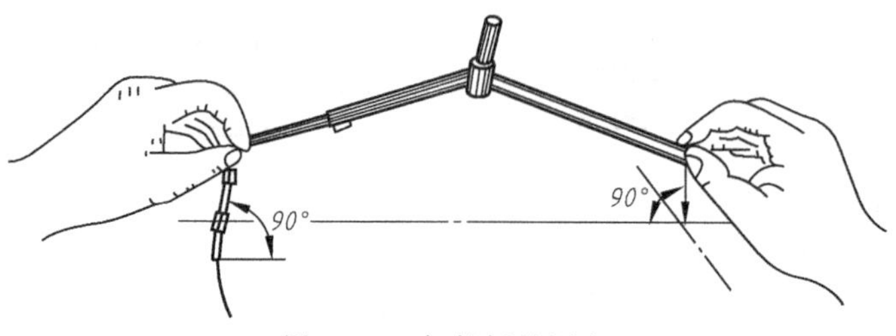

图1-1-7　加长杆的用法

5. 分规

分规用以量取尺寸、等分线段和圆周。分规两针尖并拢时应对齐，其用法见图 1-1-8。

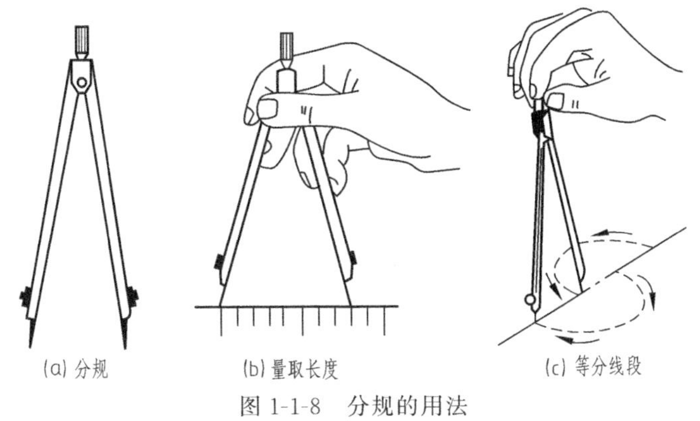

图 1-1-8　分规的用法

6. 其他工具

除上述绘图工具外，还需要准备铅笔刀、橡皮、透明胶带、擦图片、砂纸、小刷子、量角器、比例尺和曲线板等用品，如图 1-1-9 所示。

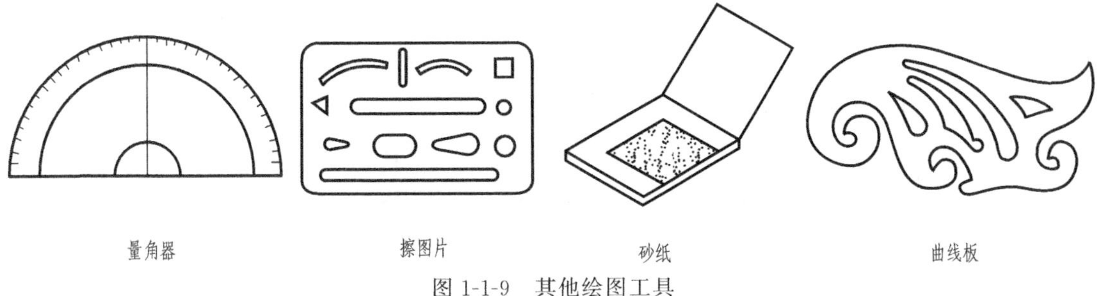

图 1-1-9　其他绘图工具

二、制图国家标准简介

1. 图纸幅面（GB/T 14689—2003）和标题栏

（1）图纸幅面　绘制技术图样时，应优先采用表 1-1-1 中所规定的基本幅面 $B \times L$。必要时，也允许加长幅面，但加长量必须符合国标 GB/T 14689—2003 中的规定（GB/T 为推荐性国家标准代号，14689 为标准顺序号，2003 为发布年号）与基本幅面的短边尺寸成整数倍。绘图时，图纸可以竖用（短边水平）或横用（长边水平）。

表 1-1-1　图纸基本幅面的尺寸　mm

幅面代号	A0	A1	A2	A3	A4
$B \times L$	841×1189	594×841	420×594	297×420	210×297
a	25				
c	10			5	
e	20		10		

（2）图框格式　图纸上限定绘图区域的线框为图框。图样中的图框用粗实线绘制，图框周边的间距尺寸与格式有关。图框格式分为留有装订边和不留装订边两种，如图 1-1-10 所示。两种格式图框周边尺寸 a、c、e 见表 1-1-1。但应注意，同一产品的图样只能采用一种

格式。图样绘制完毕后应沿纸边界线裁边。

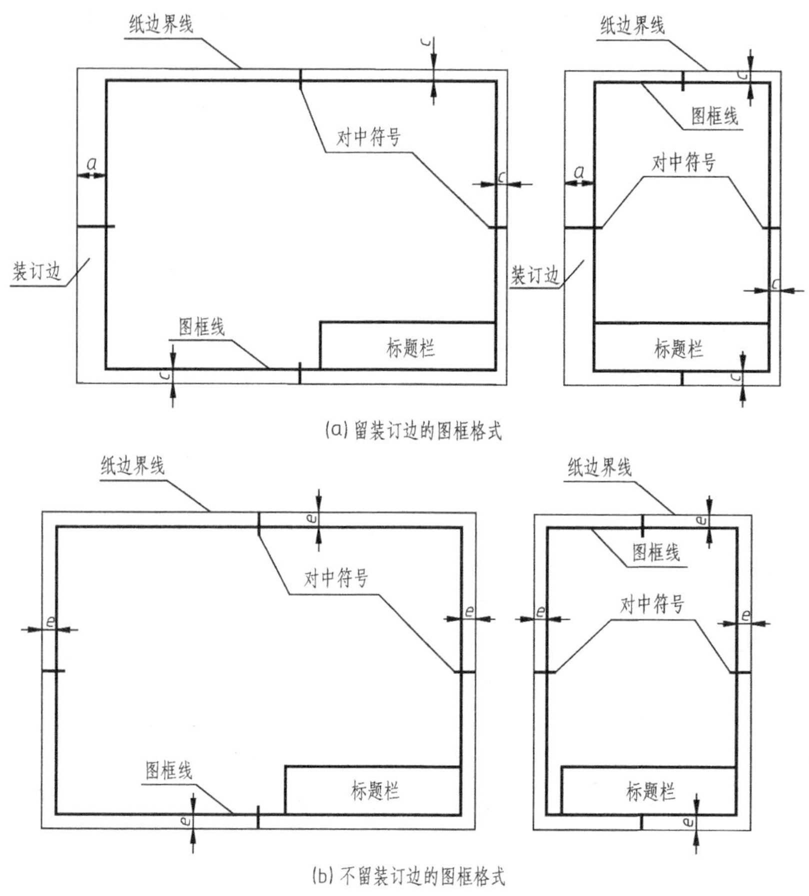

图 1-1-10 图框的格式

(3) 标题栏格式 标题栏的位置应位于图纸的右下角，如图 1-1-10 所示。

标题栏中的文字方向为看图方向。标题栏的格式、内容和尺寸在 GB/T 10609.1—2003 中已作了规定，学生制图作业建议采用图 1-1-11 所示的简化标题栏格式。

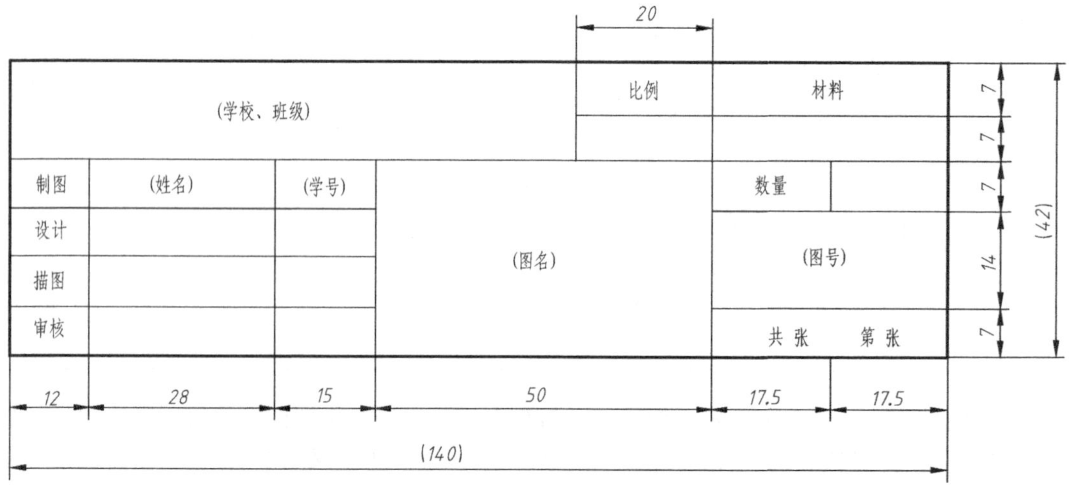

图 1-1-11 简化标题栏的格式

（4）附加符号

① 对中符号。为了便于复制、缩微摄影定位，在基本幅面（含部分加长幅面）图纸各边的中点处画出对中符号。

对中符号用粗实线绘制，线宽一般不小于 0.5mm，自纸边画起伸入图框内约 5mm，如图 1-1-12（a）所示，当对中符号处在标题栏范围内时则伸入标题栏部分省略不画，如图 1-1-10所示。

② 方向符号。若利用预先印制的图纸，为了明确绘图与看图时图纸的方向，应在图纸的下边对中符号处画出一个方向符号，如图 1-1-12（b）所示，其旋转只能按逆时针旋转 90°的方向旋转；方向符号是用细实线绘制的等边三角形，画法如图 1-1-12（c）所示。

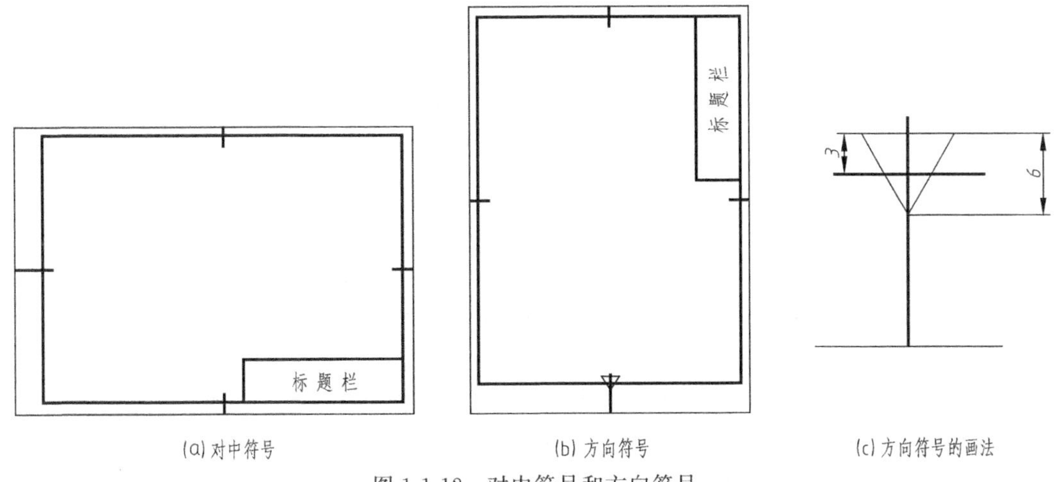

图 1-1-12　对中符号和方向符号

2. 比例（GB/T 14690—2003）

比例：图中图形与其实物相应要素的线性尺寸之比。

原值比例：比值为 1 的比例，即 1∶1；

放大比例：比值大于 1 的比例，如 2∶1 等；

缩小比例：比值小于 1 的比例，如 1∶2 等。

当需要按比例绘制图样时，应由表 1-1-2 的“优先选择系列”中选取适当的比例；必要时，也允许选用表 1-1-2 的“允许选择系列”中的比例。

表 1-1-2　比例系列

种类	优先选择系列	允许选择系列
原值比例	1∶1	
放大比例	5∶1　2∶1 5×10^n∶1　2×10^n∶1　1×10^n∶1	4∶1　2.5∶1 4×10^n∶1　2.5×10^n∶1
缩小比例	1∶2　1∶5　1∶10 1∶2×10^n　1∶5×10^n　1∶1×10^n	1∶1.5　1∶2.5　1∶3　1∶4　1∶6 1∶1.5×10^n　1∶2.5×10^n 1∶3×10^n　1∶4×10^n　1∶6×10^n

注：n 为正整数。

标注尺寸时，无论选用放大或缩小比例，都必须标注机件的实际尺寸，如图 1-1-13 所示。同一机件的各个图形一般应采用相同的比例，并需在标题栏中的比例栏目内写明采用的比例。必要时，可在视图名称的下方或右侧标注比例。

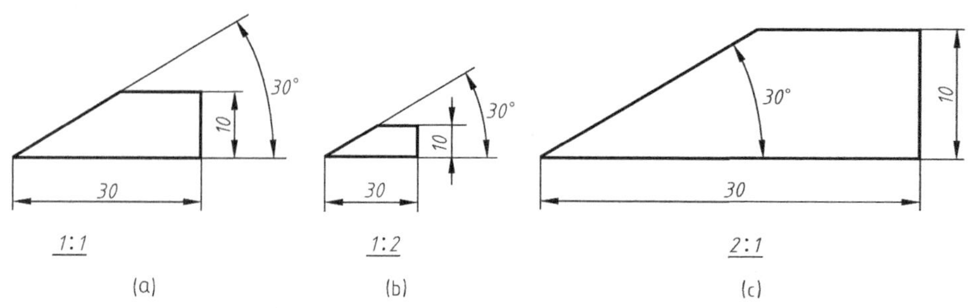

图 1-1-13 不同比例绘制的图形

3. 字体（GB/T 14691—2003）

图样上除了表达机件形状的图形外，还需要用文字和数字说明机件的大小、技术要求等其他内容。在图样中书写的字体，必须符合国际标准的要求，做到：字体工整、笔画清楚、间隔均匀、排列整齐。

（1）字号（用 h 表示）代表字体高度，它的公称尺寸系列为（单位为 mm）：1.8，2.5，3.5，5，7，10，14，20。

（2）汉字应写成长仿宋体，并应采用国家正式公布推行的《汉字简化方案》中规定的简化字。汉字的高度（h）不应小于 3.5mm，其字宽一般为 $h/\sqrt{2}$。

（3）字母和数字分 A 型和 B 型。A 型字体的笔画宽度（d）为字高的（h）的 1/14；B 型字体的笔画宽度为字高（h）的 1/10。字母和数字可写成斜体或直体。斜体字字头向右倾斜，与水平基准线成 75°。在同一张图样上，只允许选用一种类型的字体。

（4）字体示例

① 汉字示例

7号字：字体工整 笔画清楚 间隔均匀

5号字：　横平竖直 注意起落 结构均匀 填满方格

3.5号字：　工程制图 计算机绘图是工程技术人员必备的绘图技能

② 字母示例（斜体）

ABCDEFGHIJKLMNOPQRSTUVWXYZ

abcdefghijklmnopqrstuvwxyz

③ 数字示例

A 型：　1 2 3 4 5 6 7 8 9 0

B 型：　1 2 3 4 5 6 7 8 9 0

④ 罗马数字示例

斜体：　*Ⅰ Ⅱ Ⅲ Ⅳ Ⅴ Ⅵ Ⅶ Ⅷ Ⅸ Ⅹ*

直体：　Ⅰ Ⅱ Ⅲ Ⅳ Ⅴ Ⅵ Ⅶ Ⅷ Ⅸ Ⅹ

4. 图线（GB/T 17450—1998、GB/T 4457.4—2002）

（1）线型　国家标准 GB/T 17450—1998、GB/T 4457.4—2002 详细规定了绘制图样时，可采用的图线名称、型式、结构、标记和画法规则。表 1-1-3 列出了绘制图样时常用的八种图线的型式、名称、宽度及主要用途。

表 1-1-3　图线型式及应用

图线名称	图线型式	图线宽度	一般应用
粗实线	————————	b	可见轮廓线
细实线	————————	约 $b/2$	尺寸线、尺寸界线、剖面线、引出线、螺纹牙底线
细点画线	————-————	约 $b/2$	中心线、对称轴线、分度圆、分度线
虚线	— — — — — — —	约 $b/2$	不可见轮廓线、不可见过渡线
波浪线	～～～	约 $b/2$	断裂处的边界线、视图与剖视的分界线
双折线	——∧——∧——	约 $b/2$	断裂处的边界线、视图与剖视的分界线
粗点画线	————-————-——	b	有特殊要求的线或表面的表示线
细双点画线	————--————	约 $b/2$	相邻辅助零件的轮廓线、极限位置的轮廓线、假象投影的轮廓线、中断线、轨迹线

（2）线宽　图线分粗线和细线两种。图线宽度应根据图形的大小和复杂程度在 0.5～2mm 之间选择。粗线与细线的宽度比为 2∶1。图线宽度的推荐系列为：0.25mm，0.35mm，0.5mm，0.7mm，1mm，1.4mm，2mm。粗实线的宽度一般常用 0.5mm 或 0.7mm。

（3）图线的应用示例　（图 1-1-14）。

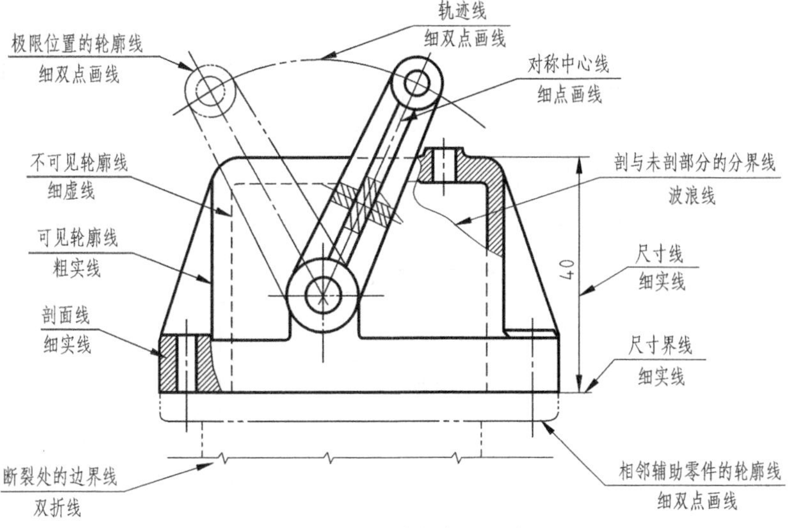

图 1-1-14　图线的应用示例

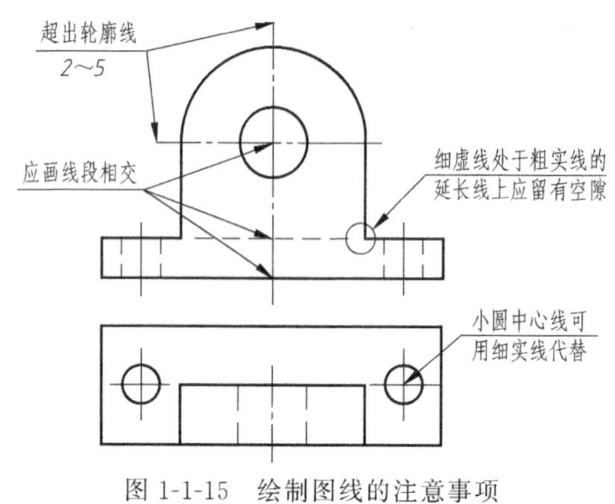

图 1-1-15 绘制图线的注意事项

(4) 绘制图线的注意事项（图 1-1-15）

① 同一图样中，同类图线的宽度应基本一致。虚线、点画线及双点画线的线段长度和间隔应各自大致相等。

② 当几种线条重合时，应按粗实线、虚线、点画线的优先顺序画出。

③ 绘制中心线时，圆心应为线段的交点，中心线应超出图形轮廓线 2～5mm，当图形较小时，可用细实线代替点画线。

④ 虚线与虚线或其他图线相交时，应画成线段相交。虚线为粗实线的延长线时，应留有空隙。

5. 尺寸标注（GB/T 4458.4—2003，GB/T 16675.2—2012）

机件的大小由标注的尺寸确定。标注尺寸时，应严格遵照国家标准有关尺寸注法的规定，做到正确、齐全、清晰、合理。

(1) 尺寸标注的基本规则

① 机件的真实大小应以图样上所注的尺寸数值为依据，与图形的大小及绘图的准确度无关。

② 图样中的尺寸以毫米（mm）为单位时，不需注明计量单位的代号或名称，如采用其他单位，则必须注明相应的单位代号或名称。

③ 机件的每一尺寸，在图样中一般只标注一次，并应标注在反映该结构最清晰的图形上。

④ 图样中所注尺寸是该机件最后完工时的尺寸，否则应另加说明。

⑤ 标注尺寸时，应尽可能使用符号和缩写词（表 1-1-4）。

表 1-1-4 常用符号或缩写词

名　　称	符号或缩写词	名　　称	符号或缩写词
直径	ϕ	厚度	t
半径	R	正方形	□
球直径	$S\phi$	45°倒角	C
球半径	SR	深度	↧
弧长	⌒	深孔或锪孔	⊔
均布	EQS	埋头孔	∨

(2) 尺寸标注的基本方法　完整的尺寸由尺寸界线、尺寸线和尺寸数字组成，如图 1-1-16 所示。其应用图例和说明见表 1-1-5。

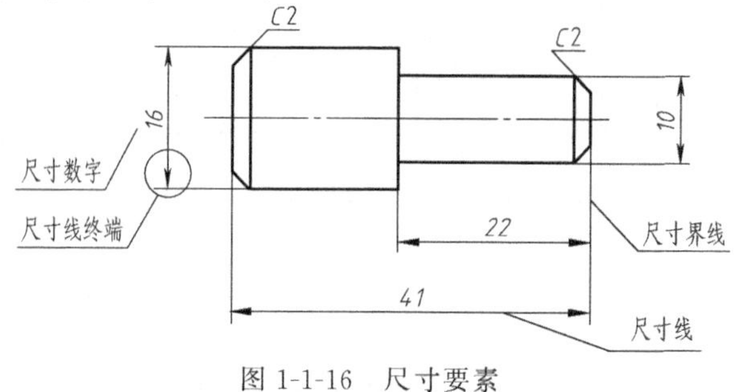

图 1-1-16 尺寸要素

表 1-1-5　尺寸要素的应用图例和说明

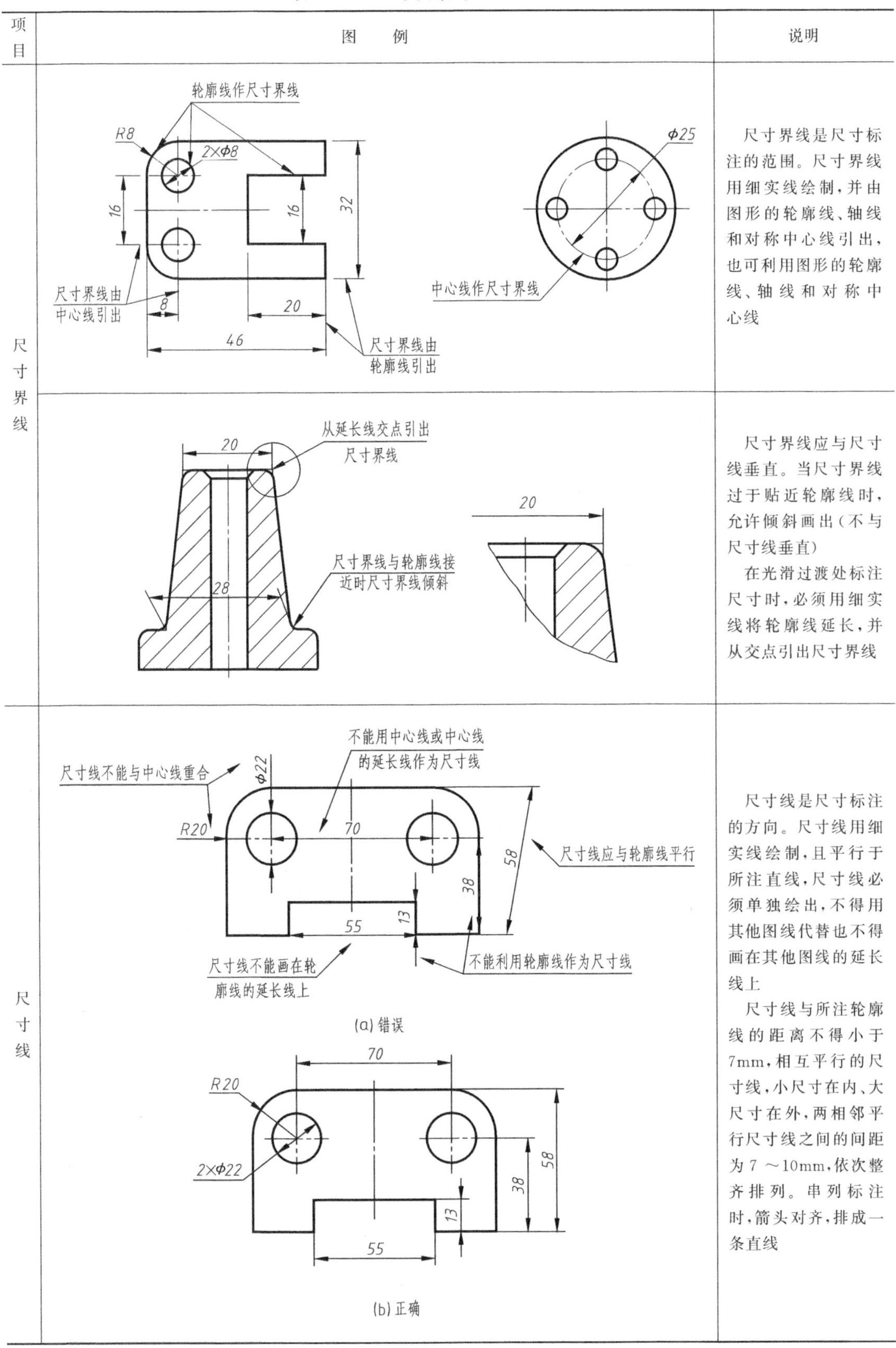

项目	图例	说明
尺寸界线		尺寸界线是尺寸标注的范围。尺寸界线用细实线绘制，并由图形的轮廓线、轴线和对称中心线引出，也可利用图形的轮廓线、轴线和对称中心线
		尺寸界线应与尺寸线垂直。当尺寸界线过于贴近轮廓线时，允许倾斜画出（不与尺寸线垂直） 在光滑过渡处标注尺寸时，必须用细实线将轮廓线延长，并从交点引出尺寸界线
尺寸线	(a) 错误 (b) 正确	尺寸线是尺寸标注的方向。尺寸线用细实线绘制，且平行于所注直线，尺寸线必须单独绘出，不得用其他图线代替也不得画在其他图线的延长线上 尺寸线与所注轮廓线的距离不得小于7mm，相互平行的尺寸线，小尺寸在内、大尺寸在外，两相邻平行尺寸线之间的间距为7～10mm，依次整齐排列。串列标注时，箭头对齐，排成一条直线

续表

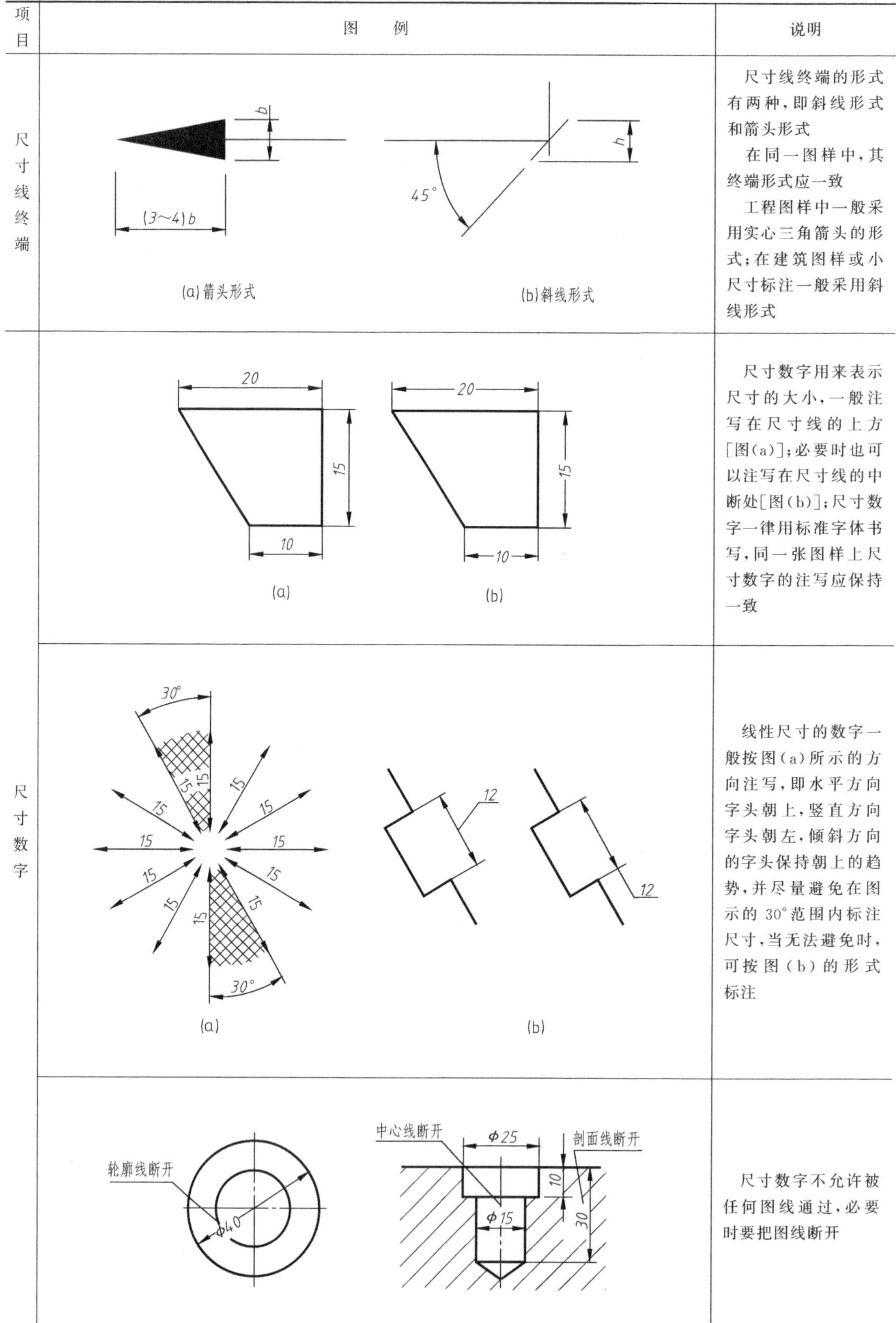

项目	图例	说明
尺寸线终端	(a)箭头形式　(b)斜线形式	尺寸线终端的形式有两种，即斜线形式和箭头形式 在同一图样中，其终端形式应一致 工程图样中一般采用实心三角箭头的形式；在建筑图样或小尺寸标注一般采用斜线形式
尺寸数字	(a)　(b)	尺寸数字用来表示尺寸的大小，一般注写在尺寸线的上方[图(a)]；必要时也可以注写在尺寸线的中断处[图(b)]；尺寸数字一律用标准字体书写，同一张图样上尺寸数字的注写应保持一致
	(a)　(b)	线性尺寸的数字一般按图(a)所示的方向注写，即水平方向字头朝上，竖直方向字头朝左，倾斜方向的字头保持朝上的趋势，并尽量避免在图示的30°范围内标注尺寸，当无法避免时，可按图(b)的形式标注
		尺寸数字不允许被任何图线通过，必要时要把图线断开

（3）常用尺寸的注法 对于图样上的尺寸标注，国家标准有详细的规定，标注尺寸时，应尽可能使用符号和缩写词。尺寸标注的基本规定见表1-1-6。

表1-1-6 尺寸标注的基本规定

项目	图例	说明
圆与圆弧的一般注法	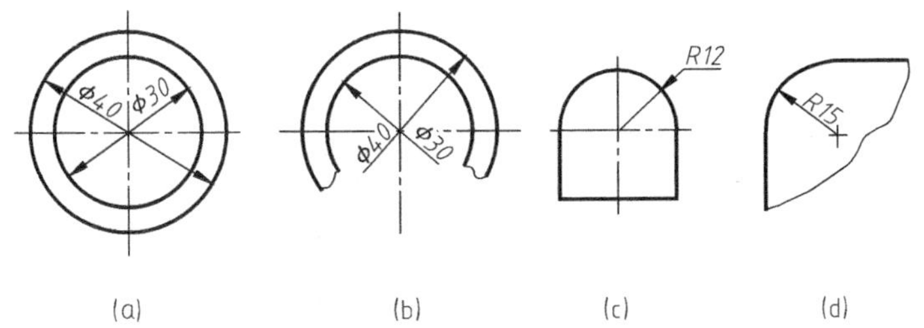 Φ40 Φ30 R12 R15 (a) (b) (c) (d)	圆或者大半圆一般标注直径，标注直径时应在前面加注直径符号“ϕ”；小于等于半圆的圆弧一般标注半径，标注半径时在前面加注半径符号“R”
大圆弧的注法	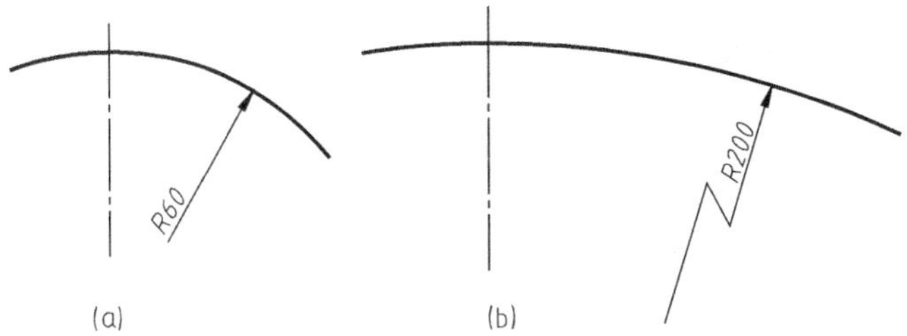 R60 R200 (a) (b)	当圆弧的半径过大或在图纸范围内无法标出其圆心位置时，按图(a)所示的形式标注；若不需要标注其圆心位置时，可按图(b)所示的形式标注
球面的注法	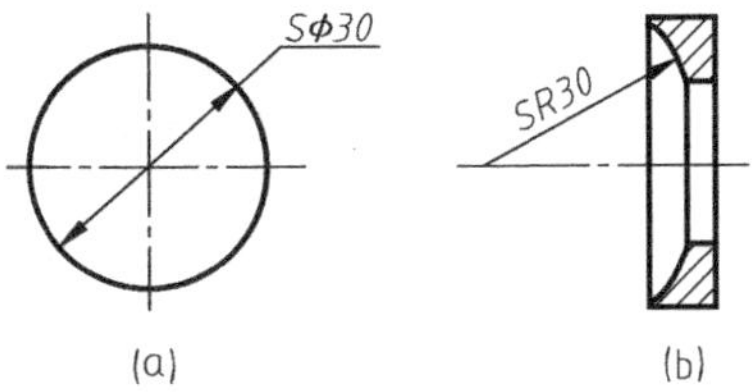 SΦ30 SR30 (a) (b)	标注球面的直径或者半径时，应在“ϕ”或者“R”前面加注“S”
弧长及弦长的注法	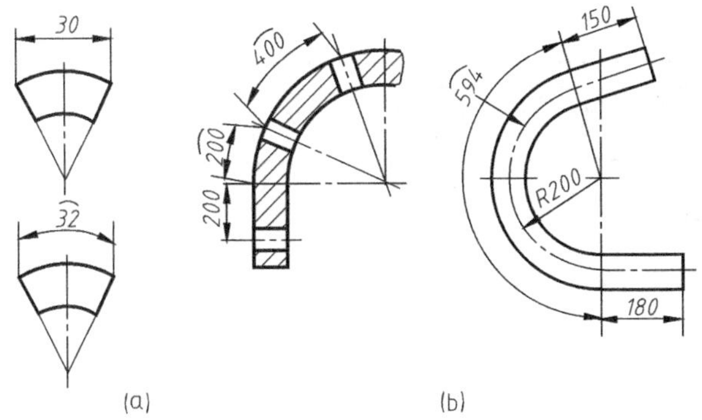 30 32 400 200 200 150 594 R200 180 (a) (b)	弧长和弦长的标注方法如图(a)所示，必要时尺寸界线可以从圆心引出，如图(b)所示
角度标注	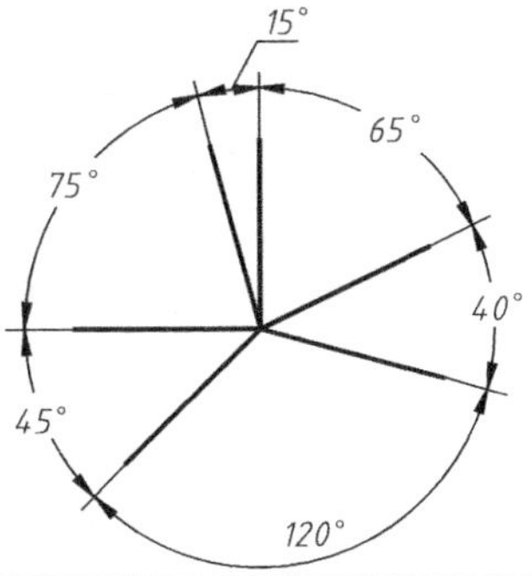 15° 65° 75° 40° 45° 120°	标注角度时，尺寸界线沿径向引出，尺寸线画成圆弧，圆心是该角度的顶点；尺寸数字水平注写，写在尺寸线的中断处，必要时也可写在附近或引出标注

续表

项目	图　　例	说明
小尺寸注法	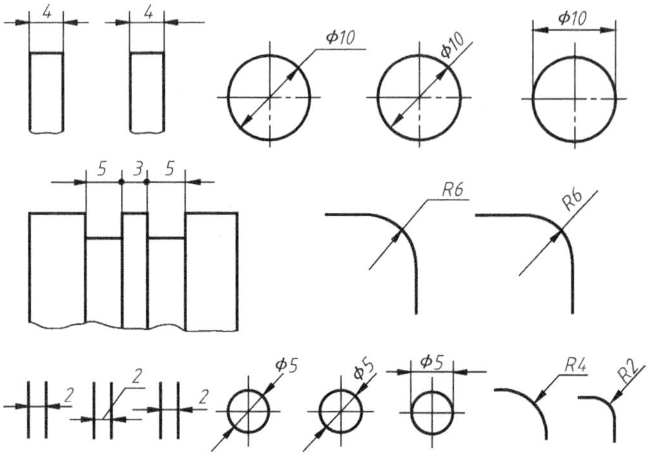 4　4　Φ10　Φ10　Φ10 5　3　5　R6　R6 2　2　2　Φ5　Φ5　Φ5　R4　R2	标注一连串的小尺寸时，可用小圆点或斜线代替中间的箭头；标注直径和半径时，当没有足够的位置画箭头和写数字时，可将其中之一布置在外面，也可把箭头和数字布置在外面
均布的孔	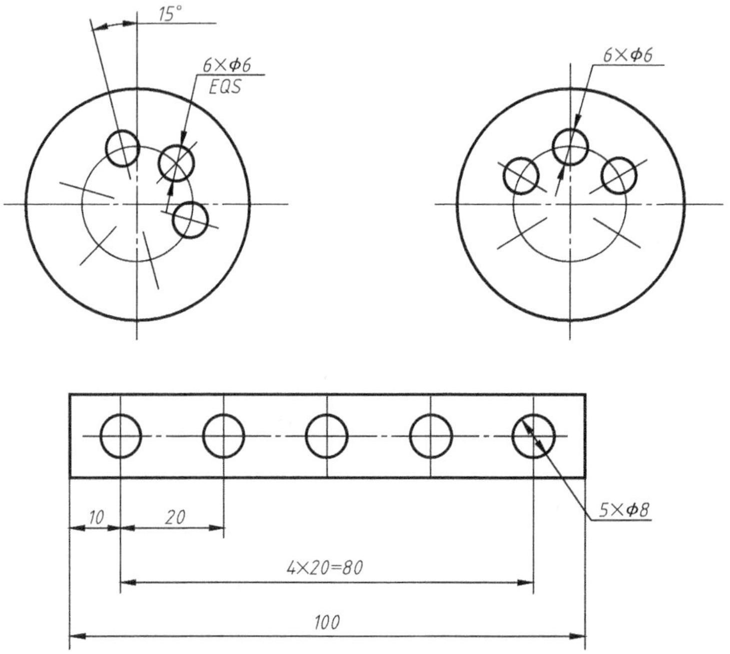 15°　6×Φ6 EQS　6×Φ6 10　20　4×20=80　100　5×Φ8	在同一图形中，对于尺寸相同的孔、槽等要素，可仅在一个要素上注出其尺寸和数量，并用缩写词“*EQS*”表示“均匀分布”；当组成要素的定位和分布情况在图形中已明确时，可不注其角度，并省略“*EQS*”
对称图形的尺寸	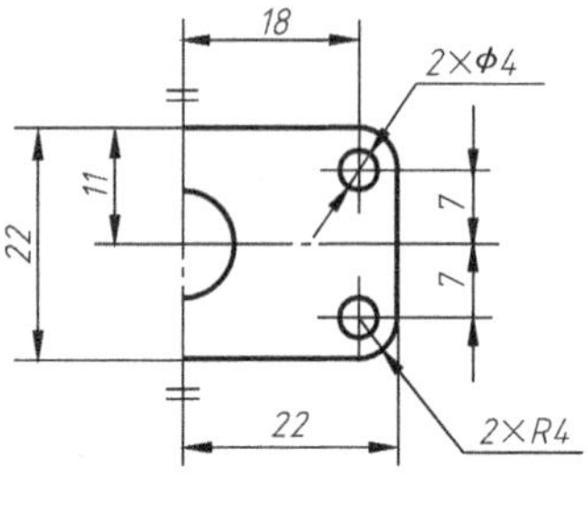 18　2×Φ4　22　11　7　7　22　2×R4 错误注法 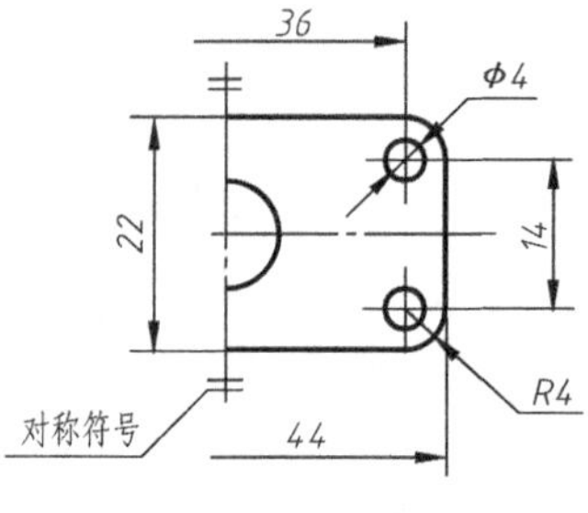 36　Φ4　22　14　R4　对称符号　44 正确注法	对于对称图形，应把尺寸标注为对称分布；当对称图形只画出一半或略大于一半时，尺寸应略超过对称线或断裂处的边界线，此时仅在尺寸线的一端画出箭头

续表

项目	图例	说明
正方形结构	□14　14×14　□14　14×14 注：方形或矩形小平面可用对角交叉细实线表示	标注断面为正方形结构的尺寸时，可在正方形边长尺寸数字前加注"□"或用"$B\times B$"注出
板状结构的厚度	t2	标注板状机件时可在尺寸数字前加注"t"（表示为均匀厚度板），而不必另画视图表示厚度

任务实施

绘制齿轮油泵垫片的步骤（图 1-1-17）如下。

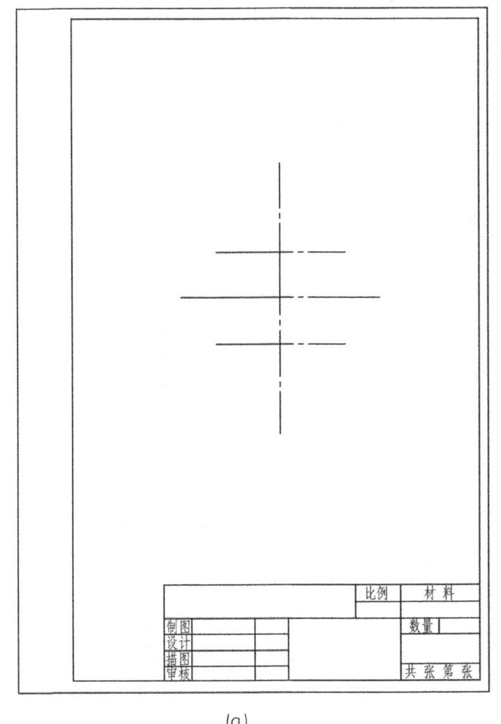

(a)

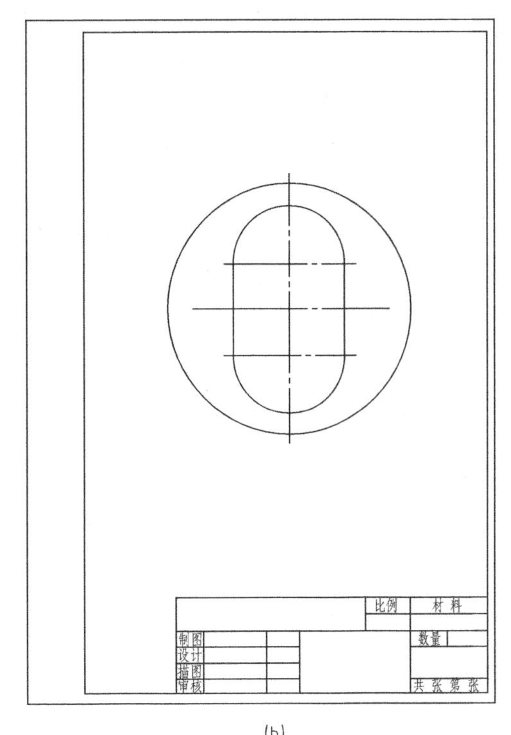

(b)

图 1-1-17

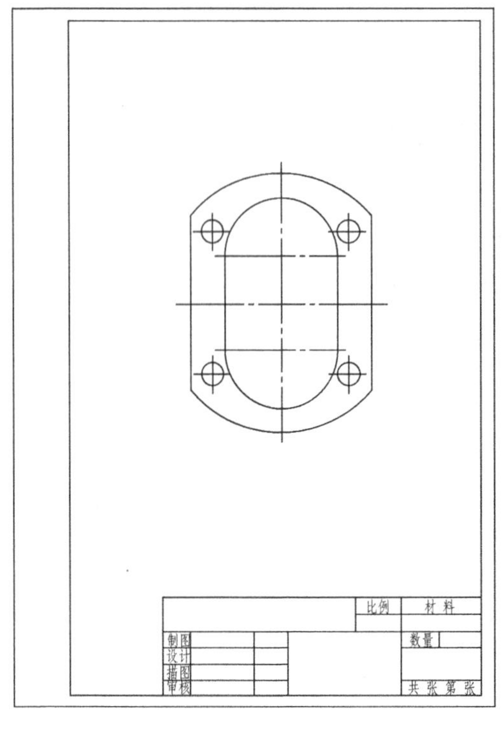

(c)

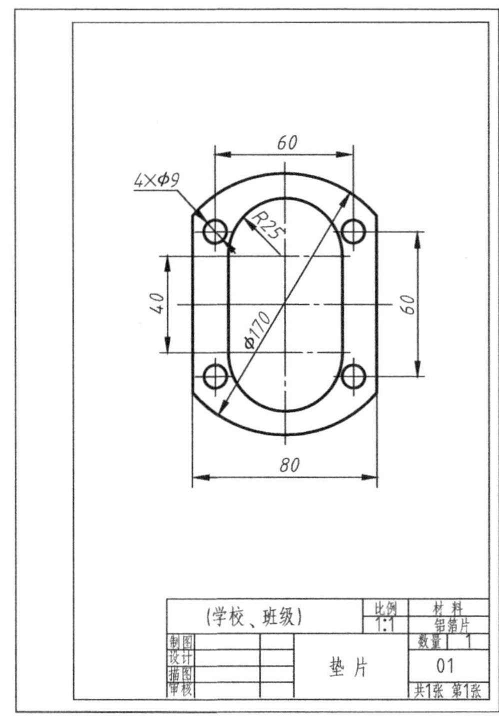

(d)

图 1-1-17 绘制齿轮油泵垫片的步骤

作图步骤：

① 选比例，定图幅，绘制基准线，如图 1-1-17（a）所示；

② 绘制图形，先画直线的后画圆弧，先画大体，后画细节，如图 1-1-17（b）、（c）所示；

③ 图线描深、加粗，标注尺寸，填写标题栏，如图 1-1-17（d）所示。

任务 1.2 绘制吊钩

任务描述

根据图 1-1-18 绘制吊钩。

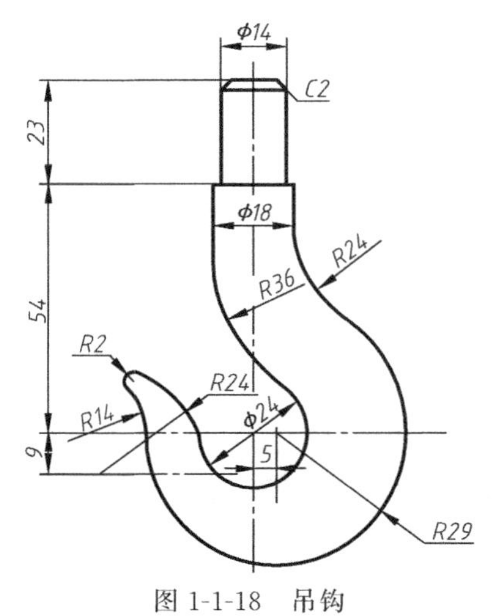

图 1-1-18 吊钩

任务分析

选用合适的图纸绘制吊钩，绘图中使用圆弧连接的相关知识，正确使用绘图工具，根据最新的制图国家标准绘图。

相关知识

一、圆弧连接

用一圆弧光滑地连接相邻两线段（直线或圆弧）的

作图方法，称为圆弧连接。

绘图时，经常要用已知半径的圆弧（称连接弧），光滑连接（即相切）已知直线或圆弧。为了保证相切，必须准确地作出连接弧的圆心和切点。

1. 圆弧连接的作图原理

圆弧连接实质上就是圆弧与直线、圆弧与圆弧相切。因此，作图时必须先求出连接弧圆心及连接点（切点）。圆弧连接的作图原理见表 1-1-7。

表 1-1-7　圆弧连接的作图原理

类别	图　例	原理
圆弧与直线连接(相切)	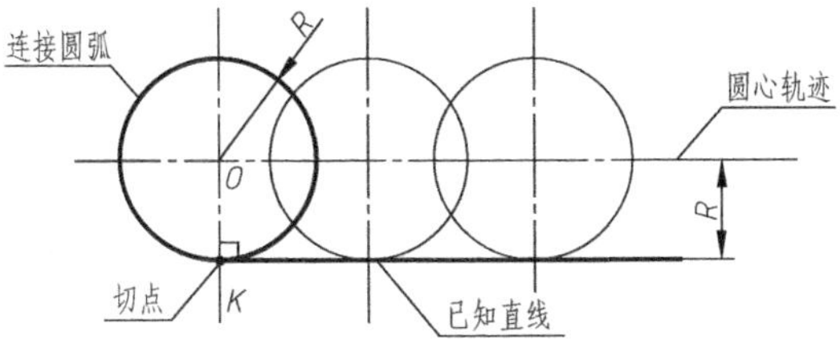	①连接圆弧圆心的轨迹是平行于已知直线且相距为 R 的直线 ②连接弧圆心向已知直线作垂线垂足 K 即为切点
圆弧与圆弧连接(外切)	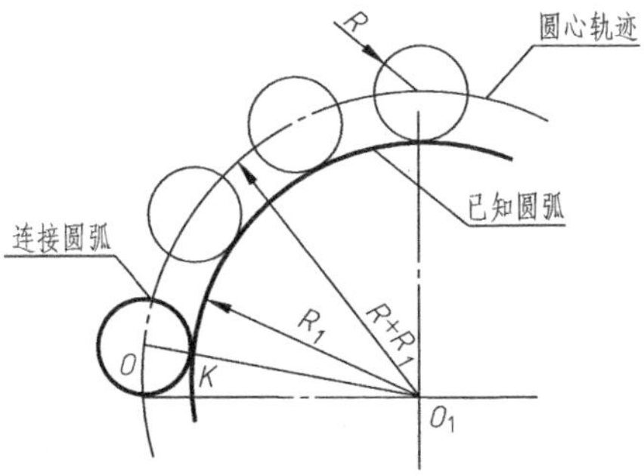	①连接圆弧圆心的轨迹是已知圆弧的同心圆弧，其半径为 R_1+R ②两圆心连线与已知圆弧的交点 K 即为切点
圆弧与圆弧连接(内切)	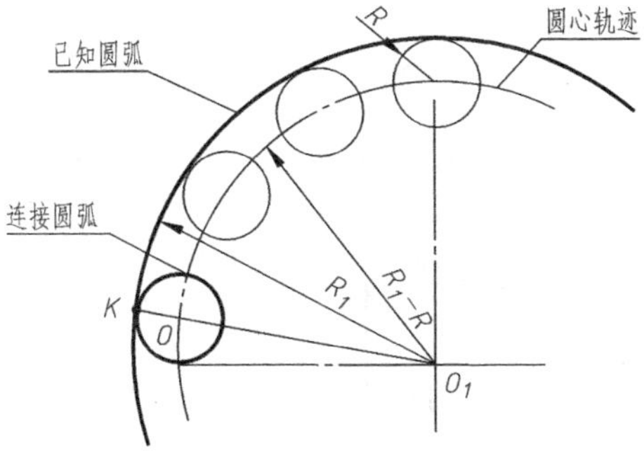	①连接圆弧圆心的轨迹是已知圆弧的同心圆弧，其半径为 R_1-R ②两圆心连接的延长线与已知圆弧的交点 K 即为切点

2. 圆弧连接的作图

圆弧连接的作图步骤见表 1-1-8。

表 1-1-8　圆弧连接的作图步骤

形式	实例	作图	步　骤
两直线间的圆弧连接	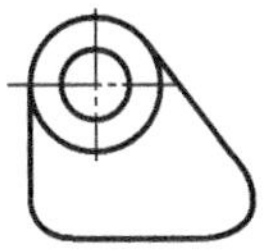	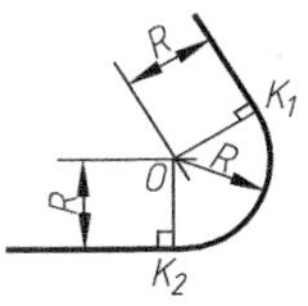	①分别作与两已知直线距离为 R 的平行线，其交点 O 即为连接圆弧的圆心 ②过 O 点分别作两已知直线的垂线，得垂足 K_1 和 K_2，即为切点 ③以 O 为圆心，R 为半径在两切点 K_1、K_2 之间作圆弧，即为所求

续表

形式	实例	作图	步　　骤
两圆弧间的圆弧连接	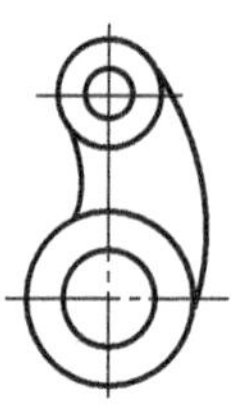	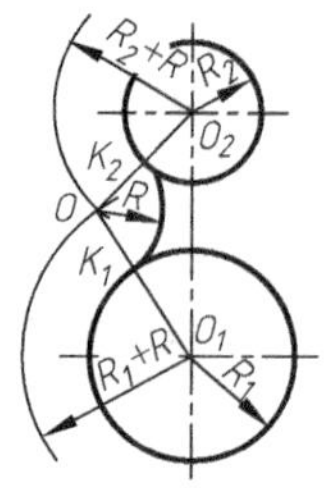	①分别以 O_1、O_2 为圆心，R_1+R 和 R_2+R 为半径画圆弧得交点 O，即为连接圆弧的圆心 ②连接 O、O_1，O、O_2，与已知圆弧分别交于 K_1、K_2，即为切点 ③以 O 为圆心，R 为半径在两切点 K_1、K_2 之间作圆弧，即为所求
	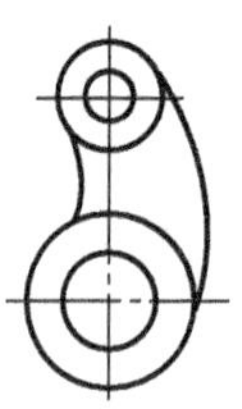	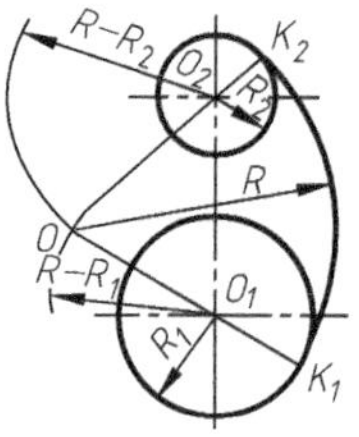	①分别以 O_1、O_2 为圆心，$R-R_1$ 和 $R-R_2$ 为半径画圆弧得交点 O，即为连接圆弧的圆心 ②连接 O、O_1，O、O_2，并延长与已知圆弧分别交于 K_1、K_2，即为切点 ③以 O 为圆心，R 为半径在两切点 K_1、K_2 之间作圆弧，即为所求
	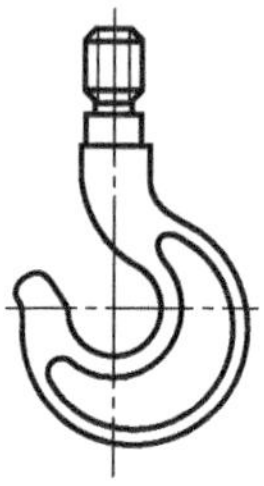	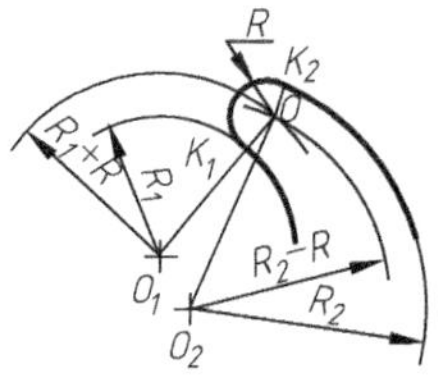	①分别以 O_1、O_2 为圆心，R_1+R 和 R_2-R 为半径画圆弧得交点 O，即为连接圆弧的圆心 ②连接 O、O_1，O、O_2，并延长与已知圆弧分别交于 K_1、K_2，即为切点 ③以 O 为圆心，R 为半径在两切点 K_1、K_2 之间作圆弧，即为所求
直线和圆弧间的圆弧连接	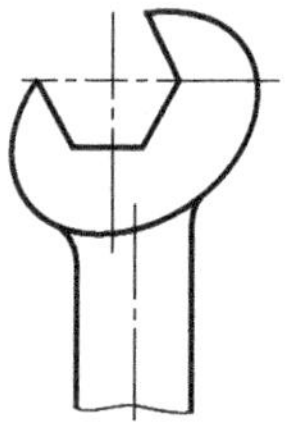	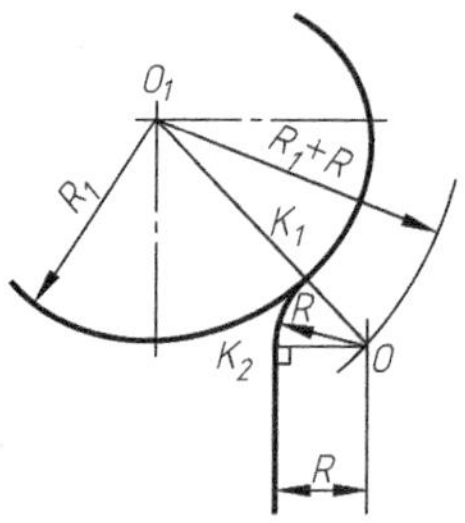	①作已知直线距离为 R 的平行线 ②以 O_1 为圆心，R_1+R 为半径画圆弧与平行线交于 O，即为连接圆弧的圆心 ③过 O 作已知直线垂线，得垂足 K_2，连接 O、O_1，与已知圆弧交于 K_1，则 K_1、K_2 为切点 ④以 O 为圆心，R 为半径，在 K_1、K_2 之间作圆弧，即为所求

二、平面图形的画法

画平面图形前，首先要对图中的尺寸和线段之间的连接关系进行分析，以便明确作图顺序，正确快速地画出平面图形和标注尺寸。

1. 尺寸分析

平面图形中的尺寸，按其作用可分为定形尺寸和定位尺寸两大类。

(1) 定形尺寸　确定平面图形中各部分（几何元素）形状和大小的尺寸称为定形尺寸，如直线段的长度，圆的直径、半径、角度的大小等尺寸，如图 1-1-18 中的“23”、“$\phi 24$”、“$R29$”、“$R2$”、“$\phi 14$”、“$\phi 18$”等尺寸。

(2) 定位尺寸　确定图形中各部分（几何元素）之间相对位置的尺寸称为定位尺寸，如圆心位置、直线位置的尺寸，如图 1-1-18 中的“54”、“23”、“9”、“5”等尺寸。

定位尺寸从尺寸基准出发进行标注。确定尺寸位置的几何元素，称为尺寸基准。在平面图形中，几何元素指点和线。标注尺寸时，应先确定图形的长度和宽度两个方向的基准。

2. 线段分析

平面图形中的线段，根据其定位尺寸是否齐全，分为已知线段、中间线段、连接线段三类。

(1) 已知线段　已知线段是指定形尺寸和定位尺寸齐全，能根据已知尺寸直接画出的线段，如图 1-1-18 中“$\phi 24$”、“$R29$”等线段。

(2) 中间线段　中间线段是指只有定形尺寸和一个方向的定位尺寸，另一个定位尺寸必须根据相邻线段的几何关系求得，才能画出的线段，如图 1-1-18 中“$R24$”、“$R14$”等线段。

(3) 连接线段　连接线段是指只有定形尺寸，其定位尺寸必须依靠两端相邻线段的连接关系求得，才能画出的线段，如图 1-1-18 中“$R36$”、“$R2$”等线段。

分析上述三类线段的含义，结合图 1-1-18 中图线的连接情况，不难得出线段光滑连接的一般规律：在两条已知线段之间可以有任意条中间线段，但必定而且只能有一条连接线段。

任务实施

通过对平面图形的尺寸与线段分析可知，在绘制平面图形时，首先应画已知线段，然后再画中间线段、连接线段。图 1-1-18 所示的吊钩的绘图方法和步骤（图 1-1-19）如下。

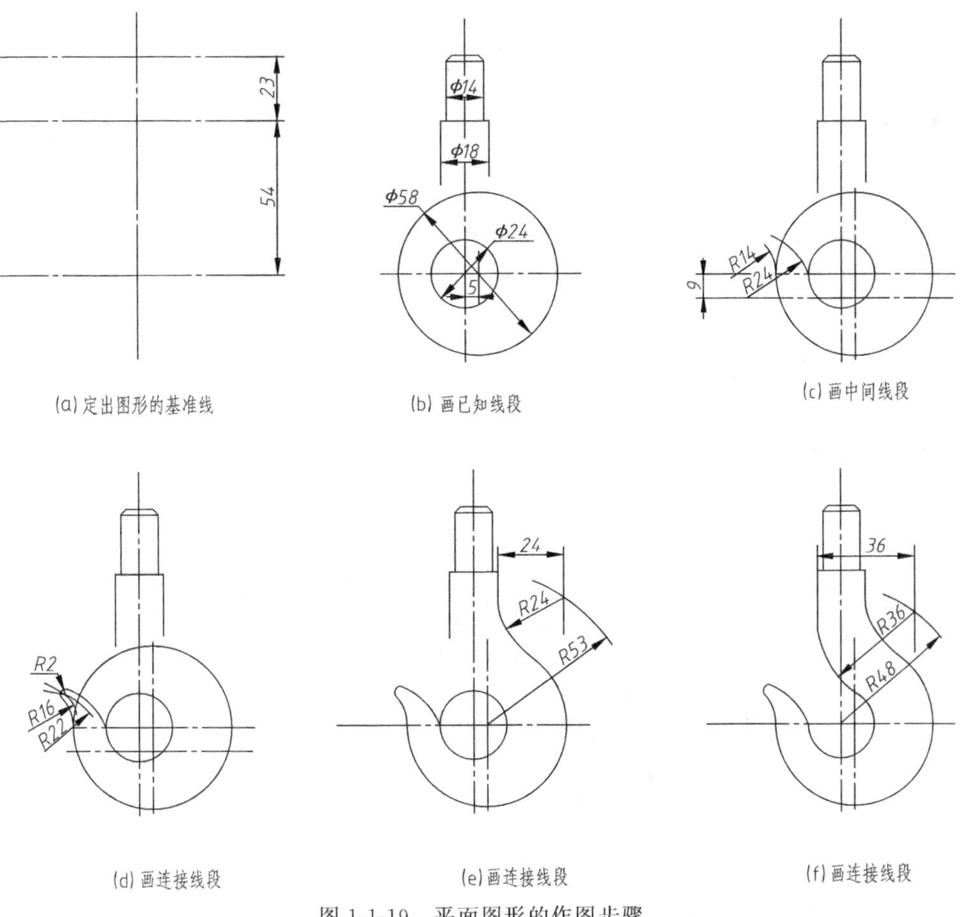

图 1-1-19　平面图形的作图步骤

① 分析平面图形中的尺寸和线段，确定哪些是已知线段、中间线段或连接线段。
② 定出作图基准线，见图 1-1-19（a）。
③ 画出已知线段，如图 1-1-19（b）所示。
④ 画出中间线段，如图 1-1-19（c）所示。
⑤ 画连接线段，如图 1-1-19（d）～(f) 所示。
⑥ 检查无误后，擦去多余的作图线，审核图形，加深图线。
⑦ 选择尺寸基准，见图 1-1-20（a）。
⑧ 标注定位尺寸、定形尺寸，完成绘图，见图 1-1-20（b）。

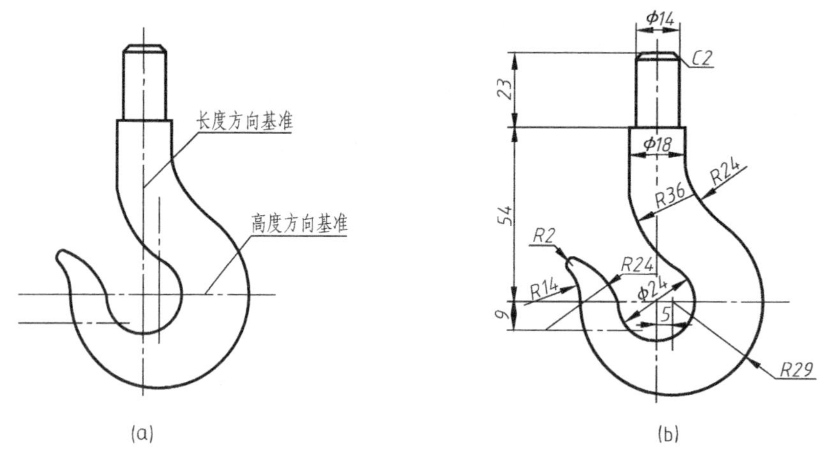

图 1-1-20 平面图形的尺寸标注

拓展提高

内容：圆周等分和作多边形、斜度和锥度、椭圆的画法、徒手绘图。

机件的轮廓形状是多种多样的，但在技术图样中，表达它们各部位结构形状的图形，都是由直线、圆（圆弧）和其他一些平面曲线所组成的几何图形。熟练掌握几何图形的作图方法，是正确且迅速绘制工程图样的重要基础之一。

一、等分圆周和作正多边形

1. 正六边形

用圆规等分圆周作正六边形的作图方法，见图 1-1-21（a）。用丁字尺和三角板配合作正六边形的作图方法，见图 1-1-21（b）、(c)。

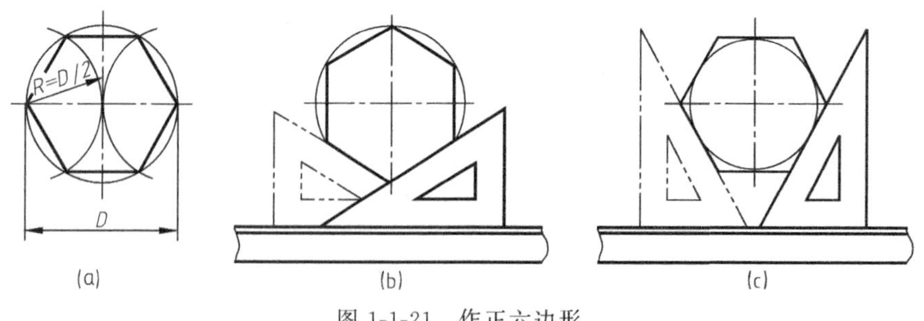

图 1-1-21 作正六边形

2. 正五边形

用圆规等分圆周作正五边形的作图方法，如图 1-1-22 所示。

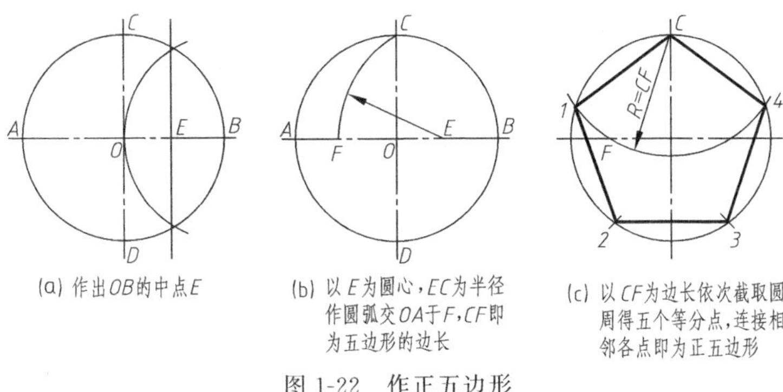

图 1-22　作正五边形

二、作圆弧的切线

无论哪种形式的圆弧连接，首先都要求出连接弧的圆心，再找出切点（连接点），最后画出连接弧。圆弧连接的作图步骤，见表 1-1-6。

利用三角板作圆弧切线，首先确定切线位置，再准确找出切点，最后画切线，作图的关键是求切点，具体步骤如图 1-1-23 所示。

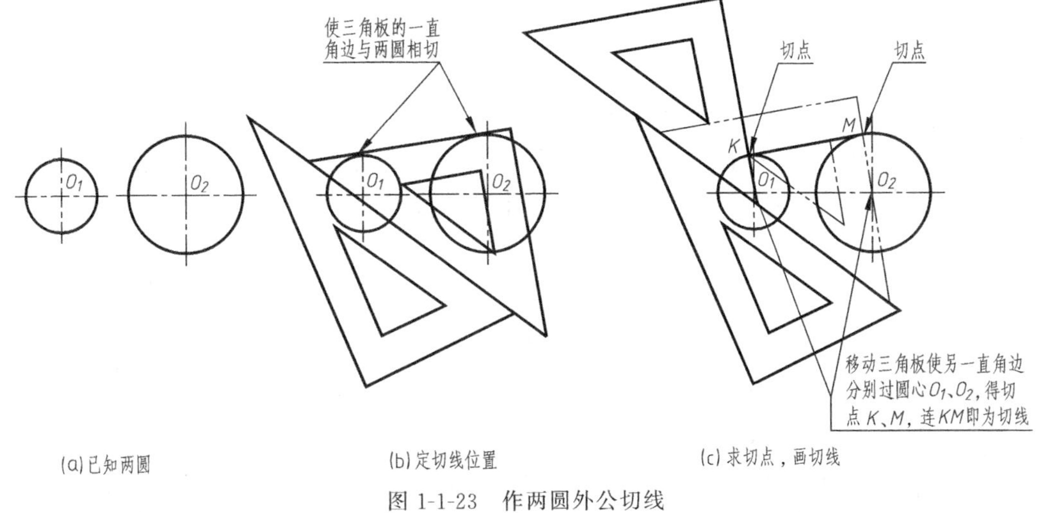

图 1-1-23　作两圆外公切线

三、斜度和锥度

1. 斜度

斜度是指一直线（或平面）对另一直线（或平面）的倾斜程度，其大小用该两直线（或平面）间夹角的正切值来表示，见图 1-1-24（a）。在图样中以“∠1∶n”的形式标注。标注时斜度符号的方向应与倾斜方向一致，见图 1-1-24（b）。斜度符号的画法见图 1-1-24（c）。

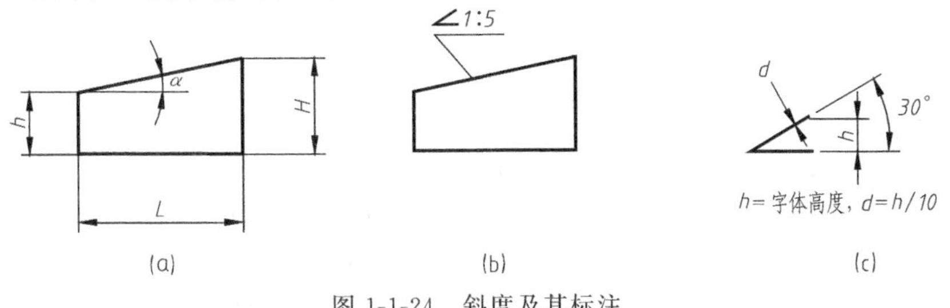

图 1-1-24　斜度及其标注

斜度 1∶5 的作图方法如图 1-1-25 所示。

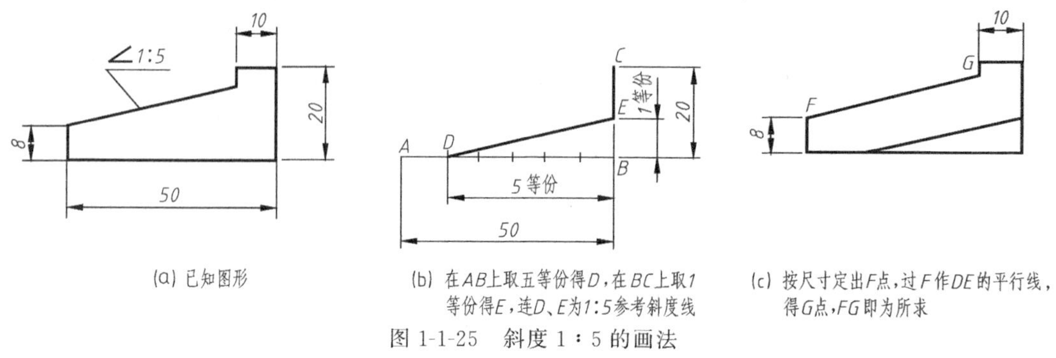

图 1-1-25 斜度 1∶5 的画法

2. 锥度

锥度是指正圆锥的底圆直径（或圆台顶底圆的直径差）与高度之比，见图 1-1-26（a）。在图样中以"▷1∶n"的形式标注。标注时锥度符号的尖端应指向圆锥小端，见图 1-1-26（b）。锥度符号的画法见图 1-1-26（c）。

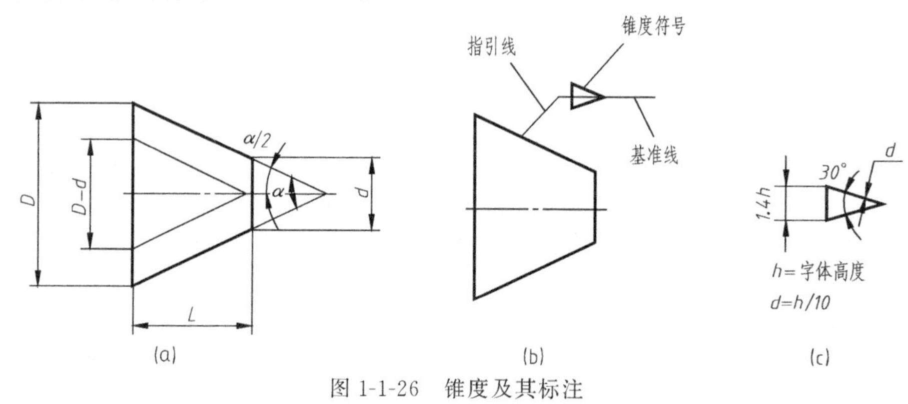

图 1-1-26 锥度及其标注

锥度 1∶5 的作图方法如图 1-1-27 所示。

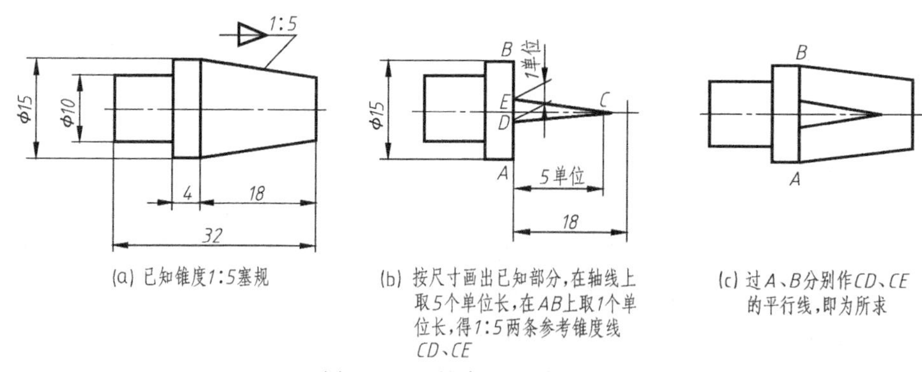

图 1-1-27 锥度 1∶5 的画法

四、徒手绘图

徒手绘图是不用绘图仪器和工具，而按目测比例徒手画出图样的方法。徒手绘图并不是潦草的绘图，具体绘图步骤与尺规作图完全相同。徒手绘图仍应做到：图形正确，线型分明，比例匀称，字体工整，图面整洁。画徒手图一般用 HB 或 B 铅笔，常在印有色线格纸上画图。

徒手绘图是工程技术人员必须具备的一种重要的技能，只有经过不断实践，才能逐步提高徒手绘图的水平。

各种图线的徒手画法如下。

1. 直线

画直线时，眼睛看着图线的终点，用力均匀，一次画成。画短线常用手腕运笔，画长线则以手臂动作，且肘部不宜接触纸面，否则不易画直。作较长线时，也可以用目测在直线中间定出几个点，然后分段画。水平线由左向右画，铅垂线由上向下画，见图1-1-28。

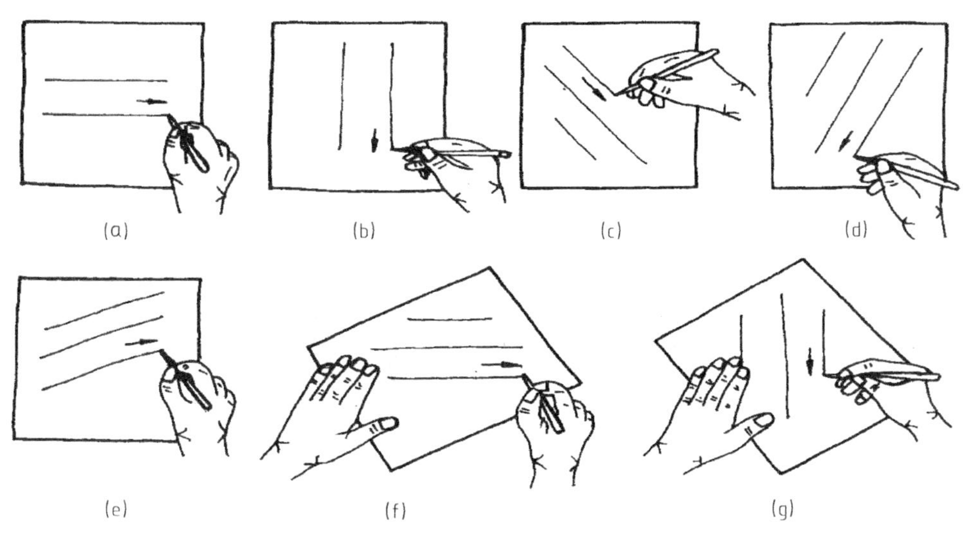

图 1-1-28　徒手画直线

2. 圆

画圆时，先徒手作两条互相垂直的中心线，定出圆心，再根据直径大小，用目测估计半径大小，在中心线上截得四点，然后徒手将各点连接成圆［图 1-1-29（a）］。当所画的圆较大时，可过圆心多作几条不同方向的直径线，在中心线和这些直径线上目测定出若干点后，再徒手连成圆，见图 1-1-29（b）。

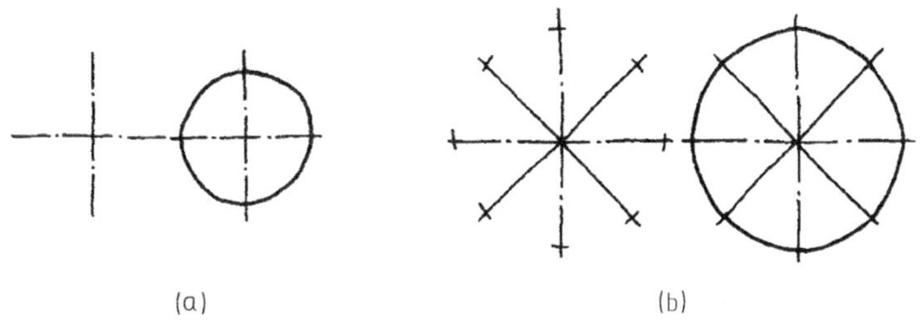

图 1-1-29　徒手画圆

当圆的直径很大时，可用图 1-1-30 所示的方法绘制。

3. 椭圆

根据椭圆的长短轴，目测定出其端点位置，过四个端点画一矩形，徒手作椭圆与此矩形相切，如图 1-1-31 所示。

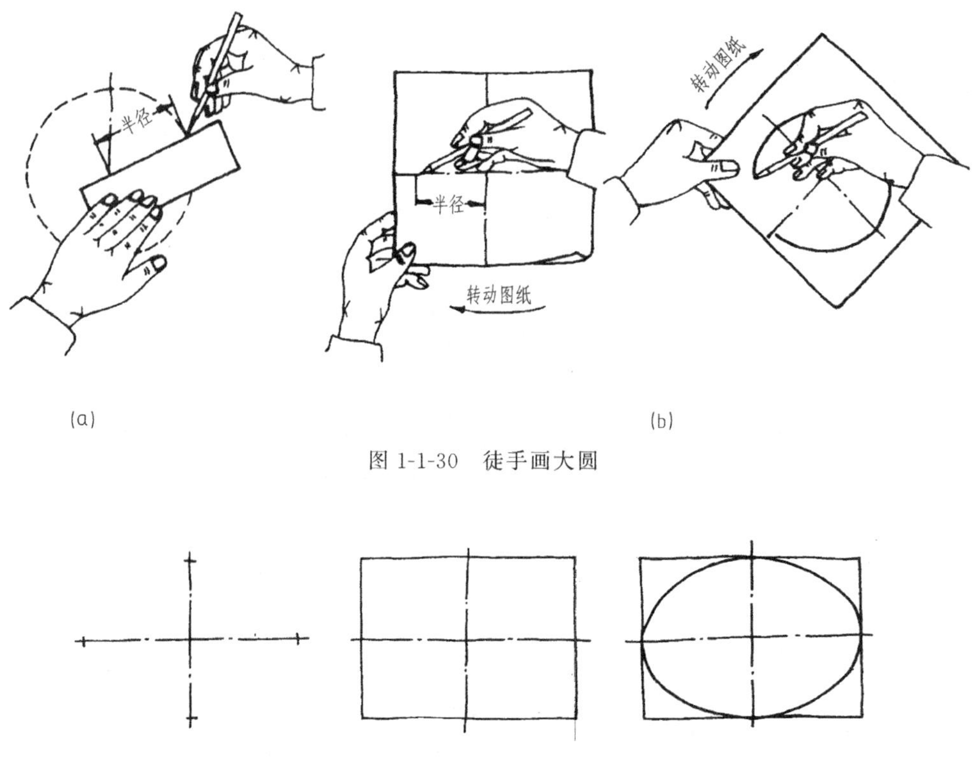

图 1-1-30 徒手画大圆

图 1-1-31 徒手画椭圆

单元2　投影法和三视图

任务 2.1　绘制平面基本体的三视图

任务描述

绘制棱柱和棱锥的三视图。

任务分析

要想绘制三视图，首先要了解三视图的概念，确定几何体的摆放位置，运用正投影法（正投影的投影规律），向投影面进行投影。

相关知识

一、投影法

1. 投影法的概念

在日常生活中，物体都是三维形体，把物体用描绘的方式将其绘制在纸张或其他平面上，就形成了图形。如何用二维的图形准确地表达三维的物体呢？人们发现，当灯光或日光照射物体时在物体后的地面或墙上会产生影子。人们对这种现象经过科学的抽象，总结出了影子和物体之间的几何对应关系，逐步形成了投影法，使在图纸上准确而全面地表达物体形状和大小的要求得以实现。

用投射线投射物体，在选定的面上得到图形的方法，称为投影法。按照投影法所得的图形，称为投影。投影法中，得到投影的面称为投影面。

2. 投影法的分类

投影法分为中心投影法和平行投影法两种。

（1）中心投影法　投射线汇交于一点的投影法，称为中心投影法，如图 1-2-1 所示。中心投影法所得的投影作图复杂，在工程图中较少采用。中心投影法立体感较强，常用于绘制建筑效果图。

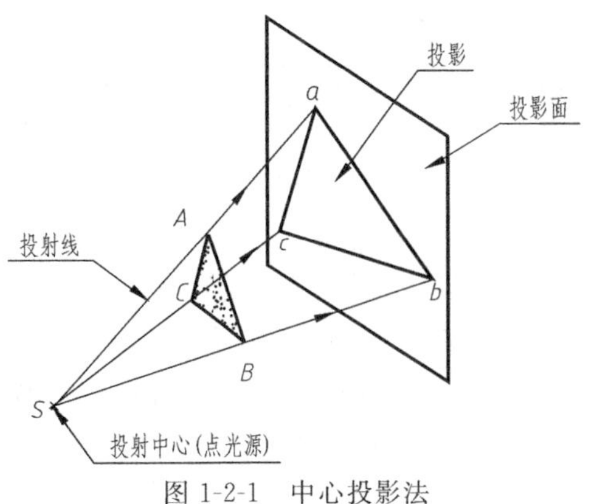

图 1-2-1　中心投影法

（2）平行投影法　投射线相互平行的投影法，称为平行投影法，如图 1-2-2 所示。平行投影法根据投射线与投影面之间的角度关系，可分为斜投影法和正投影法。投射线与投影面相互垂直的平行投影法，称为正投影法，如图 1-2-2（a）所示；投射线与投影面倾斜的平行投影法，称为斜投影法，如图 1-2-2（b）所示。正投影法是技术制图的主要理论基础。

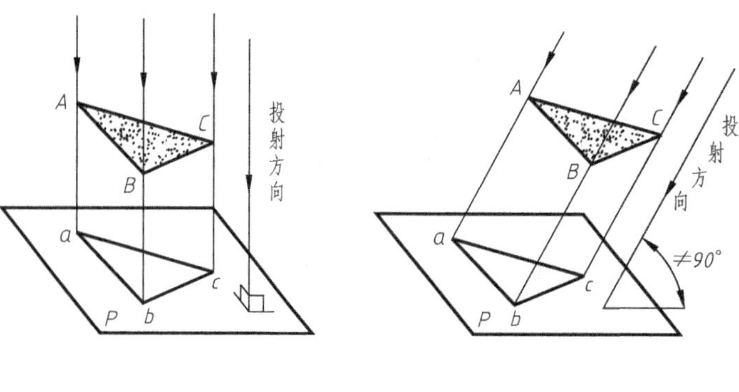

(a) 正投影法　　(b) 斜投影法

图 1-2-2 平行投影法

3. 正投影的基本性质

(1) 真实性　当直线（或平面）平行于投影面时，其投影反映线段的实长（或平面实形）。如图 1-2-3 中，平面 P 和直线 BC 均平行于投影面，其投影 p、bc 反映其在空间的真实形状。

(2) 积聚性　当直线（或平面）垂直于投影面时，其投影积聚为点（或直线），如图 1-2-4 中，形体垂直于投影面各条棱线在投影面上的投影积聚成点，平面的投影积聚成直线。

(3) 类似性　当直线或平面倾斜于投影面时，直线的投影变短；平面的投影为原平面图形的类似形，但面积较原图形变小，如图 1-2-5 所示。

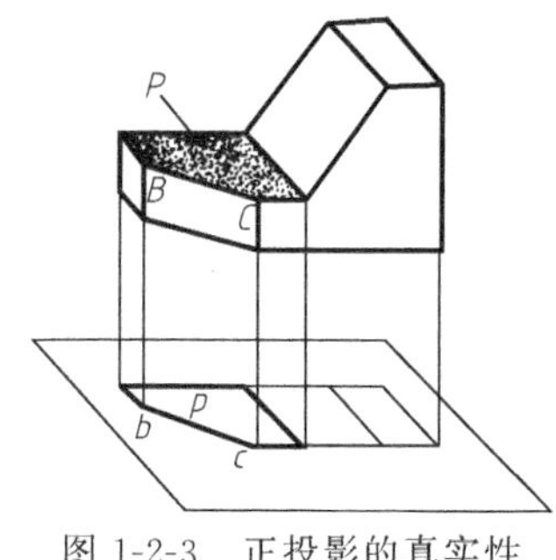

图 1-2-3 正投影的真实性

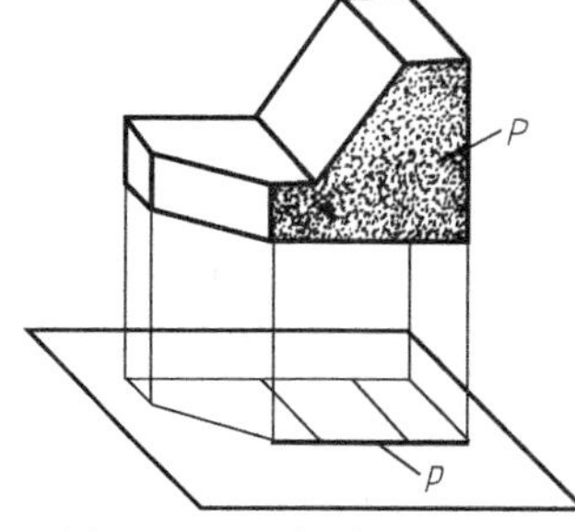

图 1-2-4 正投影的积聚性

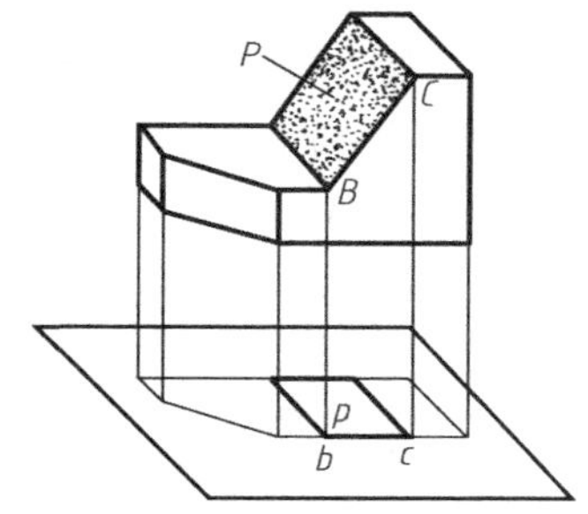

图 1-2-5 正投影的类似性

二、三视图的形成及相互关系

1. 三视图的形成

(1) 三视图的形成　设置三个相互垂直的投影面，如图 1-2-6 所示。三个投影面分别为正投影面（V）、水平投影面（H）、侧投影面（W），它们共同组成一个三投影面体系，它们之间的交线为投影轴，分别用 OX、OY、OZ 表示，投影轴的交点 O 为原点。V 面和 H 面的交线为 OX 轴，表示长度方向；H 面和 W 面的交线为 OY 轴，表示宽度方向；V 面和 W 面的交线为 OZ 轴，表示高度方向。

将物体放在投影面体系中（使物体表面的线、面尽可能多地与投影面平行或垂直），按投影的方法分别从 S、S_1、S_2 三个方向分别向 H、V、W 投影面投射，所得的投影称为三视图。在 V 面上得到的投影为主视图、在 H 面上得到的投影为俯视图、在 W 面上得到的投影为左视图，见图 1-2-6。

（2）投影面的展开　为了将三投影体系中的各个视图画在同一平面上，保持 V 面不动，将 H 面绕 OX 轴向下旋转 90°；将 W 面绕 OZ 轴向右旋转 90°，如图 1-2-7（a）所示，使 V、H、W 三个投影面处于同一平面，获得同一平面上的三个视图，如图1-2-7（b）所示。此时，OY 轴分为两处，分别用 OY_H 轴（在 H 面上）和 OY_W 轴（在 W 面上）表示。画三视图时，由于投影面的大小及物体距投影面距离与视图的大小无关，因此，不需画出投影面的边界和轴线，视图之间的距离可根据图纸幅面和视图的大小来确定，如图 1-2-7（c）所示。

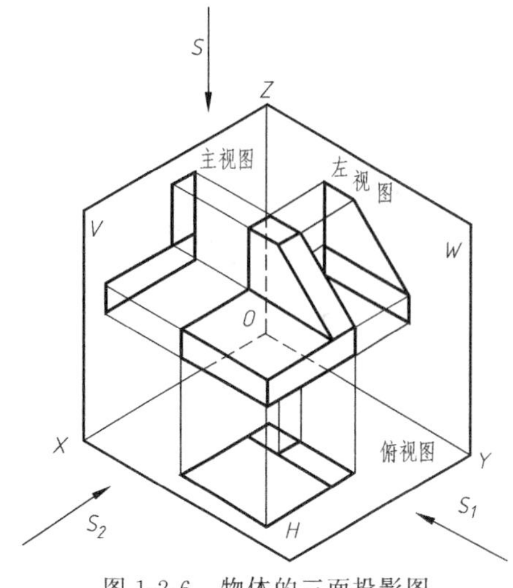

图 1-2-6　物体的三面投影图

2. 三视图之间的关系

（1）位置关系　按照三面投影体系展开的位置来布置三视图，不需要标注视图的名称，如图 1-2-7（c）所示。

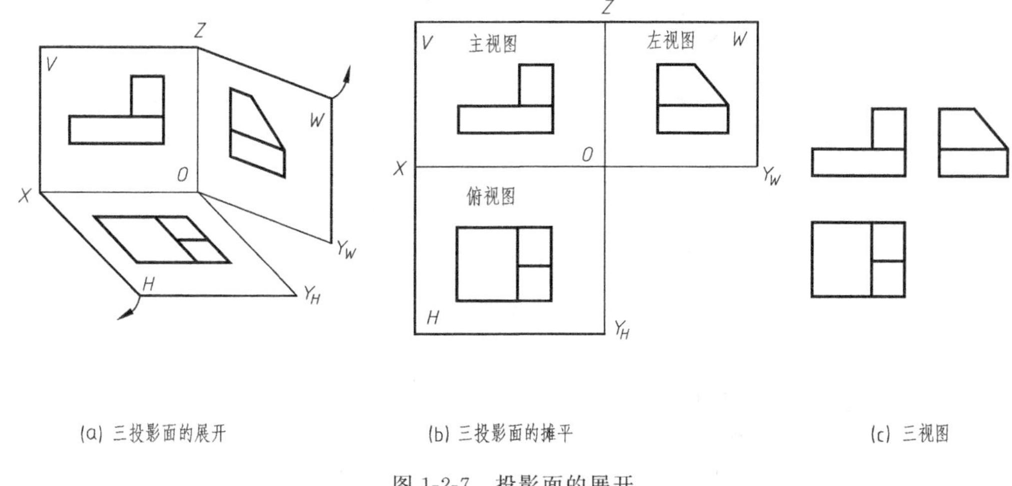

(a) 三投影面的展开　(b) 三投影面的摊平　(c) 三视图

图 1-2-7　投影面的展开

（2）尺寸关系　任何物体都有长、宽、高三个方向的尺寸。从物体的投影可以看出，每一个视图都反映了物体两个方向的尺寸。主视图反映物体长度和高度方向的尺寸（即能表达物体上平行于 V 面的平面的实形）；俯视图反映物体长度和宽度方向的尺寸（即能表达物体上平行于 H 面的平面的实形）；左视图反映物体高度和宽度方向的尺寸（即能表达物体上平行于 W 面的平面的实形），如图 1-2-8 所示。

三视图之间的投影规律可以归纳为：主、俯视图长对正；主、左视图高平齐；俯、左视图宽相等。

（3）方位关系　当物体被放置在三投影面体系中时，指定主视方向靠近观察者的为物体的前面，如图 1-2-9 所示。主视图反映了物体的左、右和上、下方位；俯视图反映了物体的左、右和前、后方位；左视图反映了物体的上、下和前、后方位。

从三视图中可知，靠近主视图的一边是物体的后面，远离主视图的一边是物体的前面。

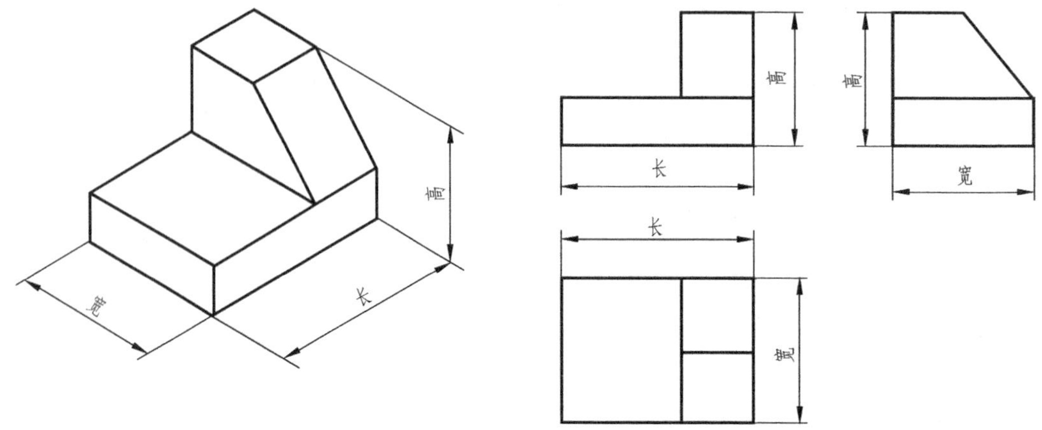

图 1-2-8 三视图的尺寸关系

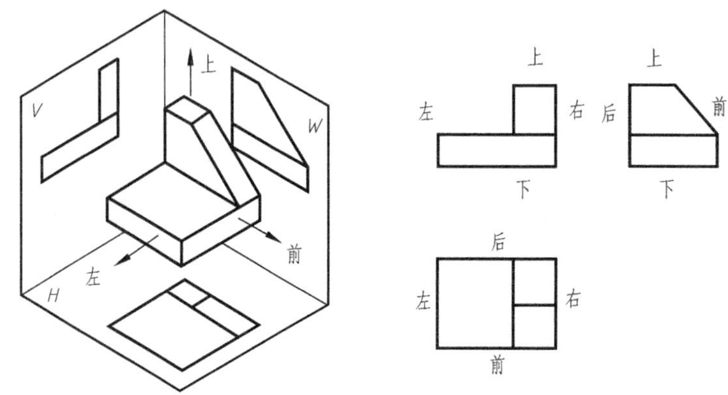

图 1-2-9 三视图的方位关系

三、典型直线和平面的投影

1. 特殊位置直线的投影

直线与投影面的相对位置有三种：平行、垂直、倾斜。前两种又称为特殊位置直线，后一种又称为一般位置直线。

（1）投影面的平行线　平行于一个投影面并倾斜于另外两个投影面的直线称为投影面的平行线。

投影面平行线的投影特性：直线在所平行的投影面上的投影反映实长，同时反映该直线与另外两个投影面之间的真实夹角；在另外两个投影面上的投影平行于相应的投影轴。投影面平行线的投影特性见表 1-2-1。

表 1-2-1　投影面平行线的投影特性

项目	正平线	水平线	侧平线
概念	平行于正立投影面并倾斜于侧立投影面和水平投影面的直线称为正平线	平行于水平投影面并倾斜于正立投影面和侧立投影面的直线称为水平线	平行于侧立投影面并倾斜于正立投影面和水平投影面的直线称为侧平线

续表

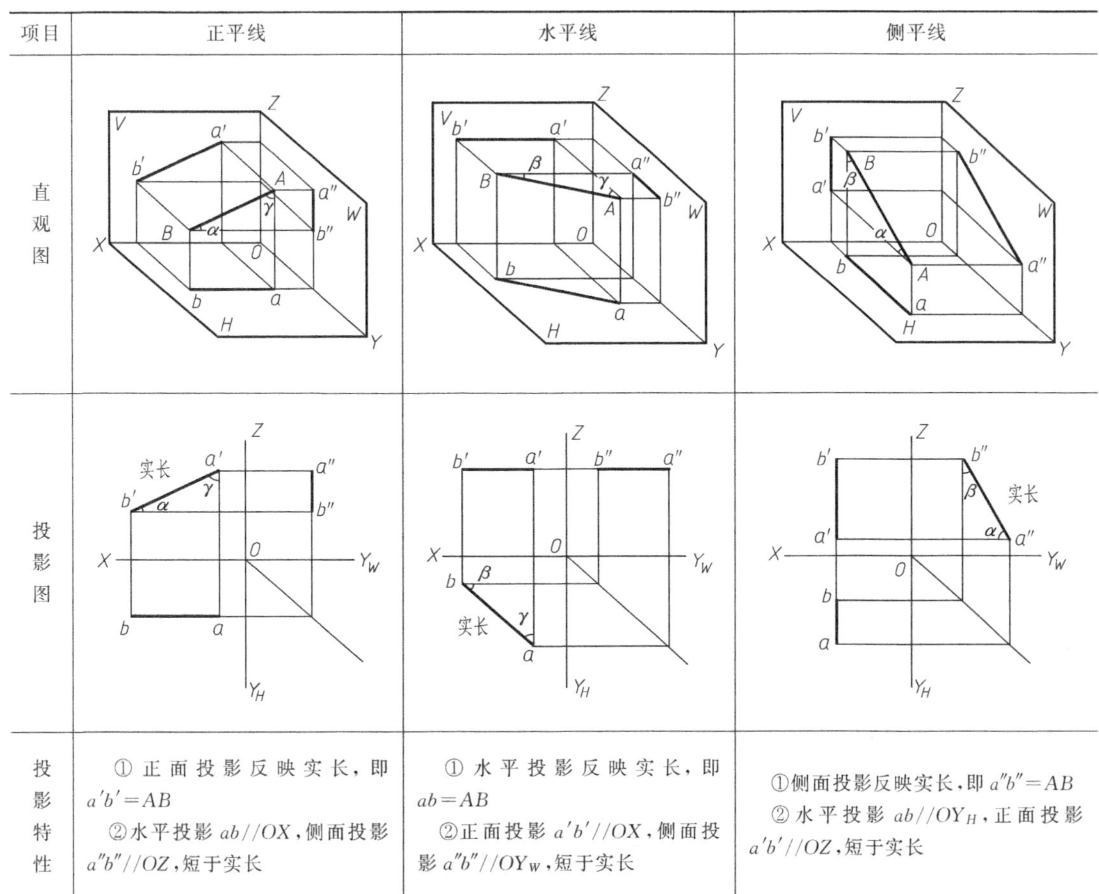

项目	正平线	水平线	侧平线
直观图			
投影图			
投影特性	①正面投影反映实长，即 $a'b'=AB$ ②水平投影 $ab//OX$，侧面投影 $a''b''//OZ$，短于实长	①水平投影反映实长，即 $ab=AB$ ②正面投影 $a'b'//OX$，侧面投影 $a''b''//OY_W$，短于实长	①侧面投影反映实长，即 $a''b''=AB$ ②水平投影 $ab//OY_H$，正面投影 $a'b'//OZ$，短于实长

(2) 投影面的垂直线　垂直于一个投影面的直线，称为投影面垂直线。垂直于 H 面的直线，称为铅垂线；垂直于 V 面的直线，称为正垂线；垂直于 W 面的直线，称为侧垂线。投影特性：直线在所垂直的投影面上具有积聚性；在另外两个投影面上的投影皆反映实长，分别垂直于相应的投影轴。投影面垂直线的投影特性见表 1-2-2。

表 1-2-2　投影面垂直线的投影特性

项目	正垂线	铅垂线	侧垂线
概念	垂直于正立投影面的直线称为正垂线	垂直于水平投影面的直线称为铅垂线	垂直于侧立投影面的直线称为侧垂线
直观图			

续表

项目	正垂线	铅垂线	侧垂线
投影图	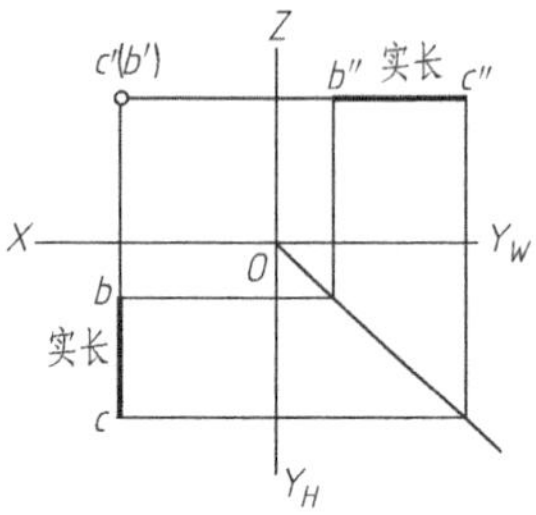	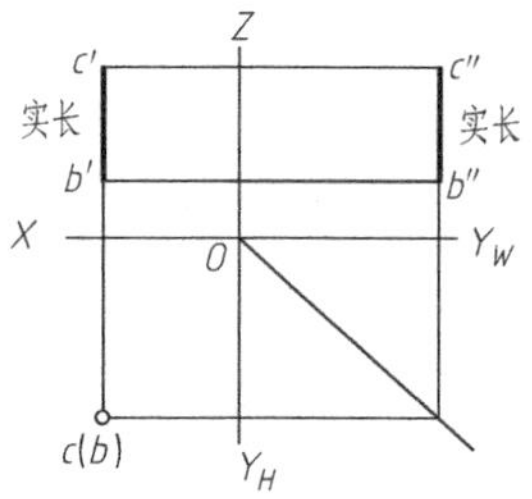	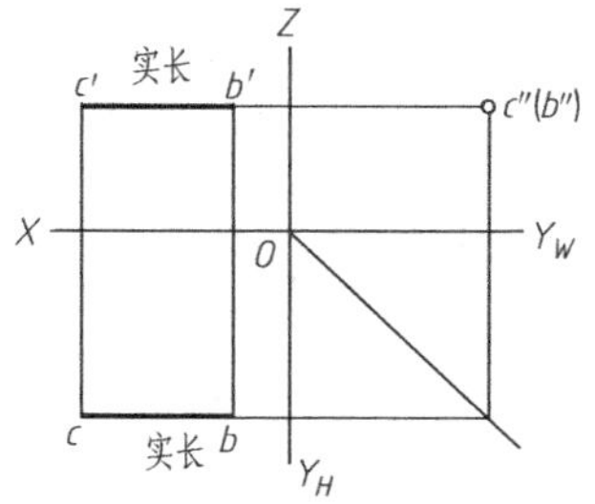
投影特性	①正面投影积聚成一点 $c'(b')$ ②水平和侧面投影反映实长 $cb=c''b''=CB$，$cb\perp OX$，$c''b''\perp OZ$	①水平投影积聚成一点 $c(b)$ ②正面和侧面投影反映实长 $c'b'=c''b''=CB$，$c'b'\perp OX$，$c''b''\perp OY_W$	①侧面投影积聚成一点 $c''(b'')$ ②水平和正面投影反映实长 $cb=c'b'=CB$，$cb\perp OY_H$，$c'b'\perp OZ$

2. 特殊位置平面的投影

平面相对于投影面的位置有：平行于投影面、垂直于投影面和倾斜于投影面三种情况。

(1) 投影面的平行面　平行于投影面的平面，称为投影面的平行面。平行于 V 面的平面，称为正平面；平行于 H 面的平面，称为水平面；平行于 W 面的平面，称为侧平面。投影面平行面的投影特性：平面在与其平行的投影面上的投影反映实形，在另外两个投影面上的投影积聚成直线，并分别平行于相应的投影轴。投影面平行面的投影特性见表 1-2-3。

表 1-2-3　投影面平行面的投影特性

项目	正平面	水平面	侧平面
概念	平行于正立投影面的平面称为正平面	平行于水平投影面的平面称为水平面	平行于侧立投影面的平面称为侧平面
直观图	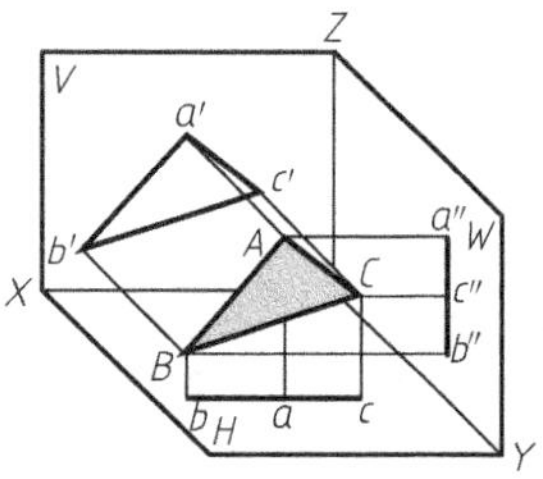	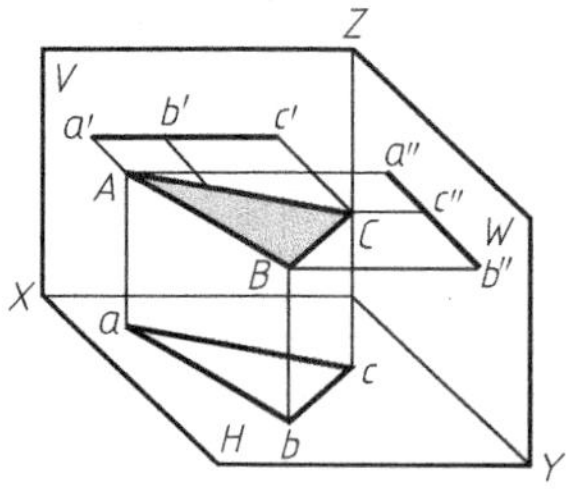	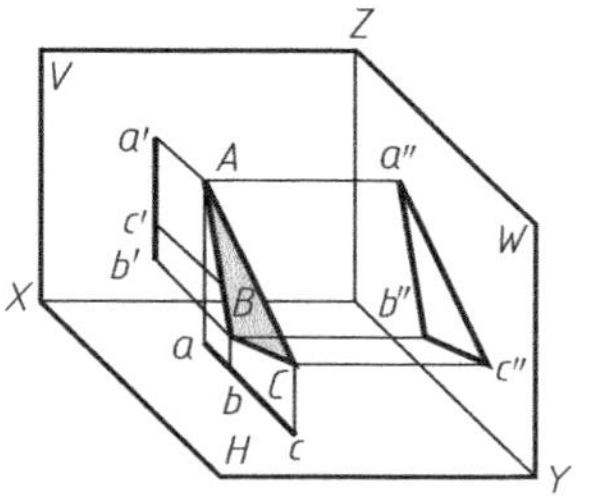
投影图	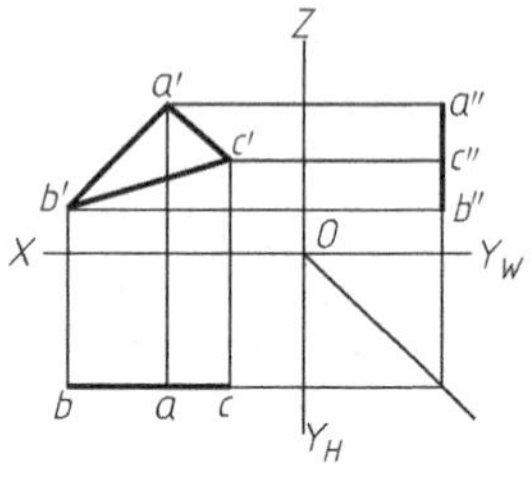	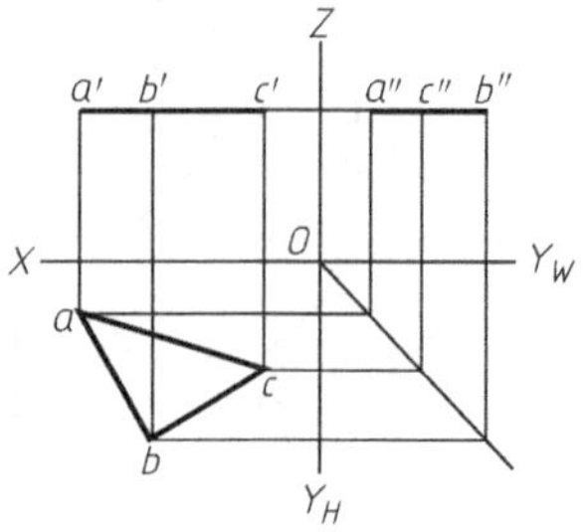	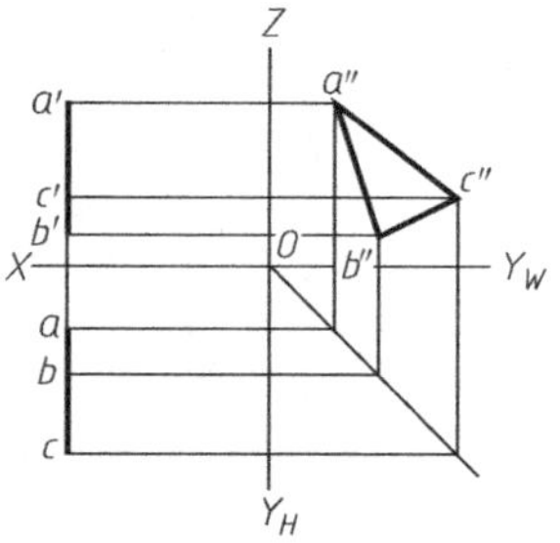

续表

项目	正平面	水平面	侧平面
投影特性	①正面投影反映实形 ②水平和侧面投影积聚成直线且平行于相应的投影轴	①水平投影反映实形 ②正面和侧面投影积聚成直线且平行于相应的投影轴	①侧面投影反映实形 ②水平和正面投影积聚成直线且平行于相应的投影轴

（2）投影面的垂直面　只垂直于一个投影面并与另外两个投影面倾斜的平面，称为投影面的垂直面。垂直于 V 面的平面，称为正垂面；垂直于 H 面的平面，称为铅垂面；垂直于 W 面的平面，称为侧垂面。投影面垂直面的投影特性：平面在其所垂直的投影面上的投影积聚成与投影轴倾斜的直线，直线与投影轴的夹角反映该平面与另外两个投影面的真实夹角；在另外两个投影面上的投影均为类似形。投影面垂直面的投影特性见表 1-2-4。

表 1-2-4　投影面垂直面的投影特性

项目	正垂面	铅垂面	侧垂面
概念	垂直于正立投影面而与另外两个投影面倾斜的平面称为正垂面	垂直于水平投影面而与另外两个投影面倾斜的平面称为铅垂面	垂直于侧立投影面而与另外两个投影面倾斜的平面称为侧垂面
直观图	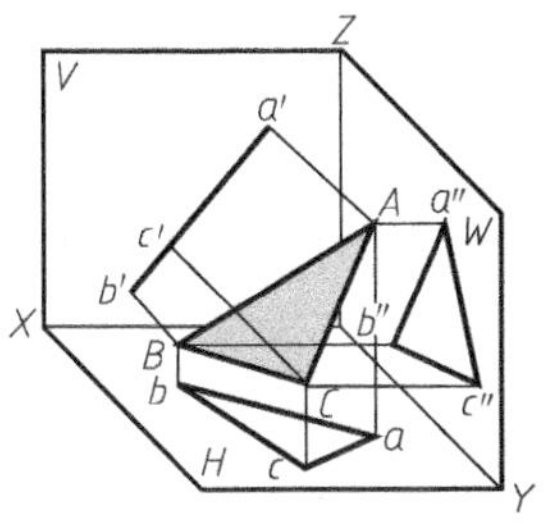	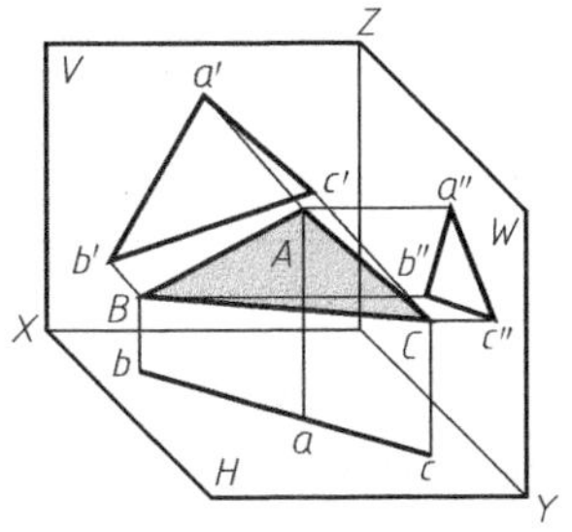	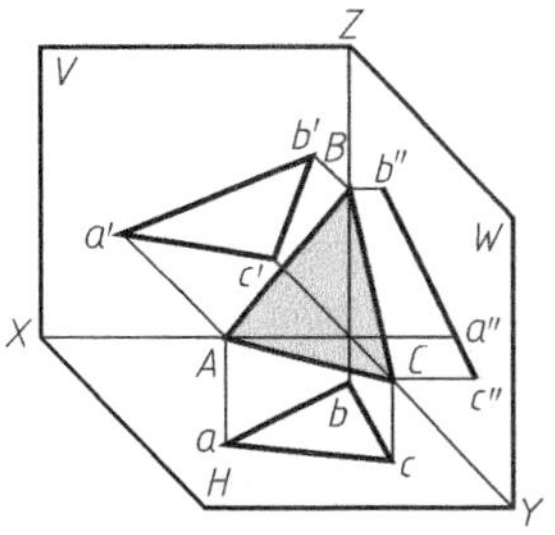
投影图	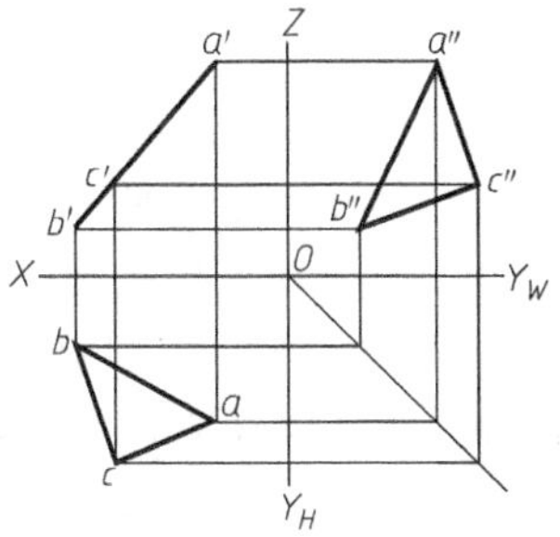	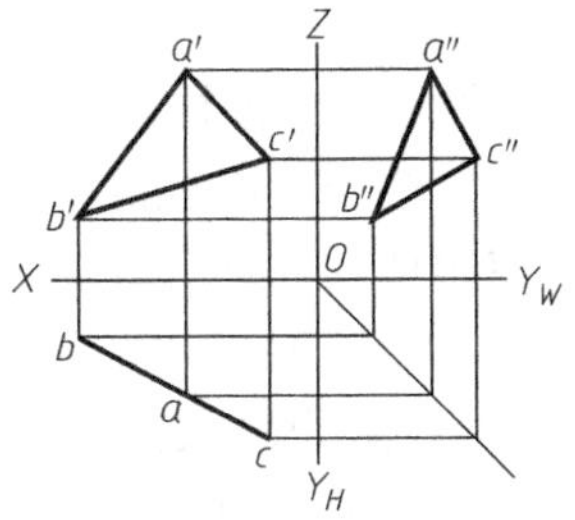	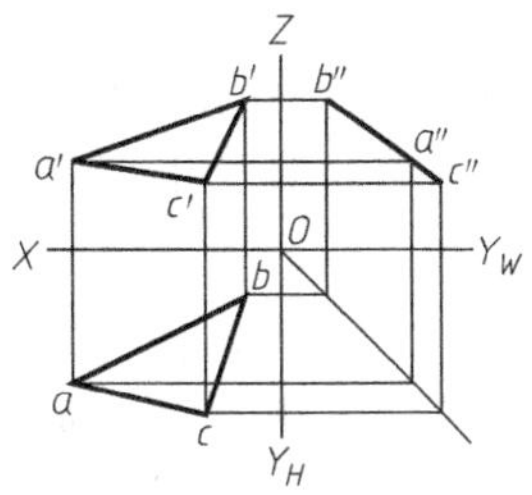
投影特性	①正面投影积聚成一条线 ②水平和侧面投影为类似形	①水平投影积聚成一条线 ②正面和侧面投影为类似形	①侧面投影积聚成一条线 ②水平和正面投影为类似形

3. 一般位置直线和一般位置平面的投影

（1）一般位置直线　与三个投影面都倾斜的直线，均为一般位置直线，其投影特性见表 1-2-5。一般位置直线的三个投影都缩短了，投影具有类似性。

（2）一般位置平面　与三个投影面都倾斜的平面，称为一般位置平面，其投影特性见表

1-2-5。一般位置平面的三个投影面积都变小了，均不反映实形，是平面的类似形。

表 1-2-5 一般位置直线和一般位置平面的投影特性

项目	直观图	投影图	投影特性
一般位置直线	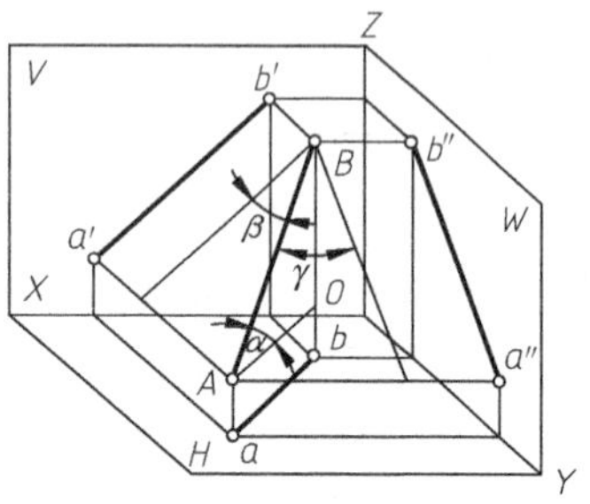	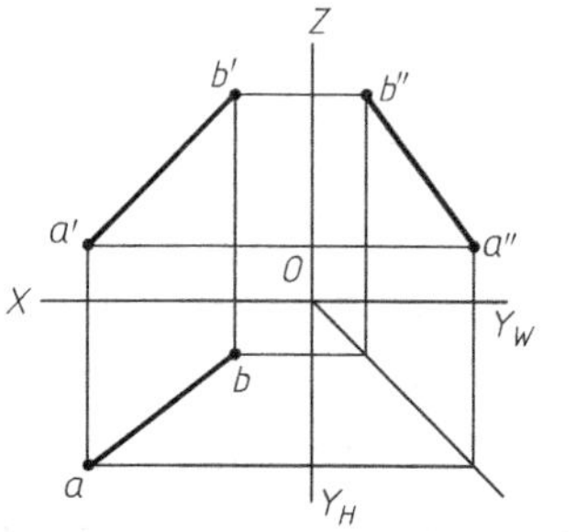	三面投影均为类似形
一般位置平面	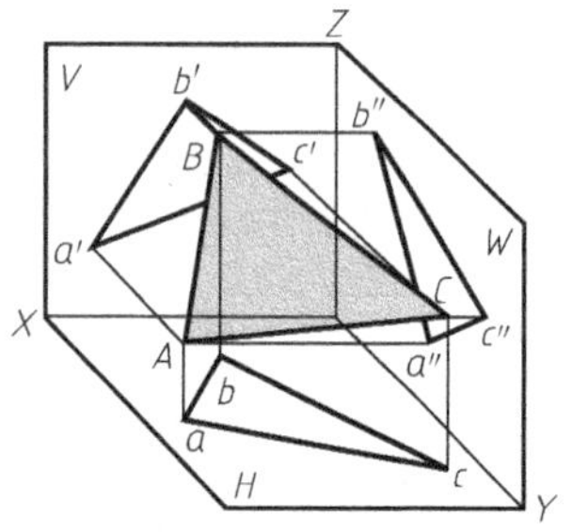	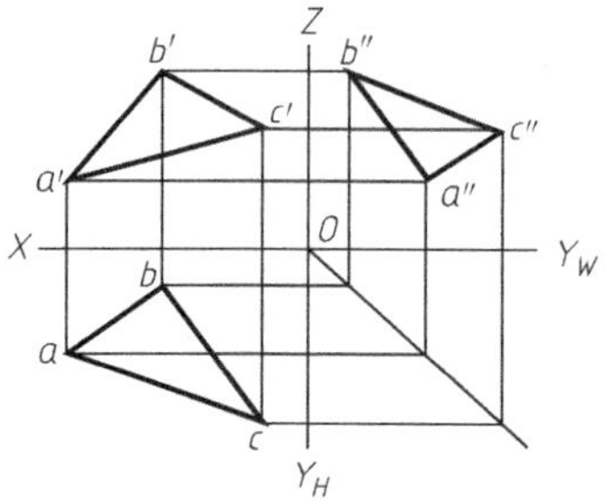	三面投影均为类似形

任务实施

本任务要完成的内容是绘制棱柱和棱锥，棱柱和棱锥是基本几何体。基本几何体分为平面立体和曲面立体。表面均为平面的立体，称为平面立体，如棱柱、棱锥等；表面由平面和曲面或全部由曲面组成的立体，称为曲面立体，如圆柱、圆锥、球等。这些组成复杂形体的基本几何形体称为基本体。

例 1-2-1 绘制如图 1-2-10（a）所示正六棱柱的三视图。

分析：棱柱是由顶面、底面和若干侧面所围成的平面立体，它的棱线相互平行。确定物体的位置，将物体自然放平，尽量使物体的大部分表面与三个投影面分别平行或垂直。如图 1-2-10（a）中正六棱柱的顶面和底面为平行且相等的正六边形，均是水平面，其在 H 面上的投影反映实形，在 V 面和 W 面上的投影积聚成直线；六个侧面都是全等的长方形，前后两侧面为正平面，在 V 面上的投影反映实形，在 H 面和 W 面上的投影积聚成直线；另外四个侧面均为铅垂面，在 H 面上的投影积聚成直线，在 V 面和 W 面上的投影为类似形。

六棱柱的六条侧棱线均为铅垂线，在 H 面上的投影积聚成点，在 V 面和 W 面上的投影反映实长。

作图步骤：

① 作基准线：以对称线作为宽度或长度方向的基准线，以底面积聚的线段为高度方向的基准线。

② 作顶面、底面的投影。首先，应先画俯视图以反映正六边形的实形，然后作另两个视图，即平行于相应投影轴的直线。

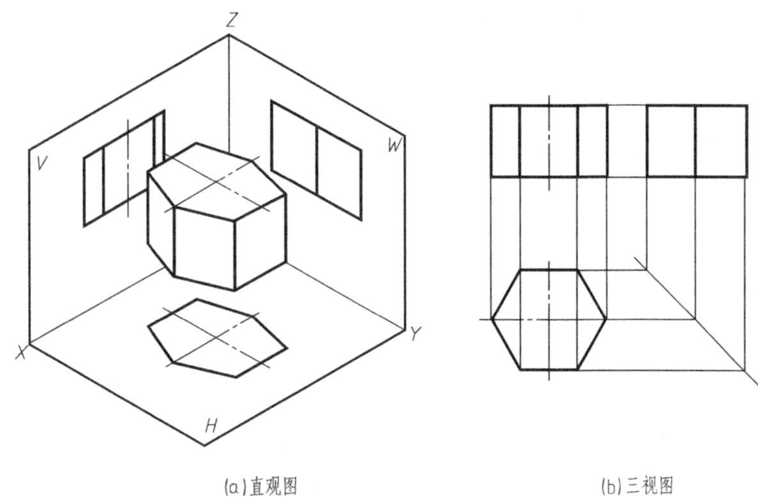

图 1-2-10　正六棱柱的位置摆放及三视图

③ 将顶、底面对应顶点的同面投影连接起来，即为侧线的投影。它们分别与正六边形的相应边围成正六棱柱的六个侧面。绘图时要按投影规律绘制，特别要注意俯视图与左视图宽相等。

例 1-2-2　绘制正三棱锥的三视图。

分析：棱锥由若干侧面和底面组成，棱锥的侧线相交于一点。正棱锥的底面是一个正多边形，锥顶点在正多边形中心且与其底面垂直的直线上。图 1-2-11（a）为一正三棱锥，它由底面和三个侧面组成。底面△ABC 为水平面，在 H 面上的投影反映实形（即△abc），正面投影和侧面投影积聚为水平直线 $a'b'c'$ 和 $a''b''c''$；侧面△SAC 为侧垂面，在 W 面上的投影积聚为直线 $s''a''(c)''$，水平投影和正面投影均为类似形，分别是△sac 和△$s'a'c'$，其中△$s'a'c'$不可见；另两个侧面是一般位置平面，三个投影均为类似形。

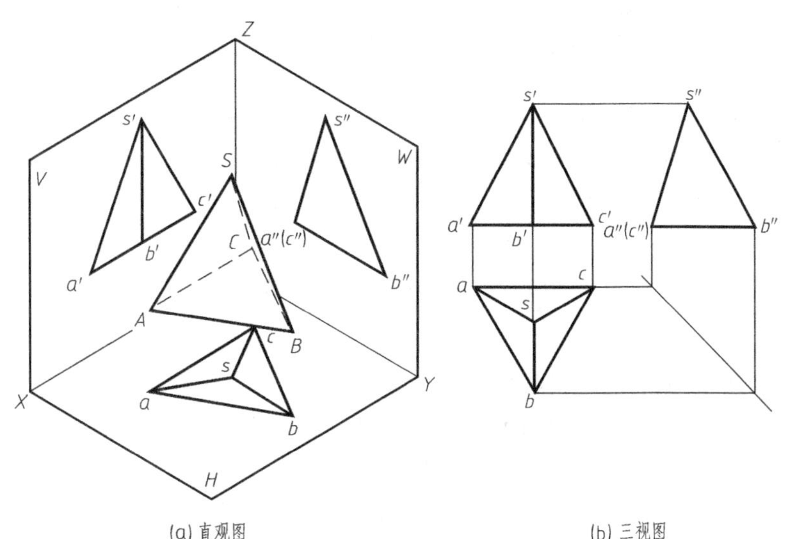

图 1-2-11　正三棱锥的位置摆放及三视图

作图步骤：

① 作基准线。

② 从俯视图开始，作正三棱锥底面的三个投影。

③ 求出 S 点在水平面上的投影（等边三角形的中心），量取正三棱锥的高得 s'，即可作正三棱锥的正面投影。

④ 根据高平齐，宽相等求出正三棱锥侧面投影。

拓展提高

一、棱柱表面上的点

根据已知立体表面上点的一个投影，求出点的另外两面投影。在平面立体表面上取点、线的方法与在平面上取点、线的方法基本相同。首先利用已知的投影确定点在平面立体表面的位置，并且充分利用点所在表面的积聚性，求出该点的另外两面投影。

例 1-2-3 如图 1-2-12 中，已知正六棱柱表面上一点 M 的正面投影 m'，求 m 和 m''。

分析：由图中 m' 未加注括号可知 M 点在主视图上是可见的，处于正六棱柱左前侧的平面 $ABCD$ 上。因点 M 所在平面 $ABCD$ 是铅垂面，因此，其水平投影 m 必落在该平面有积聚性的水平投影 $abcd$ 上，通过点的投影规律（长对正）求出该投影的水平投影 m；找出 $ABCD$ 平面在左视图上的投影位置，通过点的投影规律（高平齐、宽相等）求出 m''，并判断其为可见。

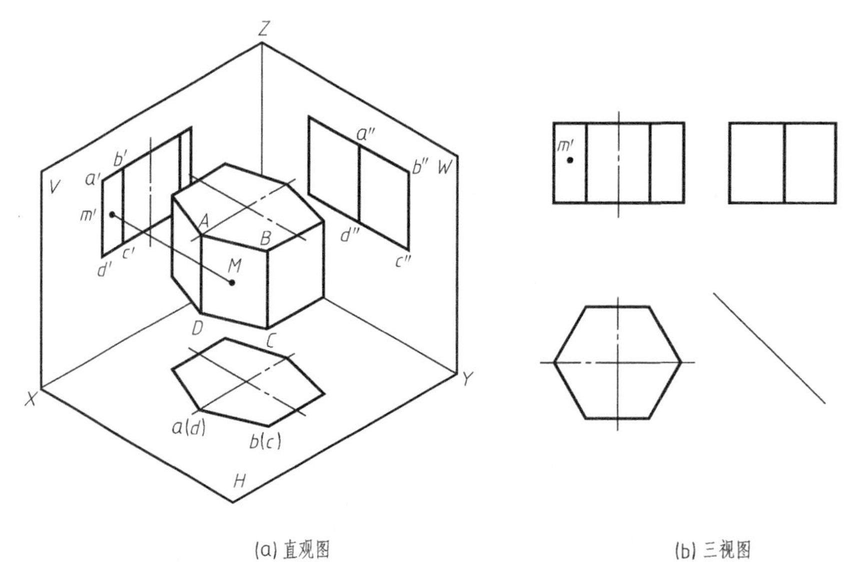

(a) 直观图　　(b) 三视图

图 1-2-12 正六棱柱表面上的点

作图步骤（图 1-2-13）：

① 侧面 $ABCD$ 在俯视图上的投影积聚为线；

② 根据长对正，利用棱柱侧面的积聚性，确定点 m' 的 H 面投影 m；

③ 再利用高平齐和宽相等确定点 m 的 W 面投影 m''。

二、棱锥表面上的点

棱锥表面上，处于特殊位置面上的点，可利用积聚性求解；处于一般位置面上的点，可采用作辅助线的方法求得。

例 1-2-4 在图 1-2-14 中，已知正三棱锥表面上一点 M 的正面投影 m'，求点 M 的另外两面投影。

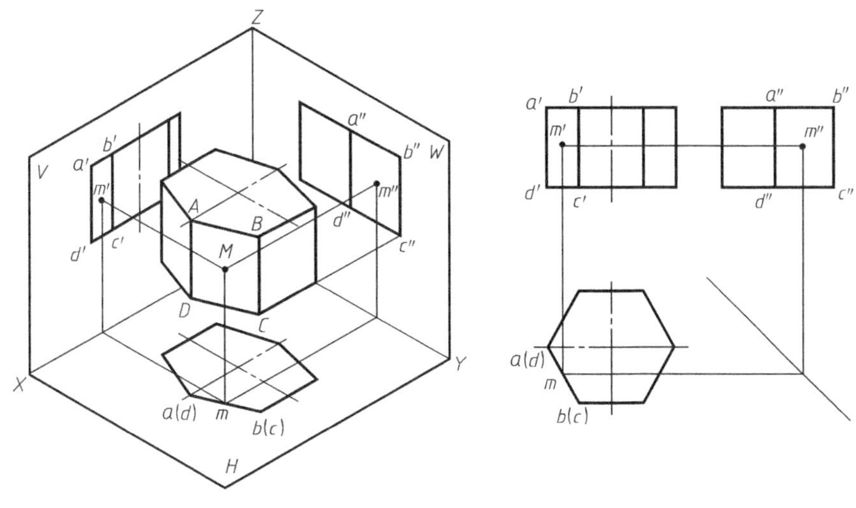

(a) 直观图　　(b) 三视图

图 1-2-13　正六棱柱的三视图及表面取点

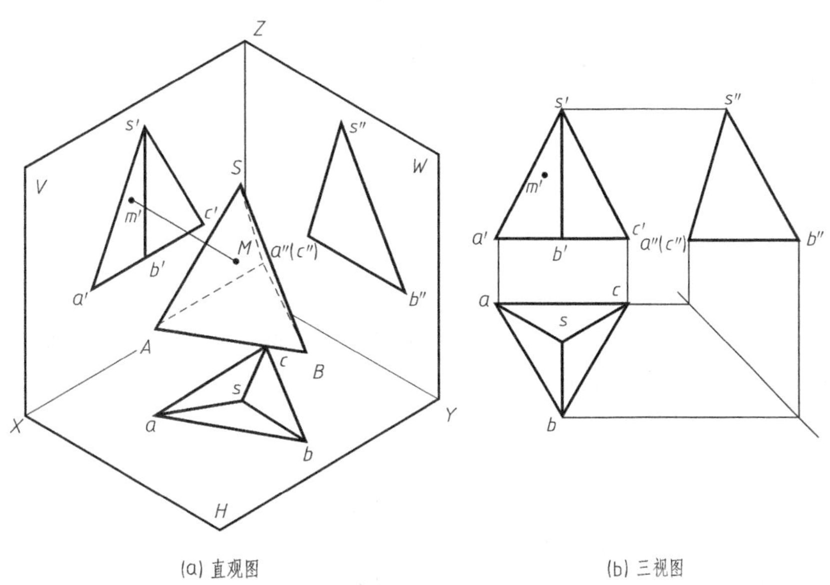

(a) 直观图　　(b) 三视图

图 1-2-14　正三棱锥表面上的点

分析：M 点所在棱面$\triangle SAB$ 是一般位置平面，需过锥顶 S 和点 M 作辅助线 SⅠ，如图 1-2-15（b）中过 m'作 $s'1'$，其水平投影为 $s1$，然后根据点在直线上的投影特性求出其水平投影 m，再由 m'、m 得出侧面投影 m''。作图时，应注意判断点的可见性。

作图步骤（图 1-2-15）：

① 在主视图上作辅助线 $s'm'$交 $a'b'$于点 $1'$；

② 根据长对正由 $1'$获得俯视图中的棱 ab 上的点 1；

③ 再根据长对正在辅助线上确定俯视图上点 m；

④ 根据高平齐、宽相等获得左视图上的点 m''。

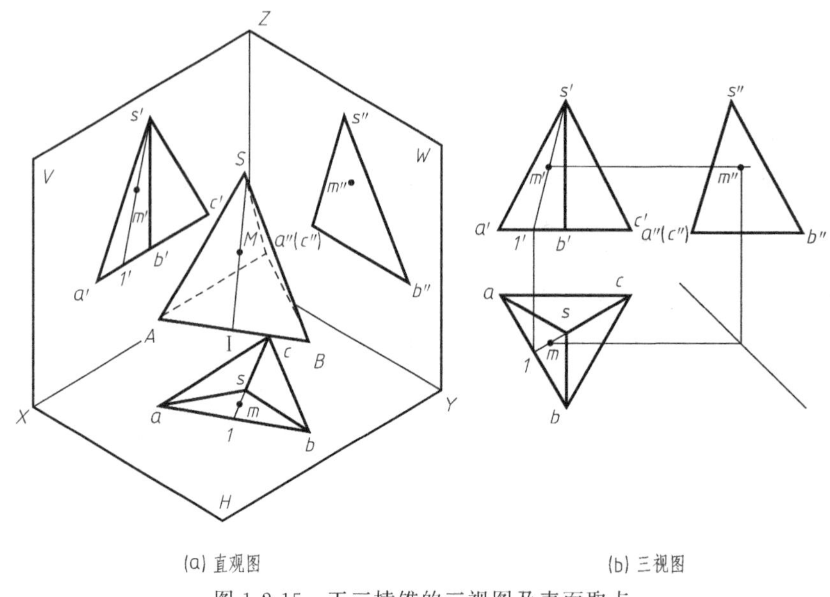

图 1-2-15 正三棱锥的三视图及表面取点

任务 2.2 绘制回转体的三视图

任务描述

绘制圆柱、圆锥和圆球的三视图。

任务分析

首先确定圆柱、圆锥和圆球的摆放位置，使其尽量多的面与三个投影面成特殊的位置关系，用正投影法向投影面进行投影，注意轮廓素线的表达。

相关知识

1. 回转体的概念

这里介绍的曲面立体主要是回转体，回转体的表面主要由回转面或回转面与平面所组成。由一动线（直线或曲线）绕一定直线回转而形成的曲面称为回转面。定直线称为回转轴，动线称为回转面的母线。回转面上任意位置的母线称为素线，母线上任意点的运动轨迹均为垂直于回转轴线的圆，称为纬圆，如图1-2-16中 A 点的运动轨迹。

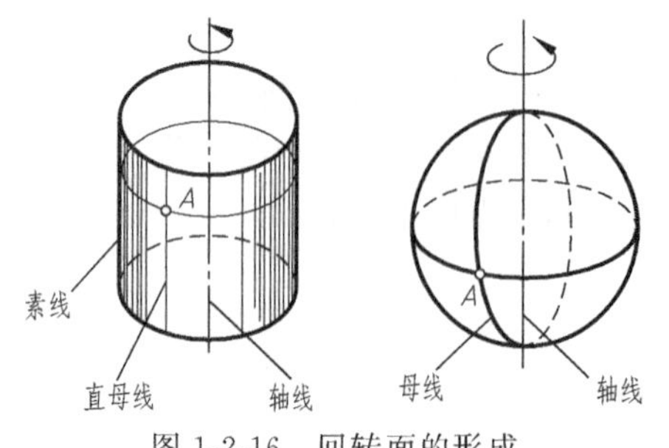

图 1-2-16 回转面的形成

2. 回转体的形成

（1）圆柱面的形成 圆柱面是由一条直线围绕与它平行的轴线回转而成，如图 1-2-17（a）所示。

（2）圆锥面的形成 圆锥面是由与轴线相交的直线回转而成，如图 1-2-18（a）。在母线上任一点的运动轨迹为圆，点在母线上位置不同，轨迹圆的直径也不相同。

（3）球面的形成　球面可看成一个圆母线绕其轴回转而成，如图 1-2-19（a）所示。在母线上任一点的运动轨迹为圆，点在母线上位置不同，轨迹圆的直径也不相同。

任务实施

例 1-2-5　绘制圆柱体的三视图。

分析：图 1-2-17 所示为圆柱体的三视图。俯视图为圆，圆柱面上所有的素线上的点都积聚在圆周上，圆柱体的顶面和底面均为水平面，其 H 面投影反映实形，与该圆重合。主视图为矩形，上、下两条水平线表示圆柱体顶面和底面积聚的投影；左、右两条垂直线表示圆柱曲面最左、最右素线的投影（它们在左视图上的位置与圆柱的轴线重合），矩形表示以最左、最右素线为界的前半个圆柱面的投影，后半部分圆柱面不可见，且与前半部分圆柱面的投影重合。左视图同为矩形，但与主视图所代表的空间含义不同，左右两条垂直线为圆柱上最前、最后素线的投影，矩形表示以最前、最后素线为界的左半部分圆柱面的投影。右半部分曲面在侧面投影中不可见，且与左半部分圆柱面的投影重合。

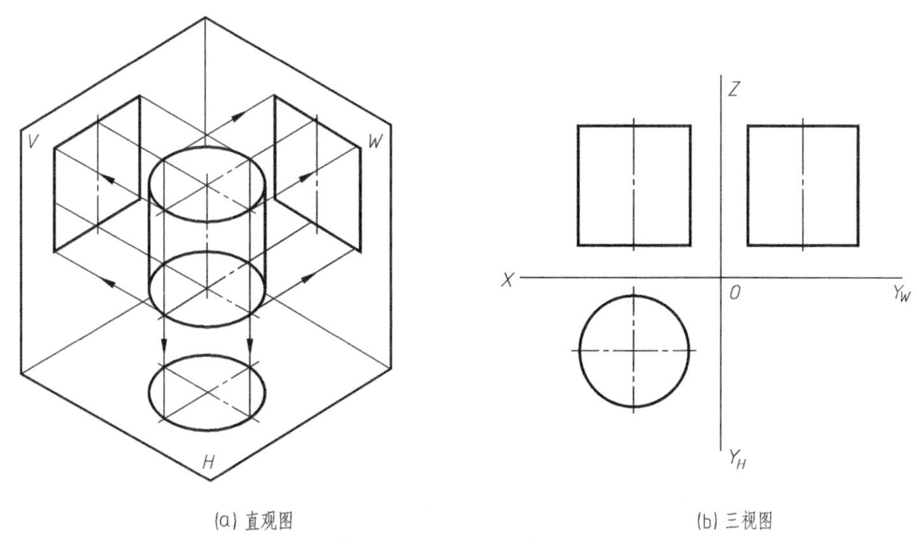

(a) 直观图　(b) 三视图

图 1-2-17　圆柱体的三视图

作图时，先作出基准线——轴线和圆的中心线，然后从投影积聚成圆的视图（俯视图）画起，最后根据投影规律画出其他两个视图。

例 1-2-6　绘制圆锥体的三视图。

图 1-2-18 是轴线为铅垂方向的圆锥体及其三视图。在三视图中，俯视图为圆，它既是底圆的水平投影又是圆锥面的水平投影；主视图为三角形线框，底边是圆锥底圆积聚的投影，反映底圆直径的大小。三角形的两腰分别为圆锥面最左、最右素线的投影，在主视图中，以最左、最右素线为圆锥面前后两半部分的分界线，圆锥的前半部分可见，后半部分不可见；该圆锥的左视图同为三角形线框，但两腰是圆锥面最前、最后素线的投影，在左视图中，以最前、最后素线为分界线，圆锥的左半部分可见，右半部分不可见。

作图时，先画俯视图，然后画主视图和左视图，注意保证三等关系。

例 1-2-7　绘制圆球的三视图。

球体的三个视图均为等于球直径的圆，如图 1-2-19 所示。图 1-2-19（b）中，主视图实

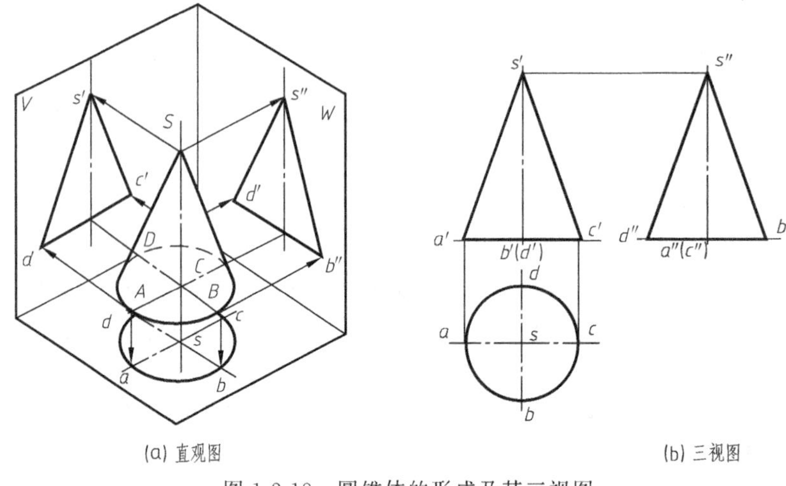

图 1-2-18　圆锥体的形成及其三视图

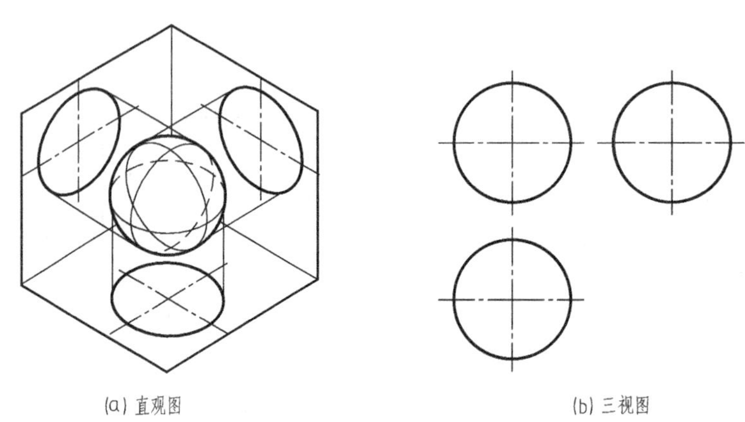

图 1-2-19　圆球及其三视图

质就是前、后半球分界圆的投影，前半球可见，后半球不可见。俯视图则是上半球与下半球分界圆的投影，上半球可见，下半球不可见。左视图是左半球与右半球分界圆的投影，右半球不可见，左半球可见。这三个分界圆的其他两面投影，都与圆的相应中心线重合。

拓展提高

例 1-2-8　图 1-2-20 中，已知圆柱面上的 M 点的正面投影和 N 点的侧面投影要求作另两面投影。

在圆柱体表面上取点时，可利用具有积聚性的投影进行作图。

因 M 点的正面投影 m' 为可见，可知它位于圆柱面的前半面的左半部分，圆柱面的水平投影具积聚性，因此 m 点在俯视图的前半个圆周的左部，所以，按投

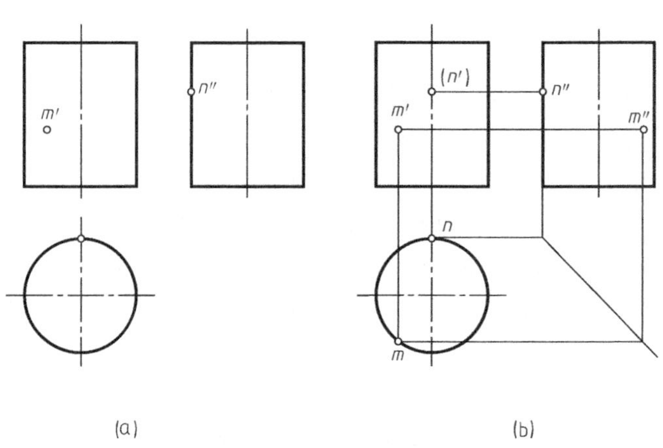

图 1-2-20　圆柱体表面取点

影规律可在由 m' 求得 m 及 m''。图中又知 N 点的侧面投影 n''，要求另两面投影 n 和 n'，可根据给定的 n'' 的位置，判断出点 N 在最后素线上，按投影规律由 n'' 求得 n 和 n'，n' 为不可见因此加括号。

例 1-2-9 如图 1-2-21（a）所示，已知圆锥面上一点 K 的正面投影 k'，求其水平投影和侧面投影。

圆锥面没有积聚性，在其表面上取点通常采用下列方法：

（1）辅助素线法 由于圆锥表面的素线都是直线，可以利用素线作辅助线。可以过锥顶 S 和锥面上点 K 作素线 SA，见图 1-2-21（b），连 s' 和 k' 并延长，交底面投影于 a'，得到素线 SA 的正面投影 $s'a'$；由于 K 点的正面投影 k' 可见，故素线 SA 应在前半个圆锥面上，其水平投影的 a 点则在底圆水平投影的前半个圆上，由 a' 利用铅垂线作出 a 点，连接 s 和 a 点，得 SA 的水平投影 sa；再由 k' 作铅垂线交 sa 于 k 点，得 K 点的水平投影 k。

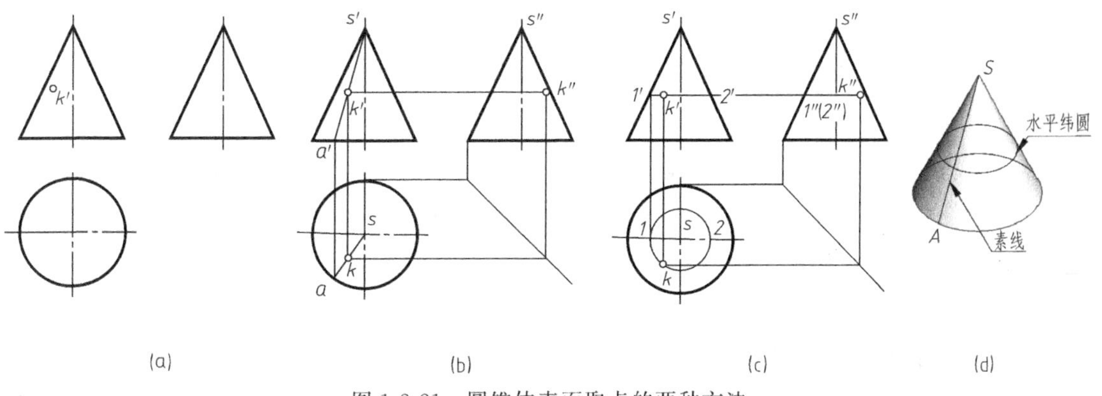

图 1-2-21 圆锥体表面取点的两种方法

（2）辅助圆法 由于圆锥面是回转面，过锥面上的点作纬圆，这个圆应垂直于圆锥的轴线（平行于底圆），所求点的各个投影必在纬圆的相应投影上。如图 1-2-21（c）所示，过 k' 作水平线交圆锥轮廓素线于 $1'$、$2'$ 两点，$1'2'$ 即为纬圆的正面投影，其长度为纬圆的直径；以 s 为圆心，$1'2'$ 的一半为半径画圆，得纬圆在俯视图上的实形；由于 k' 可见，故 K 点在前半锥面上，由 k' 作铅垂线交纬圆水平投影于 k 点；最后根据 k'、k 可求得 k''。

例 1-2-10 如图 1-2-22（a）所示，已知球表面上点 S 在俯视图上的投影 s，求其在另两个视图上的投影。

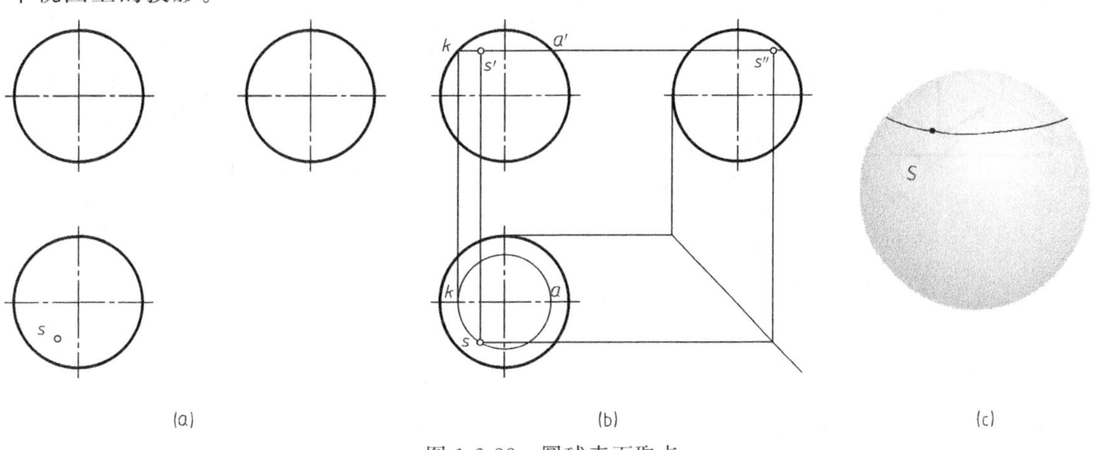

图 1-2-22 圆球表面取点

根据球面性质，可以运用辅助圆法来求球体表面上点的投影。根据 S 的位置和可见性，可以判断点 S 在前半球的左上部分，因此点 S 的三面投影均可见。过点 S 在球面上作一平行于 V 面的纬圆，因点在纬圆上，故点的投影必在纬圆的同面投影上。

作图时先在水平投影中，以 o 为圆心，以 os 为半径作圆，交水平中心线于 K、a 两点，由 k 点向上作铅垂线，交正面投影圆于 k' 点，过 K' 作 $k'a'/\!/OX$，$k'a'$ 即为所作纬圆的正面投影。由 s 向上作铅垂线，与纬圆正面投影 $k'a'$ 交于点 s'，再由主、左视图高平齐，主、俯视图宽相等，求得 s''。

任务 2.3　绘制形体轴测图

任务描述

绘制几何体的正等测图。

任务分析

要画几何体的正等测图，首先要了解正等测图的形成和概念，轴测轴的绘制，轴间角和轴向变化率，根据其不同的形状特征选用合适的作图方法。

相关知识

一、投影法的概念和分类

正投影图虽然度量性好、绘图简便，但缺乏立体感，没有经过专门训练的人一般难以看懂。因此，在工程上，常用富有立体感的轴测图作为辅助图样。

1. 基本概念

（1）轴测图　将物体连同其参考直角坐标体系，沿不平行于任一坐标平面的方向，用平行投影法将其投射在单一投影面上所得到的图形称为轴测图，如图 1-2-23 所示。

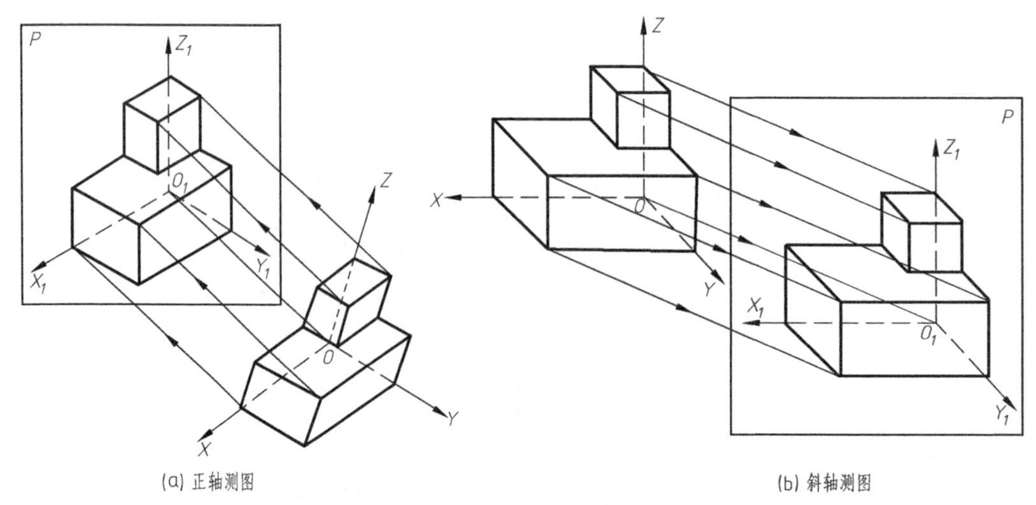

(a) 正轴测图　　(b) 斜轴测图

图 1-2-23　轴测图

（2）轴测轴　直角坐标轴（OX、OY、OZ）在轴测投影面上的投影（O_1X_1、O_1Y_1、O_1Z_1）称为轴测轴。

（3）轴间角　轴测投影中，任意两根轴测轴之间的夹角，称为轴间角，如$\angle X_1O_1Y_1$、$\angle Y_1O_1Z_1$、$\angle X_1O_1Z_1$。

（4）轴向伸缩系数　轴测轴上单位长度与相应直角坐标轴上单位长度的比值，称为轴向伸缩系数。X、Y、Z 轴的轴向伸缩系数，分别用 p_1（$p_1=O_1X_1/OX$）、q_1（$q_1=O_1Y_1/OY$）、r_1（$r_1=O_1Z_1/OZ$）表示。

2. 轴测图的基本性质

① 物体上与坐标轴平行的线段，其轴测投影必与相应的轴测轴平行；

② 物体上相互平行的线段，其轴测投影也相互平行。

3. 轴测图的种类

根据投射线与轴测投影面的相对位置不同，轴测图可以分为两类：

（1）正轴测图　投射线与轴测投影面垂直时得到的轴测图，如图 1-2-23（a）所示。

（2）斜轴测图　投射线与轴测投影面倾斜时得到的轴测图，如图 1-2-23（b）所示。

其具体分类如下：

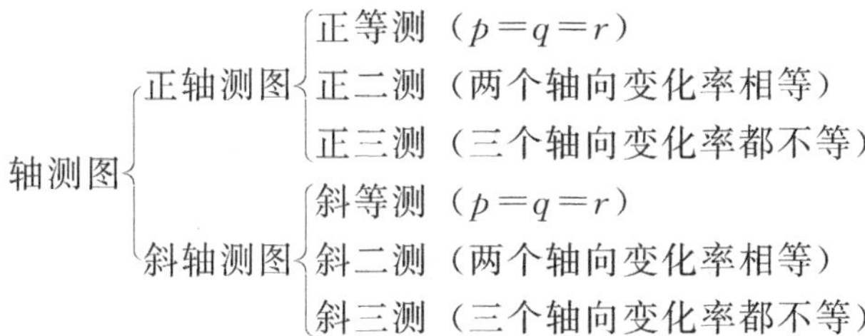

二、正等测轴测图的画法

1. 正等轴测图（正等测）特性

正等轴测图的轴间角都相等，均为 120°，如图 1-2-24（a）所示。轴向伸缩系数 $p_1=q_1=r_1=0.82$。绘图时，为方便起见，用简化伸缩系数，取 $p=q=r=1$，即所有与坐标轴平行的线段，在作图时按物体的实际大小量取，这样画出的图其轴向尺寸均比原来的图形放大（1/0.82≈1.22）1.22 倍。

2. 回转体的正等轴测图画法

画回转体的正等测图，关键是画回转体上圆的正等测投影。平行于各坐标面圆的正等测投影均为椭圆，见图 1-2-25。它们除长、短轴方向不同外，画法基本相同。在圆的正等测投影中，椭圆的长、短轴方向与圆的中心线轴测投影的小角、大角平分线重合，绘图时，应先画出中心线的轴测投影，再采用四心法绘制椭圆，具体作图步骤［图 1-2-26（图为平行于 H 面圆的正等测）］如下。

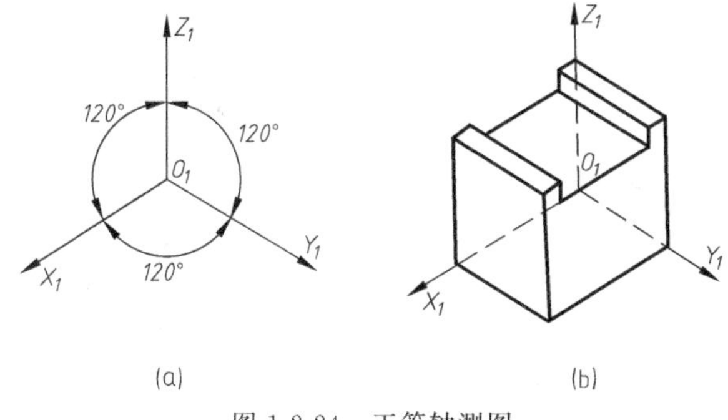

图 1-2-24　正等轴测图

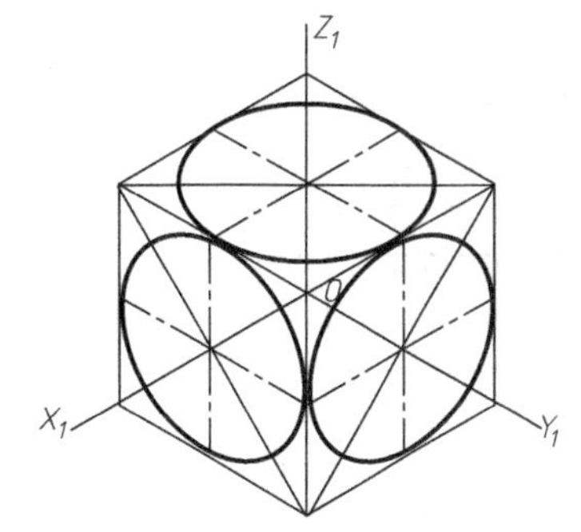

图 1-2-25　不同坐标面上圆的正等测投影

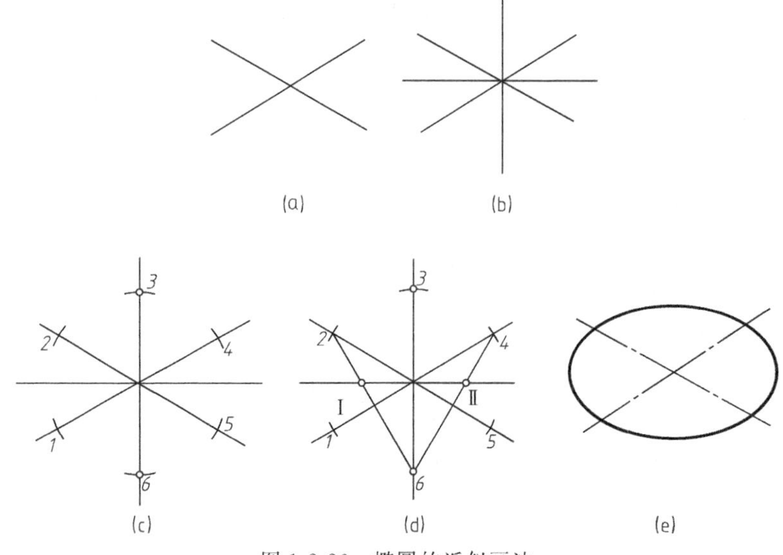

图 1-2-26　椭圆的近似画法

① 画圆的两条中心线的轴测投影（轴测轴），如图 1-2-26（a）所示；

② 画大、小角的角平分线，如图 1-2-26（b）所示；

③ 以交点为圆心，以 $d/2$ 为半径画弧，在轴测轴上取点 1、2、4、5，在短轴上取圆心 3、6，如图 1-2-26（c）所示；

④ 分别连接 2、6 和 4、6 交长轴于Ⅰ、Ⅱ点，如图 1-2-26（d）所示；

⑤ 以 3、6 为圆心，以 35 为半径画两大弧，以Ⅰ、Ⅱ为圆心，以Ⅰ1 为半径画两小弧即得，如图 1-2-26（e）所示。

任务实施

例 1-2-11　根据三视图，用坐标法作四棱台的正等测图。

坐标法：根据物体形状的特点，选定合适的坐标轴，画出轴测轴，再按坐标关系画出物体的各顶点，然后连接各顶点，完成物体的轴测图。

绘图步骤：

① 选定坐标原点和坐标轴。这里选底面中心为坐标原点，以底面对称线和棱锥的高线为三根坐标轴，见图 1-2-27（a）；

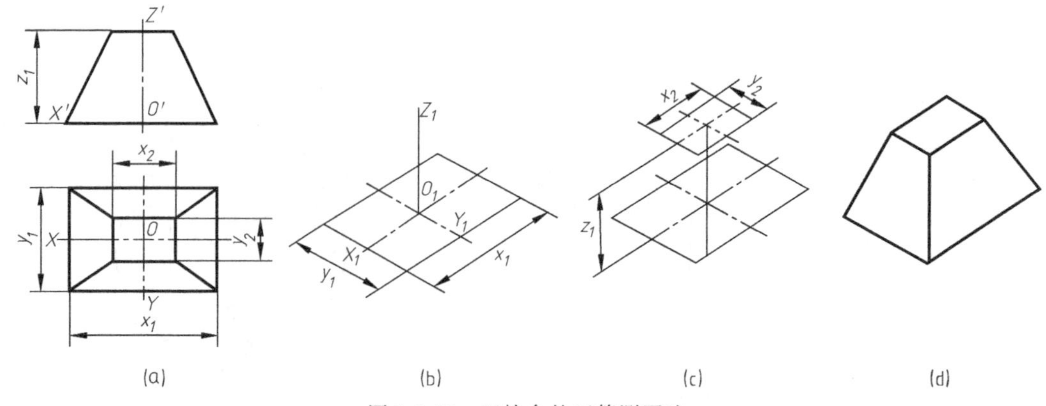

图 1-2-27　四棱台的正等测画法

② 画轴测轴，作出下底面的轴测投影，见图 1-2-27（b）；

③ 根据高度尺寸 z_1 确定上底面的中心，作出上顶面的轴测投影，见图 1-2-27（c）；

④ 连接上、下底面的对应顶点，即完成四棱台的正轴测图，见图 1-2-27（d）。

轴测图上的虚线一般省略不画。

例 1-2-12　用切割法作出如图 1-2-28（a）所示楔形块的正等轴测图。

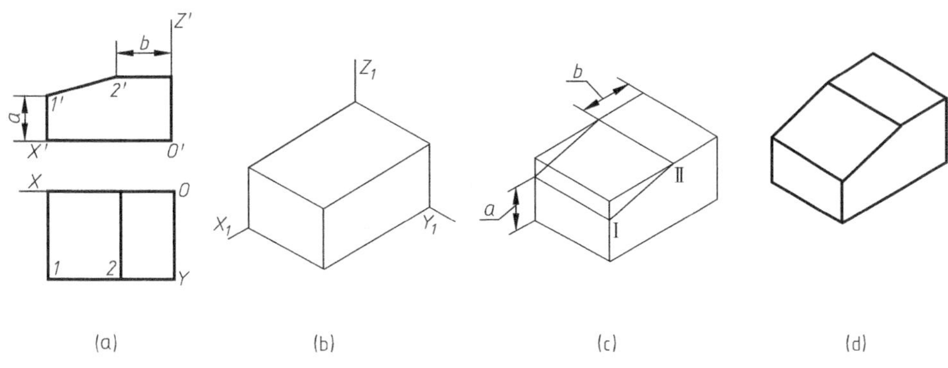

图 1-2-28　楔形块的正等轴测画法

切割法：对于某些带有缺口的物体，可先画出没切割前基本体的轴测图，再按形体形成的过程逐一切去缺口部分，最后得到该形体的轴测图。

分析视图可知，该形体是由长方体切去一角后形成的。

绘图步骤：

① 选定坐标原点和坐标轴，见图 1-2-28（a）；

② 画轴测轴，作完整长方体的轴测图，见图 1-2-28（b）；

③ 根据尺寸 a、b 确定Ⅰ、Ⅱ点的位置，再切去斜角，得到图 1-2-28（c）；

④ 去掉多余图线，加深，得楔形块正等轴测图，见图 1-2-28（d）。

例 1-2-13　圆柱［图 1-2-29（a）］正等测的画法。

① 画轴测轴，定左、右底圆中心，画出两底椭圆，见图 1-2-29（b）；

② 画出两边轮廓线，轮廓线应与两椭圆相切，见图 1-2-29（c）；

③ 擦掉多余图线，加深图线，得到图 1-2-29（d）所示圆柱正等测。

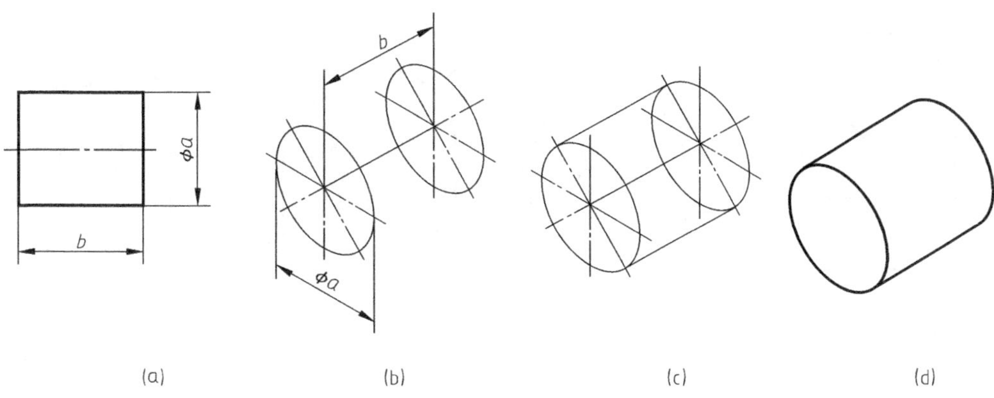

图 1-2-29　圆柱正等测画法

拓展提高

一、斜二测图特性

轴测投影面平行于一个坐标平面，且平行于坐标平面的那两条轴的轴向伸缩系数相等的斜轴测投影，称为斜二等轴测投影，简称斜二测。

斜二测的特点是平行于 XOZ 坐标平面的平面图形，在斜二测中其轴测投影反映实形。轴间角如图 1-2-30（a）所示，轴向伸缩系数取 $p_1=r_1=1$、$q_1=0.5$。

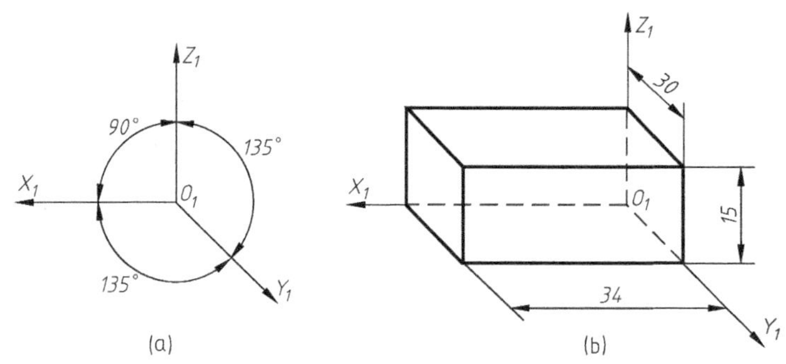

图 1-2-30　斜二测图

二、斜二测图的画法

因为斜二测图中，物体上平行于 XOZ 坐标面的平面，其轴测投影反映实形，故利用这一特点，在画单个方向形状复杂的物体时，作图简便易画出。画斜二测图时，首先要分析物体的结构形状，选形状复杂（非直线组成）的平面与 XOZ 坐标面平行。此时平行于 V 面的圆，其斜二测图仍然是一个圆，但平行 H 面和 W 面的圆，其斜二测都是椭圆。

例 1-2-14　根据图 1-2-31（a）所示的两视图，画形体的斜二测图。

① 在视图上确定坐标原点和坐标轴，见图 1-2-31（a）；

② 画出轴测轴，再画物体的最前端面的投影（与主视图相同），见图 1-2-31（b）；

③ 取物体宽度的 1/2，确定最后端面的位置并将其画出，并作出左上角的公切线，见图 1-2-31（c）；

④ 校核后加深图线，完成物体的斜二测图，见图 1-2-31（d）。

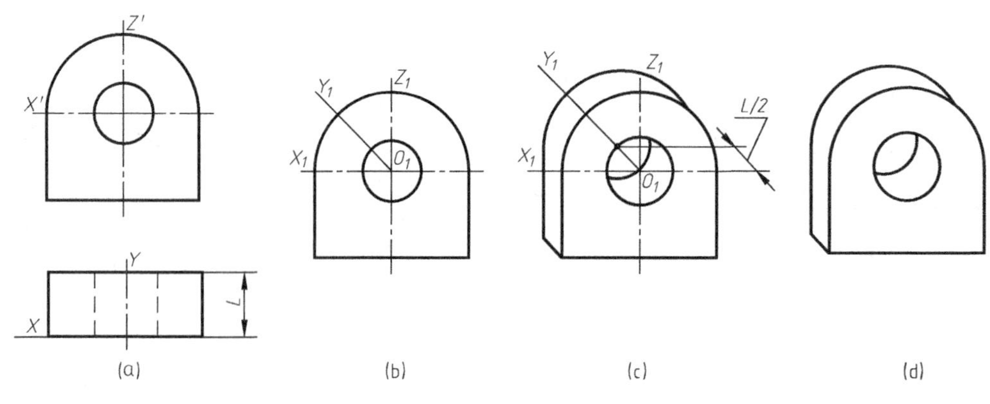

图 1-2-31　物体斜二测图画法

单元3　组　合　体

任务3.1　绘制平面基本体截断体的三视图

任务描述

如图1-3-1所示，求正五棱柱、正四棱锥被单一截平面截切后的三视图。

任务分析

求解平面基本体被单一截平面截切后的截断体三视图，首先进行空间及投影分析，分析截平面与基本体的相对位置，判断截交线的形状；分析截平面与投影面的相对位置，找到已知投影，预见未知投影。然后确定截平面与棱的交点，顺次用直线连接，并注意可见性。

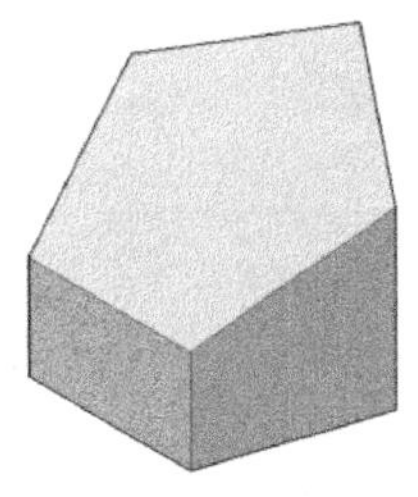

(a)被截切的正五棱柱　(b)被截切的正四棱锥

图1-3-1　被截切的平面体

相关知识

一、截交线的概念

形体被平面截断后分成两部分，每部分均称为截断体；用来截断形体的平面称为截平面；截平面与立体表面的交线为截交线，由交线围成的平面图形为截断面，如图1-3-2所示。

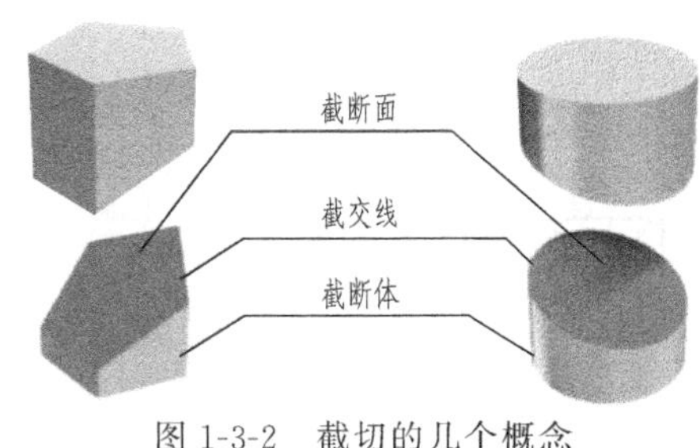

图1-3-2　截切的几个概念

由上述定义可见，平面立体截交线的性质：平面立体的截交线是一个封闭的平面多边形，多边形的各顶点是截平面与被截棱线的交点，也就是说立体被截断几条棱，截交线就是几边形。由于平面立体的表面是由平面构成，两平面的交线为直线，因此求截交线的实质就是求截平面与立体上被截各棱的交点或截平面与立体表面的交线，然后依次连接而得。

二、棱柱截切的几种情况

根据截平面与棱柱的相对位置的不同，棱柱的截切大致分为表1-3-1所列六种情况。

三、求解平面立体截交线的步骤

(1) 空间分析及投影分析

① 根据截平面与平面立体的相对位置判断截交线的形状，一般截交线截断几根棱，截断面即为几边形。

② 根据截平面与投影面的相对位置，利用已知的投影特性求解未知的投影。

表 1-3-1 五棱柱截切的几种情况

截平面位置	轴测图	投影图	截交线形状
与上、下底面平行	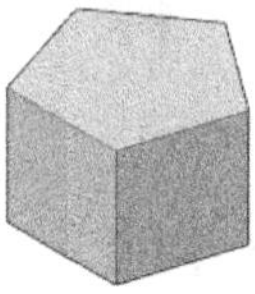	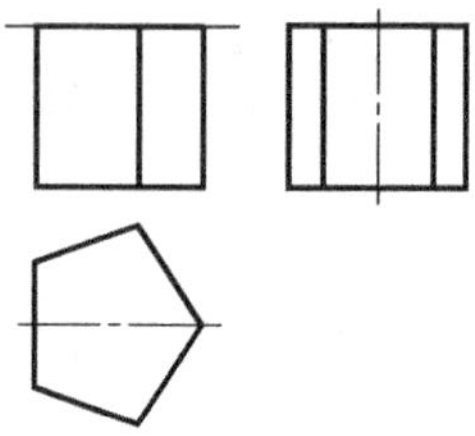	正五边形
截断五条棱	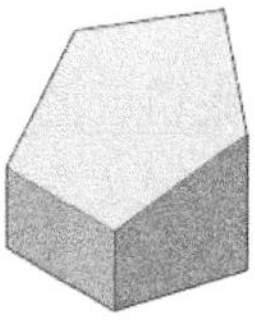	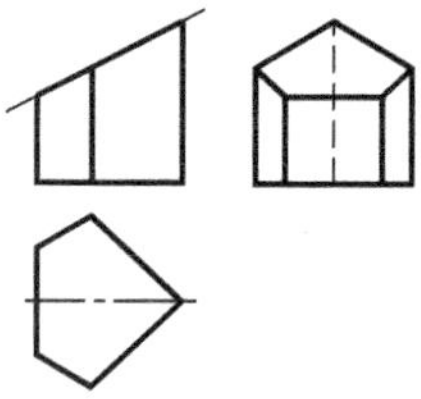	五边形
截断六条棱		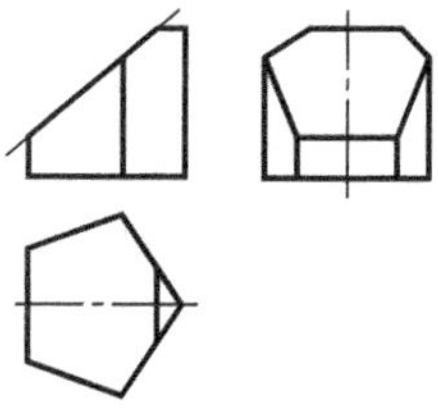	六边形
截断四条棱	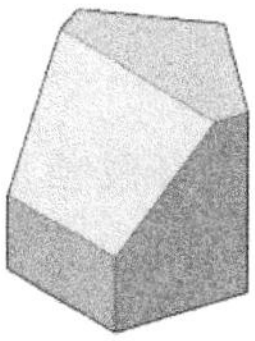	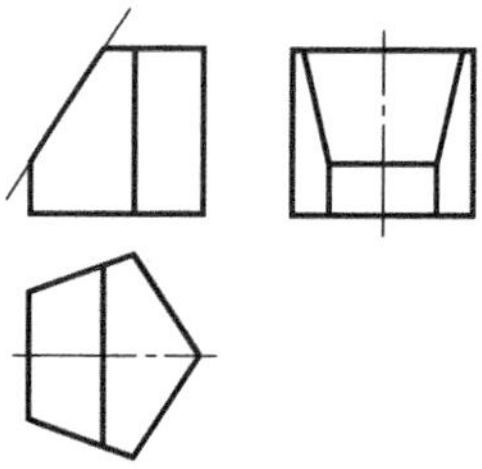	四边形
截断三条棱	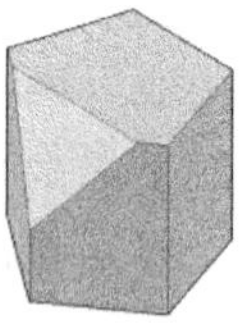	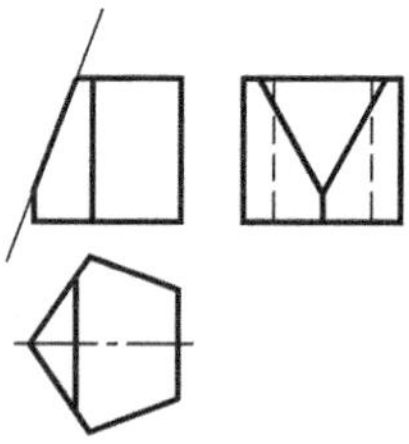	三角形
与侧棱平行	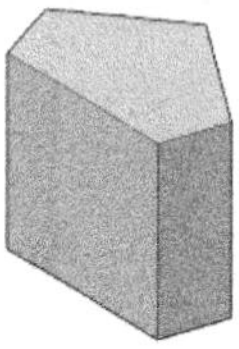	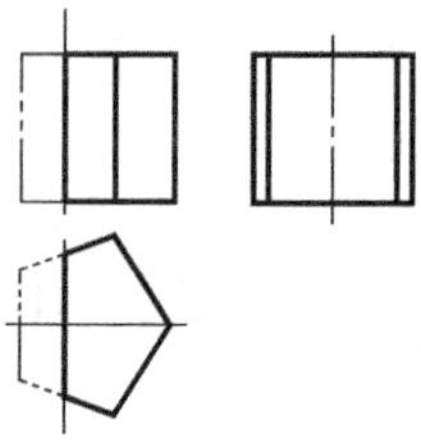	矩形

（2）画出截交线的投影

① 求出截平面与被截棱线的交点，并判断可见性。

② 依次用直线连接各顶点成多边形，注意可见性。

（3）完善轮廓

可见的画成粗实线，不可见的画成虚线。

任务实施

例 1-3-1　如图 1-3-3（a）所示，补全正五棱柱被正垂面 P 截切后的三视图。

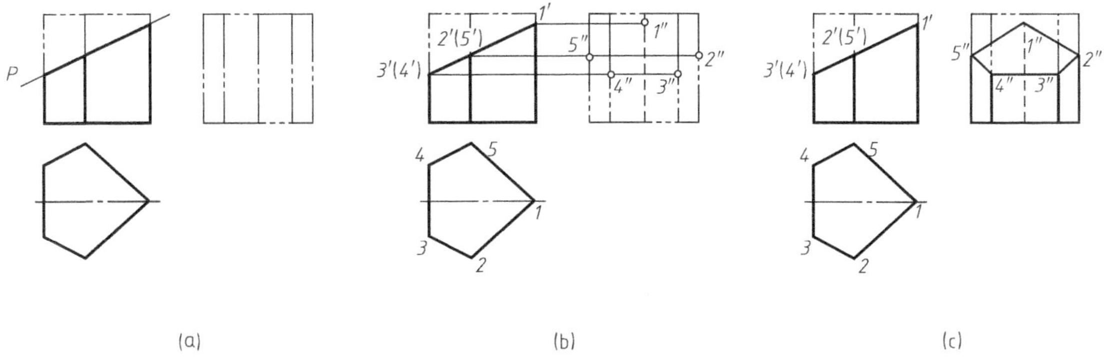

图 1-3-3　正五棱柱被正垂面截切

分析：已知主、俯视图求左视图，由截平面截断五根棱可知截交线为五边形。

作图：① 首先根据主、俯视图绘制完整的五棱柱的左视图，如图 1-3-3（a）所示；

② 确定截平面与被截各棱的交点Ⅰ、Ⅱ、Ⅲ、Ⅳ、Ⅴ的三面投影，如图 1-3-3（b）所示；

③ 用直线顺次连接各点，完善轮廓并判断可见性，如图 1-3-3（c）所示。

例 1-3-2　如图 1-3-4（a）所示，补全正四棱锥被正垂面 P 截切后的三视图。

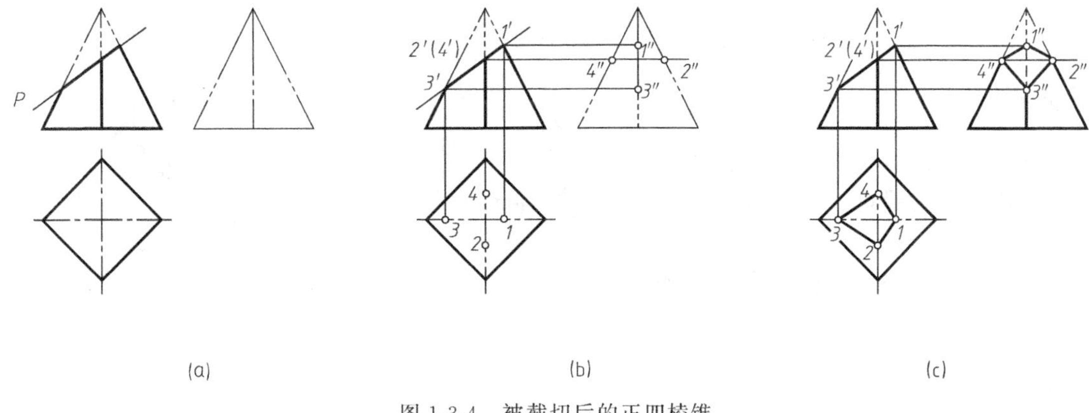

图 1-3-4　被截切后的正四棱锥

分析：如图 1-3-4（a）所示，正四棱锥被正垂面截断，根据截交线的共有性，已知截交线的主视图求俯、左视图，由截平面截断四根棱可知截交线为四边形。

作图：① 首先根据主、俯视图绘制没有截切的左视图，如图 1-3-4（a）所示；

② 确定截平面与被截各棱的交点Ⅰ、Ⅱ、Ⅲ、Ⅳ的三面投影，如图 1-3-4（b）所示；

③ 用直线顺次连接各点，完善轮廓并判断可见性，如图 1-3-4（c）所示。

拓展提高

例 1-3-3　如图 1-3-5（a）所示，补全六棱柱被截切后的三视图。

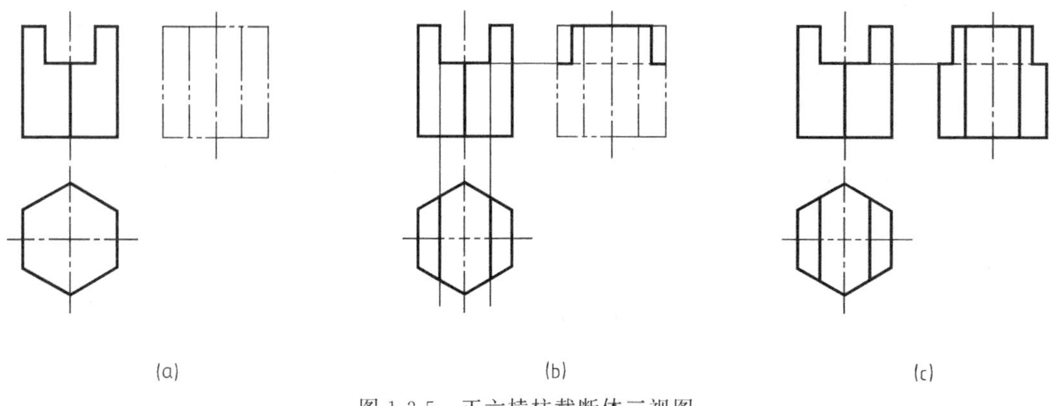

(a)　(b)　(c)

图 1-3-5　正六棱柱截断体三视图

分析：已知主视图求俯、左视图，截平面为三个，两个侧平面、一个水平面，其中，侧平面所截得截交线为矩形，水平面截切所得截交线为部分六边形。

作图：①确定侧平面的三面投影：侧平面在主、俯视图上的投影均为直线，在左视图上的投影为实形，矩形的大小根据高平齐、宽相等获得，如图 1-3-5（b）所示；

② 确定水平面的三面投影：水平面的三面投影中主、左视图为直线，俯视图中为实形，其实形为部分正六边形，如图 1-3-5（c）所示。

任务 3.2　绘制回转体截断体的三视图

任务描述

如图 1-3-6 所示，求圆柱、圆锥被单一截平面截切后的三视图。

任务分析

确定回转体截交线上特殊位置点和一般位置点的投影，用曲线光滑连接，采用的方法是依据不同的情况分别采用积聚性、辅助素线法、辅助圆法。

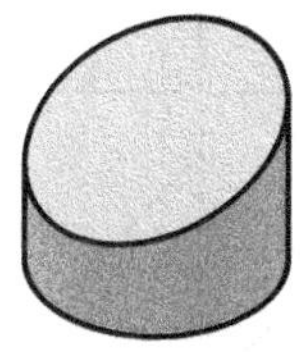

(a)圆柱截断体三视图

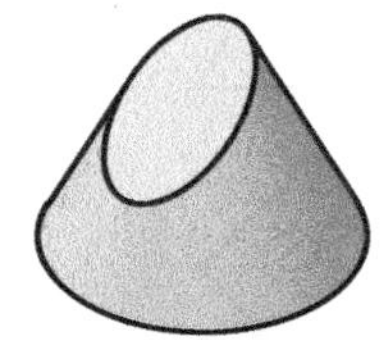

(b) 圆锥截断体三视图

图 1-3-6　回转体截断体

相关知识

一、求截交线的实质

若想求得曲面体截断体，首先要了解曲面体截交线的性质：截交线是截平面与回转体表面的共有线；截交线的形状取决于回转体表面的形状及截平面与回转体轴线的相对位置；截交线都是封闭的平面图形（封闭曲线或由直线和曲线围成）。因此，求曲面体截交线的实质就是求截平面与曲面上被截各素线的交点，然后依次光滑连接。

二、圆柱的截断

由于截平面与圆柱轴线的相对位置不同，截交线有三种不同的形状，见表 1-3-2。

表 1-3-2 圆柱截交线的三种不同形状

截平面位置	轴测图	投影图	截交线形状
平行于轴线	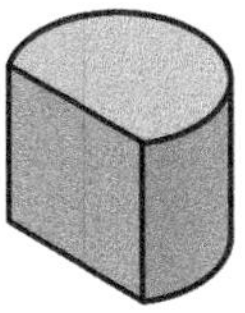	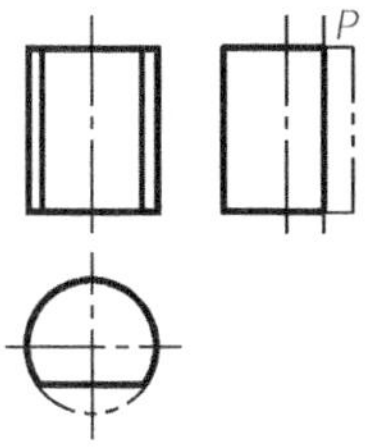 P	矩形
垂直于轴线		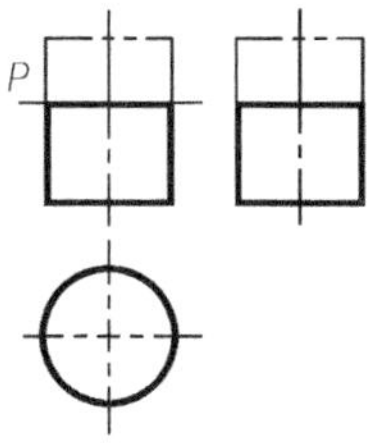 P	圆
倾斜于轴线	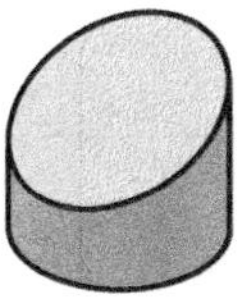	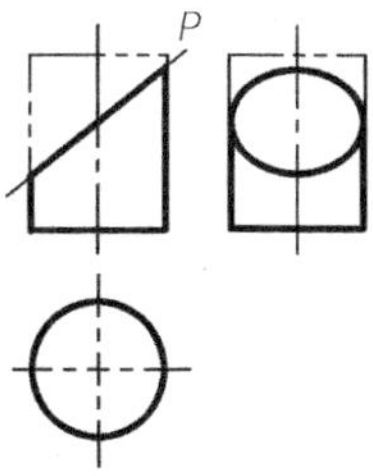 P	椭圆

三、圆锥的截断

根据截平面与圆锥轴线的相对位置不同，截交线有五种形状，见表 1-3-3。

表 1-3-3 圆锥截交线的几种形状

截平面位置	轴测图	投影图	截交线形状
垂直于轴线	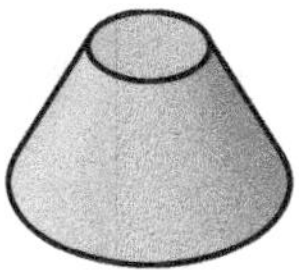	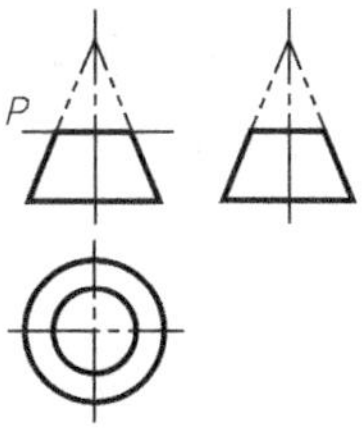 P	圆

续表

截平面位置	轴测图	投影图	截交线形状
倾斜于轴线	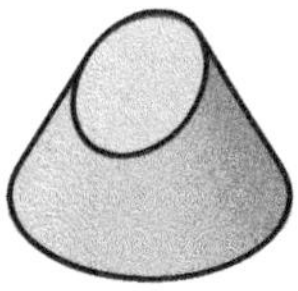	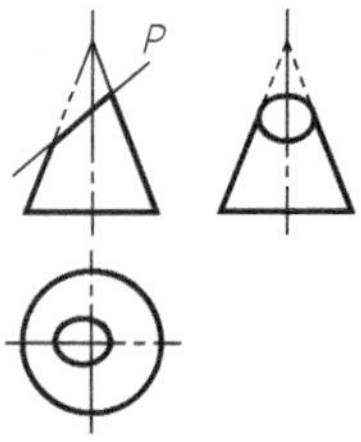	椭圆
平行于轴线	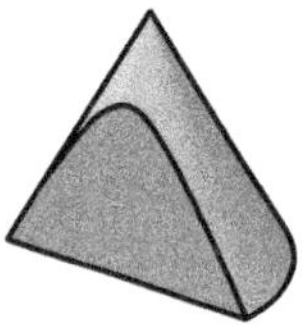	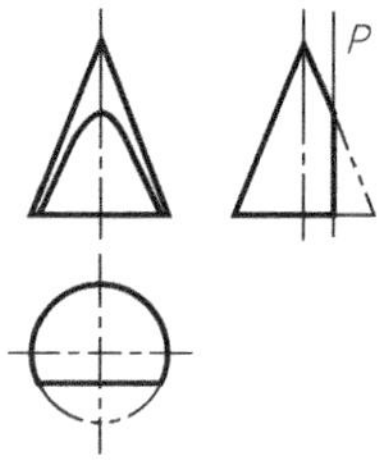	双曲线
平行于素线	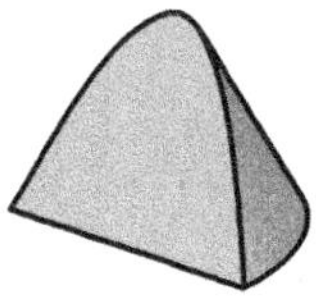	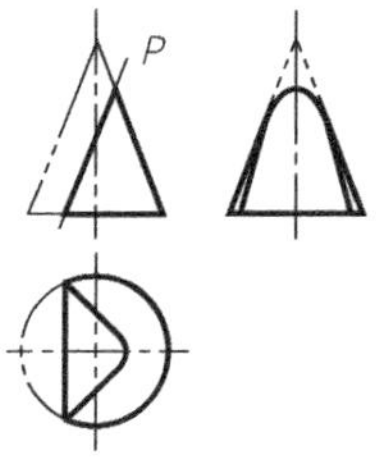	抛物线
通过锥顶点	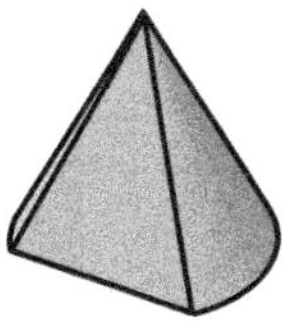	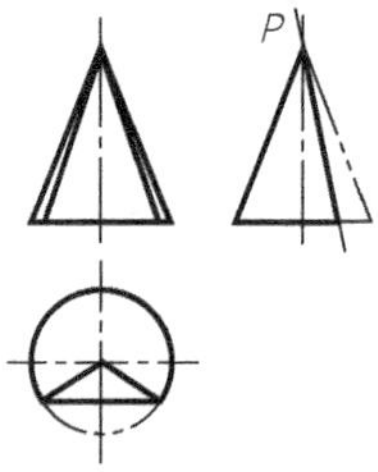	三角形

四、求解回转体截交线的步骤

（1）空间及投影分析

① 分析回转体的形状以及截平面与回转体轴线的相对位置。

② 分析截平面与投影面的相对位置，如积聚性、类似性等。找出截交线的已知投影，预见未知投影。

（2）画出截交线的投影

① 先找特殊点（轮廓素线上的点和极限位置点）。

② 补充一般点。

③ 光滑连接各点，并判断截交线的可见性。

（3）完善轮廓。

可见的画成粗实线，不可见的画成虚线。

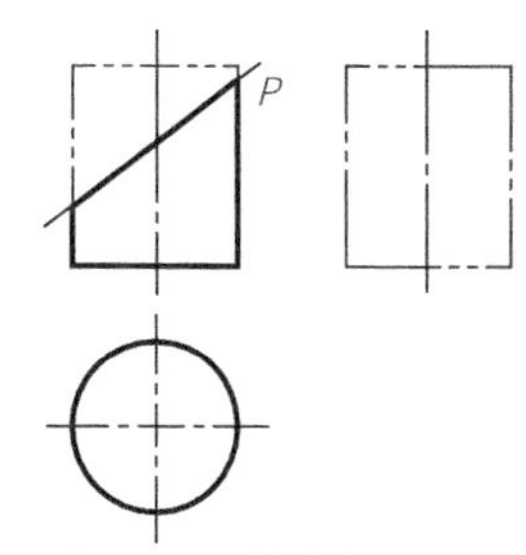

图 1-3-7　被截切的圆柱

任务实施

例 1-3-4　如图 1-3-7 所示，圆柱被正垂面 P 截断，补全其三视图。

分析：首先根据截交线的共有性，可知已知主、俯视图求解左视图；根据截平面为正垂面，与圆柱的轴倾斜的位置关系判断空间的截交线为一个椭圆，左视图中的截交线为一个扁椭圆。

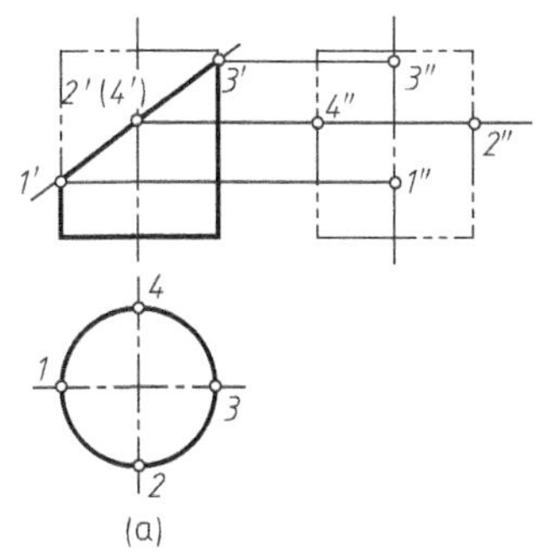

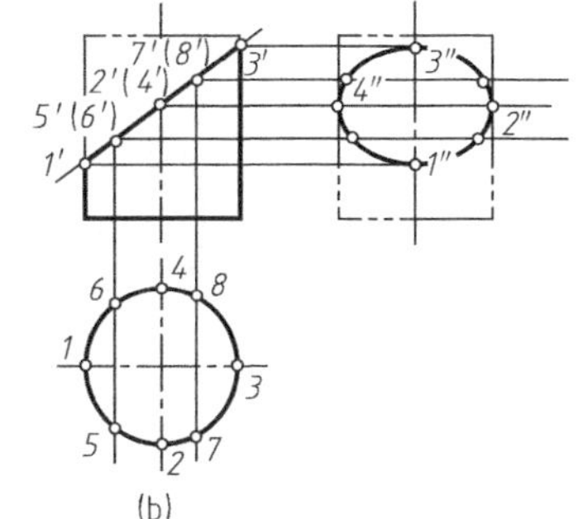

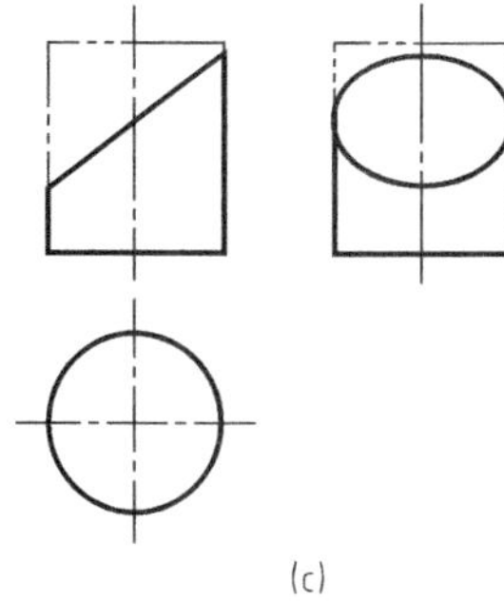

图 1-3-8　补全截断体三视图

作图：

① 确定特殊位置点，即轮廓素线上的点和极限位置点，如图 1-3-8（a）所示；

② 确定一般位置点，如图 1-3-8（b）所示；

③ 曲线光滑连接并完善图形轮廓，如图 1-3-8（c）所示。

例 1-3-5　如图 1-3-9 所示，已知圆锥被正垂面截断，求作其左视图。

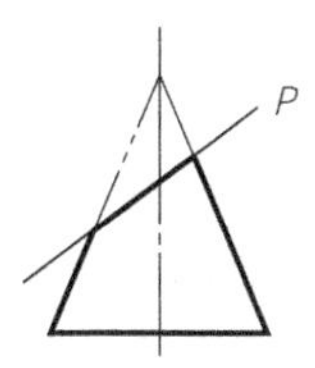

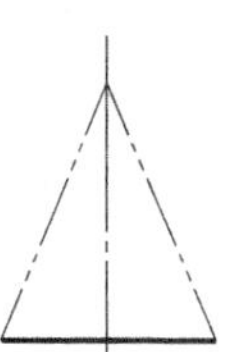

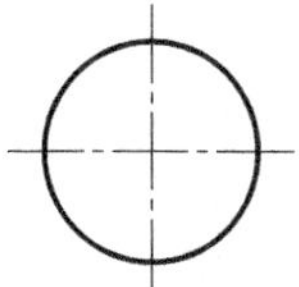

图 1-3-9　被截切的圆锥

分析：根据截平面为正垂面，与圆锥的轴呈倾斜的位置关系判断空间的截交线为一个长椭圆，左视图中的截交线也为一个不规则椭圆。

作图：

① 补全圆锥的左视图，求解特殊位置点、轮廓素线上的点和极限位置点，如图 1-3-10（a）所示；

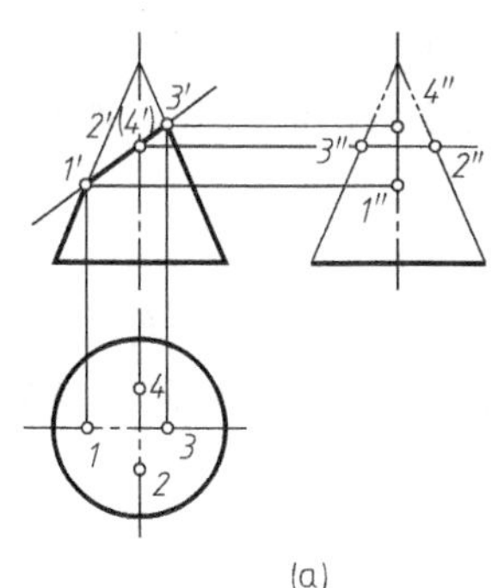

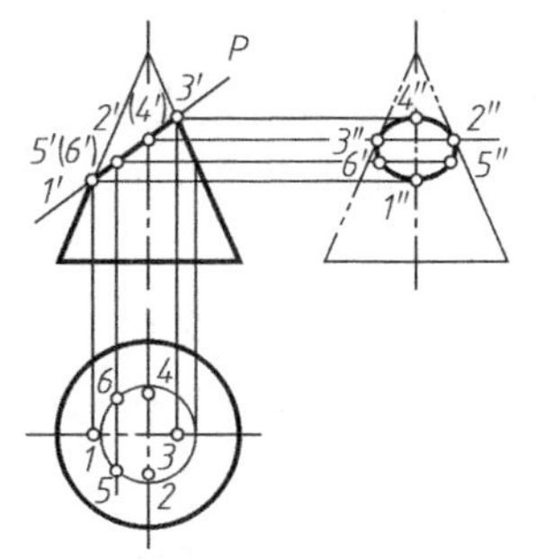

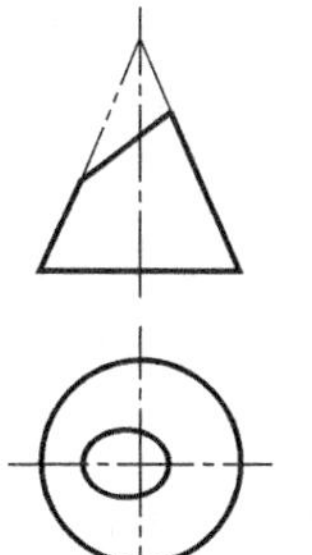

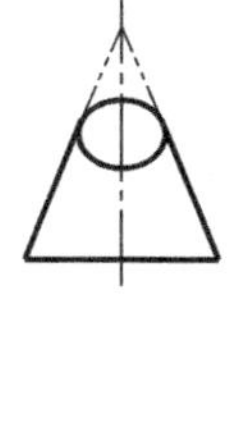

图 1-3-10　确定圆锥上的特殊位置点

② 确定一般位置点，如图 1-3-10（b）所示；

③ 用曲线光滑连接各点并完善轮廓，如图 1-3-10（c）所示。

拓展提高

例 1-3-6 如图 1-3-11（a）所示，补全接头的水平投影和侧面投影。

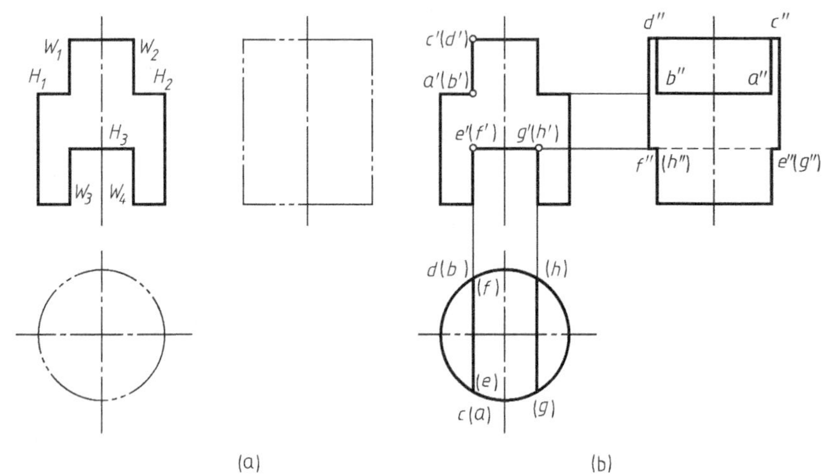

图 1-3-11 补全接头的水平投影和侧面投影

分析：该圆柱轴线为铅垂线，其水平投影具有积聚性，因此圆柱侧表面上的点都积聚在该圆周上。由已知条件可知，圆柱被 4 个侧平面和 3 个水平面截切，上面两侧切口，下面中间开槽，侧平面和圆柱形成的截交线是矩形，水平面和圆柱的截交线是圆。

作图：① 根据投影关系，画出完整的圆柱的左视图，如图 1-3-11（a）所示。

② 截平面 W_1、W_2、W_3、W_4 为侧平面，在主俯视图上积聚为线、在左视图上为实形。以 W_1 为例，与圆柱的交线为圆柱侧面的两条素线 ac、bd，首先根据长对正确定矩形的宽，然后根据宽相等和高平齐确定左视图的矩形。

③ 截平面 H_1、H_2、H_3 为水平面，与圆柱的截交线为圆（部分圆），对于上端的切口，为左右两端的圆，下边的开槽为夹在 W_3、W_4 两面之间的圆，此圆在左视图部分为不可见，如图 1-3-11（b）所示。

例 1-3-7 如图 1-3-12（a）所示，补全开槽半球的水平投影和侧面投影。

分析：平面切割圆球时，截交线为圆。当截平面为投影面平行面时，截交线在所平行的投影面上的投影为一圆，其余两面投影积聚为直线，该直线的长度等于圆的直径，其直径的大小取决于截平面与球心的距离。如图 1-3-12 所示半球表面的凹槽由两个侧平面 W_1、W_2 和一个水平面 H_1 切割而成，截平面 W_1、W_2 各截得一段平行于侧面的圆弧，而截平面 H_1 截得前后各一段水平的圆弧，截平面之间的交线为正垂线。

作图：

① 以 $a'b'$ 为半径作出截平面 W_1、W_2 的截交线圆弧的侧面投影（两平面重合），它与截平面 H_1 的侧面投影交于 1″、2″，根据三等关系作出 1、2，直线 12 即为截平面 W_1 的水平积聚投影。同理作出截平面 W_2 的水平投影。

② 以 $c'd'$ 为半径作出截平面 H_1 的截交线圆弧的水平投影。

③ 整理轮廓，判断可见性。球侧面投影的转向轮廓线在截平面 H_1 以上的部分被截切，

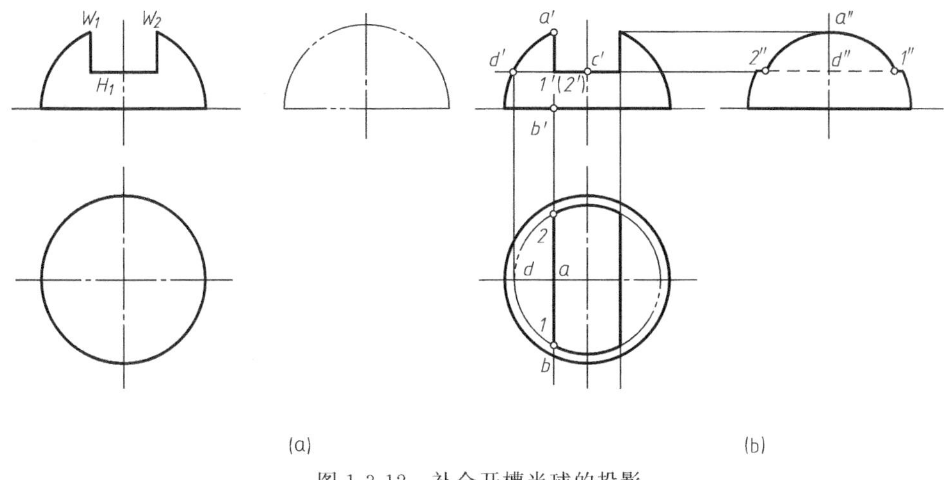

图 1-3-12　补全开槽半球的投影

不需要画出。截平面 H_1 的侧面投影在 1″、2″之间的部分被左半部分球面所挡，故画细虚线。作图结果如图 1-3-12（b）所示。

任务 3.3　绘制两回转体的相贯线

任务描述

如图 1-3-13 所示，根据相交两圆柱的已知投影求解未知投影，利用圆柱侧面投影的积聚性，求解相贯线的投影。

任务分析

确定回转体相贯线上特殊位置和一般位置点的投影，用曲线光滑连接，利用积聚性求解相贯线的未知投影。

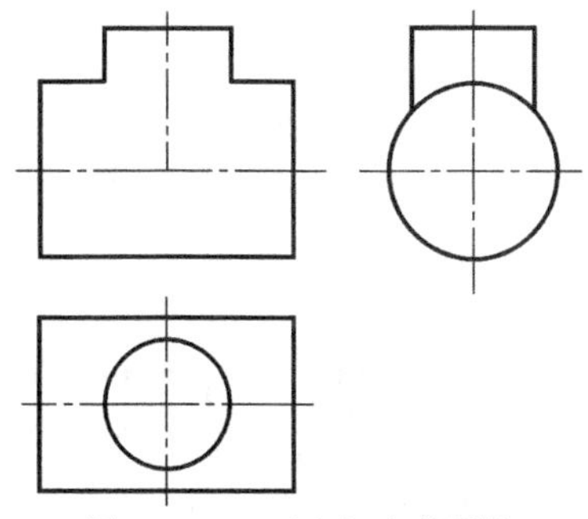

图 1-3-13　两个相交的圆柱

相关知识

一、相贯线的概念

两回转体表面相交称为相贯，形成的表面交线称为相贯线。相贯线的一般（基本）性质如下：

（1）封闭性　一般情况下，相贯线是封闭的空间曲线，在特殊情况下是平面曲线或直线。

（2）共有性　相贯线是相交的两回转体表面的共有线，相贯线上的所有点都是两回转体表面上的共有点。

求两回转体表面的相贯线投影时，应先作出相贯线上特殊点的投影，如回转体投影的转向轮廓线上的点，对称的相贯线在其对称面上的点，以及最高、最低、最左、最右、最前、最后这些确定相贯线形状和范围的点，然后再作出一般点，从而完成相贯线的投影。具体的作图方法有表面取点法和辅助平面法。要注意的是，一段相贯线只有同时位于两个立体的可见表面上时，这段相贯线的投影才是可见的。

二、相贯线的近似画法

当两圆柱直径相差较大时，对于轴线垂直相交的两圆柱的相贯线，为了作图方便常用近似画法，即用一段圆弧代替相贯线，该圆弧的圆心在小圆柱的轴线上，半径为大圆柱的半径，如图1-3-14所示。

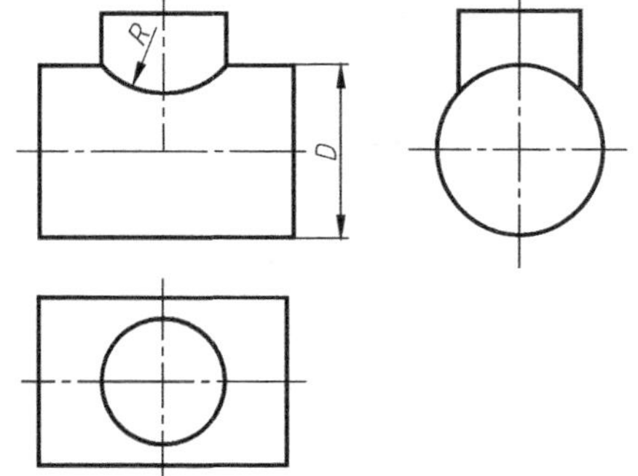

图 1-3-14 相贯线的近似画法

三、两回转体相交的相贯线的形状

如图 1-3-15 所示，两回转体相交的相贯线的形状主要由以下因素决定：

① 两回转体的形状；

② 两回转体的大小；

③ 两回转体的相对位置。

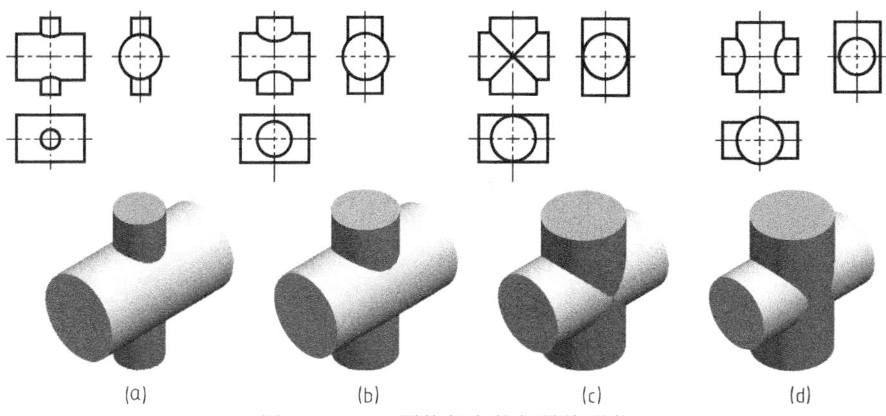

图 1-3-15 两圆柱相交的相贯线形状

四、相贯线的几种形式

两轴线垂直相交的圆柱，在零件图上是最常见的，它们的相贯线一般有如图 1-3-16 所示的三种形式。

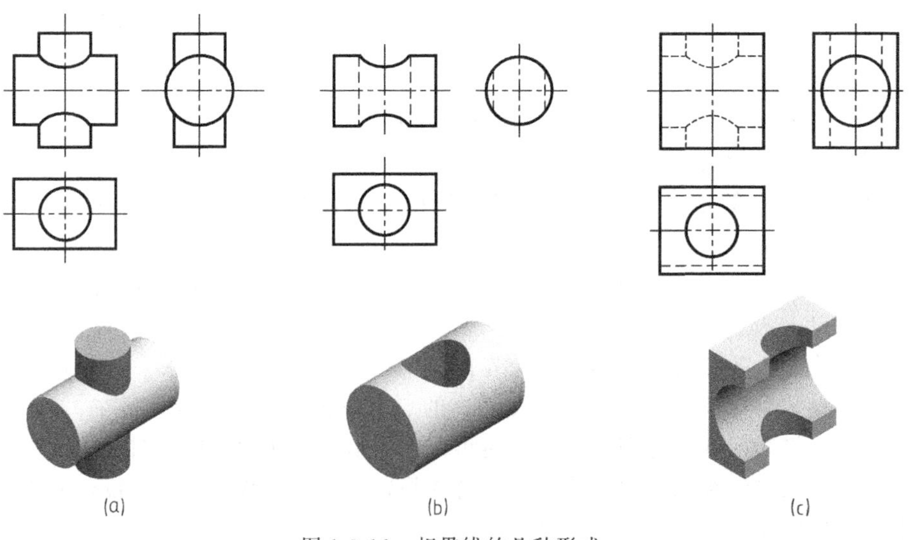

图 1-3-16 相贯线的几种形式

① 两实心圆柱相交，其中铅垂圆柱直径较小，相贯线是上下对称的两条封闭的空间曲线。

② 圆柱孔与实心圆柱相交，相贯线也是上下对称的两条封闭的空间曲线。

③ 两圆柱孔相交，相贯线同样是上下对称的两条封闭的空间曲线。

五、几种特殊的相贯线的形式

① 两回转体公切于一圆球，其相贯线的形式如图 1-3-17 所示。

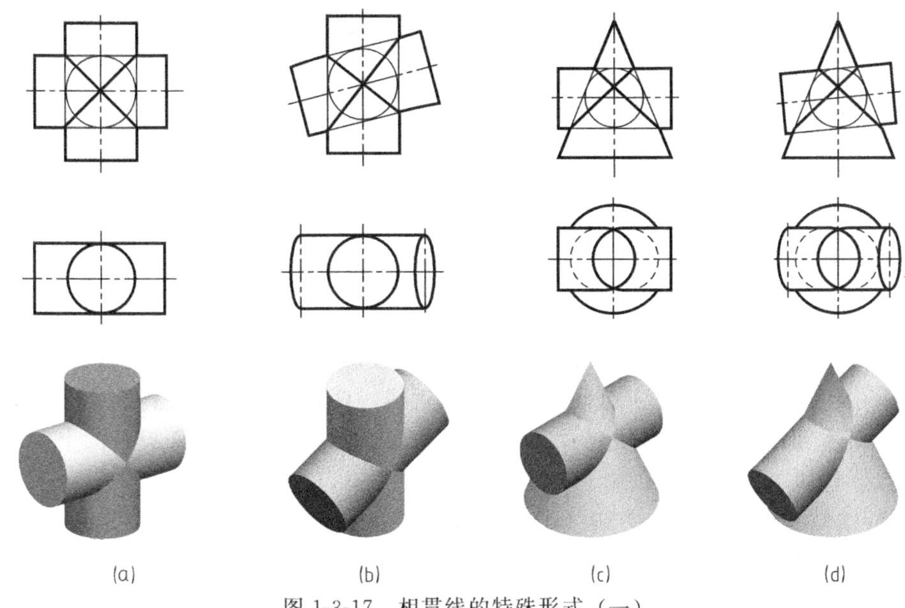

图 1-3-17　相贯线的特殊形式（一）

② 两回转体有公共轴线，其相贯线的形式如图 1-3-18 所示。

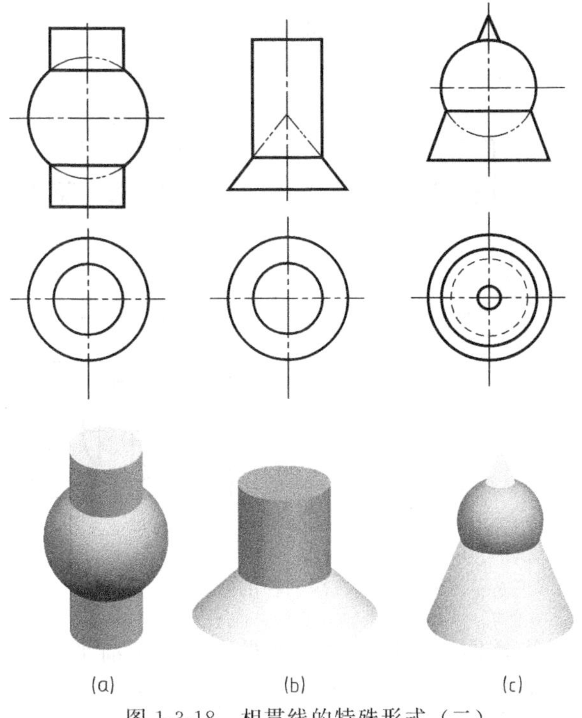

图 1-3-18　相贯线的特殊形式（二）

③ 两圆柱轴线平行，两圆锥共定点，其相贯线的形式如图 1-3-19 所示。

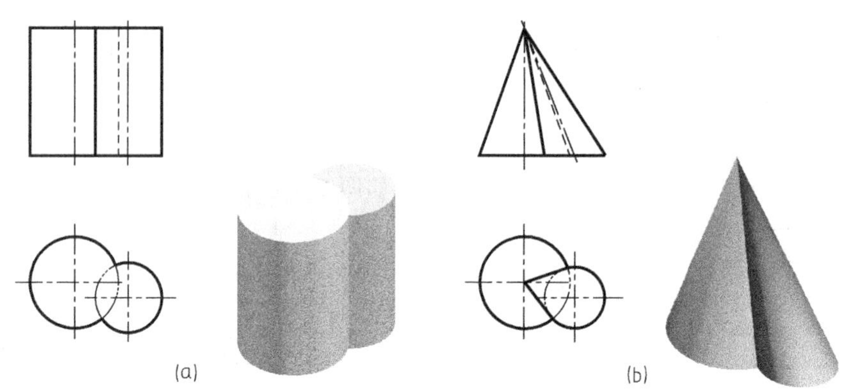

图 1-3-19　相贯线的特殊形式（三）

任务实施

例 1-3-8　如图 1-3-13 所示，已知两圆柱的三面投影，求作它们的相贯线。

分析：由于两圆柱的轴线分别为铅垂线和侧垂线，两轴线垂直相交，其相贯线的水平投影就积聚在铅垂圆柱的水平投影圆上，侧面投影积聚在侧垂圆柱的侧面投影圆上。已知相贯线的两个投影即可求出其正面投影。

① 求特殊位置点。如图 1-3-20（a）所示，先在相贯线的水平投影上定出 1、2、3、4 点，它们是铅垂面圆柱最左、最右、最前、最后素线上的点的水平投影，再在相贯线的侧面投影上相应作出 1″、2″、3″、4″。由这四点的两面投影，求出正面投影 1′、2′、3′、4′，可以看出，它们也是相贯线上最高、最低点。

② 求一般位置点。如图 1-3-20（b）所示，在相贯线的水平投影上定出左右、前后对称的四点 5、6、7、8，利用宽相等，求出它们的侧面投影 5″、6″、7″、8″，由这四点的两面投影，求出对应的 5′、6′、7′、8′。

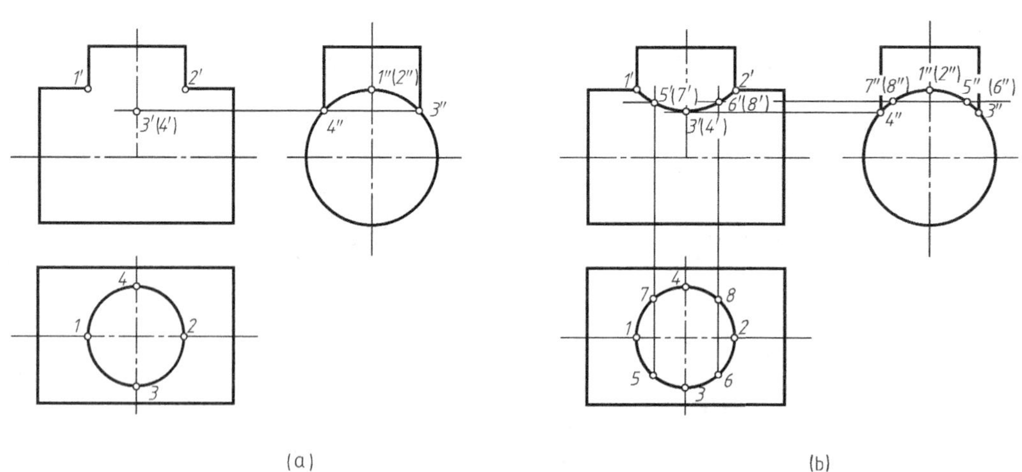

图 1-3-20　两圆柱的相贯线

③ 连接各点的正面投影，即得相贯线的正面投影。由于前半相贯线在两个圆柱的前半个圆柱面上，所以其正面投影 1′5′3′6′2′可见，后半相贯线的投影不可见，但是与前半相贯

线重合。

拓展提高

除两圆柱相贯之外，求两回转体相贯线的方法通常用辅助平面法。

用辅助平面法求相贯线，就是依据三面共点的原理，在相交两立体的适当位置作辅助平面，求出立体表面的共有点，就是既在两相交立体表面又在辅助平面上的点，所得即为相贯线上的点。

若作出一系列辅助平面，如图 1-3-21 所示，即可得相贯线上若干点，依次连接各点，就可以得到相贯线。选择辅助平面的原则是使辅助平面与两回转面的交线及投影为最简单的投影（圆或直线），这样可以使作图简便。

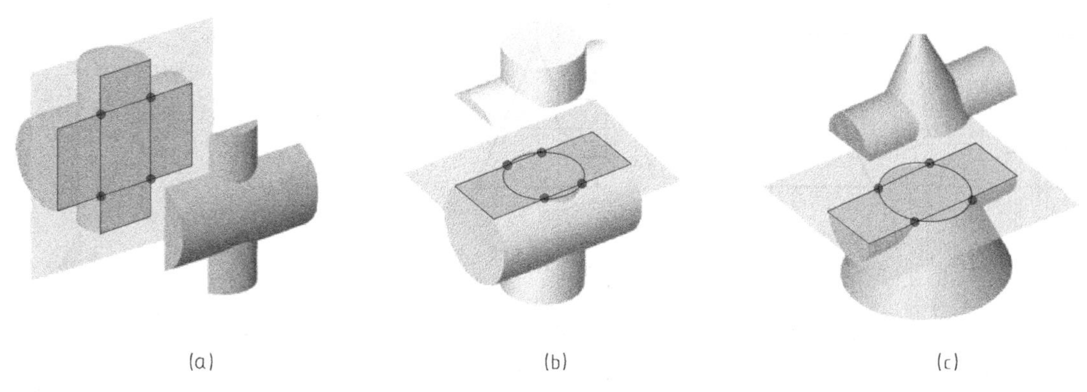

图 1-3-21　两圆柱的相贯线

例 1-3-9　如图 1-3-22（a）所示，求圆柱与圆锥的相贯线。

分析：圆柱与圆锥轴线垂直相交，圆柱全部穿进左半圆锥，相贯线为封闭的空间曲线。由于这两个形体前后对称，因此相贯线也前后对称。根据相贯线的共有性，相贯线的侧面投影与圆柱的侧面一起积聚为圆。所求为相贯线的正面投影和水平投影，可选择水平面作辅助平面，它与圆锥面的截交线的水平投影为圆，与圆柱面的截交线的水平投影为两条平行的素线，圆与直线的交点即为相贯线上的点。

作图：

（1）求特殊位置点　如图 1-3-22（b）所示在侧面投影上确定 1″、2″，它们是相贯线上的最高点和最低点的侧面投影，根据其相应位置求得正面投影 1′、2′，再根据投影规律（三等关系）求出俯视图中的 1、2。

过圆柱轴线作水平面 P_1，它与圆柱相交于最前、最后两条素线；与圆锥相交于一圆，它们的水平投影的交点即为相贯线上最前点Ⅲ和最后点Ⅳ的水平投影，根据点的投影规律可求得正面投影 3′、4′，这是一对重影点的投影。

（2）求一般位置点　如图 1-3-22（c）所示，作水平面 P_2，求得Ⅴ、Ⅵ两点的投影。需要时还可以在适当位置再作水平辅助面求出相贯线上的点。

（3）依次连接各点的同面投影　如图 1-3-22（d）所示，根据可见性判别原则可知：水平投影中 3、7、2、8、4 在下半个圆柱面上，不可见，故画细虚线，其余画粗实线。

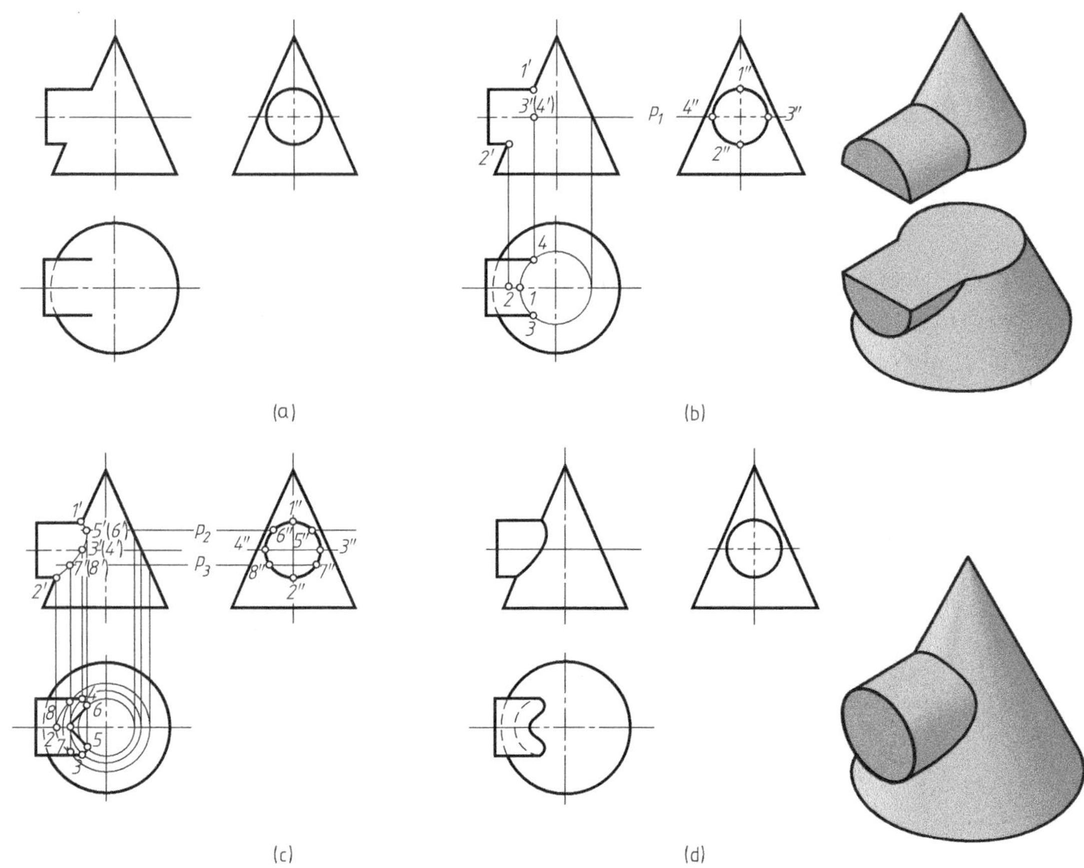

图 1-3-22 圆柱与圆锥的相贯线

任务 3.4 绘制组合体三视图

任务描述

轴承座［图 1-3-23（a）］是一种常见的零件，主要起支承作用。本节的任务是绘制轴承座的三视图。

任务分析

了解轴承座的结构特征、表面连接关系，确定形体摆放位置，绘制三视图。

相关知识

一、形体分析法

任何一个复杂的形体，都可以看成由一些简单的基本形体按一定的组合方式组合而成。形体分析法就是假想把组合体分解成若干个基本形体，并确定它们的相对位置、组合形式以及相邻表面间相互关系的方法。

图 1-3-23 所示轴承座，是由底板、竖板和凸台组成。底板可以看成是长方块上挖去三

个小圆柱，切去两个圆角，在底部切去一个长方块；竖板由部分圆柱体与棱台相切组成，并挖去一个小圆柱。凸台是一个空心圆柱。

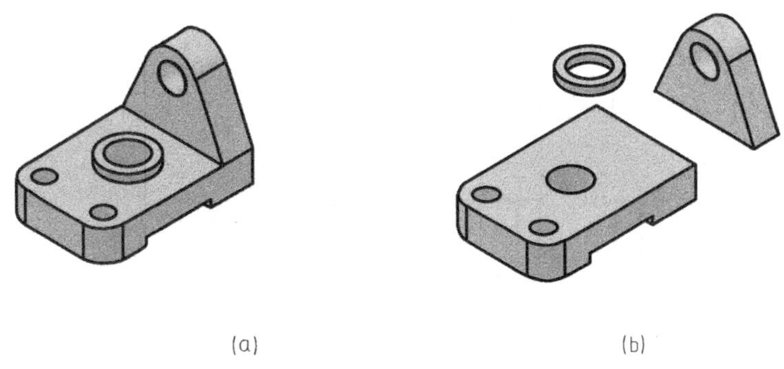

图 1-3-23 轴承座及其形体分析

从以上分析可知，形体分析法可以化繁为简，把复杂组合体的问题转化为简单的基本体问题。形体分析法是组合体画图、读图和标注尺寸最基本的方法。

二、组合体的组合形式

组合体的组合形式有叠加型、切割型和综合型三种。

1. 叠加型

叠加是形体组合的基本形式。形体相邻表面间的相互关系，可分为表面平齐或不平齐、相切、相交等，在绘图时应正确处理表面分界线的投影。

(1) 表面平齐或不平齐　图 1-3-24 和图 1-3-25 中的组合体均可看成是由两个简单体叠加而成的。画图时，可按其相对位置，分别画出各基本体的投影。画图过程中，当两形体的表面不平齐时，中间应该画出分界线，如图 1-3-24 (a) 所示；当两形体的表面平齐时，中间不应画出分界线，如图 1-3-25 (a) 所示。图 1-3-24 (b) 和图 1-3-25 (b) 为错误画法。

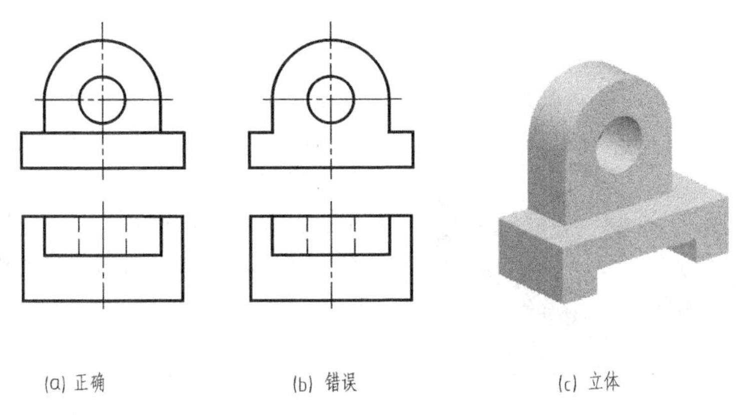

图 1-3-24 两体表面不平齐的画法

(2) 表面相交和相切　图 1-3-26 中，组合体由两边圆柱及连接板组成。连接板的左侧面与圆柱面相切，在相切处形成了光滑过渡，在主、左视图中相切处无交线，所以不画线。连接板的右侧面与圆柱面相交，在相交处形成了交线，交线在主视图中要画出。

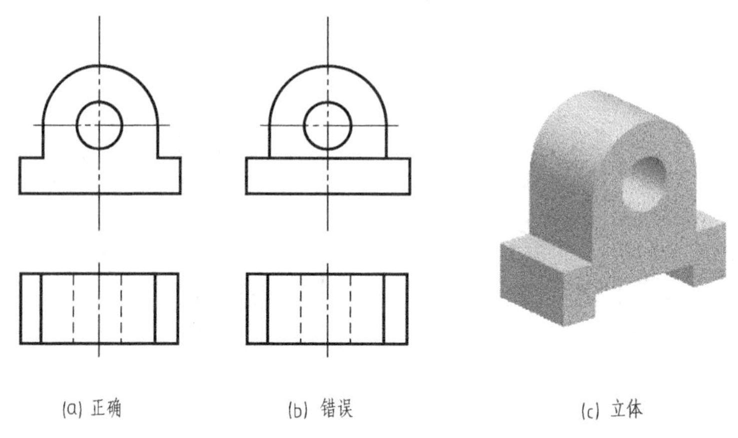

图 1-3-25 两体表面平齐的画法

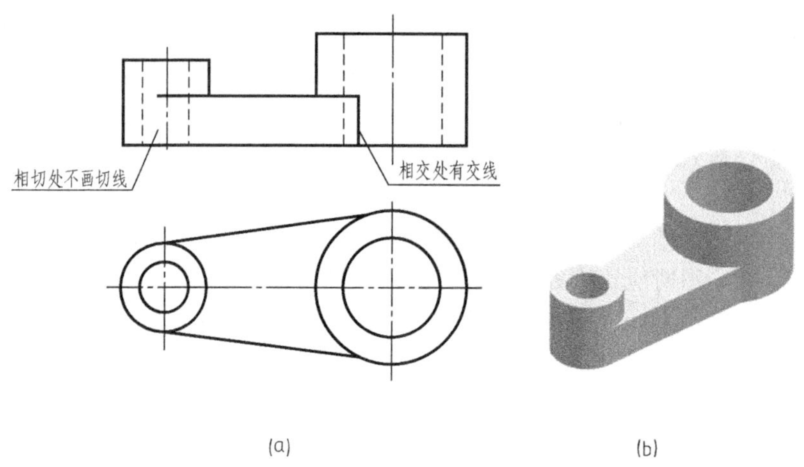

图 1-3-26 组合体中的相交和相切

2. 切割型

图 1-3-27 中的形体，可看成是由一个长方体在左上、左前、左后各切去一部分而形成的。画图时，可先画出基本体的三视图，然后逐个画出被切部分的三面投影。图 1-3-28（a）为先切去左上角的投影（在主视图上定出切割面的位置，然后画出其余两个视图的投影）；图 1-3-28（b）为再切去左前、后角的投影（由俯视图定出切割面的位置，然后再决定其在主、左视图上的投影）。

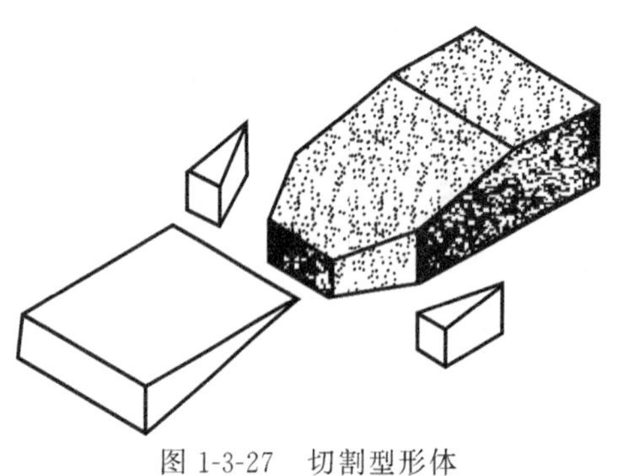

图 1-3-27 切割型形体

作图过程中，注意截平面与立体表面的截交线以及截平面之间的交线。

3. 综合型

既有切割形式又有叠加形式的组合形式称为综合型。这种形式在组合体的组合形式中更常见，如图 1-3-29 所示。

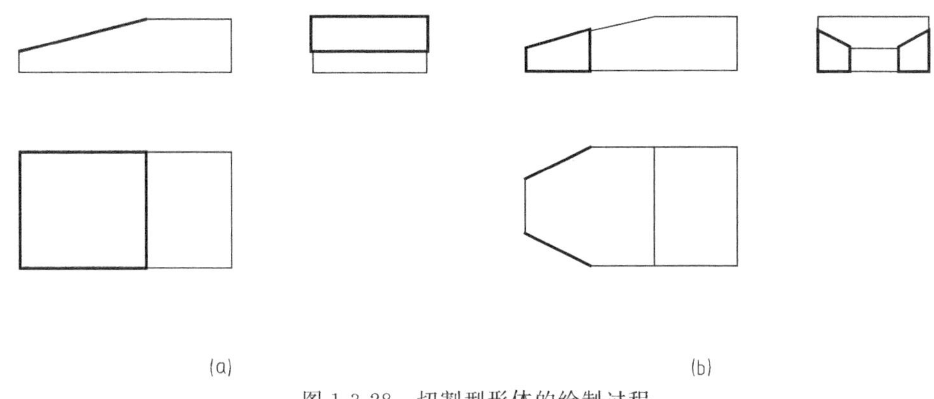

图 1-3-28　切割型形体的绘制过程

任务实施

例 1-3-10　如图 1-3-30 所示，选择适当的视图绘制轴承座。

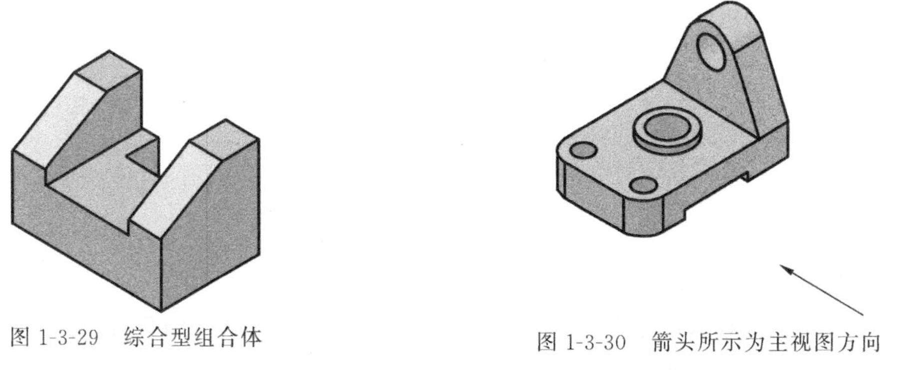

图 1-3-29　综合型组合体

图 1-3-30　箭头所示为主视图方向

一、形体分析

画图前，首先应对组合体进行形体分析。该轴承座主要由底板和竖板组成，组合形式为叠加与切割的综合。底板的前方两侧有圆角，并挖去两个圆柱，中间位置有个带孔圆柱，下部开槽；竖板为等腰梯形，顶部为小半圆柱，并有一个与此半圆柱同轴的圆柱孔，竖板紧靠底板的后侧。

二、主视图的选择

组合体的主视图是由其安放位置和主视图的投射方向来确定的。

(1) 安放位置　通常选择组合体自然放平，并使物体主要表面尽可能多的平行或垂直于投影面的位置为安放位置。

(2) 主视方向　选择能较多地反映组合体的形状特征（各组成部分的形状特点和相互关系）的方向作为主视图的投射方向，并尽可能减少其他视图上出现虚线。轴承座的安放位置和主视图的投射方向见图 1-3-30。

三、组合体的画图方法和步骤

1. 选比例，定图幅

视图确定后，要根据物体的大小和复杂程度，按标准规定选定适当的比例和图幅。一般尽可能选用 1∶1 的比例，图幅要根据所绘制视图的大小、尺寸标注和画标题栏的位置来确定。

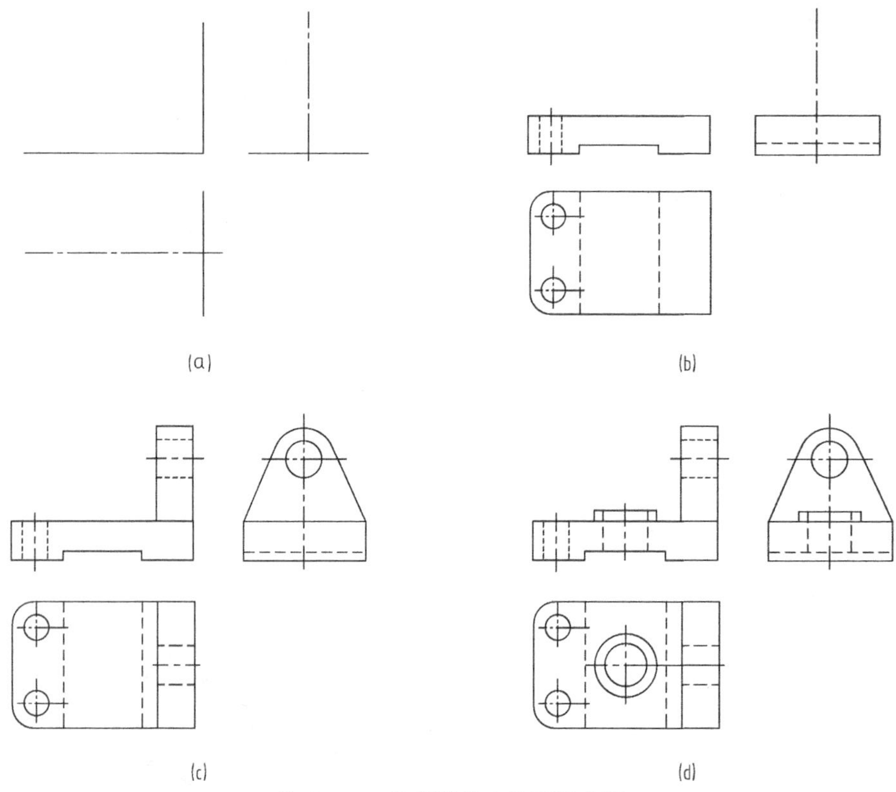

图 1-3-31 绘制轴承座的画图步骤

2. 布置视图，画作图定位线

确定各视图中的对称中心线、主要轴线或主要轮廓线在图纸上的位置，即确定长、宽、高三方向的基准线位置，见图 1-3-31（a）。

3. 逐个画出各部分的三视图

按组成部分将其逐个画出。一般顺序是：先画主体，后画截切的形体；先画大形体，后画小形体；先画反映形体特征的视图，后画其他视图；先画主要轮廓，后画细节，并且三个视图联系起来画，具体见图 1-3-31（b）～（d）。

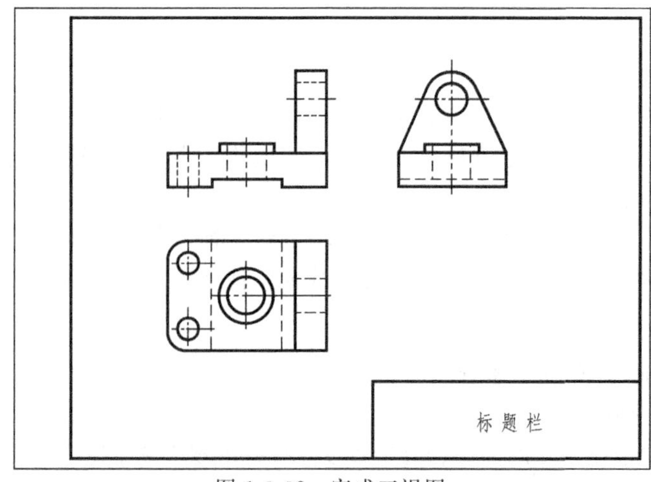

图 1-3-32 完成三视图

4. 校核加深

检查底稿，纠错补漏，擦去多余的图线，最后按规定的图线要求加深图线。

5. 填写标题栏

根据要求填写标题栏的相关内容，完成整个图形的绘制，见图 1-3-32。

拓展提高

画图是把空间物体用正投影方法表达在平面图纸上，读图是根据视图想象物体形状的过程。读图是画图的逆过程。若能正确、快速地读懂视图，必须掌握读图的基本知识和正确的读图方法，并要不断地实践积累。

一、读图的基本要领

1. 运用投影规律，进行投影分析

一般情况下，读图应从主视图入手，但一个视图不能完全确定物体的空间形状，因此，要根据投影规律将各视图联系起来阅读。如图 1-3-33 中四个不同的组合体，其主、左视图完全相同，只有联系俯视图才能真正分析清楚组合体的形状结构。

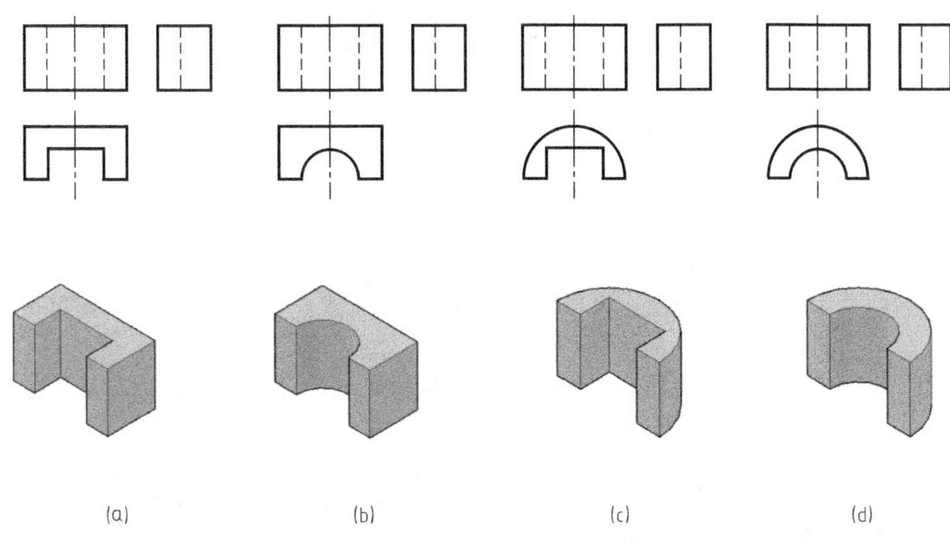

图 1-3-33 要将几个视图联系起来识读

2. 视图中线段和线框的含义

(1) 视图中线段的含义 从图 1-3-34 所示的组合体的投影，可知投影上的线段有三种不同的含义：

① 表面积聚的投影，如图 1-3-34 中线段 1 和圆。

② 两个表面的交线，如图 1-3-34 中线段 2 等各棱线的投影。

③ 曲面的转向轮廓线，如图 1-3-34 中线段 3，为圆柱最前轮廓线的投影。

(2) 视图中封闭线框的含义 视图上每一个封闭线框都表示物体上一个面的投影，具体可分为以下几种情况：

① 平面的投影，如图 1-3-34 中线框Ⅰ为平面的实形；线框Ⅱ为平面的类似形。

② 曲面及切面的投影，如图 1-3-34 中线框Ⅲ为圆柱面的投影；线框Ⅳ为切面的投影。

③ 孔洞、凸台的投影，如图 1-3-34 中圆Ⅴ。

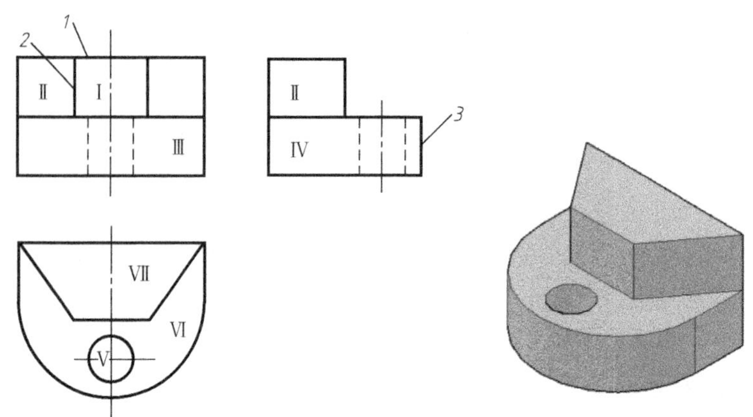

图 1-3-34 视图中线段和线框的含义

（3）视图中两个线框的含义

① 相邻两线框。相邻两线框通常代表两个面不平齐，可能有上下、左右、前后的错位，或者两面相交，如图 1-3-34 中的Ⅰ和Ⅱ，Ⅰ和Ⅲ，Ⅱ和Ⅳ。

② 大框套小框。通常指小框所表示的面是凸起、凹坑或者孔洞，如图 1-3-34 中的Ⅴ和Ⅵ。

二、读组合体视图的方法和步骤

1. 形体分析法

形体分析法多用于识读叠加型与综合型（结合其他方法）组合体的视图，一般先从反映物体形状特征的主视图着手，对照其他视图，初步分析出该物体是由哪些基本体在其他视图中的投影，以确定各基本体的形状及其相互之间的相对位置关系；最后综合想象出物体的总体形状。

以图 1-3-35 中的三视图为例，用形体分析法想象出该组合体的形状，主要有以下三个步骤。

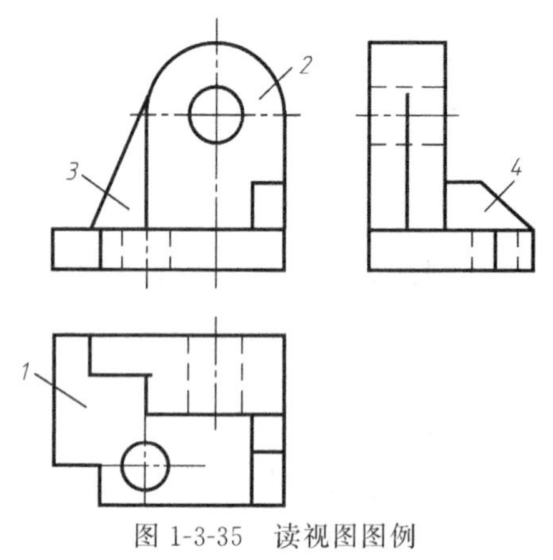

图 1-3-35 读视图图例

1—底板；2—立板；3—肋板；4—支撑板

（1）抓住特征分部分　读图时首先从主视图入手，结合其他视图，运用形体分析法把组合体分解成几个部分。如图 1-3-35 中，将组合体分解成底板 1、立板 2、肋板 3、支撑板 4 四部分。

（2）根据投影想形状　依据“三等”规律，从反映特征部分的线框出发，结合该部分其他视图的投影（复杂的要运用线面分析）想象出该部分形状。

底板的三面投影基本是切口长方体，可知底板是以水平投影为形状特征的，如图 1-3-36（a）所示；立板是以正面投影为形状特征的，如图 1-3-36（b）所示；肋板是以正面投影为形状特征的，如图 1-3-36（c）所示；支撑板是以侧面投影为形状特征的，如图 1-3-36（d）所示。

（3）综合起来想整体　读懂各组成部分的形状时还应分析它们彼此的相对位置，弄清它

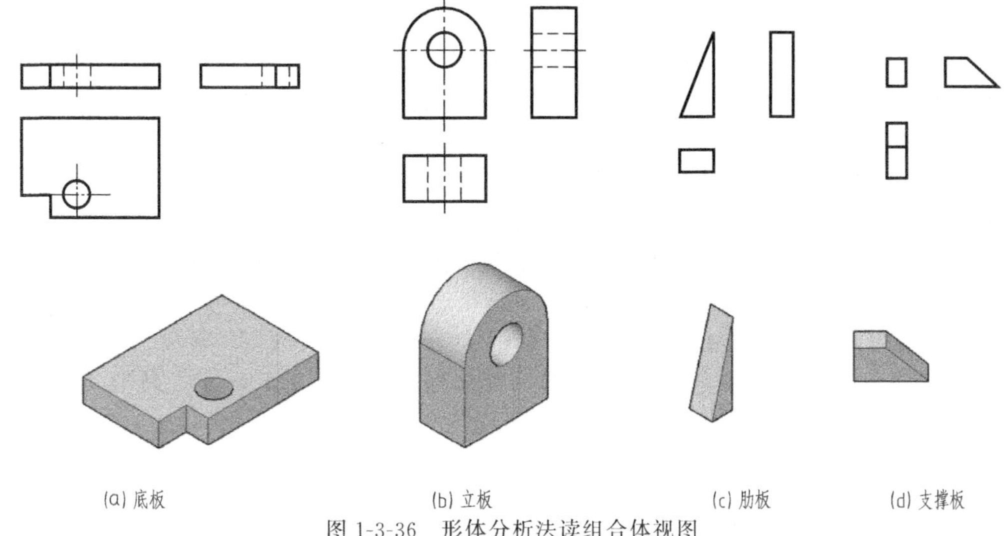

图 1-3-36　形体分析法读组合体视图

们的组合方式，最后综合想象出视图所表达组合体的完整形状，如图 1-3-37 所示。

2. 线面分析法

线面分析法是指通过投影规律把物体表面分解为线、面等几何要素，并分析这些要素的空间形状、位置，从而想象出物体实际形状的方法。常用来阅读切割体的视图，也作为形体分析法读图的补充，用来分析视图中局部投影复杂的地方。

图 1-3-37　形体分析法读组合体视图

以图 1-3-38（a）所示的组合体的三视图为例，用线面分析法想象出该组合体的形状。

① 分析视图可以看出这是一个切割体（形体分析难以分出组成部分），基本体为长方体，如图 1-3-38（b）所示。

② 俯视图中投影可见，长方体被 2 个铅垂面和 1 个侧平面切除一个梯形四棱柱，如图 1-3-38（c）中立体。

③ 分析主视图上方斜线及其他视图上的对应投影，可知长方体左上侧被正垂面切去一部分，如图 1-3-38（d）所示。

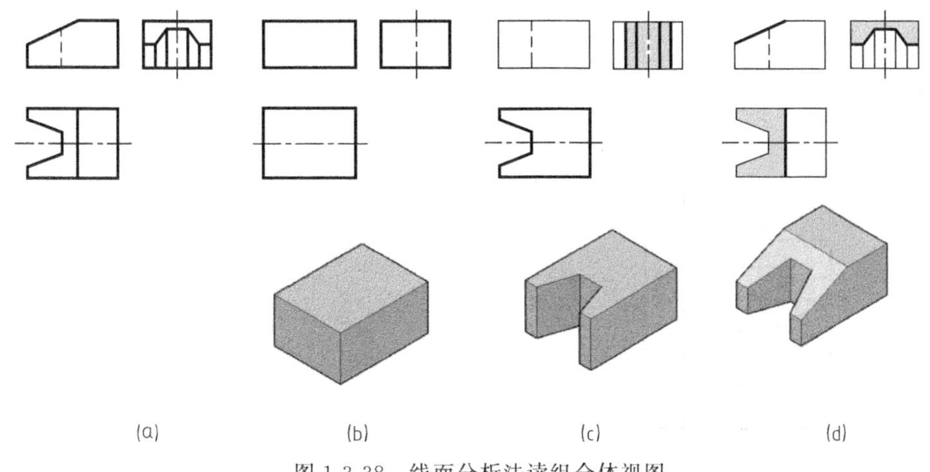

图 1-3-38　线面分析法读组合体视图

三、已知两个视图补画第三视图

补画第三视图，其实质是读懂已有视图，并想象出物体实形，然后再正确画出第三个视图。作图时，应按各组成部分逐个完成第三投影，保证符合投影规律，进而完成全图。

例 1-3-11 由图 1-3-39（a）所示的两视图，补画左视图。

从图 1-3-39 中可以看出该组合体左右对称。对视图进行分析可知物体由三部分组成：长方形的底板 1；长方形的竖板 2，竖板与底板的最后端面平齐，呈左右对称布置，相叠加后在后面对称位置上开一长方形槽；由半圆柱体与小长方体组成的凸台 3，与底板、竖板叠加后，钻一个与半圆柱同轴的通孔，通孔与通槽相通。这样综合想象可得图 1-3-39（d）中物体形象。然后根据已知的两个视图，结合获得的空间形象，按底板、竖板、凸台顺序作出左视图，如图 1-3-39（b）～（d）所示。作图时要保证三视图的长对正、高平齐、宽相等（熟悉后也可边想象结构同时根据投影规律，完成该部分的视图）。

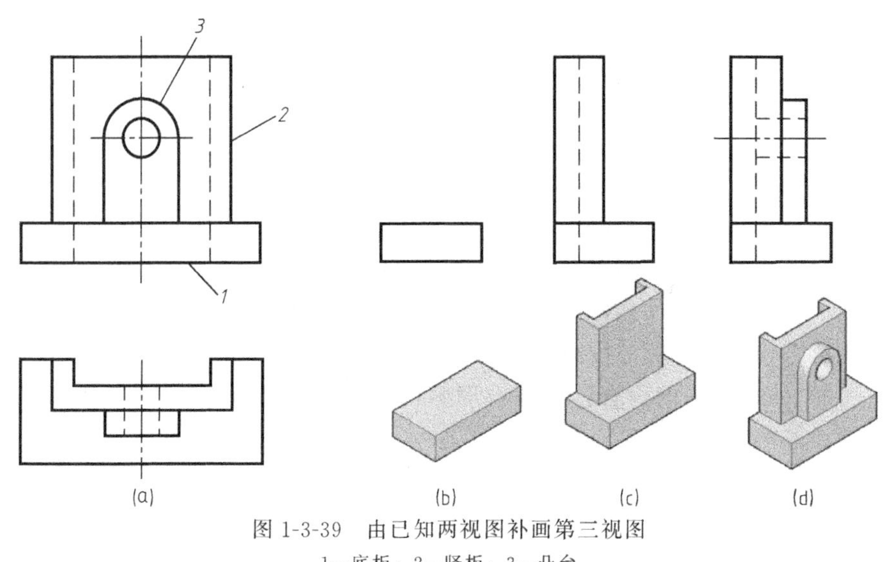

图 1-3-39 由已知两视图补画第三视图

1—底板；2—竖板；3—凸台

任务 3.5 对组合体三视图进行尺寸标注

任务描述

如图 1-3-40 所示，已知轴承座图，对其三视图进行尺寸标注。

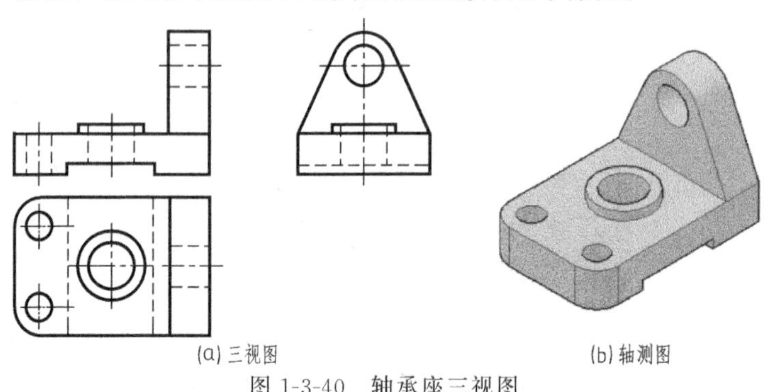

图 1-3-40 轴承座三视图

任务分析

对组合体视图进行尺寸标注的时候要做到清晰、准确，不重复、不遗漏。

相关知识

任何物体的图形表达都应该包含物体的形状、结构和大小。投影图可清晰地表达物体的形状和结构，而物体的大小则需由所注的尺寸数据来确定。因此，尺寸标注与投影图表达一样，都是构成工程图样的重要内容。

为了正确确定物体的大小，避免因尺寸标注不当而造成所表达物体信息传递错误，在进行尺寸标注时，应遵循如下基本要求：

① 标注正确：尺寸标注严格遵守国家标准中有关规定。

② 尺寸完整：不遗漏也不重复标注，每一尺寸只标注一次。

③ 布置清晰：尺寸标注的位置明显，排列清楚，且应标注在形状特征明显的视图上，便于看图。

一、基本体的尺寸标注

基本体的尺寸标注是组合体各部分定形尺寸标注的基础，其具体标注形式如图1-3-41所示。对于平面立体，标注尺寸示例如图1-3-41（a）～（c）所示；对于回转体，标注直径和高，其中直径常常标注在非圆的视图上，如图1-3-41（d）、（e）、（g）所示；球直径标注

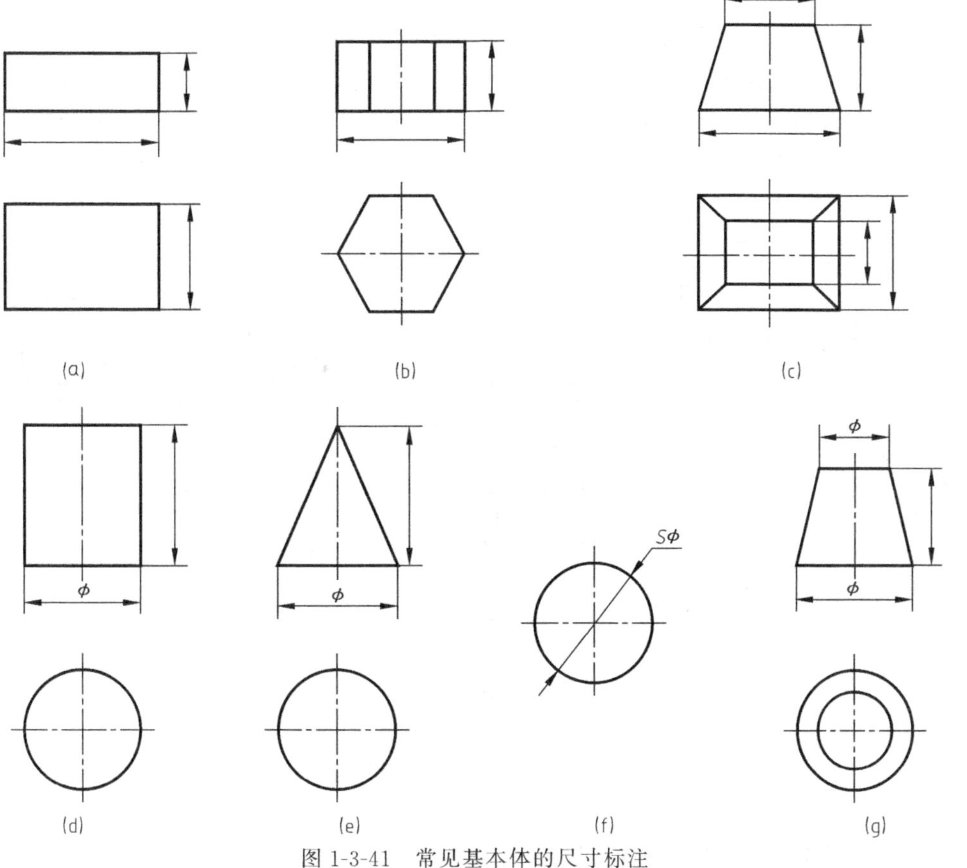

图1-3-41　常见基本体的尺寸标注

如图 1-3-41（f）所示。

二、组合体视图的尺寸分类及分析

组合体的尺寸标注主要运用形体分析的方法，通过形体分析把组合体分解成若干组成部分，标注时通过尺寸表达出各组成部分的大小和它们之间的相对位置，有时还需标注组合体的总体尺寸。

1. 定形尺寸

确定组合体各基本形体形状、大小的尺寸称为定形尺寸。通常为圆的直径、圆弧的半径以及多边形的边长等。

2. 定位尺寸

定位尺寸是指确定组合体各组成部分相对位置的尺寸。决定各组成部分的相对位置时，需要选定长、宽、高三个方向的尺寸基准。在组合体中，常选用其对称面、主要回转体的轴线及大的端面、底面等几何元素为尺寸基准。基准选定后，各方向的主要定位尺寸就应从相应的尺寸基准引出。尺寸基准通常为对称轴线、中心线以及地面和端面。

3. 总体尺寸

总体尺寸是确定组合体总长、总宽和总高的尺寸。不是所有总体尺寸都必须标注，应根据总体尺寸、定位尺寸和定形尺寸的具体情况调整以免重复。

三、尺寸标注的注意事项

① 尺寸要尽量标注在反映形状特征最明显的视图上，并且尽量位于视图的外部或相关的两视图之间，如图 1-3-42（a）所示。

② 同一基本形体的尺寸应尽量集中标注，如图 1-3-42（b）所示。

③ 标注时应尽量避免尺寸线与其他尺寸线或尺寸界线相交。互相平行线段的尺寸标注时应小尺寸布置在内，大尺寸布置在外，如图 1-3-42（b）、（c）所示；串列尺寸箭头对齐，排成一条直线，如图 1-3-42（a）所示。

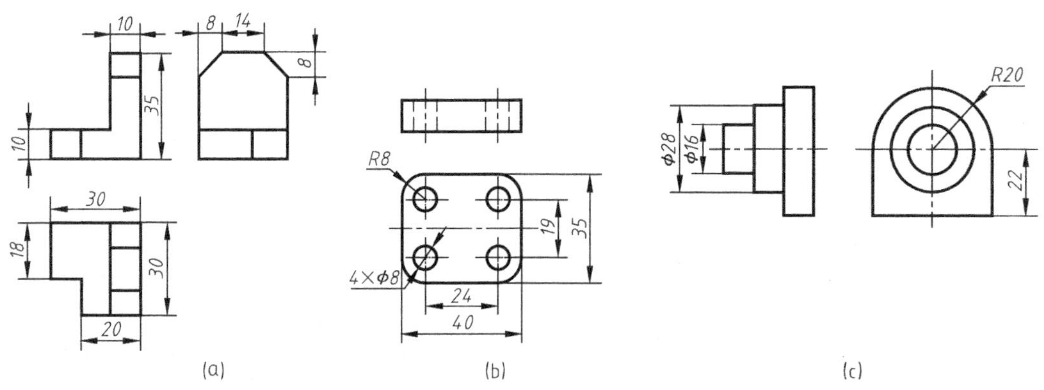

图 1-3-42 常见简单形体的尺寸注法举例

④ 直径尺寸一般标注在投影为非圆的视图上。圆弧的半径尺寸应标注在反映圆弧实形的视图上，如图 1-3-42（c）所示。

⑤ 对称的尺寸，应以对称中心线为尺寸基准，跨过中心线标注全长，如图 1-3-42（b）所示。

⑥ 尺寸尽量不标注在虚线上，如图 1-3-42（b）所示。

任务实施

如图 1-3-40（a）所示，给轴承座的三视图标注尺寸。

（1）形体分析 根据视图进行形体分析，把物体分解成几个基本部分。如图 1-3-40 中物体可分解成四个组成部分：底板，立板和带内孔圆柱，底板上的四个圆柱孔。

（2）选定尺寸基准 长度方向的尺寸基准为端面，宽度方向的尺寸基准为对称轴，高度方向的尺寸基准为底面。

（3）逐个标注各部分的定形尺寸 标注时应逐个形体按顺序标注，避免遗漏。如在图 1-3-43（a）中标注了该物体各组成部分的定形尺寸。

① 标注圆、圆弧的尺寸。整圆或者大于半圆的圆弧通常标注直径“ϕ”，小于等于半圆的圆弧通常标注半径“R”；一般情况下圆的直径标注在非圆的视图上，圆弧的半径标注在投影为圆弧的视图上。

② 标注多边形的边长，一般注长、宽、高三个方向的尺寸。

③ 开槽标注槽宽和槽深。

④ 斜面在定位尺寸中注出斜面两端的尺寸即可。

⑤ 避免在虚线上标注。

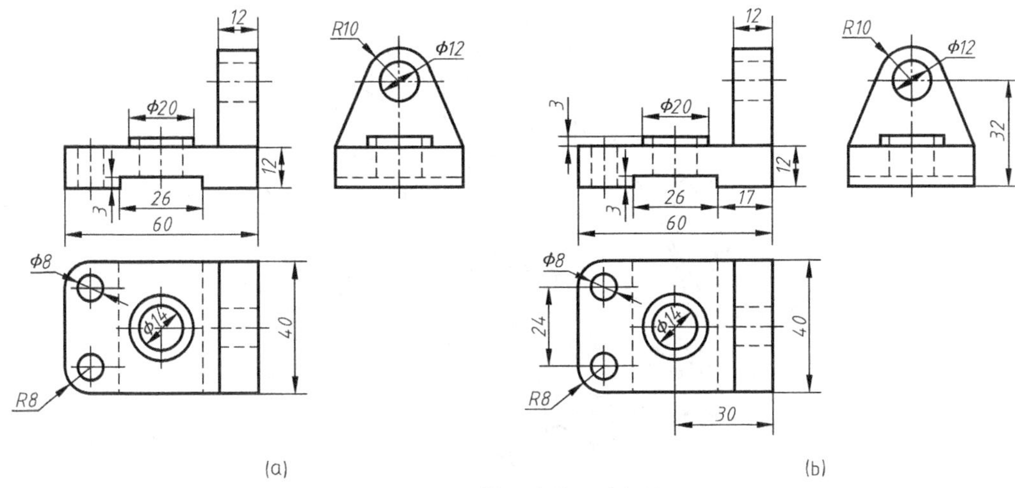

图 1-3-43 轴承座的尺寸标注

（4）标注定位尺寸 除各组成部分间需标明相对位置尺寸外，细节上的孔洞、通槽的位置尺寸也要注全。

① 标注圆、圆弧的圆心位置。

② 标注圆柱端面的位置。

③ 标注开槽的位置。

④ 标注斜面两端的尺寸。

（5）标注总体尺寸 确定和标注总体尺寸时，需剔除重复和不合理的尺寸，这样就完成了整个物体的标注，如图 1-3-43（b）所示。

单元4　机件表达方法

前面介绍了用三视图表达物体的方法。但是，在工程实际中，机件的结构形状多种多样，对于结构形状复杂的机件，仅用三视图往往难以表达清楚它们的内外结构，因此，为了完整、清晰、简便、正确地表达出它们的结构形状，国家标准规定了视图、剖视图、断面图等多种图样表达方法，本单元将逐一介绍这些方法。

任务4.1　绘制机件的外部视图

任务描述

根据机件轴测图（图1-4-1），绘制后视图、右视图、仰视图和A向视图。

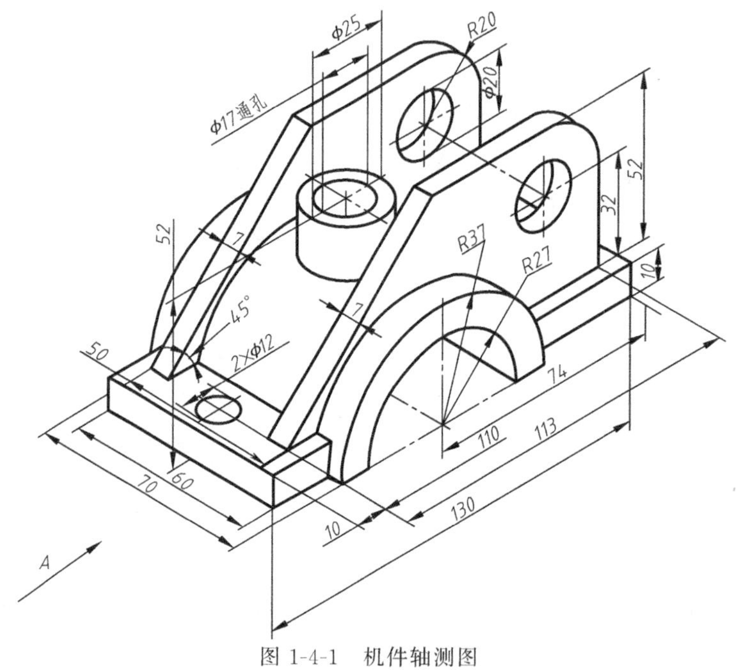

图1-4-1　机件轴测图

任务分析

该机件为一组合体，后视图与主视图投影方向相反，右视图与左视图投影方向相反，仰视图与俯视图投影方向相反；A向视图与左视图相同。

相关知识

用正投影法将机件向投影面投射所得的图形称为视图。视图主要用来表达机件的可见轮廓，必要时可用虚线表达出其不可见轮廓。用于表达机件的视图有基本视图、向视图、局部视图和斜视图等。

一、基本视图

当机件的形状比较复杂时，为了清晰地表示其各面的形状，在原有三个投影面的基础上，增加了三个投影面，组成一个六面体。国家标准将这六面体的六个面称为基本投影面。将机件放置在六面投影体系中，分别向六个基本投影面投射并展开所得的图形称为基本视图，见图 1-4-2（a）。除了前面介绍的主视图（或称 A 视图）、俯视图（或称 B 视图）和左视图（或称 C 视图）外，由右向左投射，得到右视图（或称 D 视图）；由下向上投射，得到仰视图（或称 E 视图）；由后向前投射，得到后视图（或称 F 视图）。各视图的配置关系如图 1-4-2（b）所示。

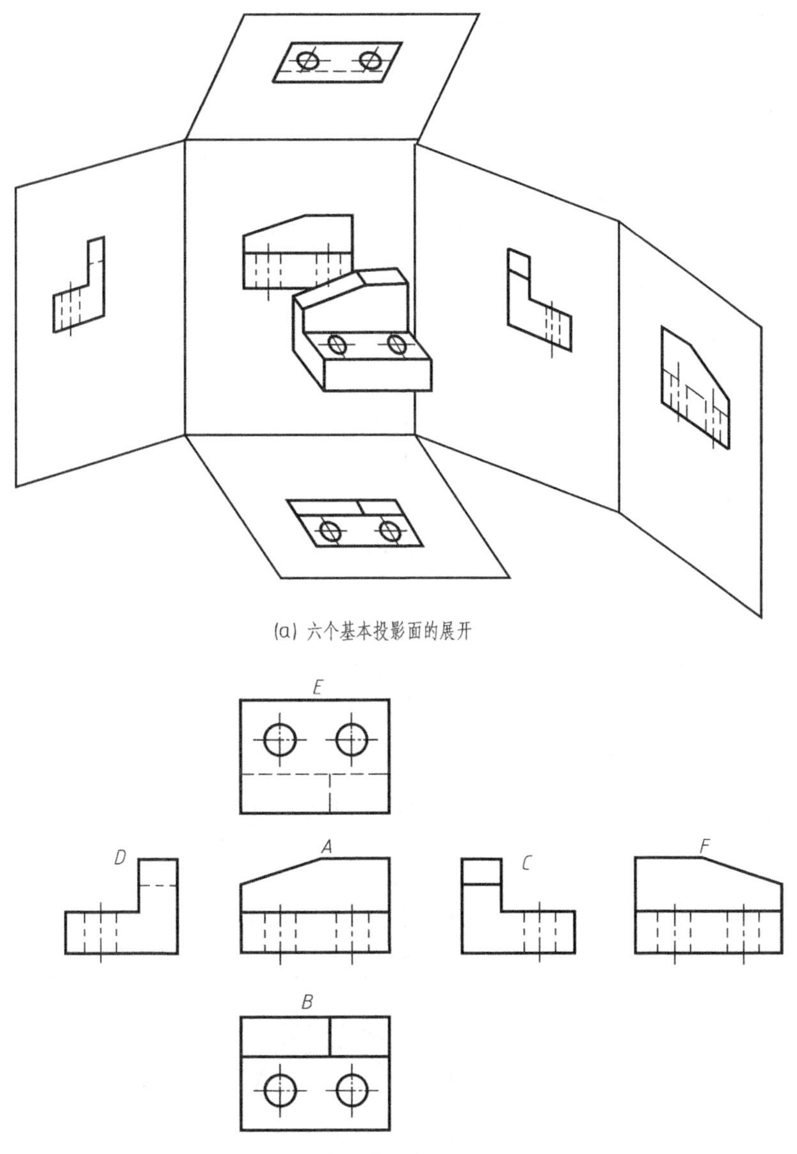

(a) 六个基本投影面的展开

(b) 六个基本视图的配置

图 1-4-2　机件的六个基本视图

在同一张图样内按图 1-4-2（b）所示关系配置的基本视图，一律不标注视图名称。

基本视图具有如下投影规律：

① 六个基本视图的度量对应关系，符合“长对正、高平齐、宽相等”，即主、俯、仰、后视图长对正；主、左、右、后视图高平齐；左、右、俯、仰视图宽相等。

② 六个基本视图的方位对应关系，仍然反映物体的上、下、左、右、前、后的位置关系。其中左、右、俯、仰视图靠近主视图的一侧代表物体的后面，而远离主视图的外侧代表物体的前面，后视图的左侧对应物体右侧。

没有特殊情况，优先选用主、俯、左视图。

二、向视图

在实际绘图中，为了使视图在图样中布局合理，并方便读图，国家标准规定了自由配置（不按图 1-4-2 所示关系配置）的视图称为向视图。

自由配置视图时，应在视图的上方标出“×”（其中“×”为大写拉丁字母），并在相应的视图附近用箭头指明投射方向，并注上同样的字母，见图 1-4-3。

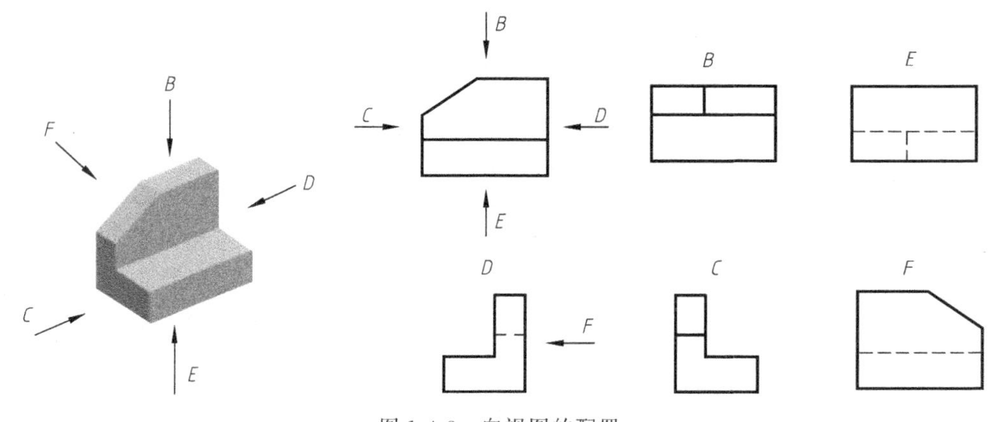

图 1-4-3　向视图的配置

三、局部视图

将机件的某一部分向基本投影面投射所得的视图称为局部视图。

局部视图同基本视图一样，都是向基本投影面投射，所不同的是局部视图是将机件的某一个局部向基本投影面投射，如图 1-4-4 所示。

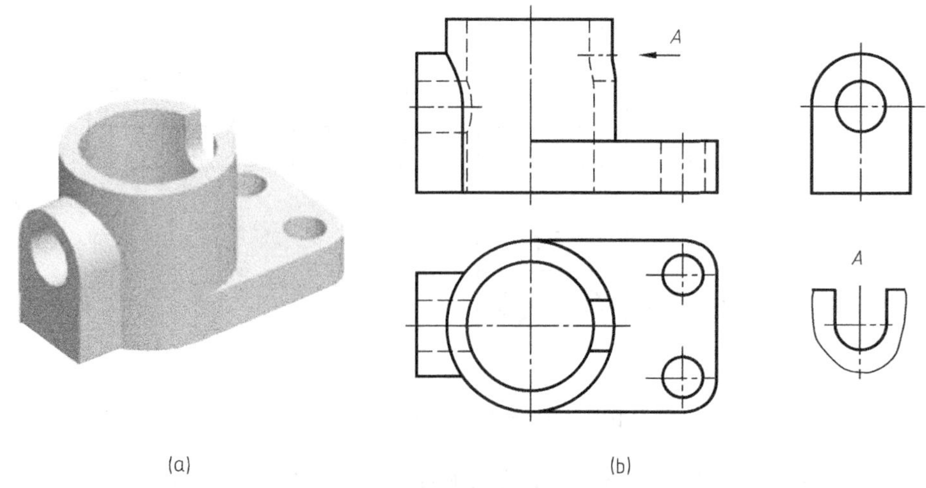

图 1-4-4　局部视图的配置与标注

画局部视图时，应注意以下几点：

① 局部视图可按向视图的形式配置和标注，如图 1-4-4 中“A”局部视图；当局部视图按基本视图的形式配置时，可省略标注，如图 1-4-4 中未标注的局部视图。

② 局部视图的断裂处边界线应以波浪线表示。当所表示的局部结构完整，外轮廓线成封闭状态时，波浪线可省略，见图 1-4-4。

③ 为了节省局部视图绘图时间和图幅，绘制对称机件的视图［图 1-4-5（a）］只画出一半或四分之一时，应在对称中心线的两端画出两条与其垂直的平行细实线，见图 1-4-5（b）、(c)。

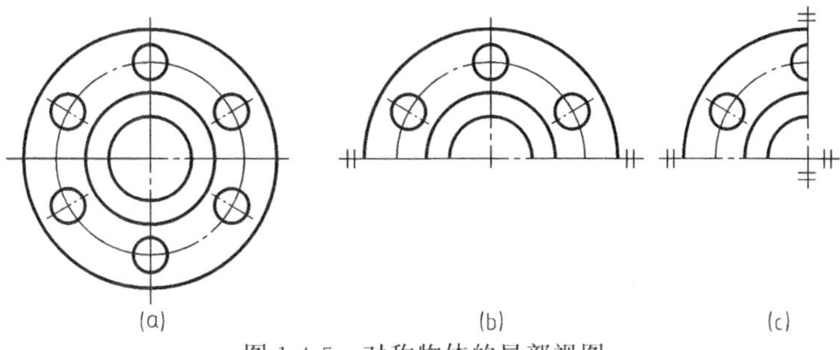

图 1-4-5　对称物体的局部视图

四、斜视图

将机件向不平行于任何基本投影面的平面投射所得的视图，称为斜视图。

当机件上具有与主体部分倾斜的结构时，它在基本视图中不能反映实形。这时，可增设一个与机件上的倾斜部分平行（同时垂直于某一基本投影面）的辅助投影面，如图 1-4-6 所示，然后将机件上的倾斜部分向辅助投影面投射，所得的视图称为斜视图，如图 1-4-7（a）中的“A”向斜视图。

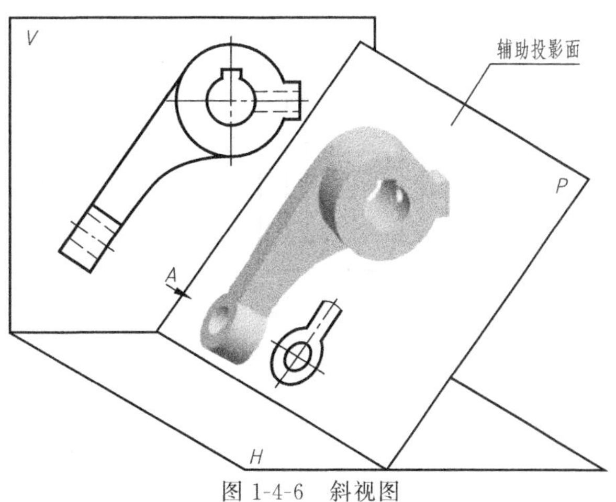

图 1-4-6　斜视图

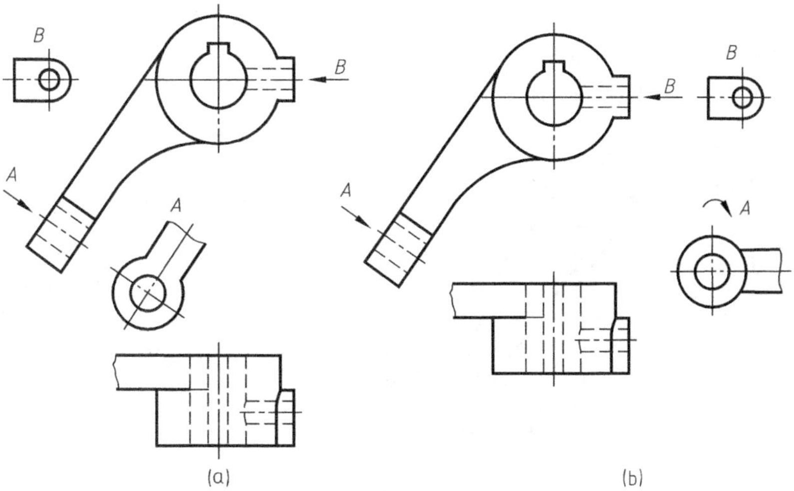

(a)　(b)

图 1-4-7　斜视图的配置

画斜视图时，应注意以下几点：

① 斜视图只反映机件上倾斜部分的形状，其余省略不画，并用波浪线断开。

② 斜视图通常按向视图的配置形式配置并标注。

③ 必要时，允许将斜视图旋转放正配置，但须画出旋转符号，旋转符号箭头指向应与实际旋转方向一致。旋转符号的半圆半径等于字高 h，表示该视图名称的大写拉丁字母，应靠近旋转符号的箭头端，也可将旋转角度标注在字母之后，见图 1-4-7（b）。

任务实施

① 选择图幅 A3（420mm×297mm），定好绘图比例（1∶1），布置图面，如图 1-4-8 所示。

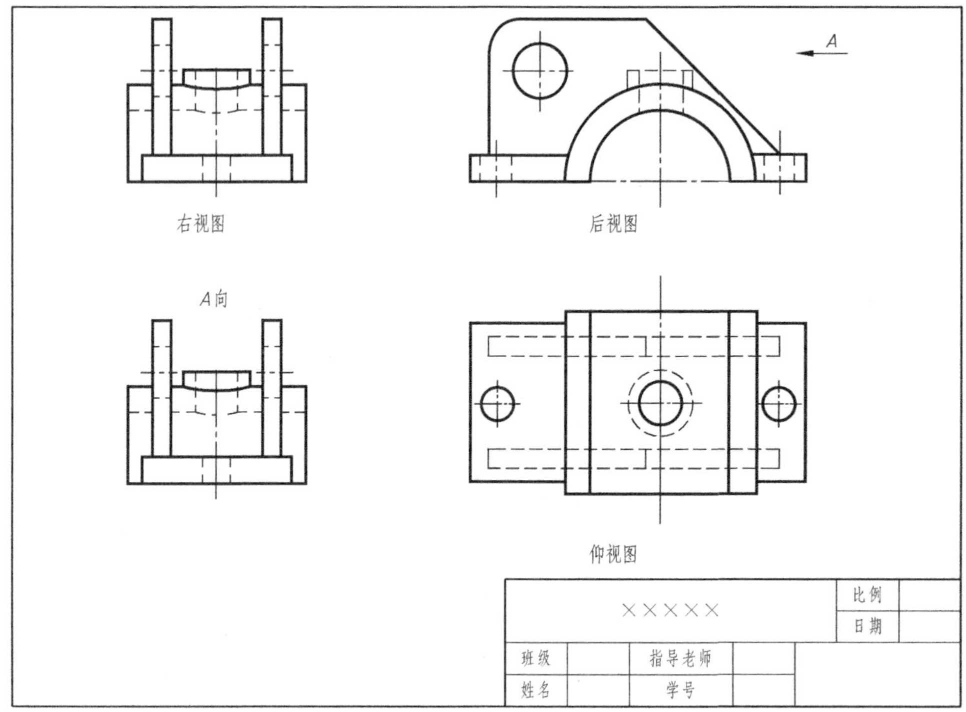

图 1-4-8　图面布置图

② 绘制后视图，如图 1-4-9 所示。

③ 绘制仰视图，如图 1-4-10 所示。

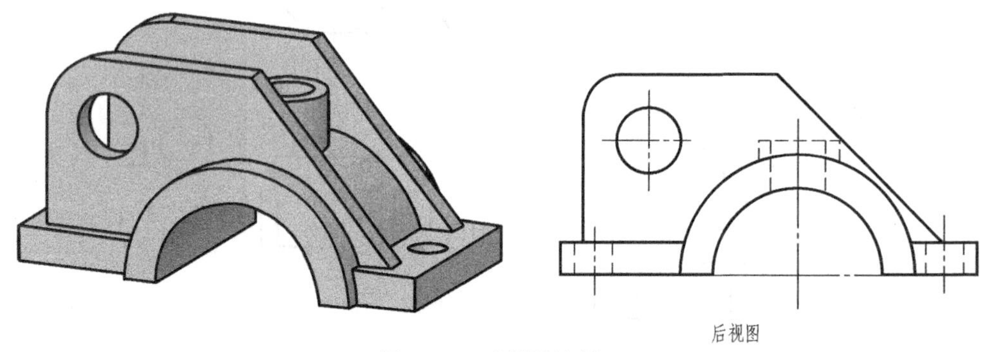

图 1-4-9　后视图绘制

④ 绘制右视图，如图 1-4-11 所示。

⑤ 绘制 A 向视图，如图 1-4-12 所示。

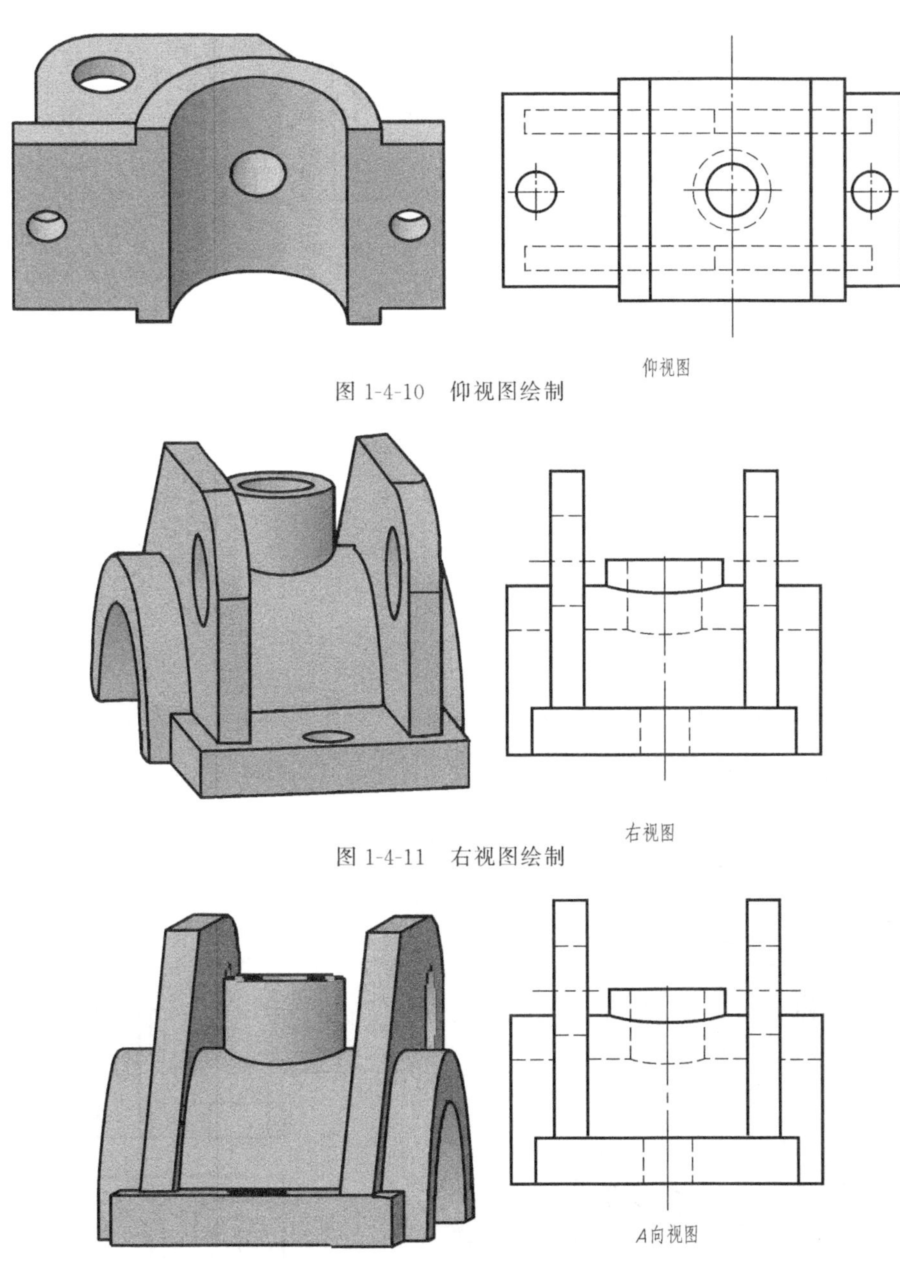

图 1-4-10　仰视图绘制

图 1-4-11　右视图绘制

图 1-4-12　A 向视图绘制

任务 4.2　绘制机件的剖视图

任务描述

如图 1-4-13 所示机件的轴测图，绘制该机件的 A—A 全剖和 B—B 半剖视图。

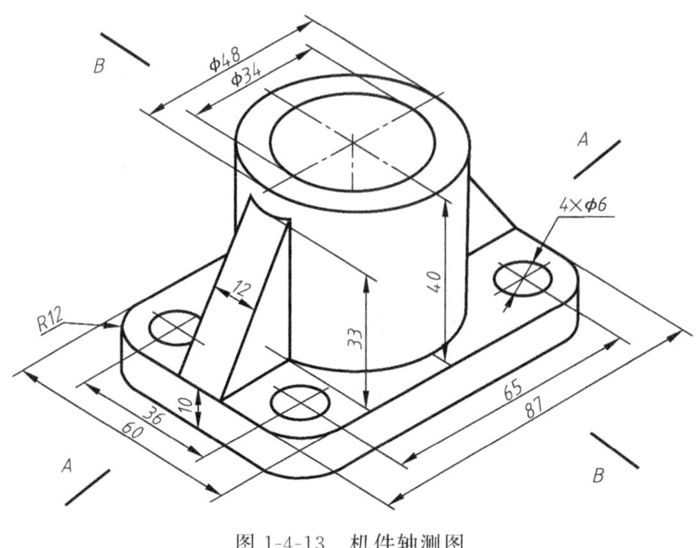

图 1-4-13 机件轴测图

任务分析

该机件为一组合体，剖切到机件的肋板，注意其画法。

相关知识

为清晰地表达机件的内部结构形状，国家标准《技术制图》规定了剖视图的画法。

一、剖视图的概念

1. 剖视图的形成

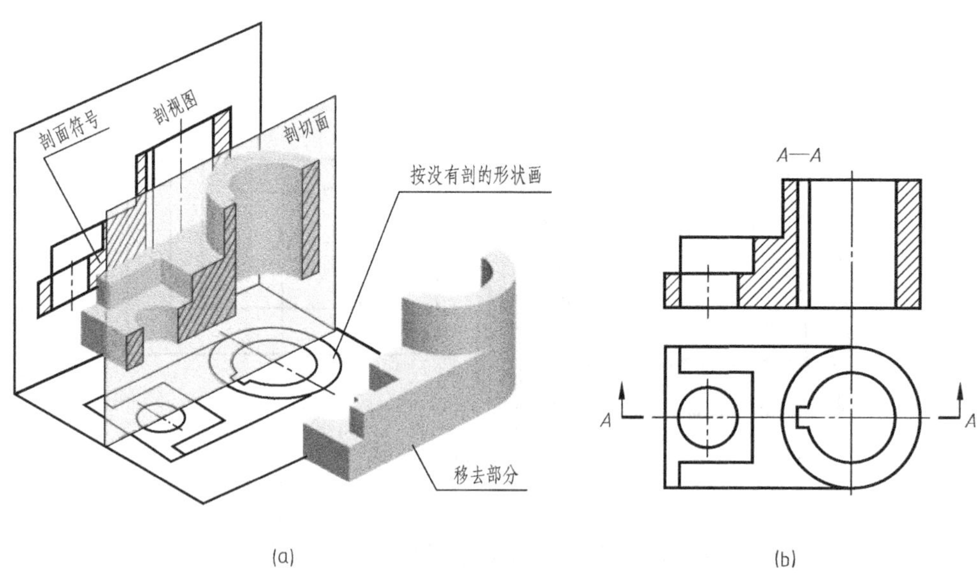

图 1-4-14 剖视图的形成

假想用剖切面剖开机件，将处在观察者和剖切面之间的部分移去，而将其余部分向投影面投射所得的图形，称为剖视图，简称剖视，见图 1-4-14。

2. 剖视图的画法

① 剖切平面应平行于投影面，一般应通过内部孔、槽的对称平面或轴线。

② 剖切是假想的，当一个视图取剖视后，其余视图应按完整画出，如图 1-4-14（b）所示。

③ 剖视图中，若不可见部分已表达清楚，虚线可省略不画。

3. 剖面符号

国家标准规定：剖视图和断面图中，假想剖切面与物体的接触部分，称为剖面区域。画剖视图时，通常在剖面区域内画出剖面符号，使之与未剖部分区别开，见图 1-4-14（b）。当不需要在剖面区域中表示被剖切物体的材料类别时，剖面符号可用通用剖面线表示。通用剖面线为一组间隔相等的平行细实线，一般与主要轮廓或剖面区域的对称线成 45°，如图 1-4-15 所示。当需要在剖面区域中表示材料的类别时，应采用特定的剖面符号表示，具体见表 1-4-1。

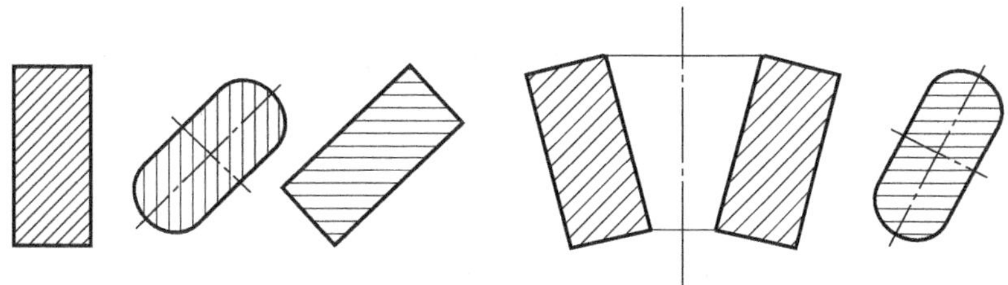

图 1-4-15 通用剖面线的画法

同一机件的各个剖面区域，其剖面线的倾斜的方向应一致，间隔要相同。

表 1-4-1 剖面符号（摘自 GB/T 4457.5—2013）

材料		剖面符号	材料	剖面符号
金属材料（已有规定剖面符号者除外）			木质胶合板（不分层数）	
非金属材料（已有规定剖面符号者除外）			基础周围的泥土	
转子、电枢、变压器和电抗器等的叠钢片			混凝土	
线圈绕组元件			钢筋混凝土	
型砂、填砂、粉末冶金、砂轮、陶瓷刀片、硬质合金、刀片等			砖	
玻璃及供观察用的其他透明材料			格网 筛网、过滤网等	
木材	纵剖面		液体	
	横剖面			

4. 剖视图的标注

为了便于看图，应根据剖视图的形成及其配置位置作相应的标注。

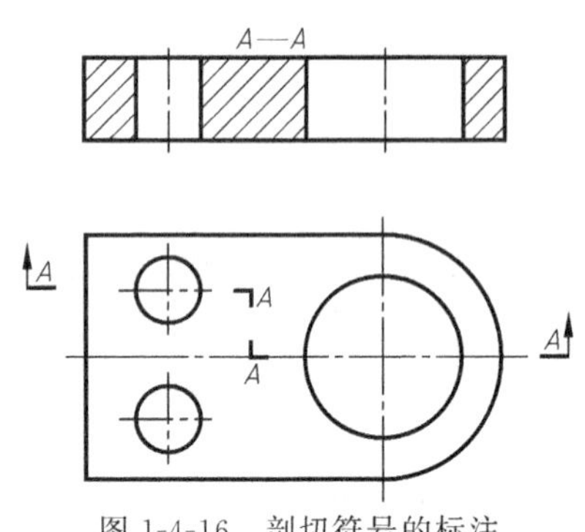

图 1-4-16　剖切符号的标注

（1）剖切符号　在剖切平面的起、迄和转折位置用长约 5mm、线宽（1～1.5）d 的粗实线表示，它不能与图形轮廓线相交，并在剖切符号的起、迄和转折处注上字母，在剖切符号的两端外侧用箭头指明剖切后的投射方向，如图 1-4-16 所示。

（2）剖视图的名称　在相应的剖视图上方采用相同的大写字母，标注成“×—×”形式，以表示该剖视图的名称，如图 1-4-16 所示。

在下列两种情况下，可省略或部分省略标注：

① 当剖视图按投影关系配置，中间又没有其他图形隔开时，可以省略箭头，见图 1-4-17（a）。

② 当单一剖切平面通过机件的对称面（或基本对称面），同时满足上一个条件时，可省去全部标注，见图 1-4-17（b）。

二、剖视图的种类

剖视图分为全剖视图、半剖视图和局部剖视图三种。

1. 全剖视图

用剖切平面完全地剖开机件所得的剖视图，称为全剖视图。

全剖视图主要用于外形简单（或外形已表达）、内部形状复杂的不对称机件。对于一些外形简单的对称机件，也可采用全剖视图，如图 1-4-16、图 1-4-17 所示。

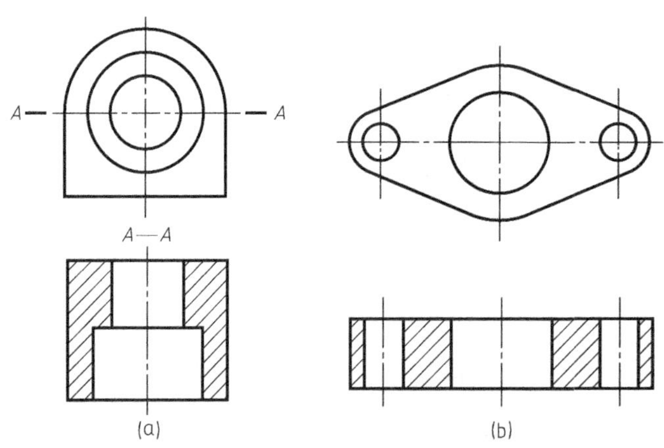

图 1-4-17　剖视图省略标注的示例

2. 半剖视图

当机件具有对称平面时，向垂直于对称平面的投影面上投射所得的图形，可以对称线为界，一半画成剖视，另一半画成视图，这种组合的图形称为半剖视图，见图 1-4-18。

半剖视图主要用于内外形状都需要表达的对称机件。当机件的结构接近对称，且不对称部分已表达清楚时，也可以画成半剖视图，见图 1-4-19。

在半剖视图中，剖视部分与视图部分应以对称线（细点画线）为界，由于机件的内部结构在剖视部分已表达清楚，因此，视图部分应省略虚线。半剖视图的标注方法与全剖视图

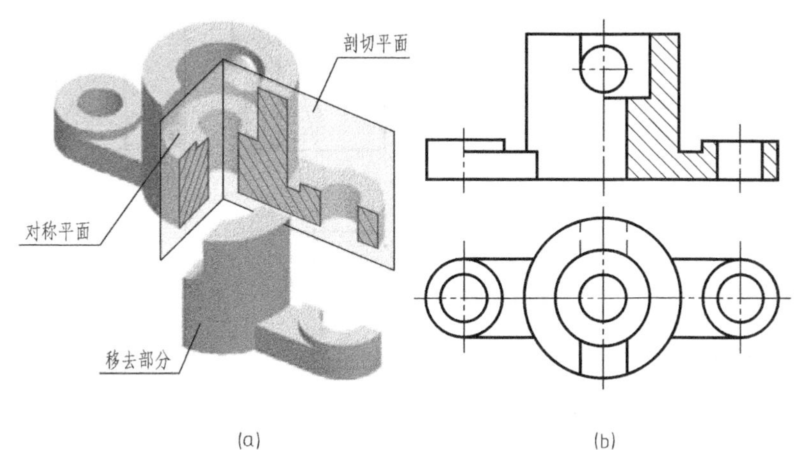

图 1-4-18　半剖视图（一）

相同。

3. 局部剖视图

用剖切面局部地剖开机件所得的剖视图，称为局部剖视图，见图 1-4-20。

局部剖视图适用于：

① 仅需表达局部内部结构，而不必采用全剖视图的机件，见图 1-4-21。

② 轮廓线与中心线重合而内、外结构都需要表达的对称机件，若采用半剖视图易引起误解，宜采用局部剖视，见图 1-4-22。

③ 内、外结构都需要表达但机件不对称，应使用局部剖视图，见图 1-4-23。

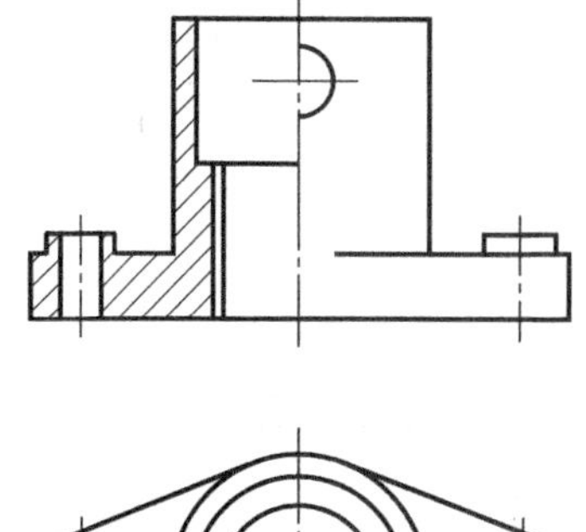

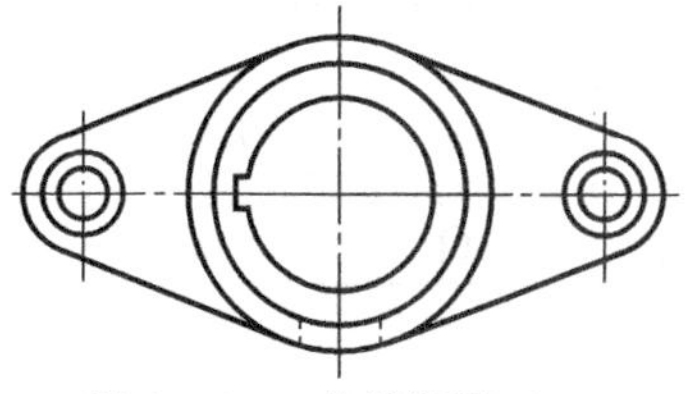

图 1-4-19　半剖视图（二）

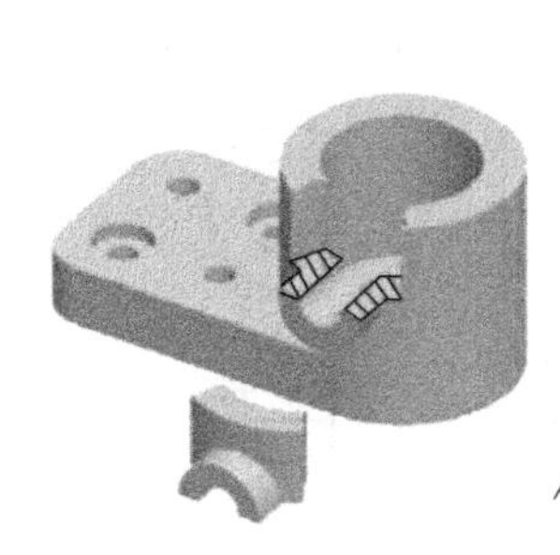

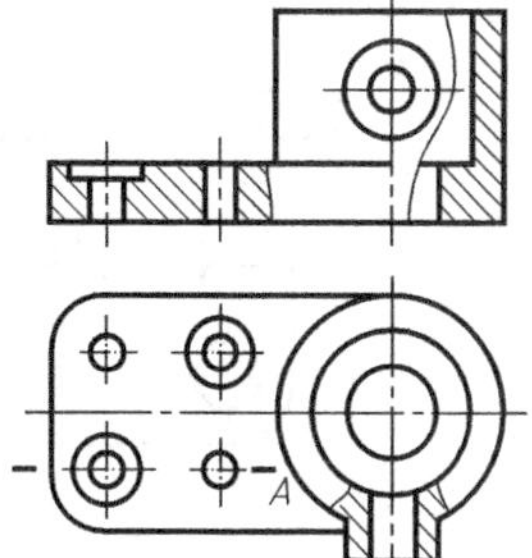

图 1-4-20　局部剖视图（一）

画局部剖视图时，应注意以下几点：

① 对于剖切位置明显的局部剖视图，一般不予标注，如图 1-4-21～图 1-4-23 所示。必要时，可按全剖视图的标注方法标注。

② 当被剖结构为回转体时，允许将该结构的中心线作为局部剖视和视图的分界线，如图 1-4-24 中的主视图。

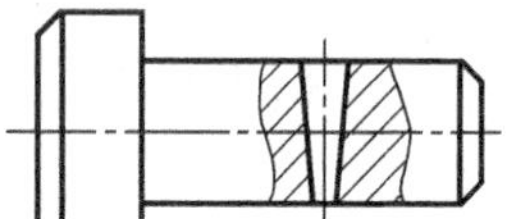

错误　　正确

图 1-4-21 局部剖视图（二）

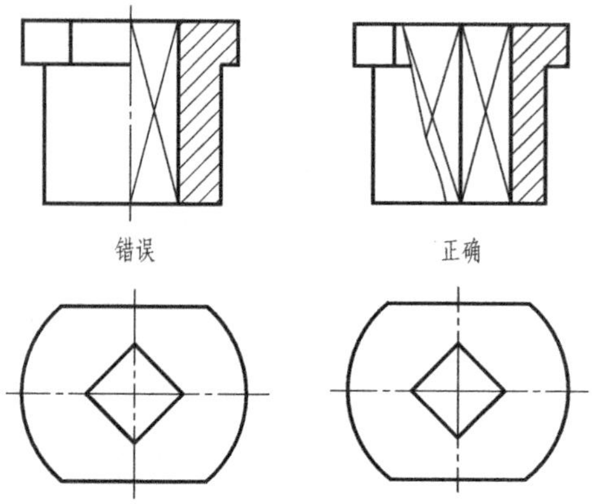

图 1-4-22 局部剖视图（三）

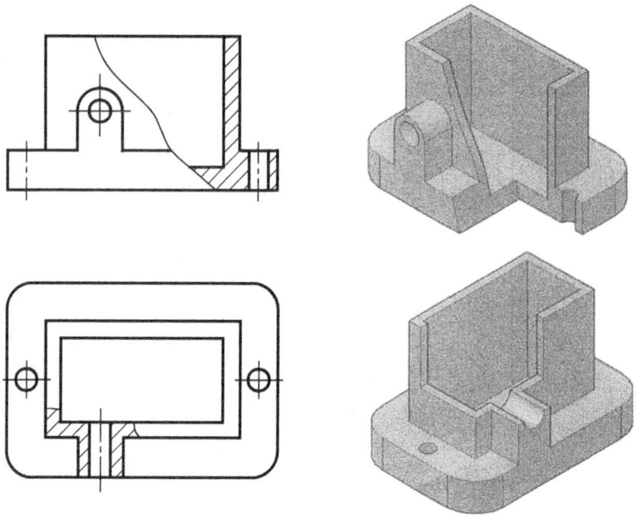

图 1-4-23 局部剖视图（四）

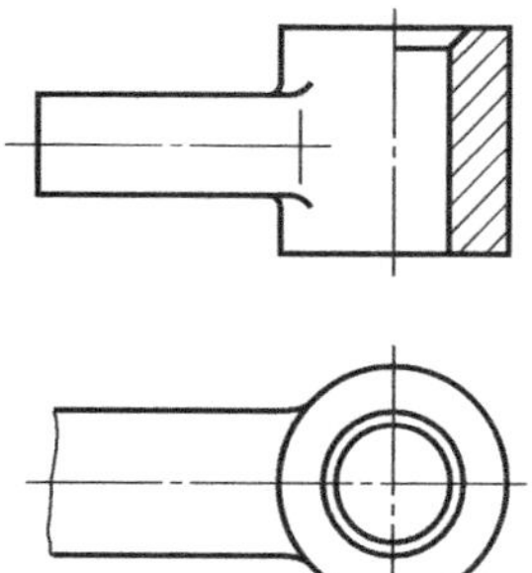

图 1-4-24 局部剖视图（五）

③ 局部剖视的视图部分和剖视部分以波浪线分界。波浪线要画在物体的实体部分，不应超出视图的轮廓线或与其他图线重合，见图 1-4-25。

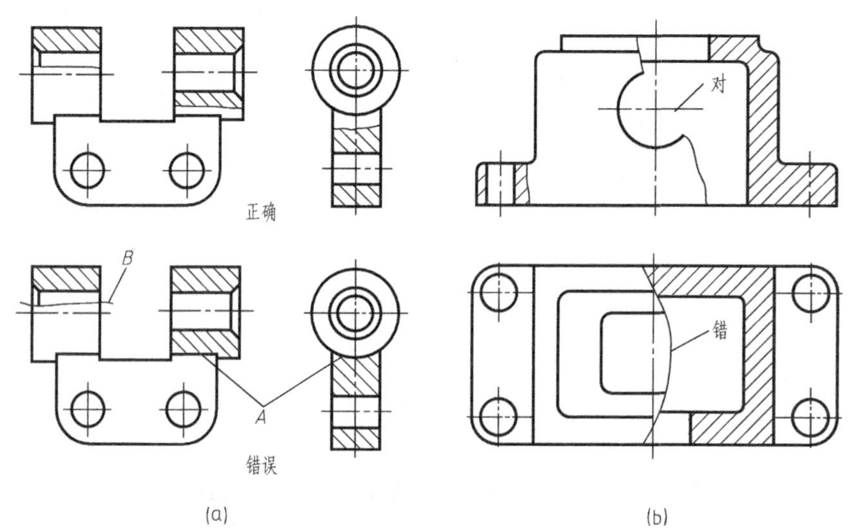

图 1-4-25 局部剖视图中波浪线的画法

④ 局部剖视图是一种灵活、便捷的表达方法。它的剖切位置和剖切范围大小，可根据实际需要确定，但在一个视图中，不宜过多选用局部剖视，以免使图形零乱，给读图造成困难。

三、剖切面的种类

国家标准规定了三种剖切面：单一剖切面、几个平行的剖切面、几个相交的剖切面。

1. 单一剖切面

仅用一个剖切面剖开机件，是最为常见的剖切方式。一般情况下，用一个平行于基本投影面的平面剖开机件，如图 1-4-14 所示。

当采用单一剖切面剖切机件倾斜部分的内部结构时，为反映实形，可采用倾斜的剖切面，再按照斜视图的方式投射和绘制，如图 1-4-26 所示。

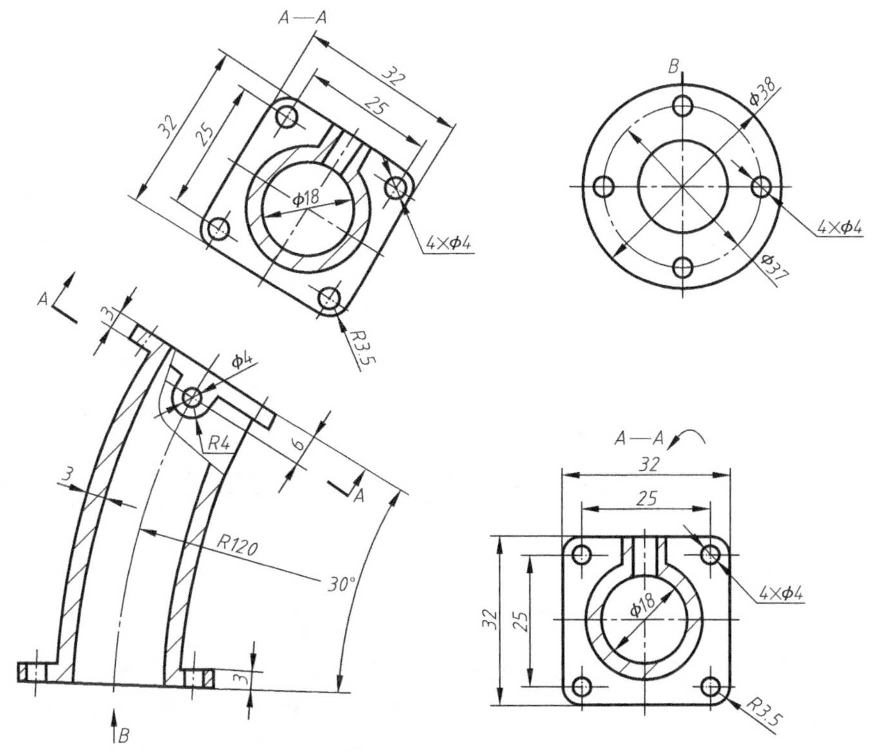

图 1-4-26　单一剖切面剖切机件的倾斜结构

2. 几个平行剖切面

当机件上有若干个不在同一平面上，而又需要表达的内部结构时，可采用几个平行的剖切平面剖开机件。几个平行的剖切平面可以是两个或两个以上，各剖切平面的转折必须是直角。如图 1-4-27 所示，物体左侧阶梯孔与右侧圆柱孔不在同一平面上，用一个剖切面不能同时剖到，这时，可用两个相互平行的剖切平面分别通过阶梯孔和圆柱孔的轴线，再将两个剖切平面后面的部分，同时向基本投影面投射，即得到用两个平行平面剖切的全剖视。

3. 几个相交的剖切

当物体上的内部结构不在同一平面，且物体具有较明显的回转轴线时，可采用几个相交的剖切面剖开机件，剖切面的交线应与机件的回转轴线重合并垂直于某一基本投影面，如图 1-4-28 所示。

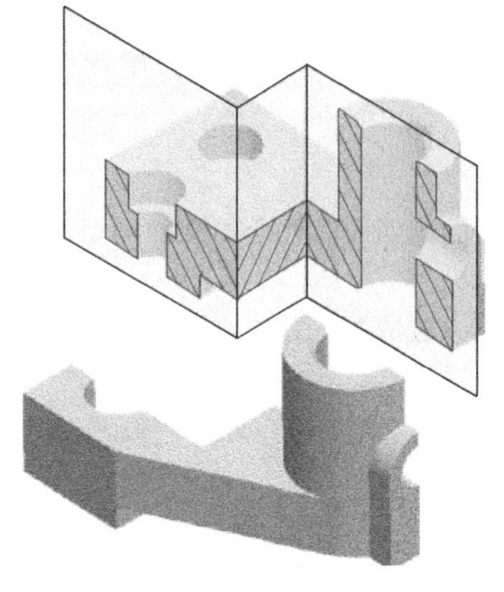

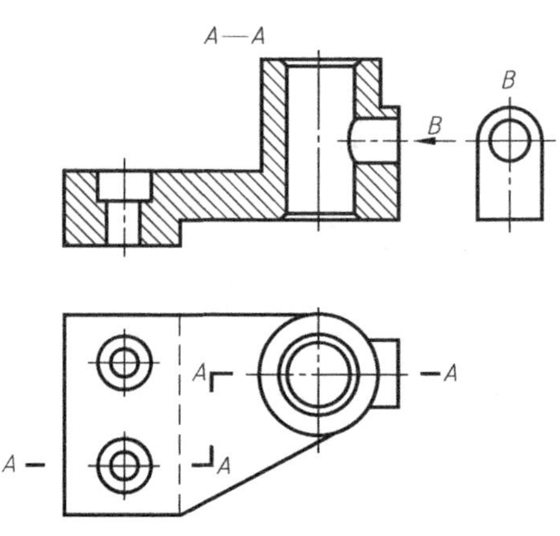

(a) (b)

图 1-4-27 几个平行剖切面的剖视图

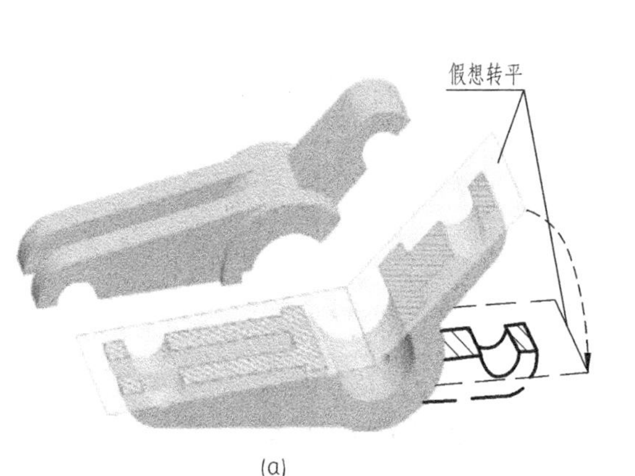

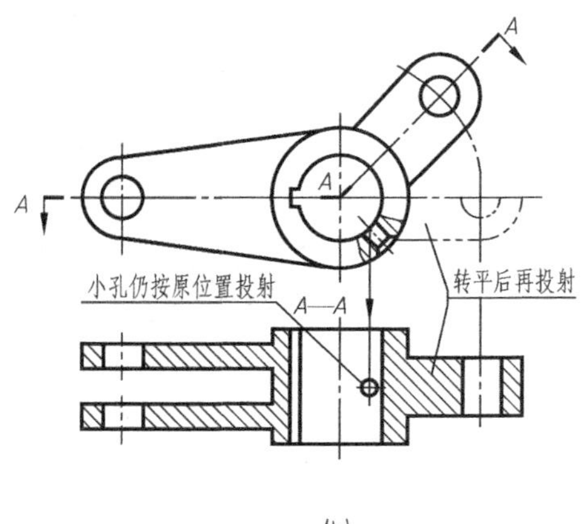

(a) (b)

图 1-4-28 几个相交剖切面的剖视图（一）

采用这种方法画剖视图时，首先假想按剖切位置剖开机件，将处于倾斜位置的剖切面所剖开的结构及其有关部分，一起绕两剖切平面的交线旋转至与选定基本投影面平行后，再向该投影面进行投射。

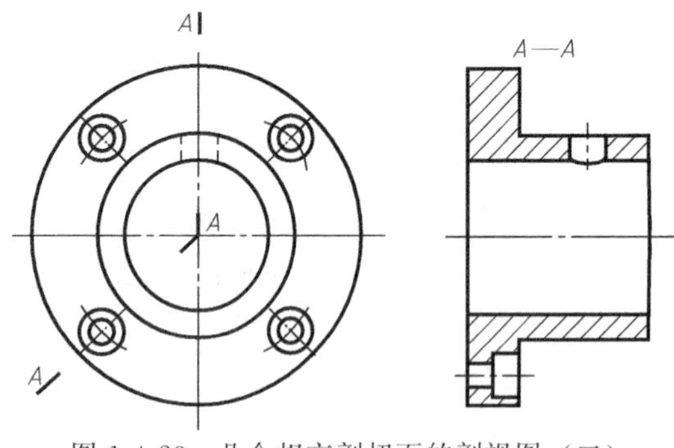

图 1-4-29 几个相交剖切面的剖视图（二）

在图 1-4-29 中所示的机件，需剖切的内部结构主要有两组孔，用单一剖切面无法同时把它们的内部形状表达出来，因此采用了相交的侧平面和正垂面作为剖切面，将物体剖切开。两剖切平面相交于大圆柱孔的轴线，将倾斜部分绕轴线旋转至与侧面平行后投射，从而得到用两相交平面剖切的全剖视图。

用几个相交的剖切面剖切时，应注意以下几点：

① 采用这种“先剖切、后旋转”的方法绘制的剖视（往往旋转的部分投射后会比原投

影伸长），剖切平面后的其他结构，一般仍按原来的位置进行投射，见图1-4-28。

② 剖切平面的交线一般应与形体的回转轴线重合。

③ 相交剖切面剖视的标注，其标注形式及内容与几个平行平面剖切的剖视相同。

以上三种类型的剖切面均可以获得全剖视图、半剖视图和局部剖视图。

任务实施

绘制剖视图实施步骤如下。

① 绘制 $A—A$ 剖视图，如图1-4-30所示，剖视图中对于肋板的处理，参见任务4.3中"拓展提高"部分关于剖视图中的简化画法。

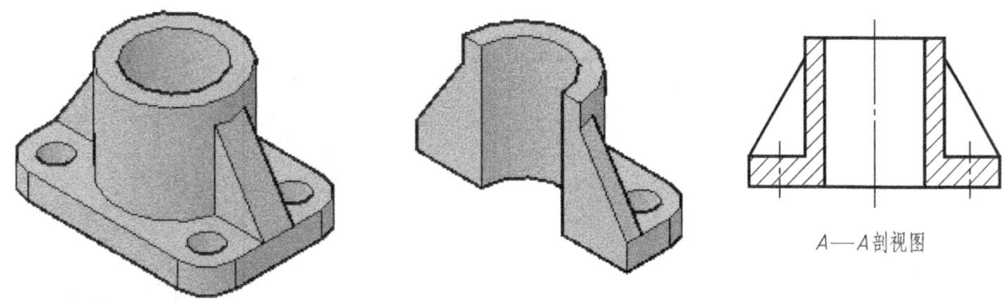

图1-4-30 $A—A$ 剖视图

② 绘制 $B—B$ 半剖视图，如图1-4-31所示。

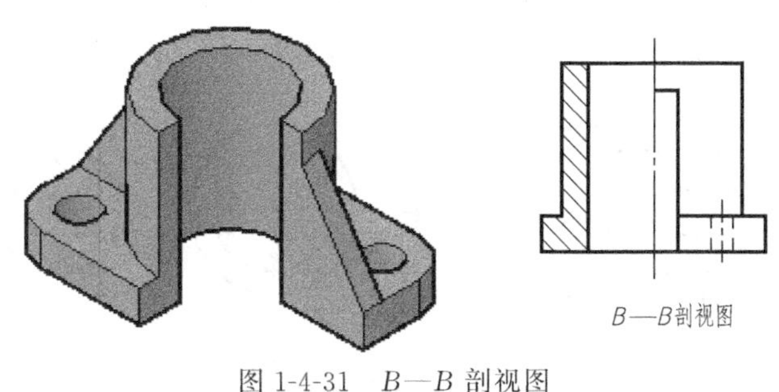

图1-4-31 $B—B$ 剖视图

任务4.3 绘制杆件的断面图

任务描述

绘制图1-4-32所示机件指定位置的断面图（键槽深4mm）。

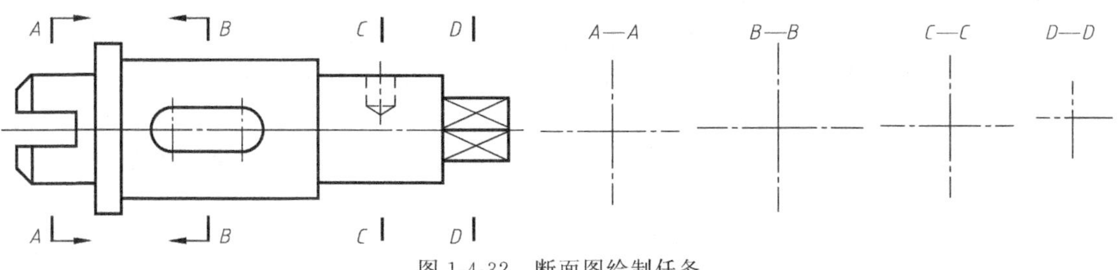

图1-4-32 断面图绘制任务

任务分析

该机件断面宜采用移出断面，注意其画法和标注方法。

相关知识

一、断面图的概念

假想用剖切平面将机件的某处切断，仅画出该剖切面与机件接触部分的图形，称为断面图（简称断面），见图 1-4-33。

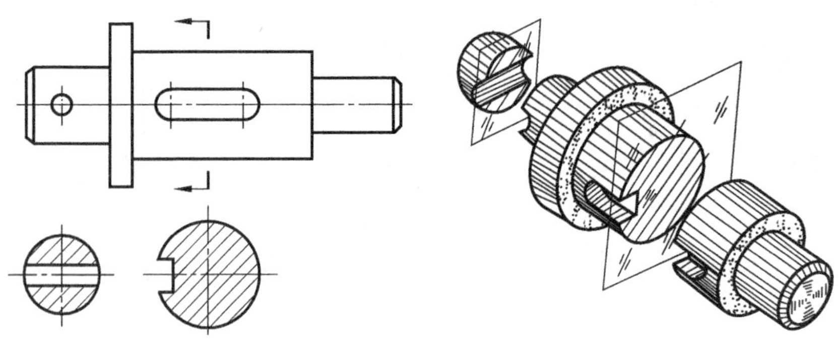

图 1-4-33 断面图

断面图与剖视图之间的区别：断面图只画出断面的形状，而剖视图除了画出其断面形状之外，还必须画出剖切面后所有的可见轮廓，如图 1-4-34 所示。

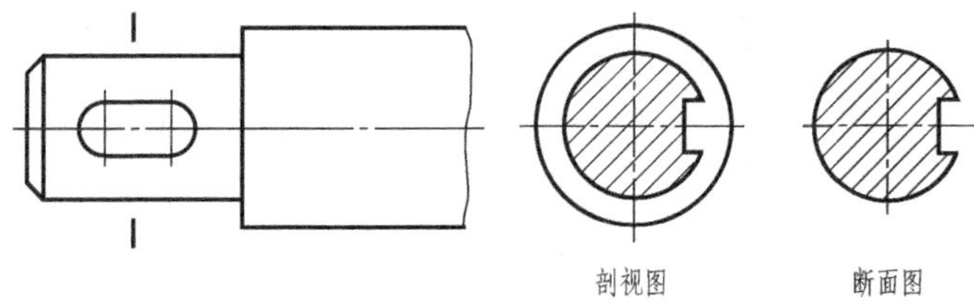

图 1-4-34 断面图与剖视图的区别

断面图主要用于表达机件的断面形状。

二、断面图的种类和标注

断面图分为移出断面图和重合断面图两种。

1. 移出断面图

画在视图之外的断面图，称为移出断面图，如图 1-4-35 所示。

画移出断面图应注意以下几点：

① 移出断面图应尽量配置在剖切符号（剖切线）的延长线上，见图 1-4-35（a）；必要时也可配置在其他适当位置，但必须标注，见图 1-4-35（b）、（c）；对称的断面图也可画在视图的中断处，见图 1-4-35（d）。

② 当剖切平面通过由回转面形成的孔或凹坑的轴线时，这些结构按剖视绘制，见图 1-4-35（a）、（b）。

③ 当剖切面通过非圆孔，导致出现完全分离的两个断面图时，这些结构应按剖视绘制，见图 1-4-35（c）。

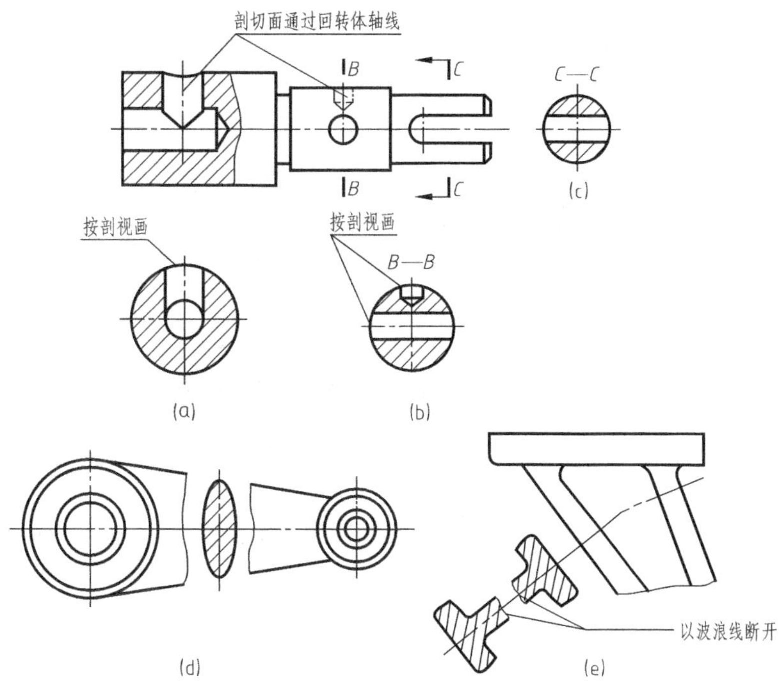

图 1-4-35　移出断面图的画法

④ 剖切平面应与物体的主要轮廓线垂直。由两个或多个相交的剖切平面剖切得出的移出断面图，中间以波浪线断开，见图 1-4-35（e）。

2. 重合断面图

画在视图轮廓线之内的断面图称为重合断面图。

为了避免与视图轮廓线相混淆，重合断面图的轮廓线用细实线绘制。当视图中轮廓线与重合断面图的图形重叠时，视图中的轮廓线仍应连续画出，不可间断，见图 1-4-36。

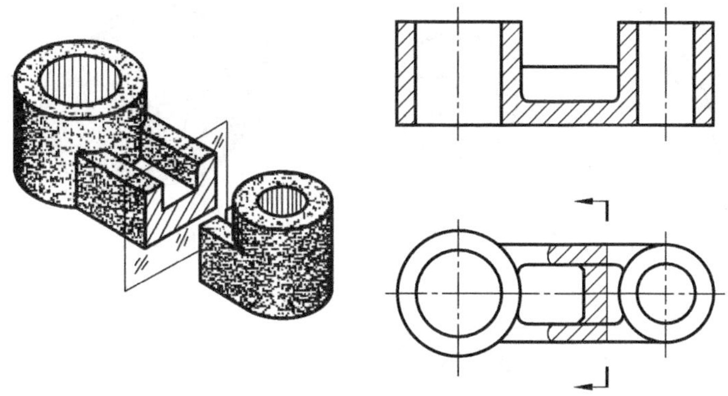
图 1-4-36　重合断面图的画法（一）

3. 断面图的标注

（1）移出断面图的标注

① 移出断面图一般用剖切符号表示剖切位置，剖切符号之间的剖切线省略不画，用箭头表示投射方向并注上大写拉丁字母；在断面图的上方，用同样的字母标出相应的名称，见图 1-4-35（c）。

② 配置在剖切线延长线上的对称移出断面，可省略标注，见图 1-4-35（a）；配置在视图中断处的移出断面，可省略标注，见图 1-4-35（d）。

③ 配置在剖切符号延长线上的不对称移出断面，要画出剖切符号和箭头，可以省略字母，见图 1-4-33。

④ 不配置在剖切符号延长线上的对称移出断面［图 1-4-35（b）］，以及按投影关系配置的不对称移出断面（图 1-4-34），均可省略箭头。

（2）重合断面图的标注

① 相对于剖切线对称的重合断面图可不必标注，见图 1-4-37（a）。

② 当重合断面非对称时，应标注剖切符号，表示剖切面的位置及投射方向，见图 1-4-37（b）。

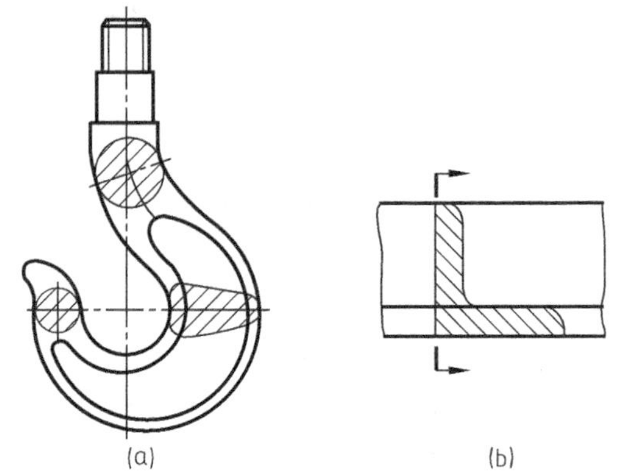

图 1-4-37　重合断面图的画法（二）

任务实施

绘图实施步骤如下。

① 绘制 *A*—*A* 断面图，见图 1-4-38。

② 绘制 *B*—*B* 断面图，如图 1-4-39 所示。

③ 绘制 *C*—*C* 断面图，如图 1-4-40 所示。

④ 绘制 *D*—*D* 断面图，如图 1-4-41 所示。

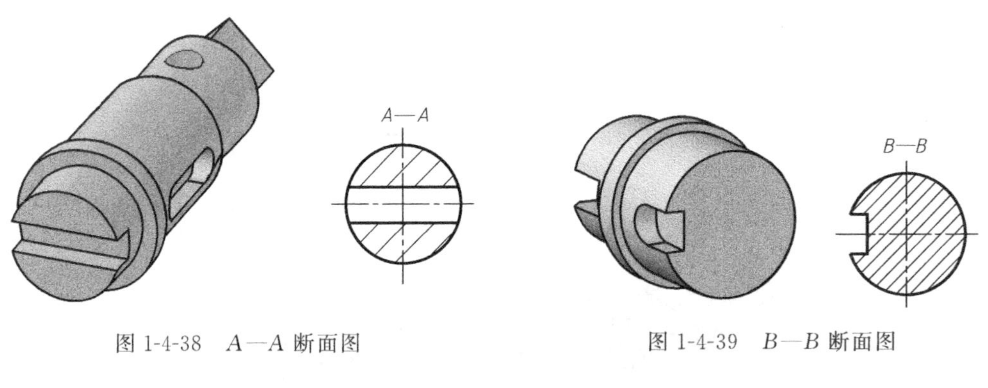

图 1-4-38　*A*—*A* 断面图　　图 1-4-39　*B*—*B* 断面图

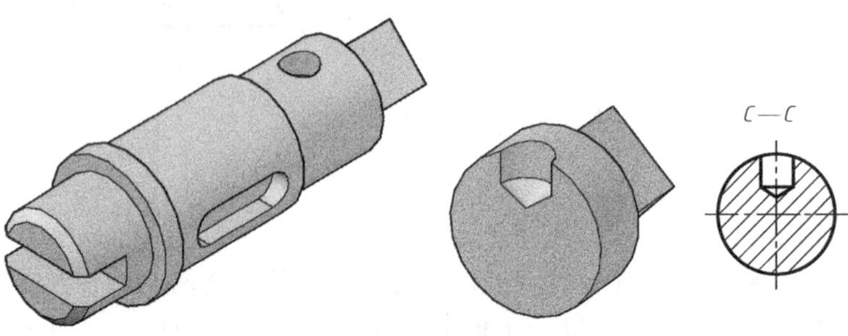

图 1-4-40　*C*—*C* 断面图

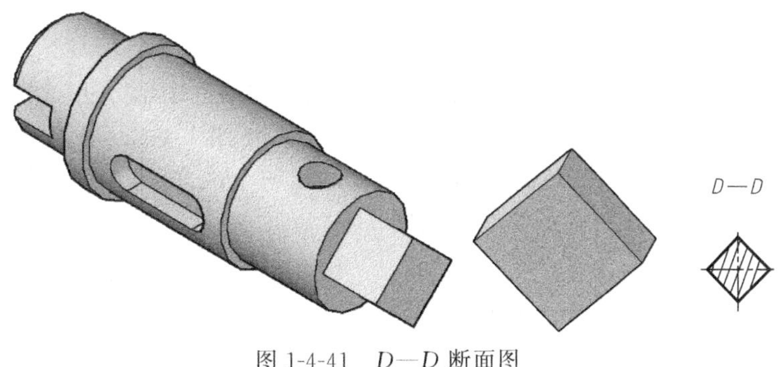

图 1-4-41　D—D 断面图

拓展提高

在工程实际中，除了应用以上表达方法以外，还经常用到局部放大图和一些简化画法。

一、局部放大图

将图样中所表示机件的部分结构，用大于原图形的比例画出的图形，称为局部放大图。

当机件上某些局部细小结构在视图上表达不够清楚或不便于标注尺寸时，往往采用局部放大图，见图 1-4-42。

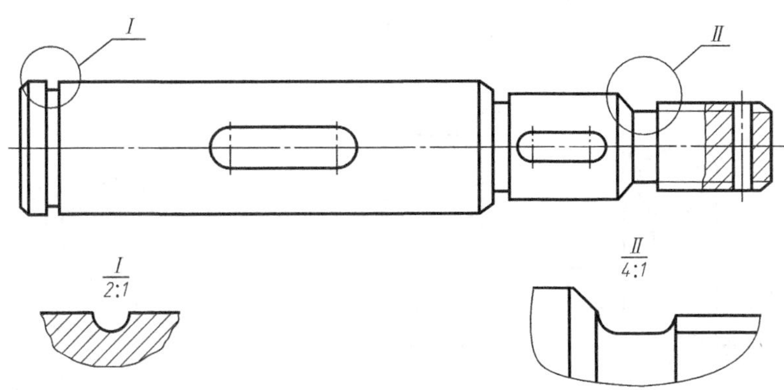

图 1-4-42　局部放大图

画局部放大图时应注意：

① 局部放大图可以画成视图、剖视图或断面图，它与被放大部分所采用的表达方式无关。

② 绘制局部放大图时，应在视图上用细实线圈出放大部位，并将局部放大图尽量配置在被放大部位的附近。

③ 当同一机件上有几个放大部位时，需用罗马数字按顺序注明，并在局部放大图上方标出相应的罗马数字及所采用的比例，如图 1-4-42 所示。

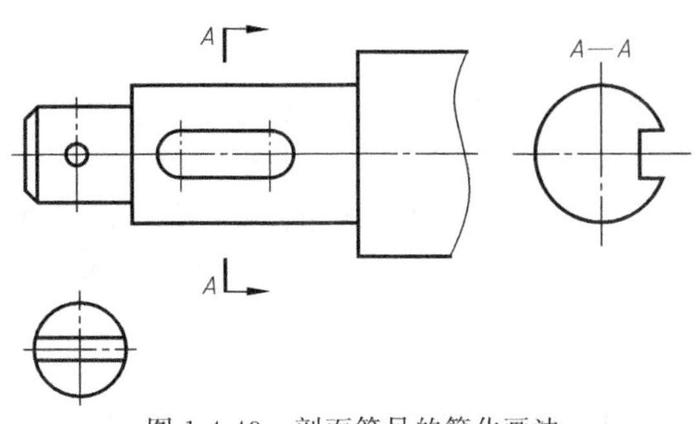

图 1-4-43　剖面符号的简化画法

④ 局部放大图中标注的比例为放大图中机件要素线性尺寸与实际机件相应要素

线性尺寸之比，与原图所采用的比例无关。

二、简化画法

简化画法是包括规定画法、省略画法、示意画法等在内的图示方法。

① 在不致引起误解的情况下，允许省略剖面符号，见图 1-4-43。

② 若干直径相同且成规律分布的孔，可以仅画出一个或几个，其余只需用细点画线表示其中心位置，但图中应注明孔的总数，见图 1-4-44。

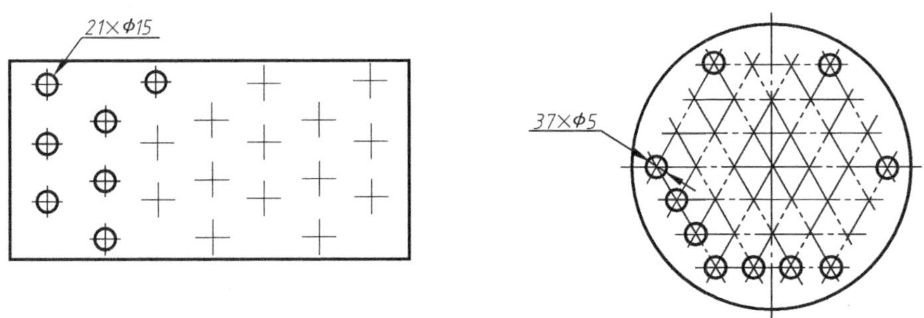

图 1-4-44 相同要素的简化画法

③ 剖视图中，对于机件上的肋、轮辐及薄壁等，如按纵向剖切，这些结构都不画剖面符号，而用粗实线将它与邻接部分分开，如图 1-4-45 所示。但当剖切平面垂直于它们剖切时，仍要画出剖面符号，如图 1-4-45 中的俯视图。

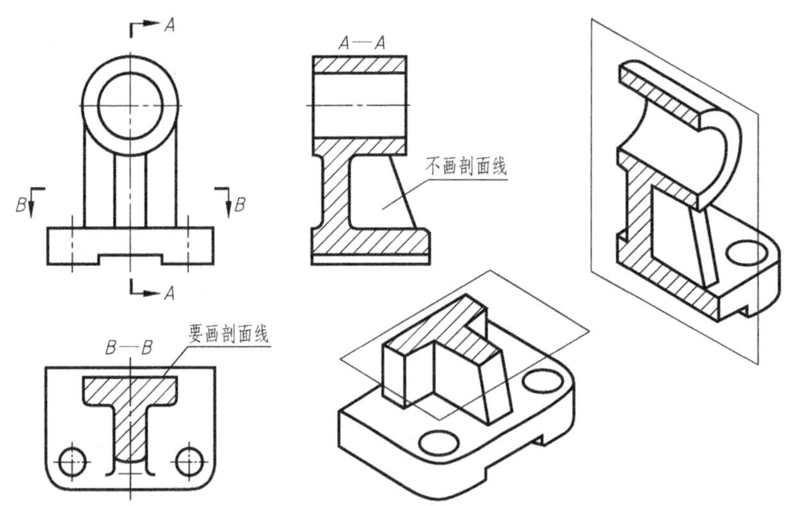

图 1-4-45 肋板剖切时的规定画法

④ 当零件回转体上均匀分布的肋、轮辐、孔等结构不处于剖切平面上时，可将这些结构旋转到剖切平面上画出，见图 1-4-46。

⑤ 较长的机件（轴、杆、型材等）沿长度方向的形状一致或按一定规律变化时，可断开后缩短绘制，见图 1-4-47。断开后尺寸仍按实际的尺寸长度标注。

⑥ 与投影面倾斜角度小于或等于 30°的圆或圆弧，其投影可用圆或圆弧代替，见图 1-4-48。

⑦ 圆柱形法兰盘和类似机件上均匀分布的孔，可按图 1-4-49 所示的方法绘制。

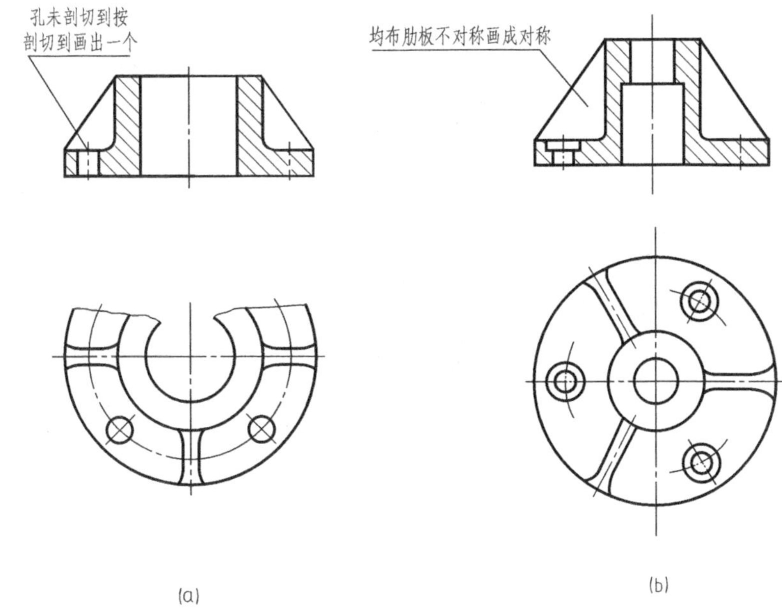

图 1-4-46　均匀分布的孔和肋的规定画法

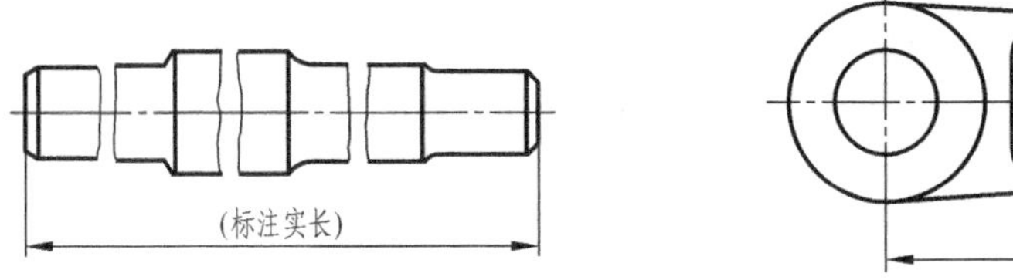

图 1-4-47　折断的规定画法

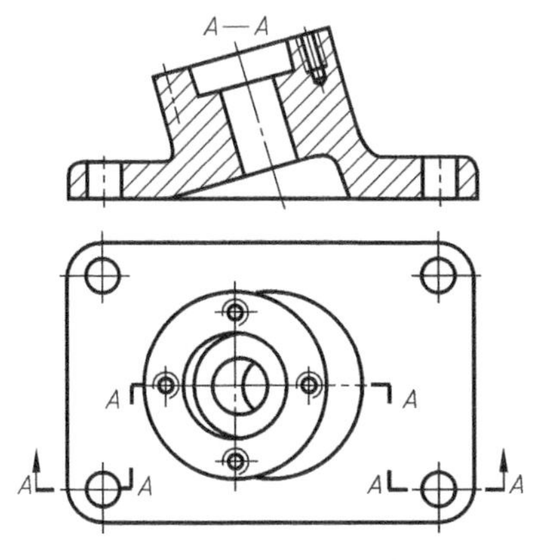

图 1-4-48　倾斜圆的规定画法

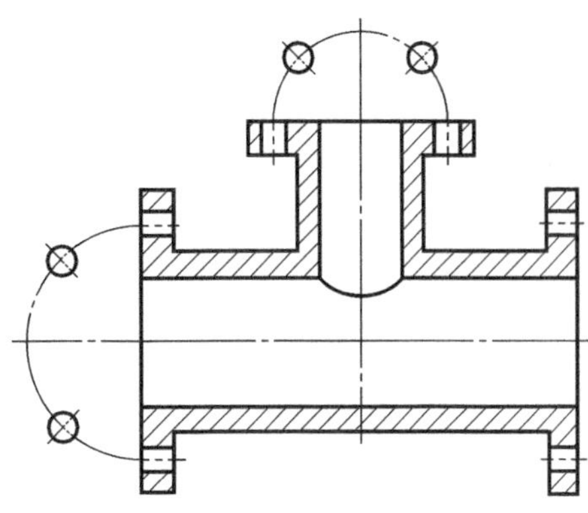

图 1-4-49　圆柱形法兰盘上圆孔的简化画法

⑧ 当回转机件上的平面在图形上不能充分表达时，可用两条相交的细实线表示，如图 1-4-50 所示。

⑨ 零件上的滚花、槽沟等网状结构，应用粗实线完全或部分地表达出来，并在图中按规定标注，如图 1-4-51 所示。

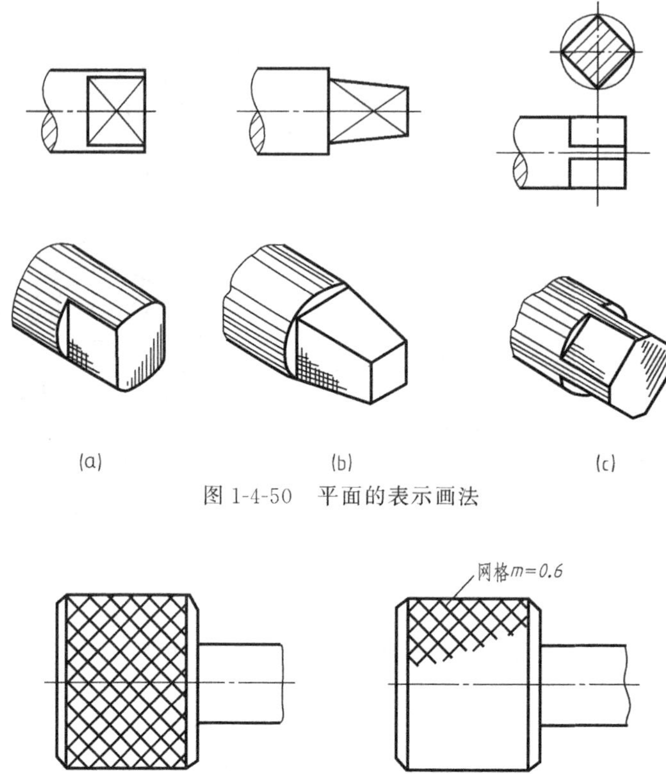

图 1-4-50 平面的表示画法

图 1-4-51 网状物及滚花的示意画法

模块二

专业制图模块

- 项目 1　识读与绘制机械图样
- 项目 2　识读与绘制建筑工程图样
- 项目 3　识读与绘制制冷空调工程图样
- 项目 4　识读与绘制化工图样

项目 1　识读与绘制机械图样

任何一台机器或部件都是由若干零件按一定的装配关系和技术要求装配而成的。表达单个零件的形状结构、尺寸大小和技术要求的图样称为零件图，它是制造和检验零件的依据。表达整个机器或部件的工作原理、装配关系、结构形状和技术要求的图样称为装配图，用以指导机器或部件的装配、调试、安装、维修等。装配图与零件图都是生产中的重要技术文件。在机械产品的设计过程中，一般先画出装配图，然后再根据装配图画出零件图。本项目结合齿轮油泵，介绍装配图和零件图的表达方法、绘制方法、阅读方法。

项目 1.1　识读装配图

项目描述

阅读图 2-1-1 所示的齿轮油泵装配图，了解齿轮油泵的结构、作用、工作原理和主要零件的结构形状及零件间的装配连接关系。

项目分析

要完成本项目，必须熟悉装配图的内容和表达特点，掌握装配图的阅读方法和步骤。搞清楚每个视图的表达重点，分析零件间的装配关系及各零件的作用和结构，了解产品在装配、调试、安装、使用等过程中所必需的尺寸、技术要求等。

相关知识

一、装配图的作用和内容

1. 装配图的作用

装配图用以反映设计者的意图，表达机器或部件的工作原理、装配关系、结构形状和技术要求。

在设计过程中，一般先根据设计要求画出装配图，然后再根据装配图绘制零件图。在生产过程中，一般是先根据零件图生产出合格的零件，再根据装配图进行装配、检验。此外，在安装、维修机器时，也要通过装配图了解装配体的结构和性能。由此可见，装配图是生产中重要的技术文件之一。

2. 装配图的内容

一张完整的装配图一般应包括以下内容：

(1) 一组视图　用各种常用的表达方法和特殊画法，选用一组恰当的图形正确、完整、清晰地表达出装配体的工作原理、各零件的主要形状结构、零件之间的装配、连接关系等。

(2) 必要的尺寸　在装配图中必须标注出表示装配体性能、规格以及装配、检验、安装时所需的尺寸。

(3) 技术要求　用文字或符号说明装配体在装配、检验、调试、安装、使用等方面的要求和指标。

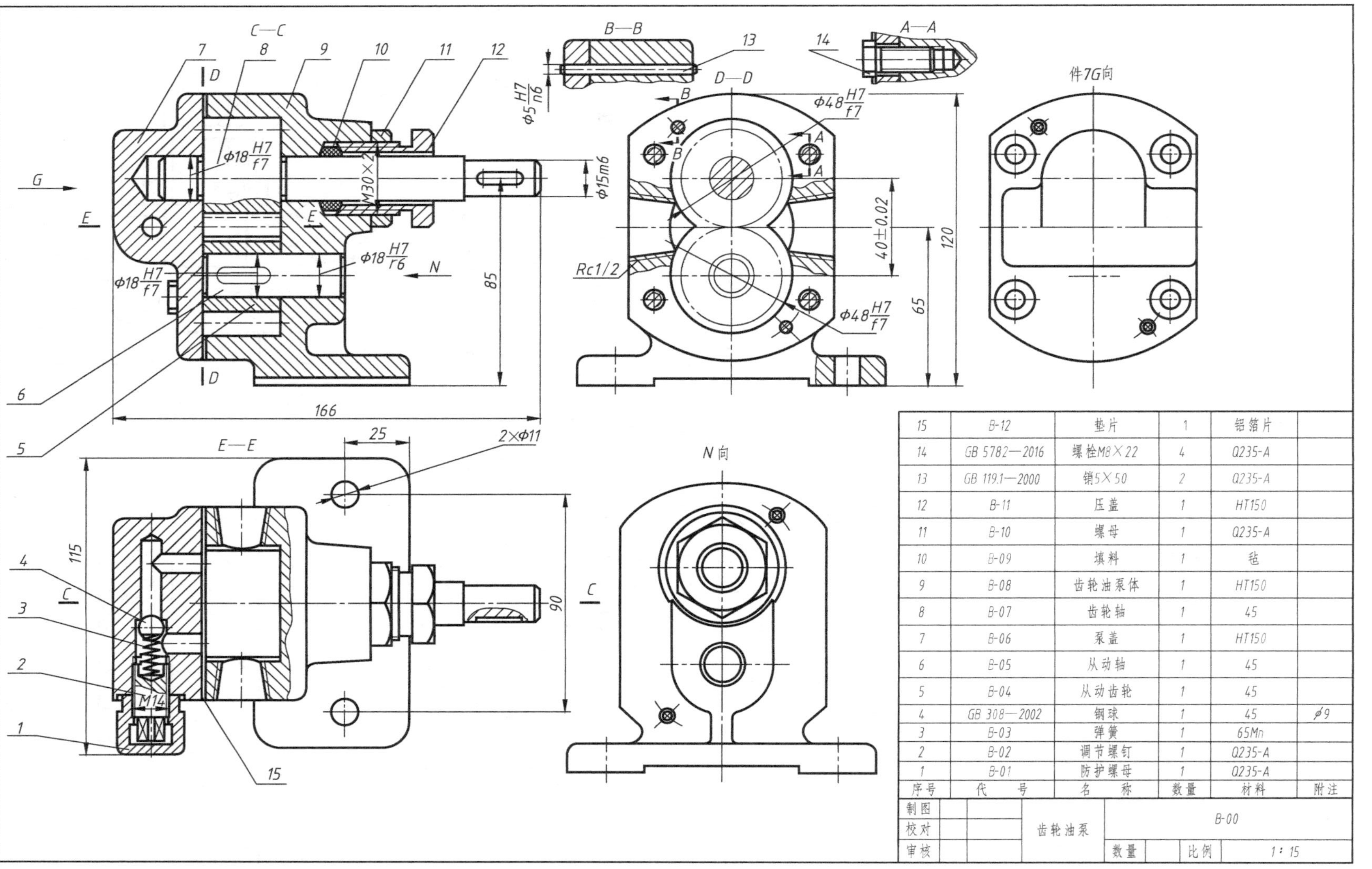

序号	代号	名称	数量	材料	附注
15	B-12	垫片	1	铝箔片	
14	GB 5782—2016	螺栓M8×22	4	Q235-A	
13	GB 119.1—2000	销5×50	2	Q235-A	
12	B-11	压盖	1	HT150	
11	B-10	螺母	1	Q235-A	
10	B-09	填料	1	毡	
9	B-08	齿轮油泵体	1	HT150	
8	B-07	齿轮轴	1	45	
7	B-06	泵盖	1	HT150	
6	B-05	从动轴	1	45	
5	B-04	从动齿轮	1	45	
4	GB 308—2002	钢球	1	45	φ9
3	B-03	弹簧	1	65Mn	
2	B-02	调节螺钉	1	Q235-A	
1	B-01	防护螺母	1	Q235-A	

制图		齿轮油泵	B-00			
校对						
审核			数量		比例	1∶15

图 2-1-1　齿轮油泵装配图

(4) 零、部件序号及明细栏　对装配体上的每一种零件编写序号，并在明细栏中按零件序号自下而上填写出每一种零件的名称、数量、材料等。

(5) 标题栏　一般应填写单位名称、图样名称、图样代号、绘图比例以及责任人签名和日期等。

二、装配图中的规定画法和特殊表达方法

前面所学过的各种表达方法：视图、剖视图、断面图等，都可以用来表达装配图。但装配图的重点是表达零件间的装配关系、工作原理，因此，对装配图还有一些规定画法、特殊画法和简化画法。

1. 规定画法

① 相邻两零件的接触面或配合面，规定只画一条轮廓线，不接触或非配合的两表面，不论其间隙多小，都必须画出两条线。若间隙过小，可采用夸大画法，如图 2-1-2 所示。

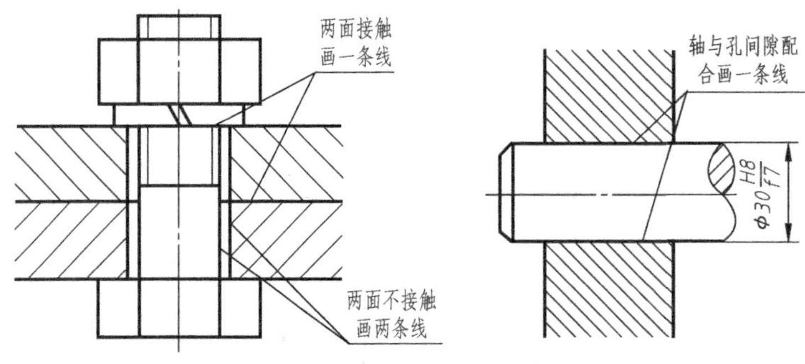

图 2-1-2　接触面与非接触面的画法

② 在装配图中，相邻两零件的剖面线，其倾斜方向应相反或方向一致而间隔不等，如图 2-1-3 所示。但在同一装配图的各个视图中，同一零件的剖面线的方向与间隔必须一致。零件厚度小于或等于 2mm 时，可用涂黑代替剖面线。

③ 在装配图中，对于紧固件（如螺钉、螺栓、螺母、键、销等）和一些实心零件（如轴、杆、球等），若按纵向剖切，且剖切平面通过其对称面或轴线时，则这些零件均按不剖绘制，即只画出外形，如图 2-1-4 所示。若这些零件上有孔、凹槽等结构需要表达时，则可采取局部剖视图加以表达。

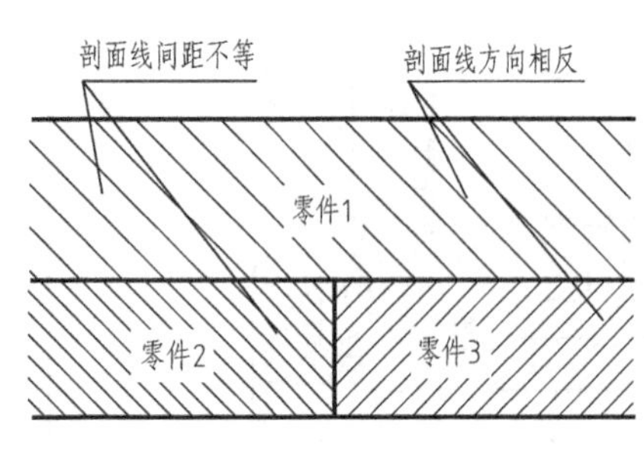

图 2-1-3　剖面线的画法

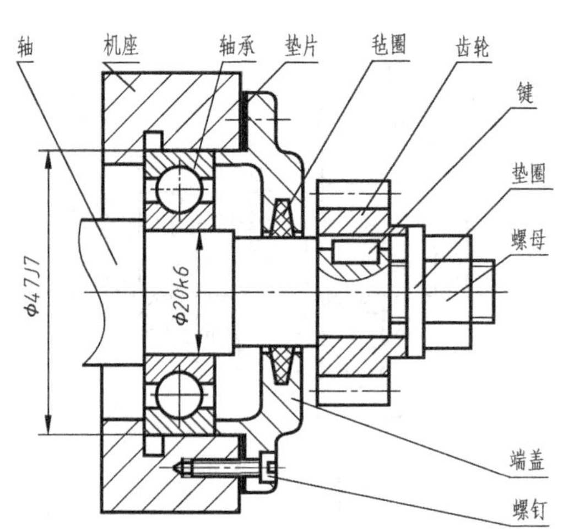

图 2-1-4　实心零件和紧固件的画法

2. 特殊表达方法和简化画法

（1）特殊表达方法

① 拆卸画法。在装配图中，当某一个或几个零件遮住了需要表达的结构或装配关系时，可假想拆去一个或几个零件，只画出所表达部分的视图，这种表达方法称为拆卸画法。采用拆卸画法后，为避免误解，在该视图上方加注“拆去件××”。

② 沿结合面剖切画法。在装配图中，为了表达内部结构，可采用沿结合面剖切画法，假想沿某些零件结合面剖切，结合面上不画剖面线（其他被剖断的零件则要画剖面线，如轴、螺栓等）。图 2-1-1 中 *D*—*D* 剖视就是沿泵盖和泵体结合面剖切画出的。

③ 单件画法。在装配图中，如果某个零件的主要结构形状未表达清楚而又对理解装配关系有影响时，可以另外单独画出该零件的某一视图，但必须在所画视图的上方注出该零件的名称，在相应视图的附近用箭头指明投影方向，并注明相同的字母，如图 2-1-1 中的“件 7G 向”。

④ 假想画法。为了表示某个运动零件的运动范围或极限位置时，可以在一个极限位置上画出该零件，再在另一个极限位置用细双点画线假想画出其轮廓，如图 2-1-5 所示。

为了表示与本装配体有装配关系，但又不属于该装配体的相邻零、部件时，可用细双点画线画出其相邻接部分的轮廓线，如图 2-1-5 所示。

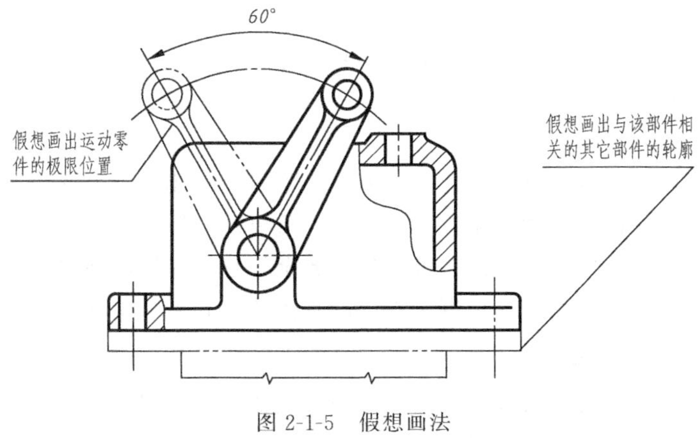

图 2-1-5　假想画法

⑤ 夸大画法。在装配图中，对一些薄片零件、细丝弹簧、微小间隙等，若按其实际尺寸在装配图上很难画出或难以明显表示时，可不按比例而适当的夸大画出。如图 2-1-1 中弹簧、垫圈的厚度，就采用了夸大画法。

（2）简化画法

①在装配图中，螺母和螺栓头一般采用简化画法。对于若干相同的零件组，如螺栓连接等，在不影响理解的前提下，可仅详细地画出一组或几组，其余可用点画线表示其中心位置即可。

② 在装配图中，零件的工艺结构如圆角、倒角、退刀槽等可不画出。

③ 在装配图中，当剖切平面通过的某些部件为标准产品或该部件已由其他图形表示清楚时，可按不剖绘制。

④ 在剖视图中，表示滚动轴承时，允许画出对称图形的一半，另一半可采用通用画法或特征画法。

三、装配图的尺寸标注

装配图主要用于拆画零件图、装配和机器的维修，因此装配图上需注出与装配体性能、装配、安装、运输等有关的尺寸。

1. 性能（或规格）尺寸

表示装配体性能、规格和特性的尺寸，是机器或部件设计时的原始数据。作为设计的一个重要数据，在画图之前就已确定，如图 2-1-1 中齿轮轴的中心高“85”。

2. 装配尺寸

表示装配体中各零件间配合、连接关系以及表示相对位置的尺寸，有以下三种：

(1) 配合尺寸　表示两零件之间配合性质的尺寸，如图 2-1-1 中齿轮轴与泵盖之间的配合尺寸“ϕ18H7/f7”。

(2) 相对位置尺寸　表示零件装配时，需要保证的零件相对位置尺寸，如图 2-1-1 中齿轮轴与从动轴中心距“40±0.02”。

(3) 连接尺寸　表示两零件连接关系的尺寸。

3. 安装尺寸

表示装配体安装在地基或其他机器或部件上的安装位置及安装面面积的尺寸，如图 2-1-1 俯视图中的“90”。

4. 外形尺寸

表示装配体外形轮廓的尺寸，即总长、总宽和总高。它既反映装配体的大小，也为装配体的包装、运输和安装过程中所需空间的大小提供了依据，如图 2-1-1 中的总长、总宽和总高的尺寸分别为“166”、“115”、“120”。

5. 其他重要尺寸

在设计中还有经计算或根据需要而确定的，又不属于上述几类尺寸的重要尺寸。如运动零件的极限位置尺寸、两齿轮中心距、主要零件的重要尺寸等。

上述五类尺寸，不一定每张装配图都要标注齐全，且有些尺寸往往又同时具有几种不同的含义。因此，装配图中的尺寸需根据装配体的具体情况和需求标注。

四、零件序号和明细栏

为了便于读图、图样管理以及有利于生产准备工作，装配图中所有的零件都必须编写序号，并在标题栏上方填写与序号相对应的明细栏。

1. 零件序号的编写

装配图中一个零、部件只编写一个序号。同一装配图中相同的零、部件应编写同样的序号。装配图中零、部件的序号应与明细表的序号一致。零、部件序号包括指引线、序号数字和序号排列顺序，编写序号的一般方法如下：

① 指引线用细实线绘制，在所指零件的可见轮廓内画一圆点，然后从圆点开始画指引线，在指引线的另一端画一水平线或圆（细实线），在水平线上或圆内注写序号，序号也可直接写在指引线的附近。序号的字高比该装配图中所注尺寸数字的字高大一号或两号，如图 2-1-6 所示。

② 若所指部分是很薄的零件或涂黑的剖面，轮廓内不便画圆点时，可在指引线的末端画一箭头，并指向该部分的轮廓，如图 2-1-6（b）所示。

③ 画指引线时，指引线相互不能交叉。当通过有剖面线的区域时，指引线不应与剖面线平行，如图 2-1-6（b）所示；必要时，指引线可以画成折线，但只能折一次，如图 2-1-6

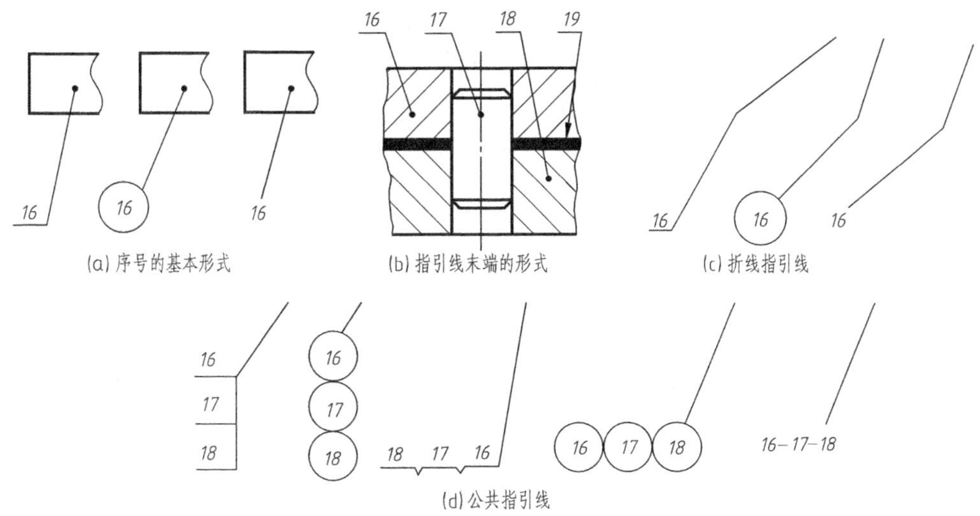

图 2-1-6　零、部件序号及编排方法

(c) 所示。

④ 对于一组紧固件（如螺纹连接件）或装配关系清楚的零件组，可以采用公共指引线，如图 2-1-6（d）所示。

⑤ 标准化组件（如油杯、滚动轴承、电动机等）可作为一个整体，只编写一个序号。

⑥ 编写序号时应按顺时针或逆时针方向，直线排列，顺次编写。

为确保无遗漏地顺序排列，可先画出指引线、末端水平线或小圆，检查确认无遗漏、无重复后再统一编写序号和填写明细栏。在同一装配图中，编写序号的形式应一致。

2. 明细栏的编制

明细栏应列出该部件的全部零件目录。其内容格式可参见图 2-1-1。明细栏一般绘制在标题栏的上方，零件序号由下而上填写。当位置不够时，可将余下部分移至标题栏左方。画图时，建议选用的明细栏的格式和画法如图 2-1-7 所示。

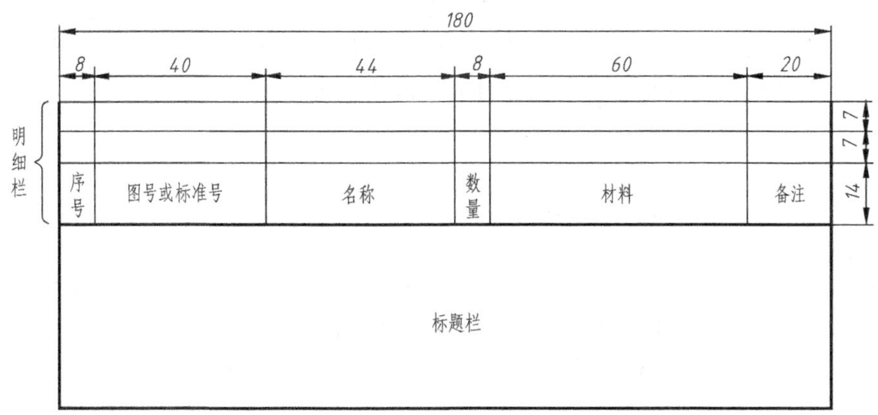

图 2-1-7　明细栏格式

五、读装配图的方法和步骤

在设计、生产、装配、使用、维护以及技术交流中，都会遇到读装配图的问题。例如在设计中，为了设计零件并画出零件图，先要读懂装配图；在装配机器时，要根据装配图来组装零件和部件；在设备维修时，需参照装配图进行拆卸和重装；在技术交流时，需参阅装配图来了解装配体的具体情况等。读装配图就是通过装配图的图形、尺寸和技术要求等，并参阅产品说明书来了解装配体的性能、用途和工作原理；各零件间的装配关系和拆装顺序；各零件的主要结构形状和作用等。因此，读懂装配图是工程技术人员必备的基本技能之一。

1. 读装配图的基本要求

① 了解装配体的名称、性能、用途；

② 明确装配体的结构，由哪些零件组成，各零件间的相对位置、装配关系及连接关系；

③ 明确装配体的工作原理，明确每个零部件在装配体中的作用；

④ 看懂各零件的主要结构形状以及装拆次序和方法。

2. 读装配图的方法和步骤

(1) 概括了解　由装配图的标题栏和产品说明书可知装配体的名称、大致用途；由比例、外形尺寸可知装配体的大小；由明细栏可知组成装配体的零件和数量，包括标准件和非标准件的数量，从而推测装配体的复杂程度；了解视图数量，找出主视图，确定其他视图的投射方向，明确各视图的表达内容。

(2) 分析视图　对视图进行初步分析，弄清每个视图的名称和表达方法，找出各剖视图、断面图所对应的剖切位置，从而明确各视图的表达意图和重点，为深入读图作准备。

(3) 分析传动路线及工作原理　一般情况下可从图样上直接分析装配体的传动路线及工作原理，当部件比较复杂时需参考产品说明书。

(4) 分析装配关系　从反映工作原理、装配关系较明显的视图入手，抓主要装配干线或传动路线，分析研究各相关零件间的连接方式和装配关系，为进一步分析零件作准备。

(5) 分析零件的结构形状　最好从表达零件最清楚的视图入手，首先依据投影规律、序号和剖面线以及其他规定画法，区分开零件的投影轮廓。必要时还须借助丁字尺、三角板、分规等工具，找出视图间的投影关系，根据投影分析将零件在各个视图上的轮廓从装配图中分离出来，再运用形体分析法并辅以线面分析法，结合零件的功用和零件间的相互关系，并考虑零件材料、加工、装配工艺等因素，进一步补充完善装配图上表达不完整的结构形状，从而想象出零件完整的结构形状，为拆画零件图作准备。

(6) 归纳总结　通过以上分析，最后综合起来，对装配体的工作原理、装配关系及主要零件的结构形状、尺寸、作用有一个完整、清晰的认识，从而想象出整个装配体的形状和结构。

以上所述步骤在读图过程中不能截然分开，应交替进行。

项目实施

识读图 2-1-1 所示齿轮油泵装配图。

1. 概括了解

齿轮油泵是液压传动系统中常用的液压泵，它是一种能量转换装置，它把机械能转换成输到系统中去的油液的压力能，供液压系统使用。由图 2-1-1 中的标题栏和明细栏可知，该部件名称为齿轮油泵，由 15 种零件组成，其中钢球 4、销 13、螺栓 14 是标准件，其余为非标准件。由图中齿轮油泵的外形尺寸“166”、“115”、“120”可估算它的体积大小。

2. 分析视图

该装配图共采用了七个视图，主视图采用全剖视，表达齿轮油泵的主要传动路线和装配关系；左视图采用了沿结合面剖切的全剖视，反映了一对齿轮的啮合情况，清楚地表达了其工作原理，为表达进、出油孔的结构，还采用了局部剖视；俯视图采用了局部剖视，主要反映了防护螺母 1、调节螺钉 2、弹簧 3、钢球 4 的结构形状及其与泵盖间的装配关系；两个向视图，一个向视图（图2-1-1中N向），用来反映油泵右侧面的形状；另一个向视图（图2-1-1中G向），用单件画法反映了泵盖7的形状；$A—A$和$B—B$两个局部剖视图反映了泵体和泵盖间的销连接和螺栓连接方式。

3. 分析传动路线及工作原理

通过齿轮轴8右端的传动件（图中未画出）将旋转运动输入到齿轮轴，当齿轮轴（主动轮）逆时针方向转动时，带动从动轮顺时针方向转动。随着轮齿的不断啮合，两轮啮合区右侧的油随着齿槽被带到左侧，啮合区右侧由于容积增大压力降低形成负压，为进油口，啮合区左侧容积缩小压力增大，为出油口，通过齿轮油泵中一对齿轮的不断啮合，油箱中的油被不断送至机器中需要润滑的部位。其工作原理如图2-1-8所示。

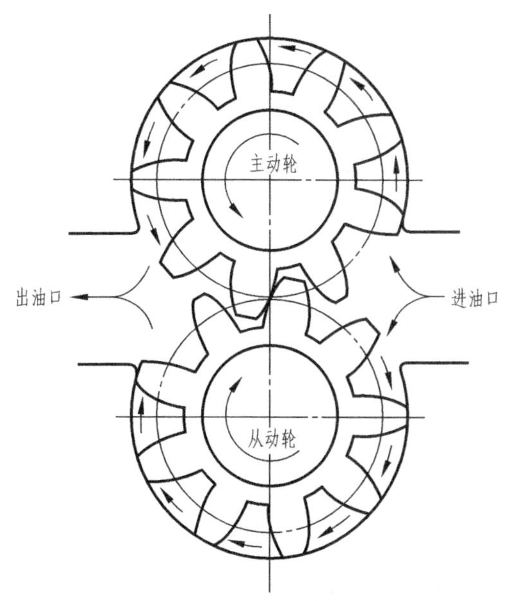

图2-1-8　齿轮油泵工作原理图

泵、阀类部件一般要考虑防漏问题，为此，在泵体与泵盖的结合面之间放置了垫片15，并在传动齿轮轴8的伸出端用填料10、填料压盖12加以密封。

4. 分析装配关系

从图2-1-1中可以看出，泵盖与泵体采用4个螺栓连接。

齿轮轴与泵盖、泵体的孔之间为间隙配合（ϕ18H7/f7），选用此种配合既能保证轴在两孔中转动，又可减小或避免轴的径向跳动。

从图2-1-1中可知齿轮油泵的拆卸顺序：松开填料压盖12，拧下螺栓14，拆下泵盖7，向左抽出从动轴6、齿轮轴8，拧下螺母11并掏出填料10，完成油泵的拆卸。

5. 分析零件结构形状

首先根据明细栏与零件序号，在装配图中逐一将各零件在各个视图上的投影分离出来，再结合零件的作用和零件间的相互关系进行细致的投影分析，其中标准件和常用件都有规定画法，垫片、填料、压盖等零件形状比较简单，不难看懂。这里重点分析泵体、泵盖、齿轮轴等主要零件的结构形状。

由上述分析可知，齿轮轴的作用是通过齿轮啮合实现油泵的工作原理，而齿轮轴的旋转运动是通过其右端的传动件输入的，结合齿轮油泵主视图中齿轮轴8的投影分析，可以想象出如图2-1-9所示的齿轮轴的结构，轴右端所开槽为键槽，通过键将传动件和轴连接在一起。

泵体的作用是支承一对齿轮，由全剖的主视图和左视图可分析出腔体的形状，左视图和N向视图反映了泵体左、右方向的形状，俯视图和左视图反映了底板和进、出油口的形状。图2-1-10为泵体的轴测图。

泵盖的主要作用是与泵体一起支承齿轮轴，由主视图可看出泵盖上开有与齿轮轴配合的孔。由俯视图中的局部剖视可分析出泵盖内部开有与进、出油腔相通的回流孔，其作用是当齿轮油泵出油管道内的油压超过弹簧3的压力时，便顶开钢球4，使得部分油回流到进油腔，以保证输油管的正常压力。G向视图反映了泵盖左向的形状。分析至此可以想象出泵盖的结构形状如图2-1-11所示。

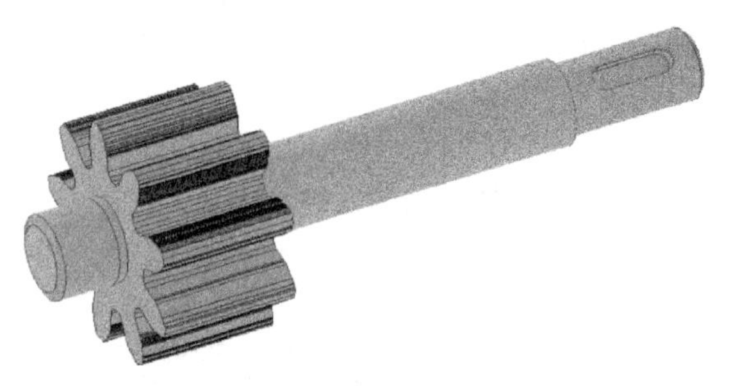

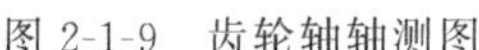

图 2-1-9 齿轮轴轴测图

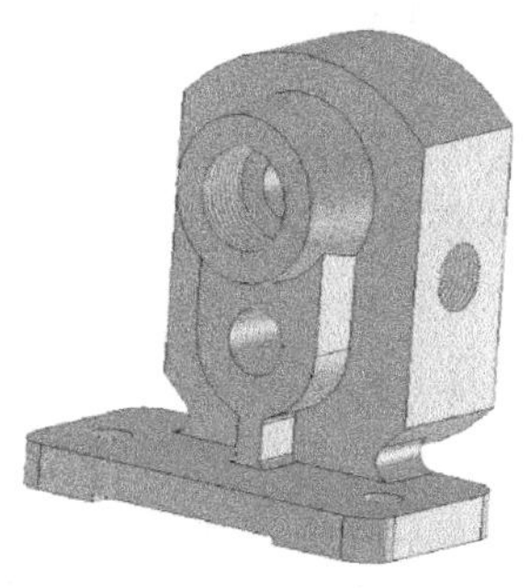

图 2-1-10 泵体轴测图

6. 归纳总结

通过以上分析，综合齿轮油泵的工作情况、主要零件的结构形状、零件间的装配连接关系等，可以想象出整个装配体的形状和结构，如图 2-1-12 所示。

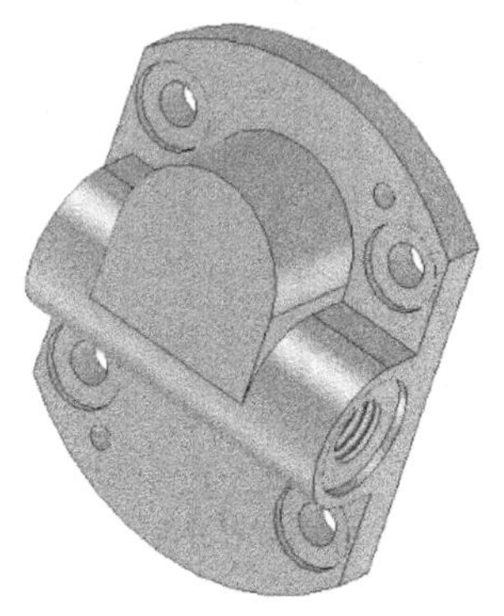

图 2-1-11 泵盖轴测图

图 2-1-12 齿轮油泵装配轴测图

项目 1.2 绘制螺纹紧固件

项目描述

绘制齿轮油泵装配图中螺母 11 的零件图。

项目分析

要完成本项目，必须熟悉螺纹及螺纹紧固件的相关知识，掌握螺纹的规定画法及标注方法。

相关知识

在各种机器和设备上，除了一般零件外，还经常使用到螺钉、螺栓、螺母和垫圈等零件，为了便于专业化批量生产，缩短设计和制造时间，提高产品质量，降低生产成本，对这些零件的结构、尺寸实行了标准化，故称为标准件。本节主要介绍螺纹及螺纹紧固件的基本知识、规定画法和标记。

一、螺纹

在回转表面上沿螺旋线所形成的、具有相同轴向断面的连续凸起和沟槽称为螺纹，如图 2-1-13 所示。螺纹是零件上常见的一种结构，螺纹分内螺纹和外螺纹两种，成对使用。在圆柱（圆锥）的外表面上形成的螺纹称为外螺纹，如图 2-1-13（a）所示，在圆柱（圆锥）的内表面上形成的螺纹称为内螺纹，如图 2-1-13（b）所示。

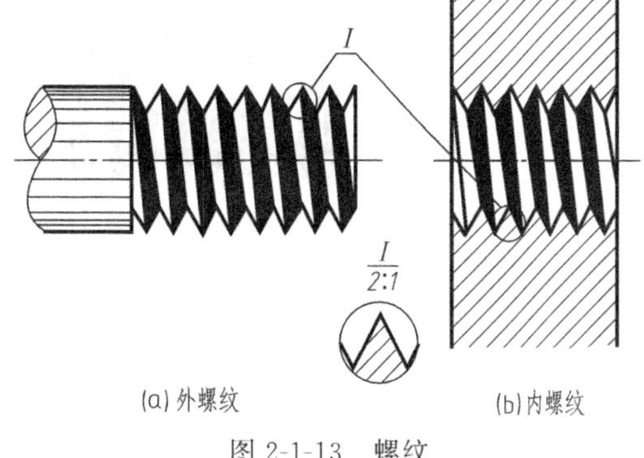

图 2-1-13　螺纹

螺纹的加工方法很多，图 2-1-14（a）、（b）所示为在车床上车削内、外螺纹，图 2-1-14（c）所示为用丝锥加工内螺纹。此外还可以用板牙加工外螺纹，用搓丝板或滚丝轮碾压出外螺纹。

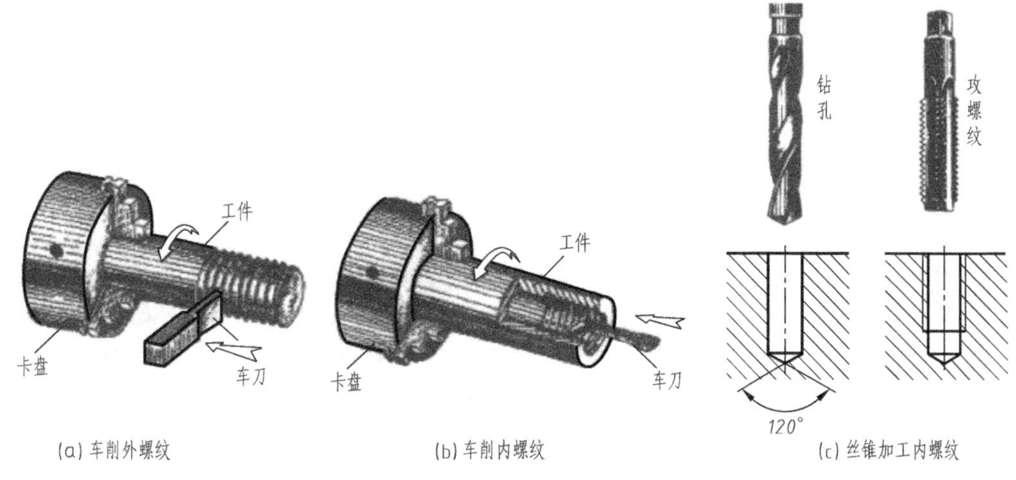

图 2-1-14　螺纹的加工方法

1. 螺纹的要素

螺纹各部分名称如图 2-1-15（a）所示。螺纹的要素有牙型、直径、螺距、线数、旋向［图 2-1-15（b）］。

（1）牙型　在通过螺纹轴线的剖面上，螺纹的轮廓形状称为牙型。常见的螺纹牙型有三角形、梯形、锯齿形和方形等，其断面形状如图 2-1-16 所示。

（2）直径　螺纹的直径分为大径（d，D）、中径（d_2，D_2）和小径（d_1，D_1）。外螺纹的直径用小写字母表示，内螺纹的直径用大写字母表示。

① 大径。与外螺纹牙顶或内螺纹牙底相切的假想圆柱面的直径。

② 中径。一个假想圆柱面的直径，该圆柱的母线通过牙型上的沟槽和凸起宽度相等的地方。

③ 小径。与外螺纹牙底或内螺纹牙顶相切的假想圆柱面的直径。

螺纹大径的基本尺寸称为公称直径，是代表螺纹尺寸的直径（管螺纹用尺寸代号表示）。外螺纹大径和内螺纹小径亦称顶径。

（3）线数　形成螺纹的螺旋线的条数，螺纹有单线和多线之分，沿一条螺旋线形成的螺

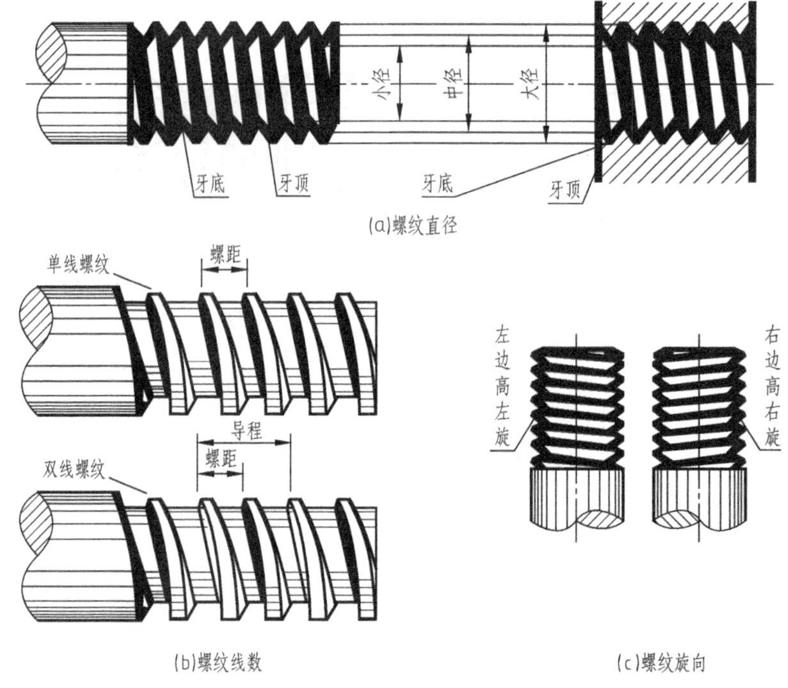

图 2-1-15　螺纹要素

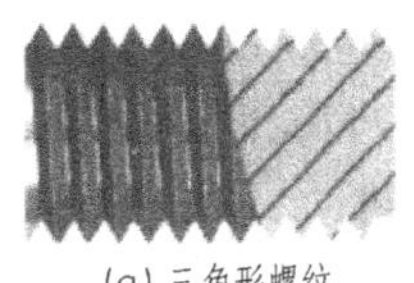
(a) 三角形螺纹

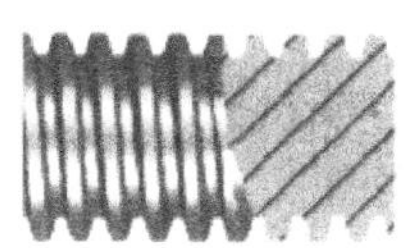
(b) 梯形螺纹

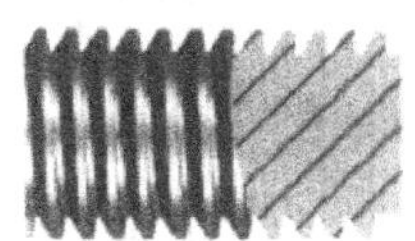
(c) 锯齿形螺纹

(d) 方形螺纹

图 2-1-16　螺纹牙型

纹称为单线螺纹；沿两条或两条以上在轴上等距分布的螺旋线形成的螺纹称为多线螺纹。螺纹的线数用 n 表示，如图 2-1-15（b）所示。

（4）螺距和导程　相邻两牙在中径线上对应两点间的轴向距离称为螺距，用 P 表示；同一条螺旋线上的相邻两牙在中径线上对应两点间的轴向距离，称为导程，用 P_h 表示。螺距与导程的关系为：单线螺纹，$P=P_h$；多线螺纹，$P=P_h/n$，如图 2-1-15（b）所示。

（5）旋向　内、外螺纹旋合时的旋转方向称为旋向。螺纹有右旋和左旋两种。顺时针旋转时旋入的螺纹为右旋螺纹，逆时针旋转时旋入的螺纹为左旋螺纹，其中以右旋为最常见。判断螺纹旋向的方法如图 2-1-15（c）所示，竖立螺旋体，左边高即为左旋，右边高即为右旋。

内、外螺纹总是成对地使用，只有五个要素都相同的内、外螺纹才能旋合在一起。常用的螺纹是单线、右旋。

在螺纹的诸要素中，牙型、大径和螺距是决定螺纹规格的最基本的要素，通常称为螺纹三要素。凡螺纹三要素符合国家标准的，称为标准螺纹；仅螺纹牙型符合标准，而大径、螺距不符合标准的称为特殊螺纹；若螺纹牙型不符合标准，则称为非标准螺纹。

2. 螺纹的规定画法

螺纹常采用专用刀具或专用机床制造，为简化作图，国家标准给出了螺纹的规定画法。

采用规定画法作图并加上螺纹标注（或标记）就能清楚地表示螺纹及其规格。

（1）外螺纹的画法　外螺纹的牙顶（大经）和螺纹终止线用粗实线表示，牙底（小径）用细实线表示（当外螺纹画出倒角或倒圆时，应将表示牙底的细实线画入倒角或倒圆部分）。在与轴线垂直的视图中，表示牙底的细实线圆大约画 3/4 圈（空出的约 1/4 圈的位置不作规定），且螺纹的倒角省略不画，如图 2-1-17 所示。螺尾部分一般不必画出，当需要表示螺尾时，该部分用与轴线成 30°的细实线画出。

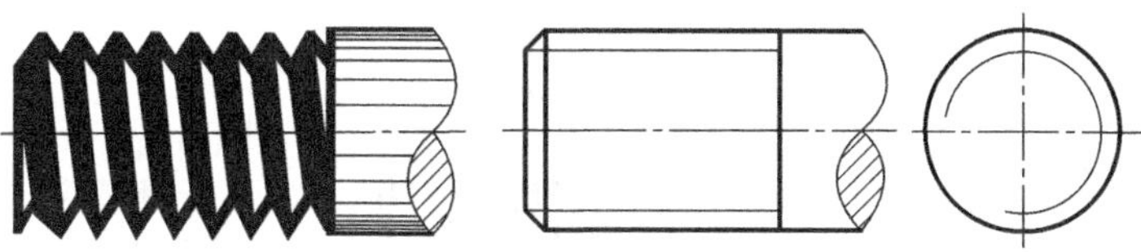

图 2-1-17　外螺纹的规定画法

（2）内螺纹的画法　内螺纹通常采用剖视图。内螺纹的牙顶（小径）和螺纹终止线用粗实线表示，牙底（大径）用细实线表示，剖面线必须画到粗实线，如图 2-1-18 所示。在与轴线垂直的视图上，牙顶用粗实线圆表示，牙底的细实线圆画大约 3/4 圈，且孔口倒角省略不画。绘制不通孔的内螺纹，应将钻孔的深度和螺纹深度分别画出。孔底由钻头钻成 120°的锥面要画出。

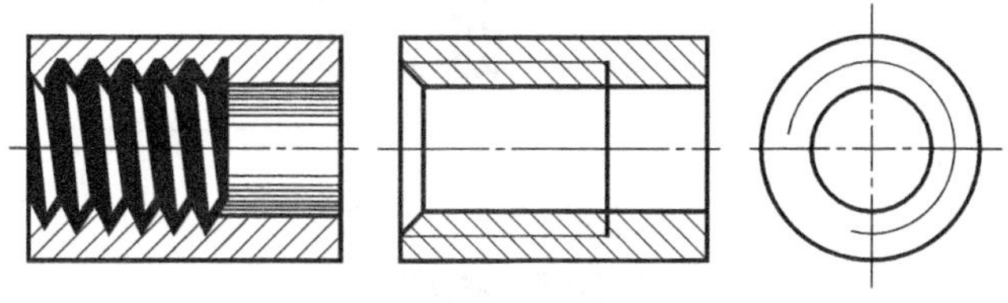

图 2-1-18　内螺纹的规定画法

若螺纹不采用剖视时，牙底、牙顶及螺纹终止线均用虚线表示，如图 2-1-19 所示。

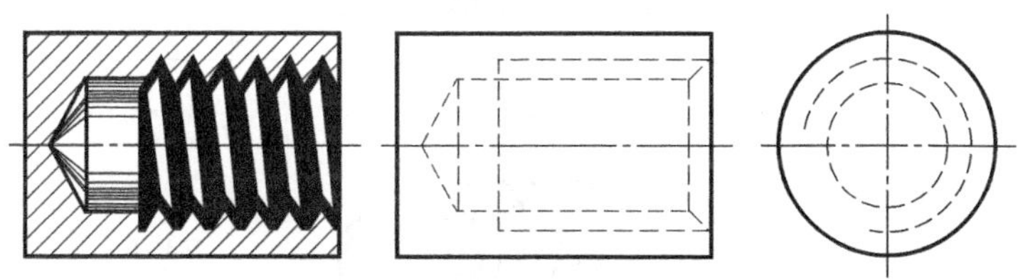

图 2-1-19　未剖内螺纹的规定画法

（3）内、外螺纹旋合　内、外螺纹旋合通常采用剖视图。旋合部分按外螺纹的画法绘制，其余部分仍按各自的规定画法绘制，如图 2-1-20 所示。剖面通过实心螺杆的轴线时，螺杆应按不剖绘制。

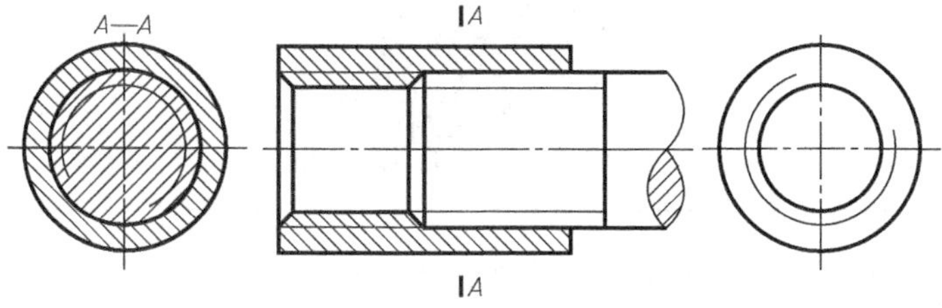

图 2-1-20　内、外螺纹连接画法

3. 螺纹的分类

常用标准螺纹的种类、牙型和用途见表 2-1-1，螺纹按用途分为连接螺纹和传动螺纹两大类。连接螺纹起连接作用，用于将两个或多个零件连接起来；传动螺纹用于传递动力和运动。

表 2-1-1 常用标准螺纹的种类、牙型和用途

螺纹名称及特征代号	牙型	用途
粗牙普通螺纹 细牙普通螺纹 M	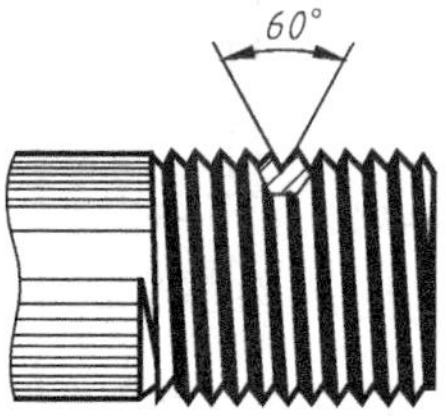 60°	一般连接用粗牙普通螺纹，薄壁零件的连接用细牙普通螺纹
非螺纹密封螺纹 G	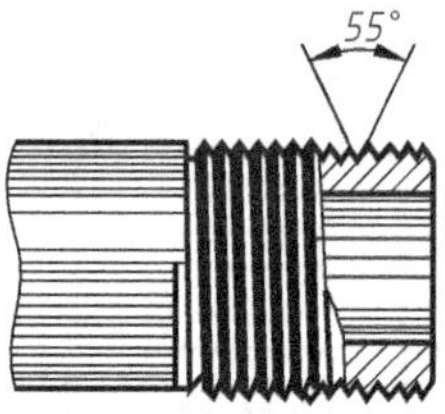 55°	常用于电线管等不需要密封的管路系统中的连接
用螺纹密封的管螺纹 （圆锥内螺纹 R_c） （圆柱内螺纹 R_p） （圆锥外螺纹 R）	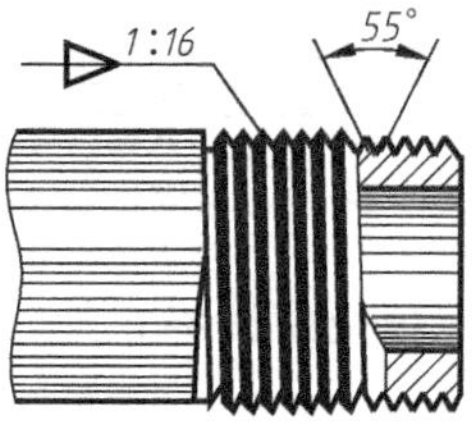 1:16 55°	常用于日常生活中的水管、煤气管、机器上润滑油管等系统中的连接
梯形螺纹 Tr	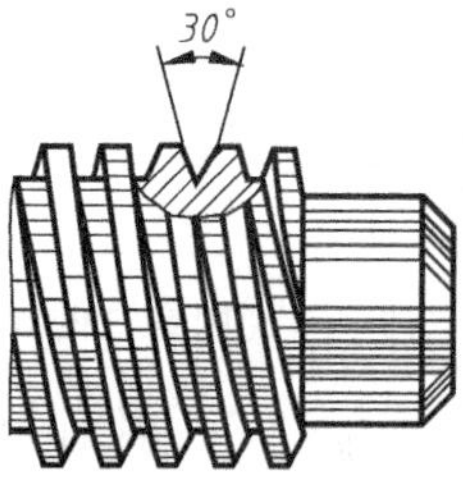 30°	多用于各种机床上的传动丝杆
锯齿形螺纹 B	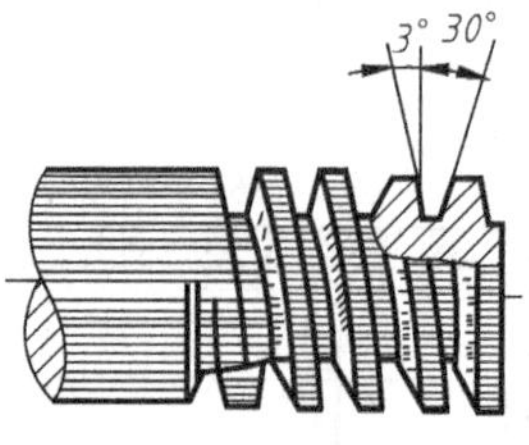 3° 30°	用于螺旋压力机的传动丝杆

常用的连接螺纹有普通螺纹和各种管螺纹。连接螺纹的共同特点是牙型均为三角形，其中普通螺纹的牙型角为60°，管螺纹的牙型角为55°。

常用的传动螺纹有梯形螺纹和锯齿形螺纹。梯形螺纹的牙型为等腰梯形，牙型角为30°，锯齿形螺纹的牙型为不等腰梯形，牙型角为33°。

4. 螺纹的标注

由于螺纹规定画法不能表示螺纹的种类和螺纹的要素，因此绘制螺纹图样时，必须按照国家标准所规定的格式和相应代号进行标注。

(1) 普通螺纹的规定标记及标注　普通螺纹的标记由螺纹代号、螺纹公差带代号和螺纹旋合长度代号三部分组成，螺纹的标注方法是将规定标记注写在尺寸线或尺寸延长线上，尺寸界线从螺纹大径引出。普通螺纹的规定标记格式如下：

[特征代号][公称直径]×[螺距[导程(*P* 螺距)]][旋向]-[中径、顶径的公差带代号]-[旋合长度代号]

注写螺纹标记时应注意：

① 普通螺纹代号为M，公称直径即为大径；

② 普通螺纹的螺距有粗牙和细牙两种，粗牙不注螺距，细牙必须注出螺距；

③ 单线螺纹只需注写螺距，多线螺纹要注写“导程（*P* 螺距）”；

④ 右旋时不必写旋向，左旋用LH表示；

⑤ 螺纹公差带代号包括中径公差带代号和顶径公差带代号，当中径和顶径公差带代号相同时，只需注写一次；

⑥ 旋合长度分为长、中、短三个等级，分别用字母L、N、S表示，当为中等级别时，不必注写，特殊需要时可注出旋合长度值。

标注示例如图2-1-21所示。

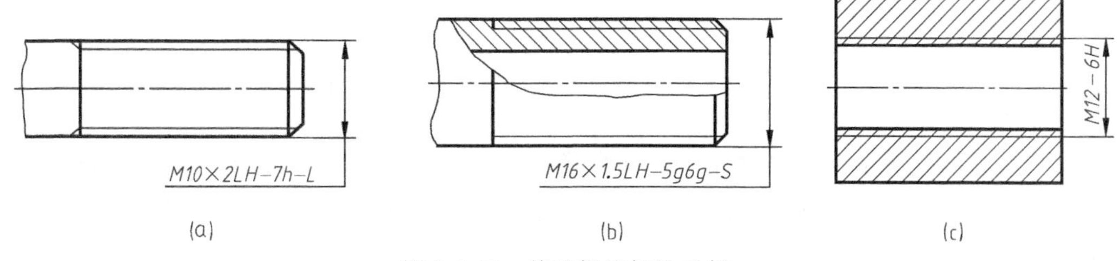

图2-1-21　普通螺纹标注示例

图2-1-21（a）表示细牙普通外螺纹，大径为10mm，螺距为2mm，左旋，中径和顶径公差带代号为7h，长旋合长度。

图2-1-21（b）表示细牙普通外螺纹，大径为16mm，螺距为1.5mm，左旋，中径公差带代号为5g、顶径公差带代号为6g，短旋合长度。

图2-1-21（c）表示粗牙普通内螺纹，大径为12mm，右旋，中径和顶径的公差带代号为6H，中等旋合长度。

(2) 管螺纹的规定标记及标注

① 密封管螺纹的规定标记格式如下：

[特征代号][尺寸代号]-[旋向代号]

② 非螺纹密封的管螺纹规定标记格式如下：

[特征代号][尺寸代号][公差等级代号]-[旋向代号]

用螺纹密封的内、外管螺纹和非螺纹密封管螺纹的内螺纹仅有一种公差等级，公差带代号省略不注，非螺纹密封管螺纹的外螺纹的公差等级分A、B两级，螺纹公差等级代号注在尺寸代号之后。管螺纹的标记一律注在引出线上，引出线应由大径处或对称中心处引出。

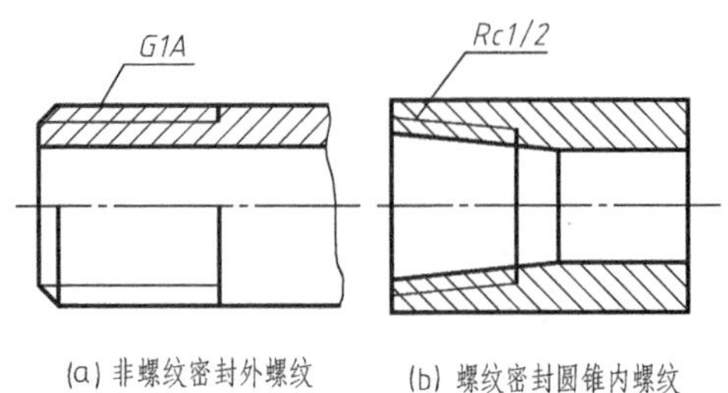

(a) 非螺纹密封外螺纹　　(b) 螺纹密封圆锥内螺纹

图 2-1-22　管螺纹标注示例

管螺纹标注示例如图 2-1-22 所示。

图 2-1-22（a）所示为非螺纹密封的圆柱外螺纹，螺纹特征代号为 G，尺寸代号为 1，公差等级为 A 级；图 2-1-22（b）所示为螺纹密封的圆锥内螺纹，螺纹特征代号为 R_c，尺寸代号为 1/2。

（3）梯形螺纹和锯齿形螺纹的规定标记及标注　梯形螺纹和锯齿形螺纹的规定标注包含有螺纹代号、公称直径和螺距，若为多线螺纹，需注明导程；旋向标注的规则与普通螺纹相同，标注方法也与普通螺纹相同。梯形螺纹的螺纹代号为 Tr，锯齿形螺纹的螺纹代号为 B。梯形和锯齿形螺纹的规定标记格式如下：

[特征代号][公称直径]×[螺距[导程(*P* 螺距)]][旋向]-[中径的公差带代号]-[旋合长度代号]

梯形螺纹和锯齿形螺纹的标注示例如图 2-1-23 所示。

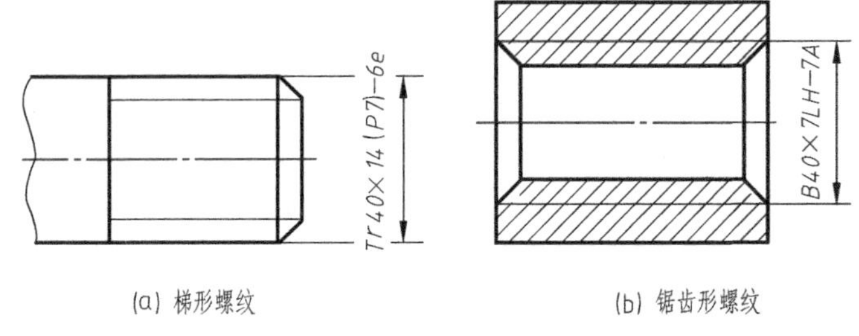

(a) 梯形螺纹　　(b) 锯齿形螺纹

图 2-1-23　梯形螺纹和锯齿形螺纹标注示例

图 2-1-23（a）所示为梯外螺纹，公称直径为 40mm，导程为 14mm，螺距为 7mm，双线，中径公差带代号 6e；图 2-1-23（b）所示为锯齿形内螺纹，公称直径为 40mm，螺距为 7mm，左旋，中径公差带代号 7A。

（4）特殊螺纹与非标准螺纹的标注

① 牙型符合标准，直径或螺距不符合标准的螺纹，应在特征代号前加注“特”，标注大径和螺距，如图 2-1-24 所示。

② 绘制非标准螺纹时，应画出螺纹的牙型，并标注所需要的尺寸及有关要求，如图 2-1-25 所示。

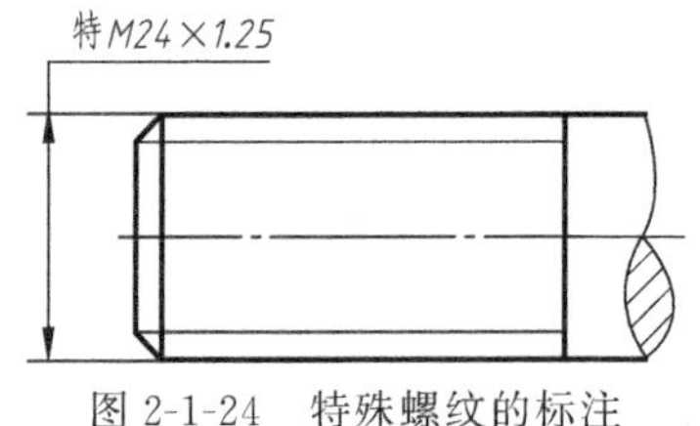

图 2-1-24　特殊螺纹的标注

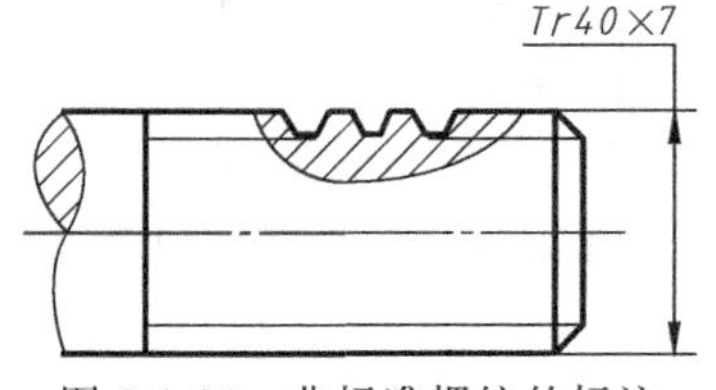

图 2-1-25　非标准螺纹的标注

（5）螺纹副的标注　内、外螺纹装配在一起称为螺纹副，其公差带代号用斜线分开，左边表示内螺纹公差带代号，右边表示外螺纹公差带代号，如图 2-1-26 所示。

二、螺纹紧固件

1. 螺纹紧固件的种类及标记

螺纹紧固件指的是通过螺纹旋合起到紧固、连接作用的主要零件和辅助零件。螺纹紧固件的种类较多，其中常用的有螺栓、螺柱、螺钉、螺母和垫圈等，如图 2-1-27 所示，均为标准件。

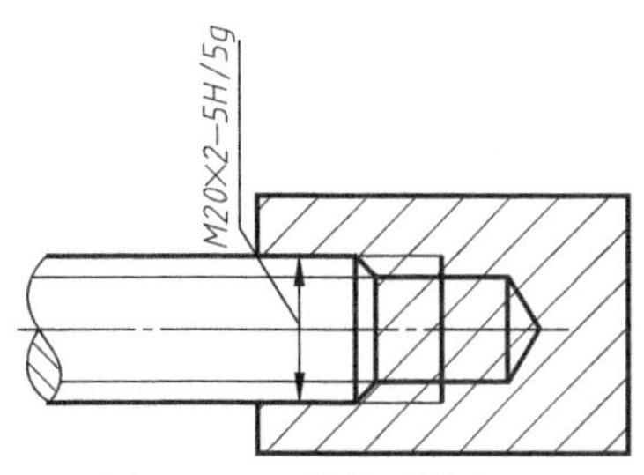

图 2-1-26　螺纹副的标记

紧固件的结构形式及尺寸均已标准化，国家标准对它们都作了规定，并规定了不同的标记方法，因此只要知道规定标记，就可以从有关标准中查出它们的结构形式、全部尺寸和技术要求。常见的螺纹紧固件的标记如表 2-1-2 所示。

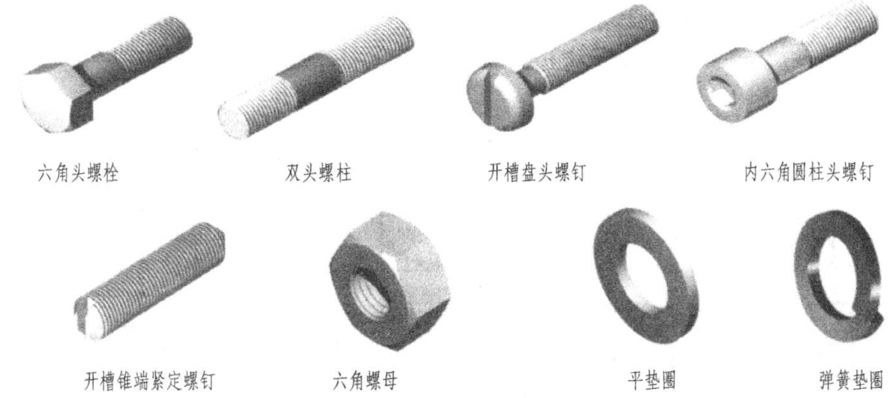

图 2-1-27　螺纹紧固件的种类

表 2-1-2　螺纹紧固件的标记

名称和标记	图　例	名称和标记	图　例
名称 六角头螺栓 标记 螺栓 GB/T 5782—2016 M12×50	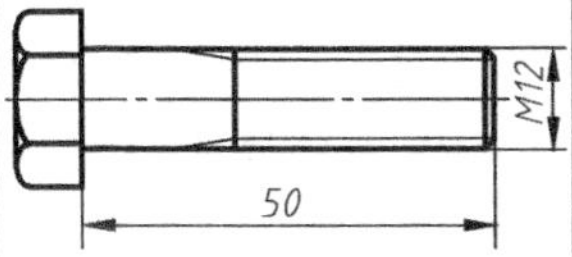	名称 开槽锥端紧定螺钉 标记 螺钉 GB/T 71—1985 M12×40	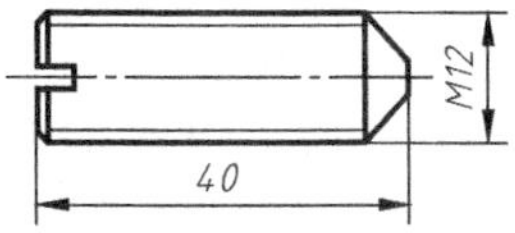
名称 开槽沉头螺钉 标记 螺钉 GB/T 68—2016 M10×45	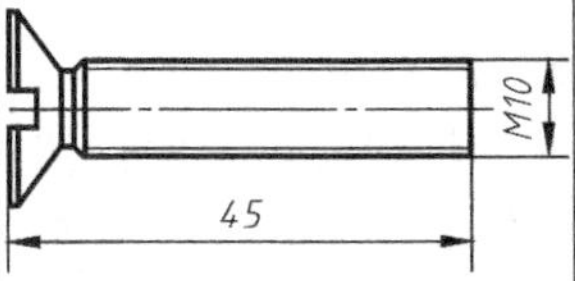	名称 双头螺柱 标记 螺柱 GB/T 89—1988 M12×50	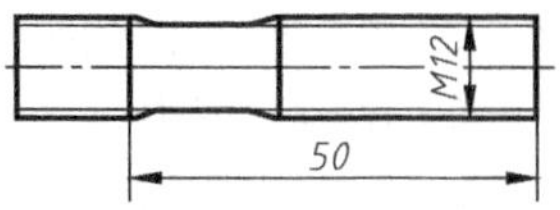
名称 开槽圆柱头螺钉 标记 螺钉 GB/T 65—2016 M10×45	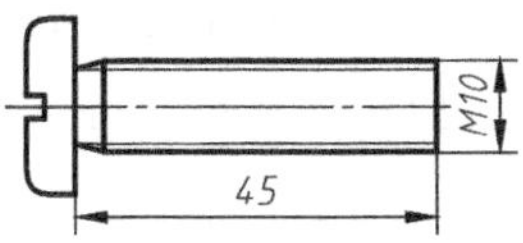	名称 Ⅰ型螺母 标记 螺栓 GB/T 6170—2015 M16	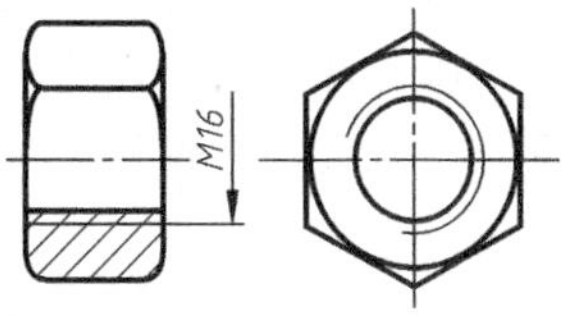
名称 内六角圆柱头螺钉 标记 螺钉 GB/T 70—2008 M16×40	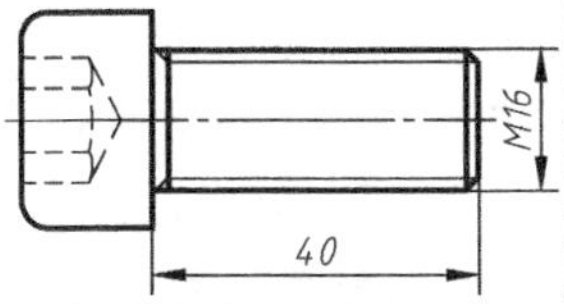	名称 Ⅰ型开槽螺母 标记 螺母 GB/T 6178—1986 M16	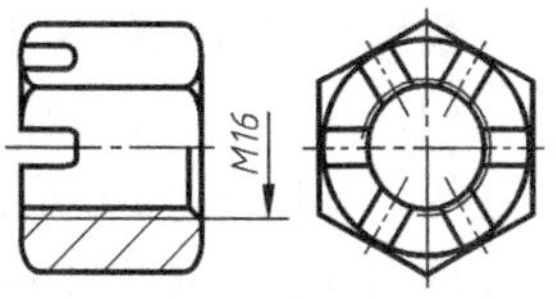

续表

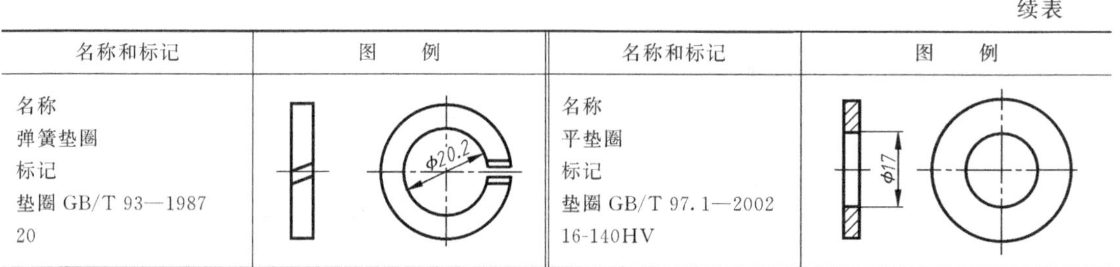

名称和标记	图　　例	名称和标记	图　　例
名称 弹簧垫圈 标记 垫圈 GB/T 93—1987 20		名称 平垫圈 标记 垫圈 GB/T 97.1—2002 16-140HV	

2. 螺纹紧固件的连接画法

螺纹紧固件通常都是标准件，为作图方便，画图时一般不按实际尺寸，而是采用按比例画出的简化画法。图 2-1-28 为螺栓、螺柱、螺母、垫圈的比例画法。

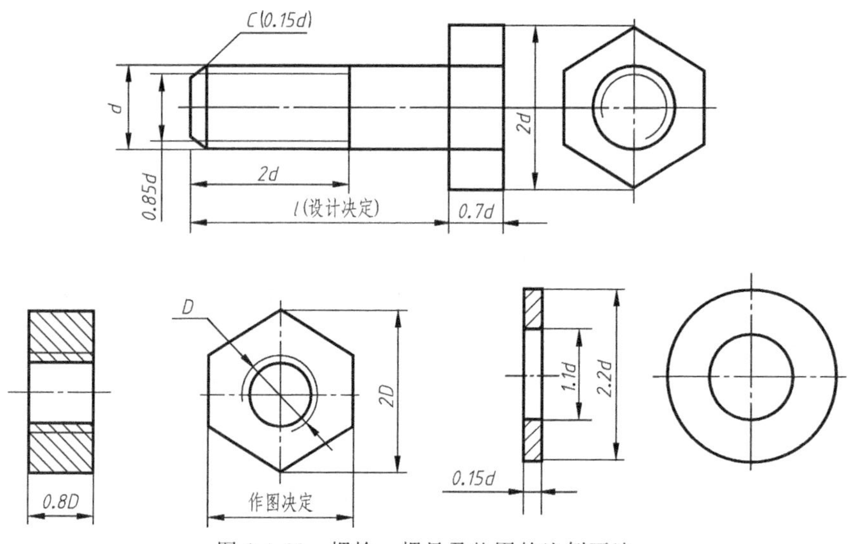

图 2-1-28　螺栓、螺母及垫圈的比例画法

在装配图中，螺纹紧固件的连接画法属于装配画法，绘图时必须遵守下列规定：

① 相邻两零件的表面接触时，只画一条粗实线作为分界线，非接触面画两条线，间隙过小时，应夸大画出。

② 在剖视图或断面图中，相邻两零件的剖面线方向应相反，或方向相同但间距不同或错开；同一零件在各剖视图中的剖面线方向一致、间隔相同。

③ 在剖视图中，当剖切平面通过螺纹紧固件的轴线时，紧固件按不剖绘制。

(1) 螺栓连接的画法　螺栓连接用于被连接件都不太厚且允许钻通孔的情况。连接时螺栓的螺杆穿过被连接件的通孔，套上垫圈，再用螺母拧紧，如图 2-1-29 所示。

画图时，除了螺栓的长度 l 需要计算，并查阅有关标准选定标准值外，其余各部分尺寸都按与螺纹公称直径 d（或 D）成一定比例确定。螺栓的公称长度 l 按下式计算：

$$l \geqslant \delta_1 + \delta_2 + 0.15d + 0.8d + 0.3d$$

最后根据算出的结果查标准选定与参考长度相近的公称长度 l。

(2) 螺柱连接的画法　当被连接的两个零件之一较厚，不适宜钻成通孔时，一般采用螺柱连接，如图 2-1-30 所示。螺柱两端都有螺纹，用来旋入被连接件螺孔的一端称为旋入端，其长度用 b_m 表示，另一端称为紧固端。连接时，将双头螺柱的旋入端拧入被连接件的螺孔

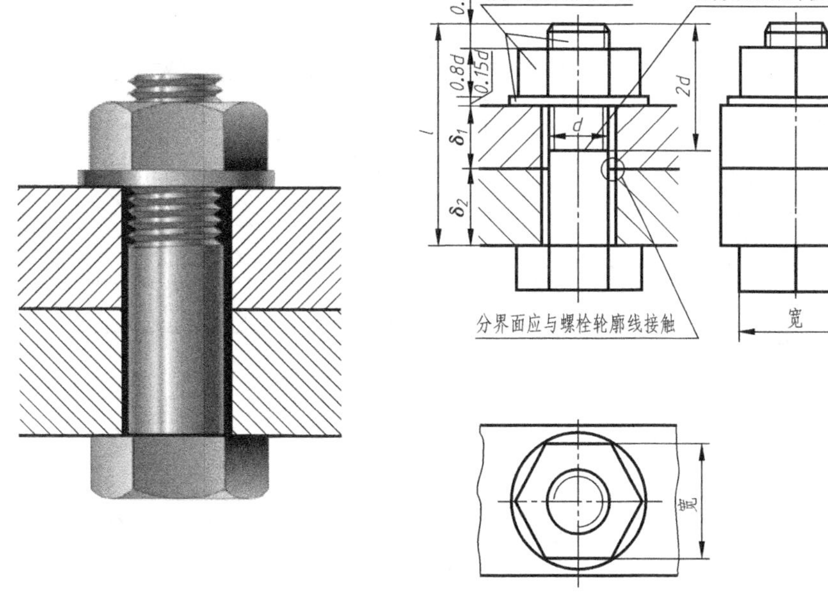

(a) 螺栓连接　　(b) 螺栓连接画法

图 2-1-29　螺栓连接的简化画法

中，在螺柱的紧固端套上垫圈拧紧螺母。

双头螺柱旋入端长度（b_m）与被旋入零件材料有关，标准规定：

钢、青铜　　$b_m=d$

铸铁 $b_m=1.25d$ 或 $b_m=1.5d$

铝、有色金属及软材料 $b_m=2d$

螺柱的公称长度 l 按下式计算：

$$l \geqslant \delta+0.15d+0.8d+0.3d$$

最后根据算出的结果查标准选定与参考长度相近的公称长度 l。

画图时应注意以下几点：

① 螺柱旋入端的螺纹终止线应与两个被连接件的接触面成一条线。

② 伸出端螺纹终止线应低于较薄零件顶面轮廓线，以便拧紧螺母时有足够的螺纹长度。

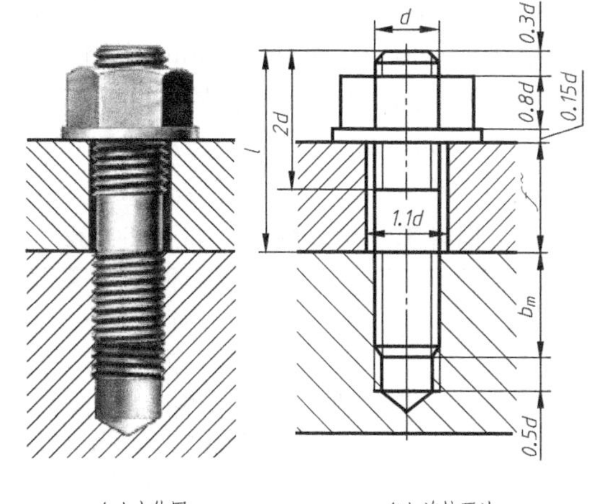

(a) 立体图　　(b) 连接画法

图 2-1-30　螺柱连接的简化画法

（3）螺钉连接的画法　螺钉连接多用于受力不大，其中一个被连接件较厚的情况。螺钉连接通常不用螺母和垫圈，直接将螺钉拧入较厚零件的螺纹孔中，靠螺钉头部压紧被连接件，如图 2-1-31 所示。

螺钉连接旋入端的画法与螺柱连接画法相同，被连接板孔部的画法与螺栓连接画法相同。画图时应注意，为了使螺钉头部能压紧被连接件，螺钉的螺纹终止线应画在被连接件的轮廓范围之内。螺钉头部的槽不按投影关系绘制，在俯视图中一般画成与水平线成 45°的两条粗实线或加粗实线（约 2d）。

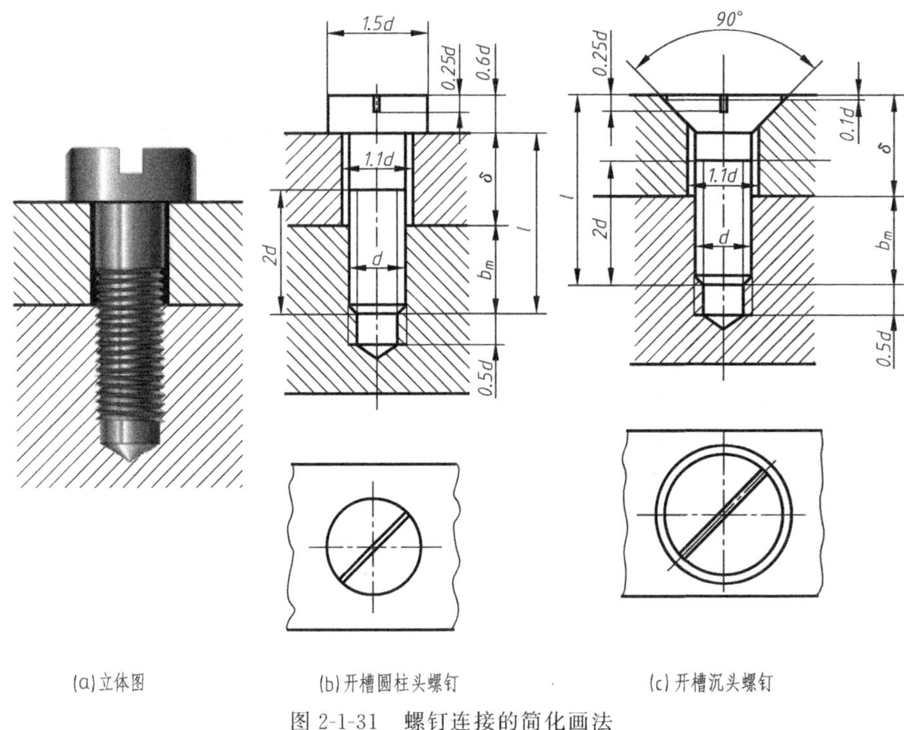

图 2-1-31　螺钉连接的简化画法

项目实施

本节要绘制的是图 2-1-1 所示装配图中的螺母 11。图 2-1-1 中螺母 11 为非标准件，螺纹规格为 M30×2-6H，厚度为 8mm。按比例画法画图步骤如下：

① 根据装配图 2-1-1 确定螺母各部分尺寸。

$d_1=0.85d=6.8$　　$b=2d=16$　　$c=0.15d=1.2$　　$R=1.5d=12$

$K=0.7d=5.6$　　$e=2d=16$　　$R_1=d=8$

② 根据各部分尺寸画图，如图 2-1-32 所示。

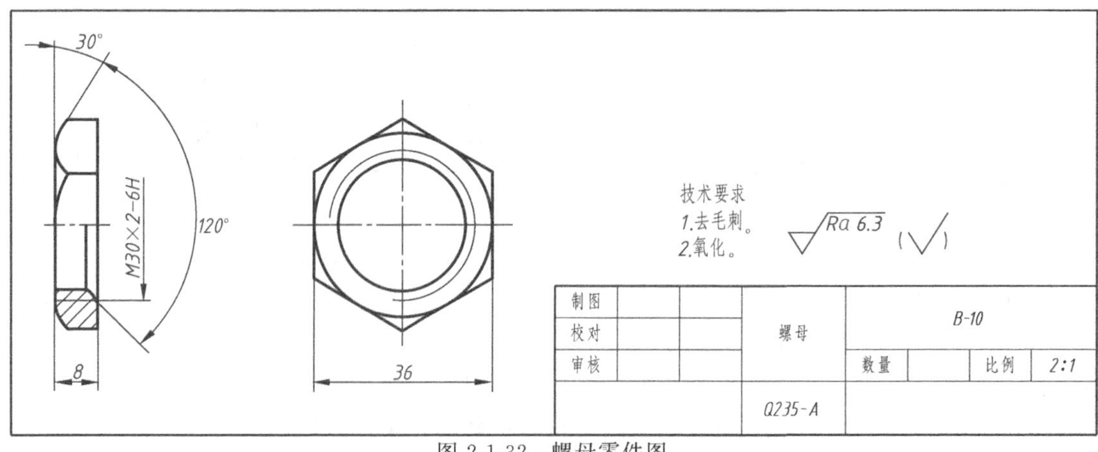

图 2-1-32　螺母零件图

先画左视图，再画主视图，主视图采用半剖视图，注意螺纹的规定画法。然后进行适当标注，填写标题栏及技术要求。

项目 1.3 绘制轴套类零件图

项目描述

绘制图 2-1-1 装配图中齿轮轴 8 的零件图。

项目分析

要完成本项目，必须熟悉零件图的内容及表达方法，搞清楚轴类零件的结构特点、加工工艺及其在部件中的作用，掌握阅读和绘制轴套类零件图的方法和步骤。

相关知识

一、零件图的作用及内容

1. 零件图的作用

任何机器（或部件）都是由若干零件按一定要求装配而成的。在制造机器（或部件）时必须先按零件图生产出全部零件，再按装配图装配成机器。零件图是表示零件结构、大小及技术要求的图样。它是制造、检验零件的依据，是设计和生产部门的重要技术文件。零件设计的合理与否及加工制造质量的好坏，直接影响零件的使用效果以及整台机器的性能，因此，零件图要准确地表达设计思想和加工要求。

2. 零件图的内容

图 2-1-33 所示为从动轴零件图。一张完整的零件图应包含以下内容：

（1）一组图形　在零件图中，用包括视图、剖视图、断面图、局部放大图和其他表达方法等组成的一组图形，正确、完整、清晰、简便地表示出零件的结构形状。

（2）完整的尺寸　在零件图中，应正确、完整、清晰、合理地标注出加工和检验所需的全部尺寸，标注的尺寸要便于加工、测量。

（3）技术要求　用国家标准中规定的代（符）号、数字、文字和字母，在图样中标注或在图样下方用文字说明零件在制造、检验、使用等过程中应达到的一些技术要求，如表面结构、尺寸公差、形位公差、热处理要求等。

（4）标题栏　一般画在图框的右下角，用于填写零件的名称、材料、数量、图样代号、绘图比例以及责任人员签名和日期等。

二、轴套类零件的表达方法

根据零件的结构特点和用途，零件大致可分为四种类型，即轴套类、盘盖类、叉架类和箱体类零件。这四类典型零件在视图表达上各有各的特点。

1. 轴套类零件的结构特点

轴套类零件，即轴类和套类零件，包括各种轴、销、套、筒等圆杆类、圆柱类及圆筒类零件。轴类零件主要用来支承传动零件和传递动力，其主体结构是回转体，沿轴线方向通常有轴肩、倒角、螺纹、退刀槽、键槽、销孔、螺纹等结构要素（这些结构按设计要求和工艺要求确定，并应符合标准规定）。

2. 轴套类零件的表达方案

零件的表达方案是指能完整、清晰地表达零件结构形状的若干种表示法的组合，也即一组视图的选择。

轴套类零件的结构形状比较简单，通常只用一个基本视图表达其主要形状。其主要加工工序是在车床或磨床上进行的，根据加工位置原则，主视图应将其轴线水平放置（加工量大的在右端），以便于加工时看图。

对于较长的轴可采用折断画法，套类零件、空心轴、轴的局部内部结构可采用全剖、半剖或局部剖视的方法表达，轴端中心孔也可用规定的符号和标准代号表示。对于键槽、销孔、退刀槽、砂轮越程槽等局部结构，可采用剖视图、断面图、局部视图、局部放大图来进一步表达清楚。

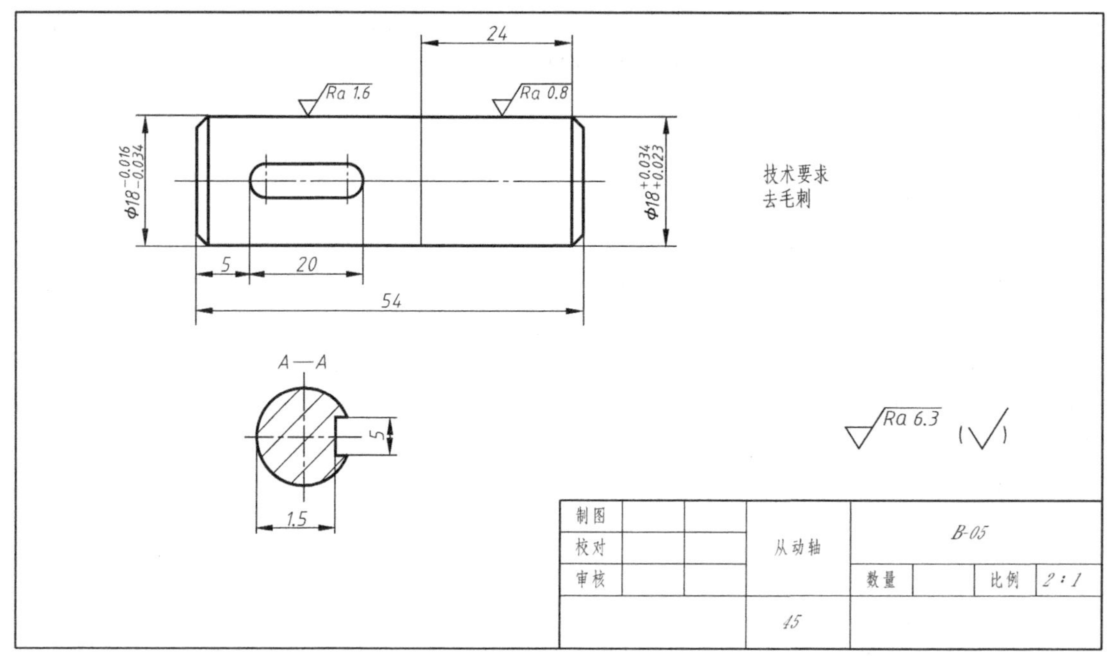

图 2-1-33 从动轴零件图

图 2-1-33 所示从动轴的零件图，其主视图按形状特征及加工位置将轴线水平放置画出，结合图中直径尺寸和长度尺寸即可表示出该零件的基本形状。轴上的键槽则采用移出断面图表示。

三、轴套类零件的尺寸标注

零件图中的图形只能用来表达零件的结构形状，不能反映零件各部分的真实大小和相对位置，因此在零件图中除了图形之外还应标注尺寸。零件图上的尺寸是零件加工和检验的重要依据，是零件图中的主要内容之一。

零件图的尺寸标注除了要求做到正确、完整、清晰外，同时要求标注合理。合理标注尺寸是指标注尺寸时应符合设计要求和工艺要求。尺寸标注是否合理，直接影响零件的制造成本、装配质量和机器性能。有关尺寸标注的基本规定，即正确、完整和清晰的要求，前面已作过介绍，这里主要介绍合理标注尺寸的基本知识。

1. 尺寸基准及其选择

（1）尺寸基准　按照零件的功能、结构和工艺上的要求，用来确定零件几何要素间几何关系所依据的点、线、面称为尺寸基准。它是标注尺寸的起点。

由于基准是每个方向尺寸的起点，所以在长、宽、高每个方向至少有一个基准，选作基准的点、线、面称为基准点、基准线和基准面。如图 2-1-34 所示，轴类零件的轴线为径向基准，这是基准线；轴向尺寸基准是右端面，这是基准面。

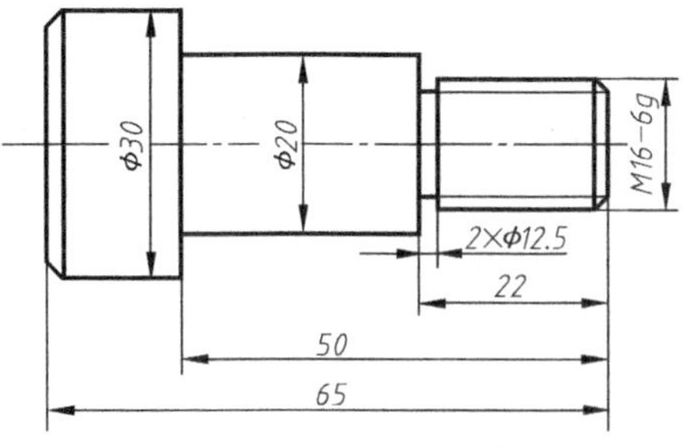

图 2-1-34　基准的形式

标注尺寸时，一般选择零件的主要加工表面、两零件的结合面、零件的对称中心面、重要的端面和底面作为基准面；一般选择轴线、孔的中心线、对称中心线作为基准线。

① 设计基准和工艺基准。在确定基准时既要考虑使用要求又要考虑工艺要求，因此按照基准所起作用的不同，可分为设计基准和工艺基准两种。

a. 设计基准。设计图样上所采用的基准称为设计基准。它是标注设计尺寸的起点、中心线、对称面、圆心等。如图 2-1-35（a）所示的零件，平面 A 是平面 B、C 的设计基准，平面 D 是平面 E、F 的设计基准。在水平方向，平面 D 也是孔 1 和孔 2 的设计基准；在垂直方向，平面 A 是孔 1 的设计基准，孔 1 又是孔 2 的设计基准。图 2-1-35（b）所示的钻套零件，孔中心线是外圆与内孔的设计基准；端面 A 是端面 B、C 的设计基准。

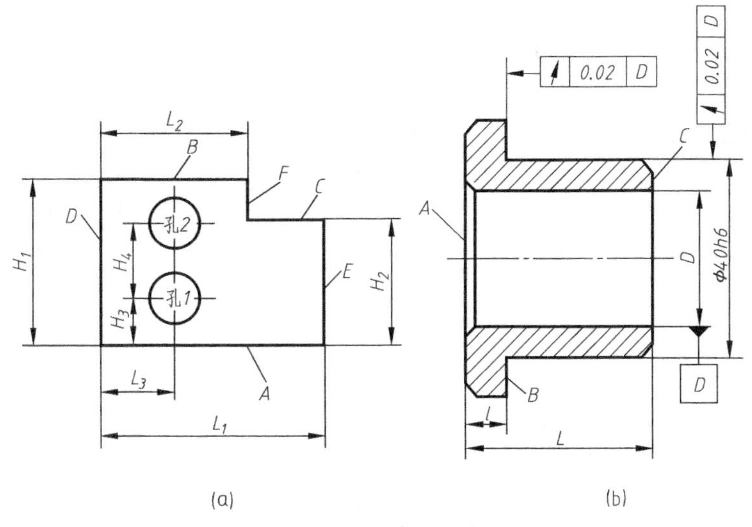

图 2-1-35　设计基准分析

b. 工艺基准。在工艺过程（加工和测量时）中所使用的基准称为工艺基准。如图2-1-34所示，以右端面作为轴向尺寸的基准（工艺基准）。因为在车床上车削外圆时，车刀切削每段长度的最终位置都是以右端面为起点来测量的，所以将它确定为工艺基准，便于加工时测量。

② 主要基准和辅助基准。根据尺寸基准重要性的不同，基准又可分为主要基准和辅助基准。

当一个方向上有多于一个的基准时，其中有一个是起到主要作用的基准，标注零件图尺寸时，首先应确定零件每一方向的主要基准，即决定零件主要尺寸的基准。其他起到辅助作用的基准就为辅助基准。

一般都选零件上的设计基准作为主要基准，如零件上的一些重要的面（安装底面、对称面、零件与零件间的结合面、主要端面等）及主要回转体轴线等为主要基准。确定主要基准时，还应尽量使设计基准和工艺基准重合。

（2）尺寸基准的选择 选择尺寸基准就是选择从设计基准出发标注尺寸，还是从工艺基准出发标注尺寸。从设计基准出发标注的尺寸，能够直接反映产品的功能要求，保证零件在机器中的工作性能；从工艺基准出发标注的尺寸，反映工艺要求，便于加工和测量。

在进行零件尺寸标注时，应尽可能使设计基准与工艺基准重合，这样标注的尺寸既可以满足设计要求，又能够满足工艺要求。当尺寸基准的选择不能满足统一性原则时，应优先满足设计要求。

2. 尺寸标注的形式

在零件图上标注尺寸时，同一方向的尺寸可以有三种不同的标注形式：链状式、坐标式和综合式。

（1）链状式 链状式尺寸标注是指同一方向的尺寸自下而上或自上而下、从左到右或从右到左首尾相接，形成一个链状结构。这种标注形式，前一个尺寸段的第二条尺寸界线就是后一个尺寸段的第一条尺寸界线，如图 2-1-36 所示。

（2）坐标式 坐标式尺寸标注是指同一方向的各个面都以同一个基准进行尺寸标注，如图 2-1-37 所示。

（3）综合式 综合式尺寸标注是链状式和坐标式的综合，即在一个方向上既有链状式尺寸标注又有坐标式尺寸标注，如图 2-1-38 所示。

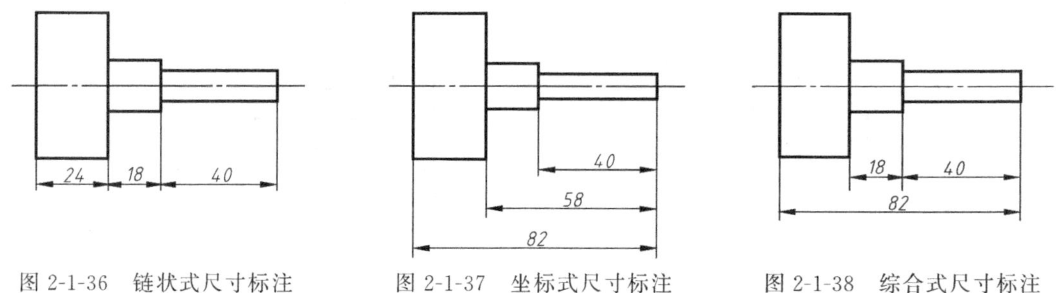

图 2-1-36 链状式尺寸标注　　图 2-1-37 坐标式尺寸标注　　图 2-1-38 综合式尺寸标注

3. 尺寸标注的原则

（1）标注尺寸应满足设计要求

① 尺寸基准的选择要恰当。恰当地选择基准，有助于保证功能尺寸的精度，并有助于制造加工和测量。

② 重要尺寸应直接标注出。重要尺寸是指影响零件在机器中的工作性能和位置关系的功能尺寸，如零件之间的配合尺寸、重要的安装定位尺寸等。如图 2-1-39（a）所示的轴承座，轴承孔的中心高 a 和底板上安装孔的中心距 e 是重要尺寸，必须直接注出，图 2-1-39（b）所示标注则不合理。

③ 避免出现封闭的尺寸链。如图 2-1-40（b）所示零件的尺寸标注，同一方向的尺寸串联、首尾相接，最后尺寸与开始尺寸相连，组成一个封闭的尺寸链。在封闭尺寸链中，各尺寸的误差均受到其他尺寸的影响，于是就出现了尺寸之间的互相干扰，不易保证主要尺寸的精度。因此，在一般情况下应避免将尺寸标注成封闭的尺寸链。如图 2-1-40（a）所示在尺寸链中选择一个不重要的尺寸不标注，形成一个开环尺寸链，这样各段尺寸的误差都累积在开环上，既保证了设计的要求又便于加工测量。

（2）标注尺寸应考虑工艺要求 尺寸的标注应便于加工和测量，因此标注尺寸时应考虑工艺要求。

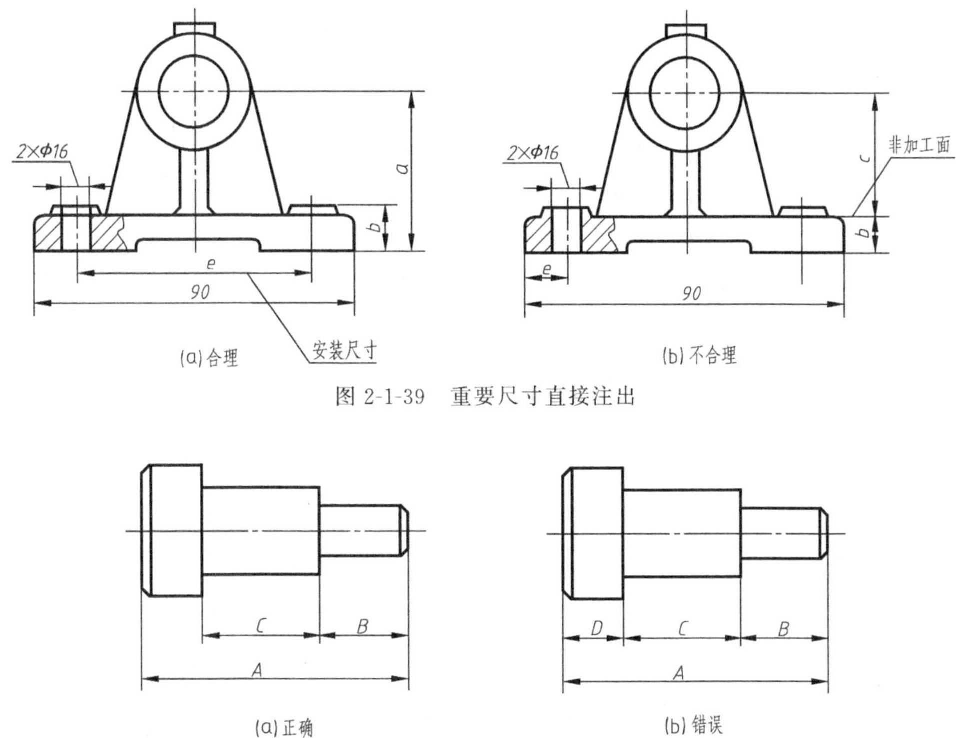

图 2-1-39　重要尺寸直接注出

图 2-1-40　避免标注成封闭尺寸链

① 按加工顺序标注尺寸。在满足零件设计要求的前提下，尽量按加工顺序标注尺寸，就是按加工过程的先后顺序，一步一步地标注尺寸。以此方法标注，符合加工过程，便于看图和生产。

如图 2-1-41 所示的轴，轴端上有一退刀槽。其轴端的加工顺序是：先车“ϕ20”的外圆到“30”长，再用切槽刀切槽，因此，图 2-1-41（a）的尺寸标注是比较合理的。退刀槽的宽度尺寸是选择合适宽度切槽刀的依据，应直接标注，而图 2-1-41（b）中尺寸标注则，不便于加工。

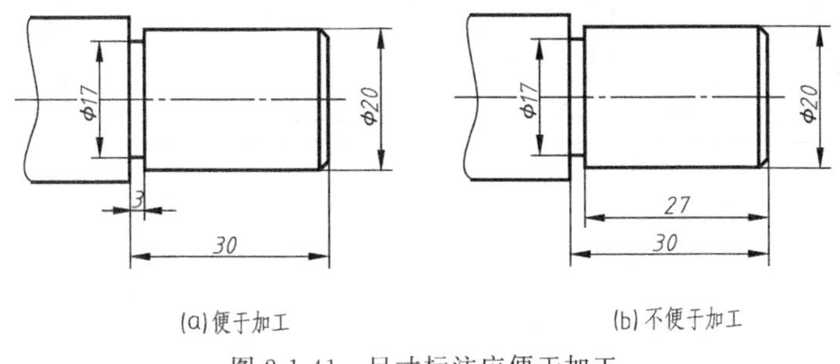

图 2-1-41　尺寸标注应便于加工

② 标注尺寸时应考虑加工方法。一个零件往往需要多种加工方法才能最终制成，因此标注尺寸时应将某一种加工方法的相关尺寸集中标注，便于识图和加工。如图 2-1-42 所示的轴，轴上两键槽是在铣床上加工的，它们的有关尺寸均集中标注，便于铣槽时查找。

③ 尺寸标注应便于测量。所标注的尺寸在满足使用要求的前提下，应能够直接进行测量。

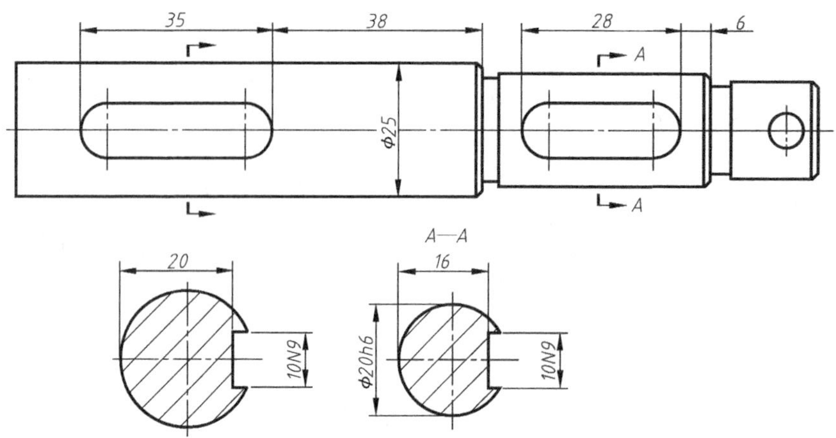

图 2-1-42 按加工方法集中标注尺寸

如图 2-1-43（a）套筒中尺寸 A 不便于测量，如没有特殊要求应按图 2-1-43（b）所示标注 C、D，以便于测量。

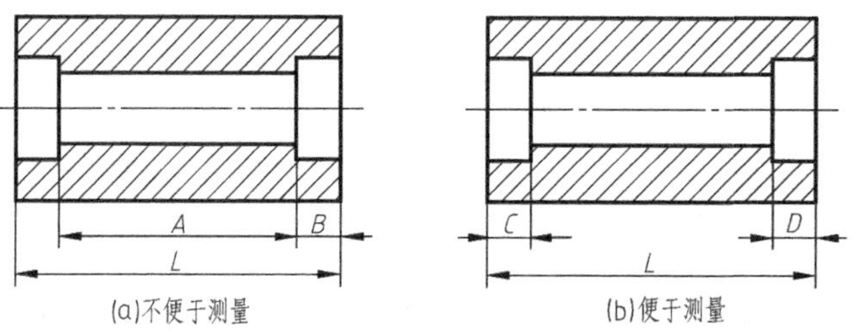

图 2-1-43 尺寸标注应便于测量

④ 加工表面与不加工表面的尺寸标注。加工表面与不加工表面的尺寸应按两组尺寸分别标注，但每一个方向要有一个尺寸把它们联系起来，如图 2-1-44 所示。

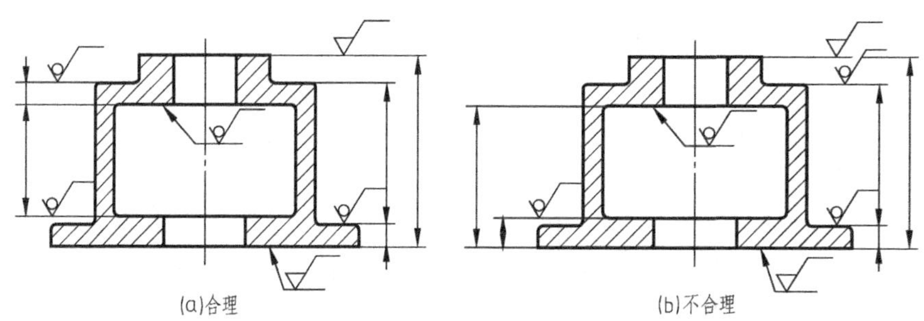

图 2-1-44 不加工表面的尺寸标注

4. 零件上常见工艺结构及其尺寸标注

零件的结构形状一方面要满足零件的使用要求，另一方面还要满足加工、测量、装配等一系列工艺的要求。

在设计和绘制零件图时，必须考虑铸、锻和机械加工等的特点，使所绘零件图既符合设计要求又满足加工要求。下面介绍一些常见的铸造和机械加工工艺结构。

（1）铸造工艺结构 在铸造零件时，常采用的铸造方法是砂型铸造，该方法的铸造过程是先用木材或容易加工成形的材料，按零件的结构形状和尺寸制成模型，将模型放置于填有型砂的方箱中，将型砂压紧后，从方箱中取出模型，再在空腔内倒入熔化的铁水（或钢水），待冷却后取出铸件毛坯。根据铸造的工艺要求，铸造结构应考虑下列问题。

① 拔模斜度。造型时为了便于从砂型中取出模型，一般将模型沿拔模方向制成一定的斜度（约 1∶20，亦可用角度表示），称为拔模斜度，如图 2-1-45 所示。在零件图上一般不画出拔模斜度，必要时可在技术要求中用文字说明。

② 铸造圆角及过渡线。为了满足零件铸造工艺要求，便于起模，也为了防止金属液冲坏转角处，造成砂眼、夹砂等缺陷，同时防止产生浇不透、裂纹等缺陷，将铸件毛坯的转角处制成圆角，即铸造圆角。在零件图中，毛坯面的转角处都应画成圆角，但若是加工表面，毛坯的铸造圆角被加工掉了，应画成尖角或倒角，如图 2-1-46 所示。铸造圆角一般不予标注，通常在技术要求中统一说明。

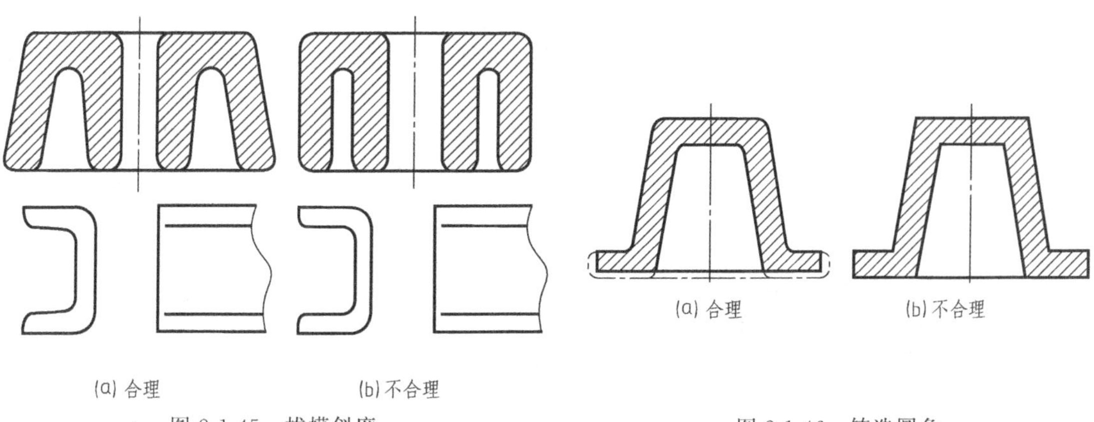

图 2-1-45　拔模斜度　　图 2-1-46　铸造圆角

由于铸造圆角的存在，使零件上面与面的交线不太明显，为了便于区分与识图，原交线仍要画出，但交线两端不与轮廓线接触，这种交线称为过渡线，用细实线画出，如图 2-1-47 所示。

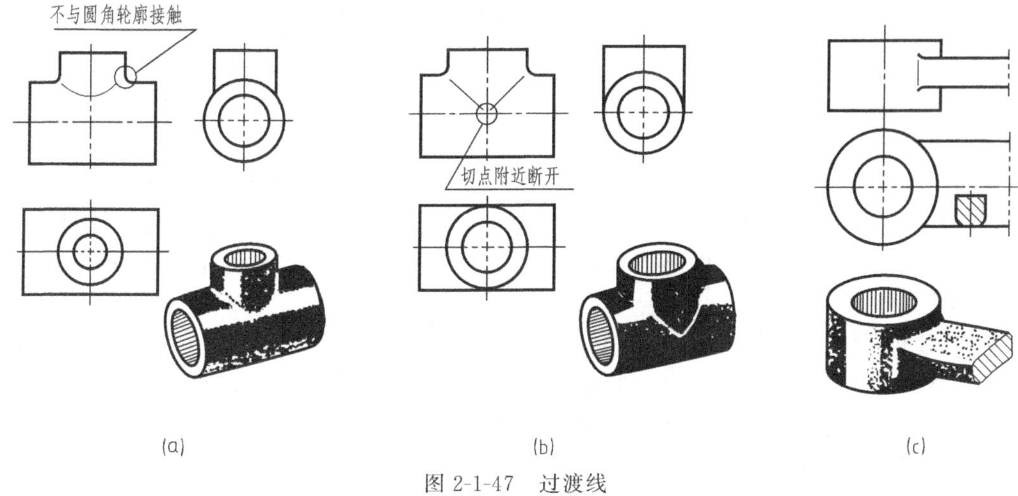

图 2-1-47　过渡线

③ 铸件壁厚。铸件的壁厚应尽量做到均匀。如果铸件的壁厚不均匀，在铸件冷却时，冷却和凝固速度不一样，壁薄处的冷却速度相对较快，先冷却、先凝固，壁厚处的冷却速度相对较慢，后冷却、后凝固。由于冷却速度的不均匀，会造成铸件内部产生较大的内应力，后凝固的部分受先凝固部分的拉动，容易形成缩孔或产生裂纹，铸件的壁厚相差越大，冷却

速度相差就越大，铸件内部的应力就越大，产生的缺陷就越大。所以铸件的壁厚应尽量均匀一致，即使有变化也不能激烈变化，应逐渐过渡，如图 2-1-48 所示。

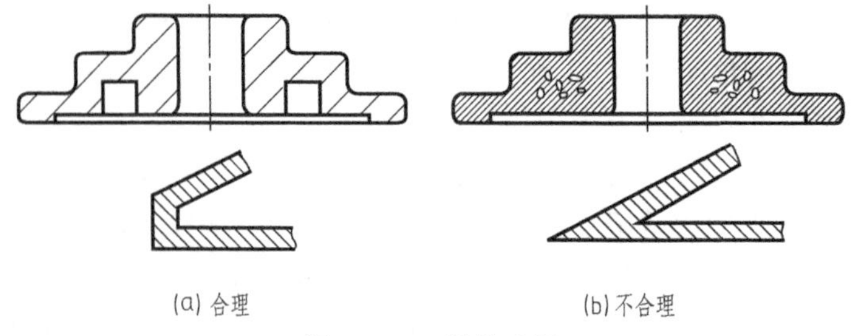

(a) 合理　　(b) 不合理

图 2-1-48　铸件壁厚

(2) 机械加工工艺结构

① 倒角和圆角。零件上两表面的相交处经切削加工后变成尖角，这样既不便于装配和运输，而且极易损伤零件的加工表面，也不利于人身安全，因此，在零件的两加工表面的相交处常制成 45°或 30°、60°的锥台，称为倒角。在孔或轴的轴肩处往往加工成圆角，这样可以避免应力集中产生裂纹。图 2-1-49 所示为倒角、倒圆的尺寸注法。在不致引起误解时，零件图上的 45° 倒角可省略不注。

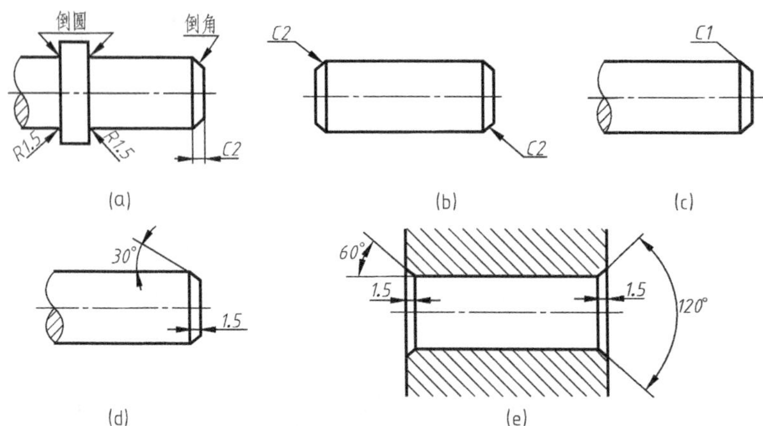

(a)　(b)　(c)　(d)　(e)

图 2-1-49　倒角、倒圆及尺寸注法

② 退刀槽和砂轮越程槽。在车削和磨削时，为了使刀具易于接近加工部位，便于进刀、退刀、越程和测量，常在加工表面的末端预先车出退刀槽或砂轮越程槽，其尺寸可按“槽宽×直径”或“槽宽×槽深”的形式来标注，如图 2-1-50 所示。当槽的结构比较复杂时，可通过局部放大图来标注尺寸。

③ 凸台和凹坑。两零件的接触表面一般精度要求比较高，需要经过机械加工才能达到要求，为减少加工面积，保证零件间接触良好，常在两零件的接触面处制出凸台或凹坑，如图 2-1-51 所示。注意，凸台尽量在同一水平面上，以便加工。

5. 零件上常见孔的尺寸标注

零件上常见孔的尺寸标注见表 2-1-3。

6. 轴类零件的尺寸标注

轴类零件的尺寸主要由径向尺寸和轴向尺寸组成。径向尺寸以轴线为基准，轴向尺寸的基准通常选择比较重要的端面或轴肩。注意按加工顺序安排尺寸，以方便加工和测量，如图 2-1-33 所示。

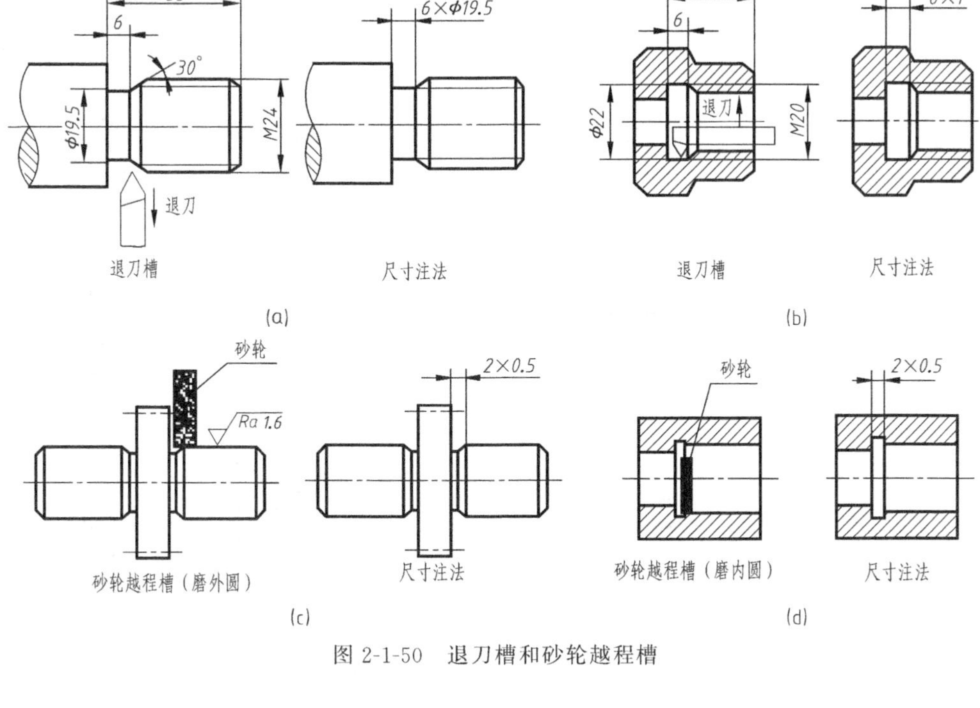

图 2-1-50 退刀槽和砂轮越程槽

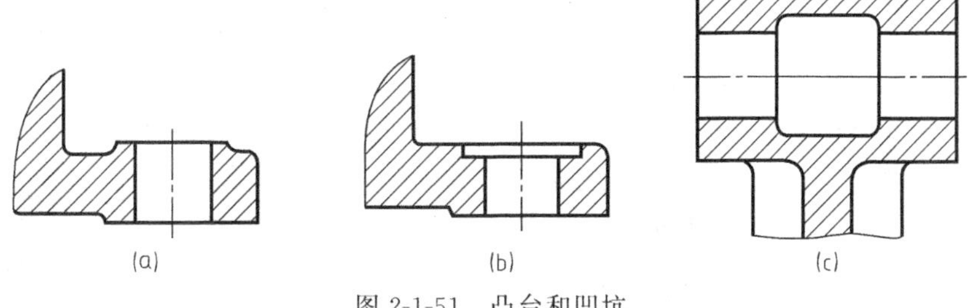

图 2-1-51 凸台和凹坑

表 2-1-3 零件上常见孔的尺寸标注

零件结构类型		一般注法	简化注法
光孔	一般孔	4×Φ4 10	4×Φ4▼10 4×Φ4▼10
	精加工孔	4×ΦH7 10 12	4×Φ4H7▼10 孔▼12 4×Φ4H7▼10 孔▼12
	锥销孔		锥销孔Φ4 配作 锥销孔Φ4 配作

续表

零件结构类型		一般注法	简化注法
沉孔	开槽沉头螺钉沉孔	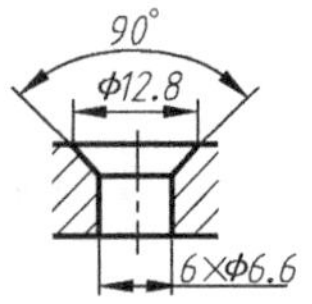 90° Φ12.8 6×Φ6.6	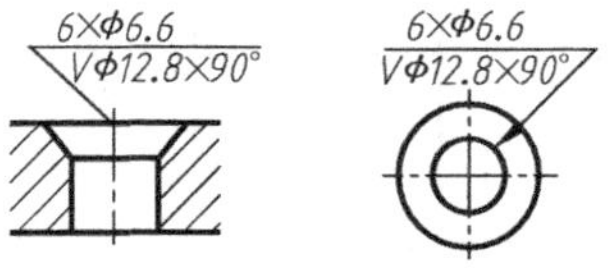 6×Φ6.6 ⌵Φ12.8×90° 6×Φ6.6 ⌵Φ12.8×90°
	内六角圆柱头螺钉沉孔	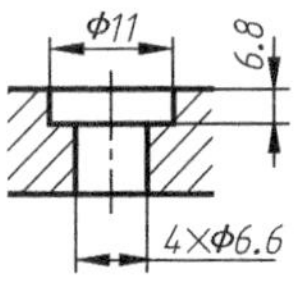 Φ11 6.8 4×Φ6.6	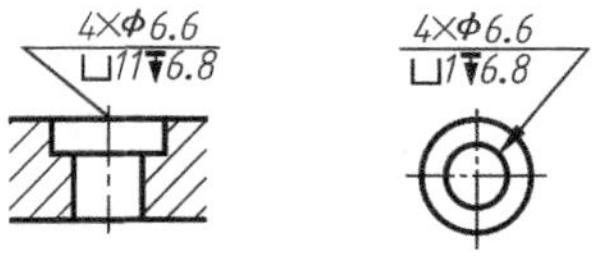 4×Φ6.6 ⌴Φ11↧6.8 4×Φ6.6 ⌴Φ11↧6.8
	六角螺栓与螺母沉孔(锪平面)	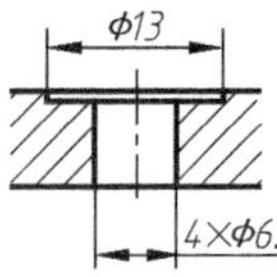 Φ13 4×Φ6.6	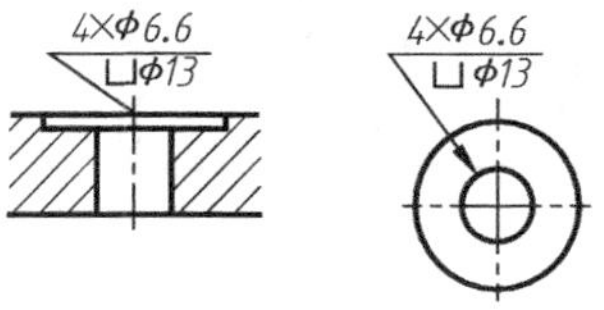 4×Φ6.6 ⌴Φ13 4×Φ6.6 ⌴Φ13 此沉孔的深度以能加工出与孔轴线垂直的圆平面即可
螺孔	通孔	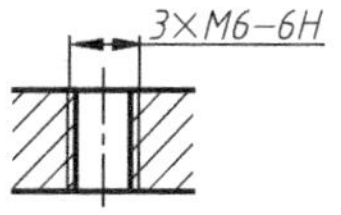 3×M6-6H	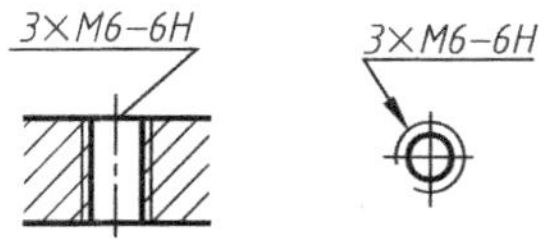 3×M6-6H 3×M6-6H
	不通孔	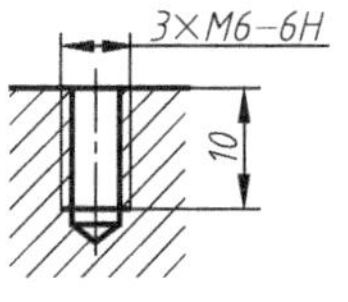 3×M6-6H 10	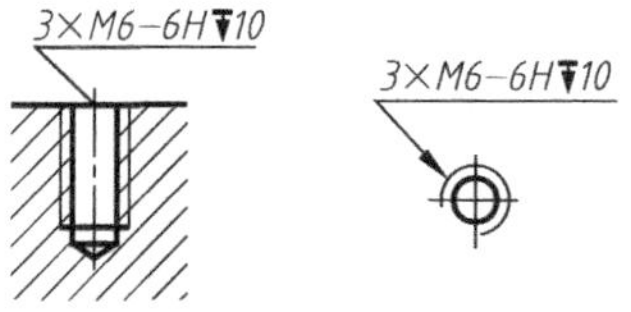 3×M6-6H↧10 3×M6-6H↧10
		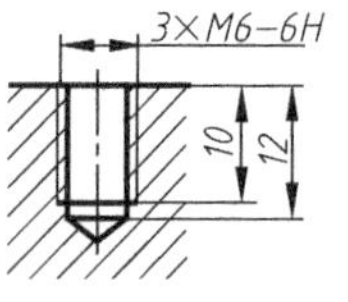 3×M6-6H 10 12	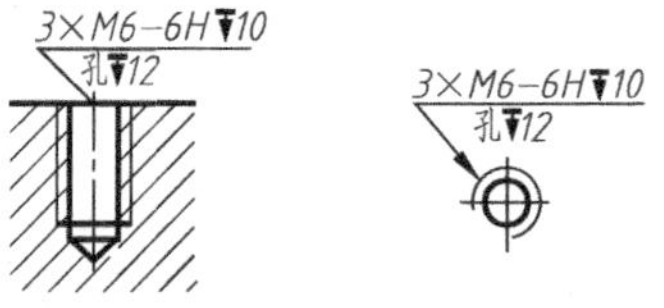 3×M6-6H↧10 孔↧12 3×M6-6H↧10 孔↧12

四、零件图中的技术要求

零件图上除了有表达零件结构形状与大小的一组视图和尺寸外，还应该标注出零件的技术要求，它是用来约束零件的质量指标，加工过程中必须采用相应的工艺措施给予保证。零件的技术要求主要包括表面结构、尺寸公差与配合、形位公差、零件的热处理和表面处理等。它们有的用代（符）号标注在图样上，有的则用文字加以说明。技术要求涉及面比较广，这里主要介绍表面结构、极限与配合的基本知识和标注方法。

1. 表面结构

表面结构是表面粗糙度、表面波纹度、表面缺陷、表面纹理和表面几何形状的总称。表面结构的各项要求在图样上的表示法在 GB/T 131—2006 中均有具体规定。这里主要介绍常用的表面粗糙度表示法。

(1) 表面粗糙度的概念　无论是机械加工还是用其他方法获得的零件表面，由于刀具形状和刀具与工件之间的摩擦、机床的振动及零件金属表面的塑性变形等因素，都不可能是绝对光滑的。用显微镜观察或通过电测可知，零件表面是由一系列高低不平的峰、谷所组成，如图 2-1-52 所示。表面粗糙度就是指零件表面上具有较小间距的峰谷组成的微观几何形状特征。

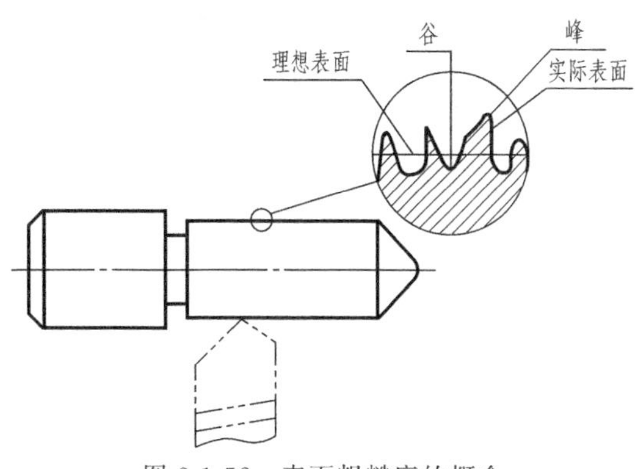

图 2-1-52　表面粗糙度的概念

表面粗糙度是评定零件表面质量的一项重要技术指标，它反映了零件表面的光滑程度。它直接影响零件的耐磨性、耐蚀性、疲劳强度、配合质量、密封性以及加工成本，因此，应根据零件表面的作用，合理选择表面粗糙度，并标注在加工表面上。

(2) 表面结构的评定参数　目前，国家标准规定的评定表面结构的参数中较为常用的是轮廓算术平均偏差 Ra 和轮廓最大高度 Rz。

① 轮廓算术平均偏差。轮廓算术平均偏差 Ra 是在取样长度 l（用于判别具有表面粗糙度特征的一段基准线长度）内，轮廓上的点到中线之间距离绝对值的算术平均值。标准规定了表面粗糙度评定参数 Ra 的允许值数系，供设计时选用，见表 2-1-4。

表 2-1-4　轮廓算术平均偏差 Ra 的优选系列值　　μm

0.012	0.025	0.05	0.10	0.20	0.40	0.80
1.6	3.2	6.3	12.5	25	50	100

一般来说，凡是零件上有配合要求或相对运动的表面，Ra 值就要求小。Ra 值越小，表面质量就越高，但加工成本也越高。因此，在满足使用要求的前提下，应尽量选用较大的 Ra 值，以降低成本。

② 轮廓最大高度。轮廓最大高度 Rz 是在取样长度 l 内，最大轮廓峰高和最大轮廓谷深之和的高度。在设计时，通常只采用轮廓算术平均偏差 Ra，只有在特定要求时才采用轮廓最大高度 Rz。

(3) 表面结构的符号和代号　表面结构用代号标注在图样上，代号由符号、数字及文字说明组成。

国家标准对表面结构的符号、代号及其标准作了规定，现就其基本内容作简要介绍。

① 表面结构符号及含义。表 2-1-5 列出了表面结构图形符号及其含义，图形符号中的参数尺寸如表 2-1-6 所示。

表 2-1-5　表面结构图形符号及其含义

符号名称	图形符号	含　义
基本图形符号	H_2　H_1　60°　60° d'——符号线宽 h——字高 $H_1=1.4h$ $H_2=2H_1$	基本符号，表示表面可用任何方法获得，若不加注结构参数值或有关说明，单独使用这个符号没有意义

续表

符号名称	图形符号	含义
扩展图形符号	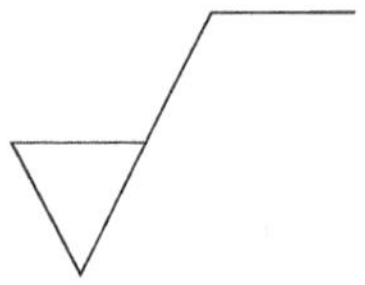	基本符号加一短线，表示表面是用去除材料的方法获得的，如车、铣、钻、磨、气割、剪切、抛光、电火花加工等
	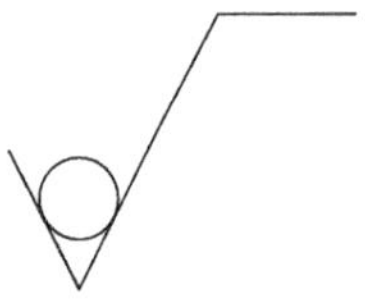	基本符号加一小圆，表示表面是用不去除材料的方法获得的，如铸、锻、冷轧、冲压、粉末冶金等，或是用保持原供应状况的表面
工件轮廓各表面的图形符号	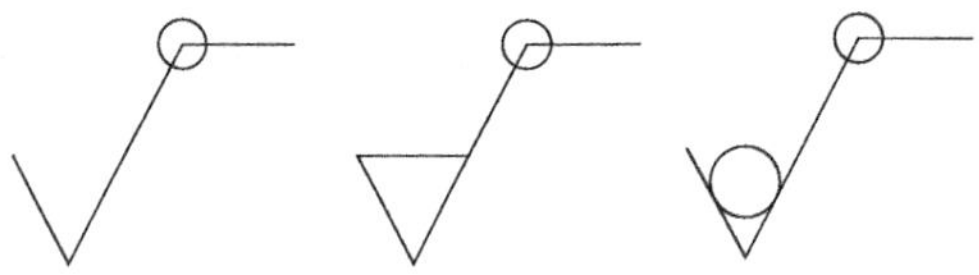	在上述三个符号上均可加一小圆，表示所有的表面具有相同的表面结构要求

表 2-1-6 表面结构符号的尺寸 mm

字高 h	2.5	3.5	5	7	10	14	20
符号线宽 d'	0.25	0.35	0.5	0.7	1	1.4	2
H_1	3.5	5	7	10	14	20	28
H_2	7.5	10.5	15	21	30	42	60

② 表面结构要求在图形符号中的注写位置。国家标准规定，表面结构以代号形式在零件图上标注。如需要在零件图中表示某一表面的表面结构的各项要求时，应按表 2-1-7 所示的指定位置注写。

表 2-1-7 表面结构参数值及有关要求在代号中的注写位置

代号	含义
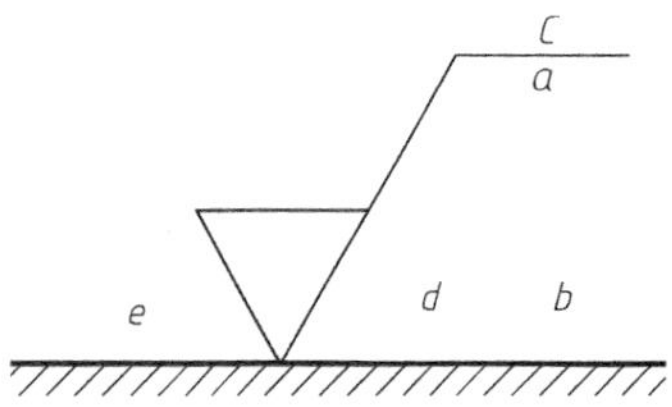 c a e d b	位置 a：单一或第一表面结构代号及其数值，单位为 μm 位置 b：第二表面结构高度代号及数值，单位 μm 位置 c：加工方法，如“车”“磨”“镀”等 位置 d：加工纹理方向符号 位置 e：加工余量，单位为 mm

(4) 表面结构在图样中的注法

① 表面结构代号一般标注在可见轮廓线、尺寸界限、尺寸线、引出线或它们的延长线上。符号的尖端必须从材料外指向且接触所注表面的投影，代号中符号和数字的方向应按图中规定标注，如图 2-1-53、图 2-1-54 所示。

② 当零件的所有表面都具有相同的表面结构要求时，其代号在图样右上角统一标注，其高度应是图样中字符的 1.4 倍，如图 2-1-55 所示。

③ 零件的大部分表面都使用一种代号时，可将该代号统一标注在图样的右上角，并加注“其余”两字，高度是图样中代号的 1.4 倍，如图 2-1-56 所示。

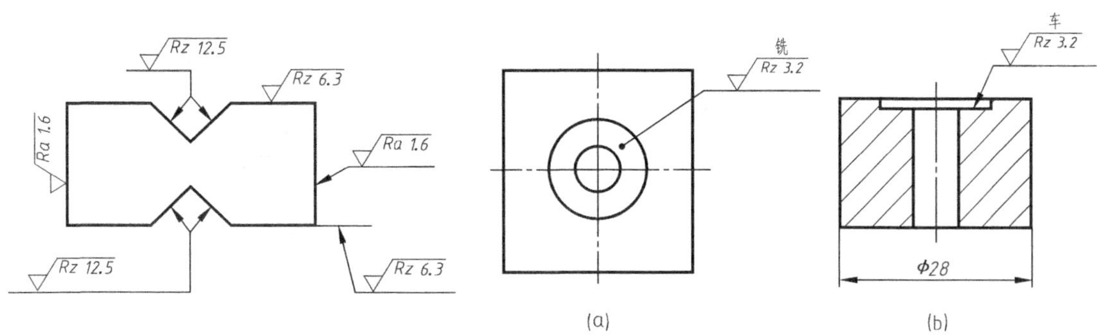

图 2-1-53　表面结构代号规定标注　　图 2-1-54　用指引线标注表面结构要求

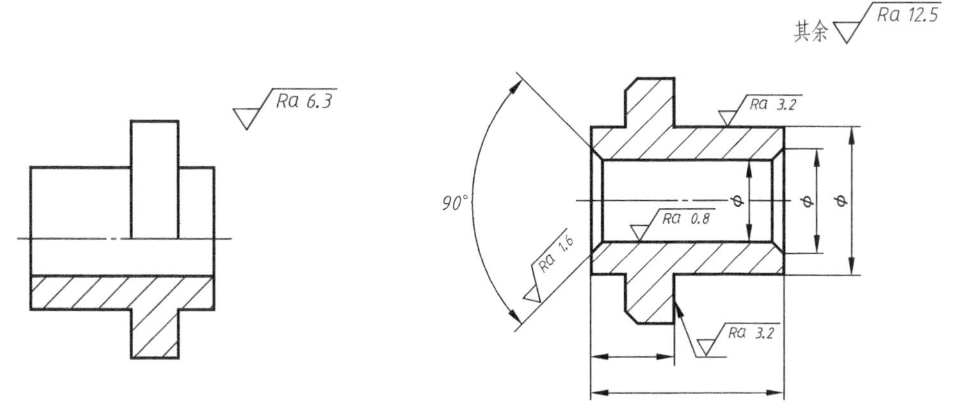

图 2-1-55　所有表面同一要求　　图 2-1-56　大部分表面使用一种代号

④ 对不连续的同一表面，可用细实线相连后只标注一次，如图 2-1-57 所示。

⑤ 同一表面有不同的表面结构要求时，用细实线画出其分界线，并标注出尺寸和相应的表面结构代号，如图 2-1-58 所示。

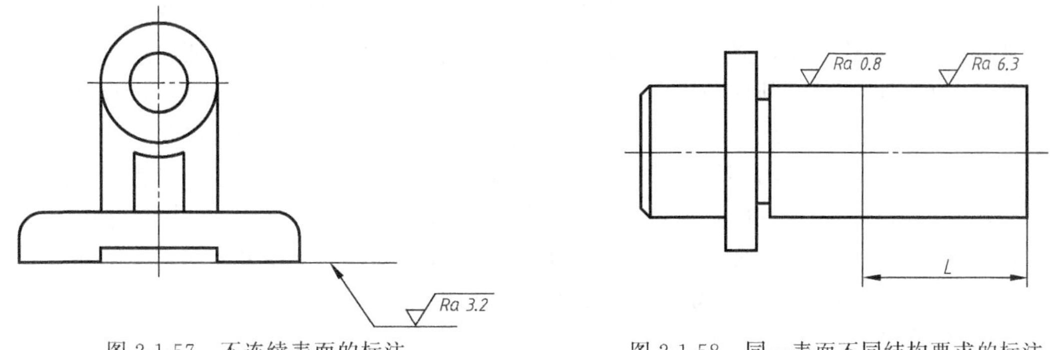

图 2-1-57　不连续表面的标注　　图 2-1-58　同一表面不同结构要求的标注

⑥ 螺纹工作表面需要注出结构代号而图形中没有画出螺纹牙型时，其结构代号必须与螺纹代号一起标注，如图 2-1-59 所示。

⑦ 齿轮表面结构代号注写在分度线上，如图 2-1-60 所示。

⑧ 可标注简化代号，但要在标题栏附近注明这些代号的意义，如图 2-1-61 所示。

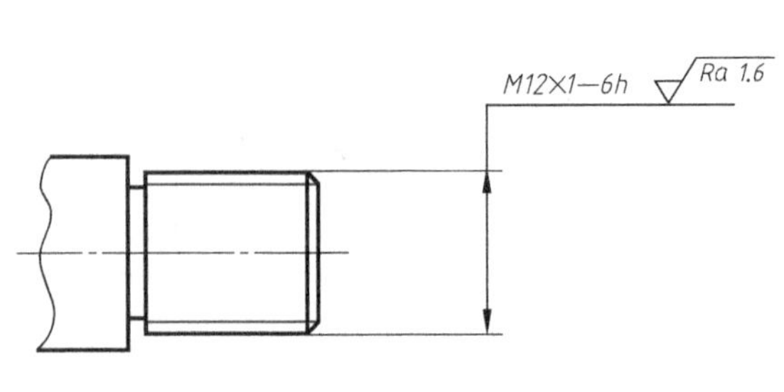

图 2-1-59　螺纹表面结构代号的标注

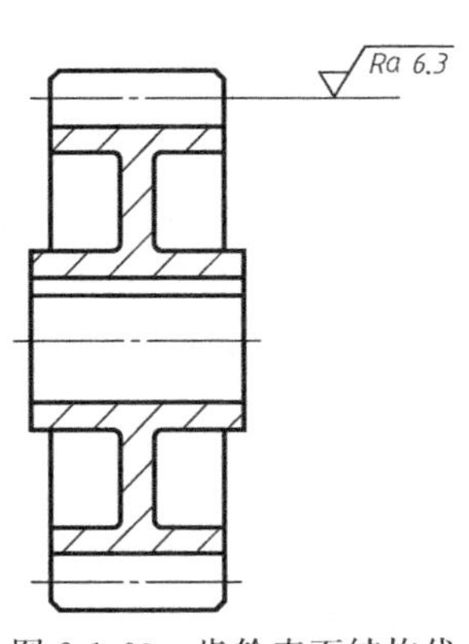

图 2-1-60　齿轮表面结构代号的注写

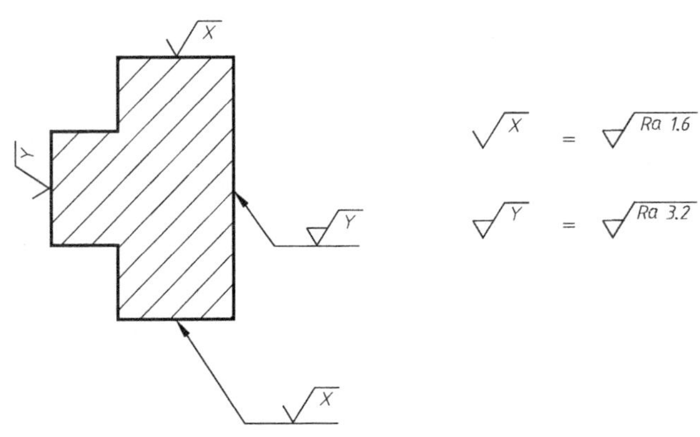

图 2-1-61　表面结构的简化代号

2. 极限与配合

(1) 互换性的概念　在同一规格的一批零部件中任取其一，不需要任何挑选、调整或修配，就能装到机器上去，并且能够符合使用性能要求，这种特性称为互换性。

在生产实际中，零件具有互换性可以满足各生产部门的广泛协作，为专业化生产提供条件，从而提高劳动生产率，降低成本，既能保证产品质量的稳定性，又方便使用和维修。为使零件具有互换性，就必须保证零件各部分的技术要求的一致性，但这并不意味着每个零件的几何参数都必须绝对一致并达到设计要求的尺寸，而事实上，由于加工误差、测量误差的存在，要加工出绝对精确的零件是不可能的，也是没有必要的。实际生产中只要将零件几何参数的误差控制在一定范围内，就可以满足互换性要求。

(2) 极限的有关术语　现以图 2-1-62 为例，说明极限的有关术语及定义。

① 尺寸。用特定单位表示线性尺寸的数值。

② 基本尺寸。设计时给定的尺寸，用 D 和 d 表示（大写字母表示孔，小写字母表示轴）。

③ 实际尺寸。加工后，通过测量获得的尺寸，用 D_a 和 d_a 表示。由于加工误差的存在，按同一图样要求加工的各个零件，其实际尺寸一般也不同。即使同一零件的不同位置、不同方向的实际尺寸，由于加工误差、测量误差的存在也往往不同，因此实际尺寸是实际零件上某一位置的测量值。

④ 极限尺寸。允许尺寸变化的两个极端，也就是允许的尺寸变化的两个界限值。实际尺寸只要在这两个尺寸之间就合格。其中较大的称为最大极限尺寸，用 D_{max} 和 d_{max} 表示，较小的称为最小极限尺寸，用 D_{min} 和 d_{min} 表示。

⑤ 尺寸偏差（简称偏差）。某一尺寸（实际尺寸或极限尺寸）减去基本尺寸所得的代数差，其值可正、可负或零。

a. 实际偏差。实际尺寸减去基本尺寸所得的代数差，用 E_a 和 e_a 表示。

$$E_a = D_a - D$$

$$e_a = d_a - d$$

b. 极限偏差。极限尺寸减去基本尺寸所得的代数差。其中，最大极限尺寸减去其基本尺寸所得的代数差称为上偏差，用 ES 和 es 表示，最小极限尺寸减去其基本尺寸所得的代数差称为下偏差，用 EI 和 ei 表示。

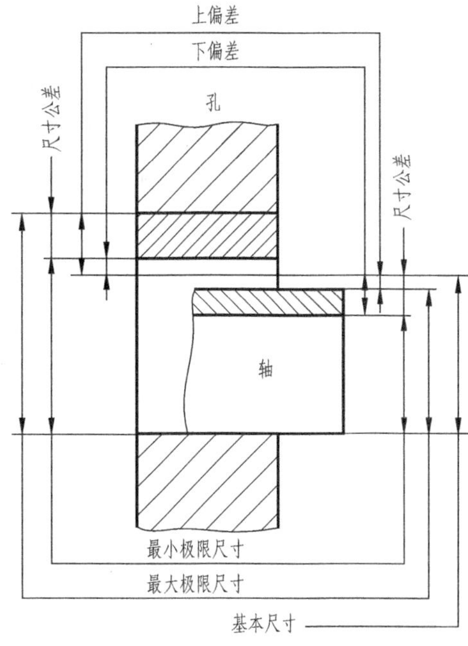

图 2-1-62　极限的有关术语及定义

$$\mathrm{ES} = D_{max} - D \qquad \mathrm{es} = d_{max} - d$$

$$\mathrm{EI} = D_{min} - D \qquad \mathrm{ei} = d_{min} - d$$

⑥ 尺寸公差（简称公差）。最大极限尺寸减最小极限尺寸之差，或上偏差减下偏差之差。它是允许尺寸的变动量，用 T_h 表示孔的公差，用 T_s 表示轴的公差。

$$T_h = D_{max} - D_{min} = \mathrm{ES} - \mathrm{EI}$$

$$T_s = d_{max} - d_{min} = \mathrm{es} - \mathrm{ei}$$

由上式可知，公差永远为正值，用于限制尺寸误差，同时也是尺寸精度的一种度量。公差越小，实际尺寸允许的变动量也越小，零件的尺寸精度越高；反之，公差越大，尺寸精度越低。

⑦ 公差带图。由于公差及偏差的数值与基本尺寸相比，相差很大，不便用同一比例表示，因此用公差带图表示，不画出孔、轴的具体结构，而只画出放大的孔、轴公差区域和位置，如图 2-1-63 所示。公差带图由两部分组成：零线和公差带。

在公差带图中，表示基本尺寸的一条线称为零线，它是偏差的起始线，是确定偏差的一条基准直线。零线上方表示正偏差，零线下方表示负偏差。

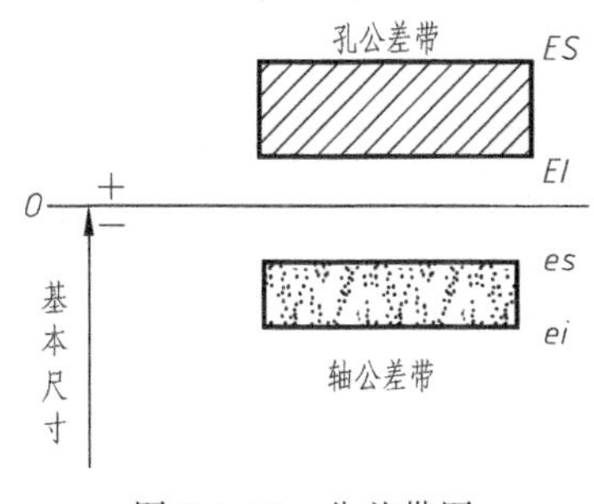

图 2-1-63　公差带图

在公差带图中，由代表上、下偏差的两条直线所限定的区域称为公差带。它是由公差带大小和公差带的位置来确定的，通常孔的公差带用由右上角向左下角倾斜的斜线表示，轴的公差带用点表示。

⑧ 标准公差。国家标准所规定的用以确定公差带大小的任一公差。标准公差分为 20 个等级，即 IT01、IT0、IT1、IT2、…、IT17、IT18，其中 IT 表示标准公差，阿拉伯数字表示公差等级。从 IT01 至 IT18 等级依次降低，精度也依次降低，对应的标准公差数值依次增大。

⑨ 基本偏差。在极限与配合制中，用于确定公差带相对于零线位置的那个极限偏差为基本偏差。一般为靠近零线的那个上偏差或下偏差。国家标准对孔和轴的每一个基本尺寸段规定了 28 个基本偏差，其代号用字母表示，大写字母表示孔，小写字母表示轴，如图 2-1-64所示。基本偏差数值可以从有关手册中查到。

⑩ 公差带代号。由基本偏差代号（字母）和标准公差等级（数字）组成，如“ϕ50H8”是基本偏差为 H、公差等级为 8 级的孔；“ϕ50f7”是基本偏差为 f、公差等级为 7 级的轴。

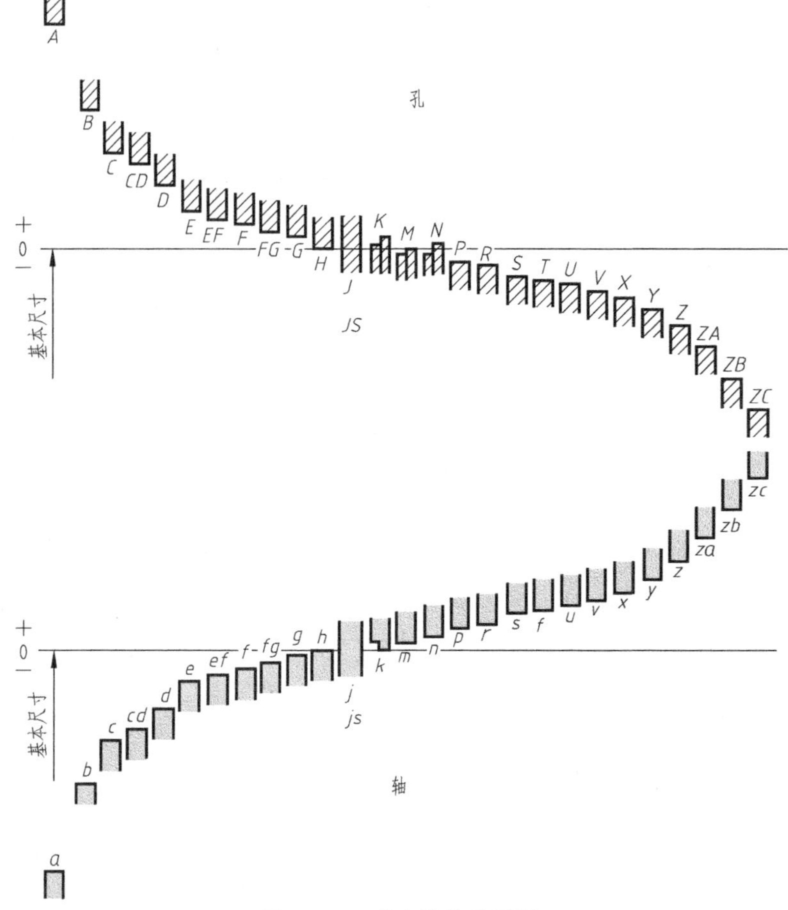

图 2-1-64　基本偏差系列图

(3) 配合的有关术语

①配合。基本尺寸相同的相互结合的孔和轴公差带之间的关系称为配合。根据孔和轴公差带之间关系的不同，配合可分为三大类：间隙配合、过盈配合和过渡配合，如图 2-1-65 所示。

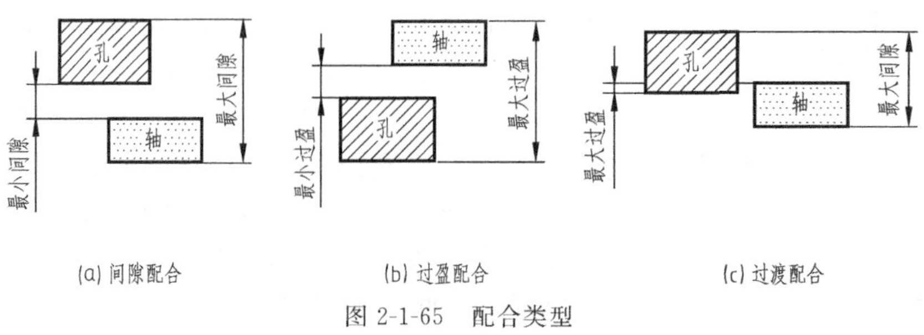

图 2-1-65　配合类型

间隙配合是指具有间隙（包括最小间隙等于零）的配合。此时，孔的公差带在轴的公差带的上方。

过盈配合是指具有过盈（包括最小过盈等于零）的配合。此时，孔的公差带在轴的公差带的下方。

过渡配合是指一种可能具有间隙或过盈的配合。此时，孔的公差带与轴的公差带部分相叠。

② 配合制。配合制是指同一极限制的孔和轴组成配合的一种制度。国家标准规定了两种配合制：基孔制配合和基轴制配合。

基孔制配合是指基本偏差为一定的孔的公差带，与不同基本偏差的轴的公差带形成各种配合的一种制度，如图 2-1-66（a）所示。基孔制配合中的孔为基准孔，其基本偏差代号为H，即下偏差为零，上偏差为正值，公差带位于零线上方。

基轴制配合是指基本偏差为一定的轴的公差带，与不同基本偏差的孔的公差带形成各种配合的一种制度，如图 2-1-66（b）所示。基轴制配合中的轴为基准轴，其基本偏差代号为h，即上偏差为零，下偏差为负值，公差带位于零线下方。

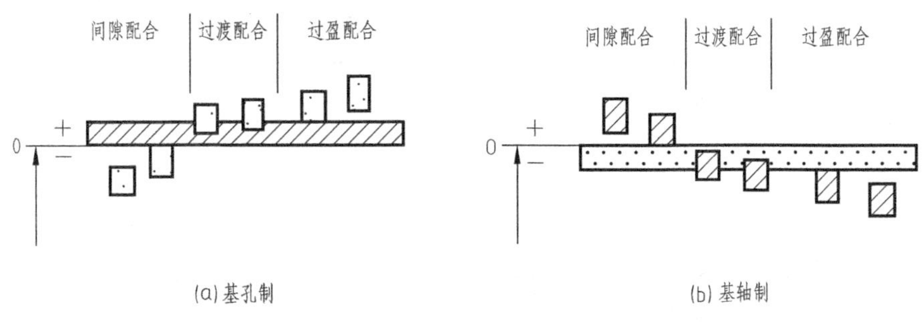

图 2-1-66　基准制

（4）极限与配合的标注

①在零件图中的标注。在零件图中尺寸公差的标注有三种形式：一是只标注公差带代号，二是只标注极限偏差值，三是同时标注公差带代号和极限偏差值。如图 2-1-67 所示。这三种标注形式可根据具体需要选用。

标注时应注意以下几点：

a. 只标注公差带代号时，代号字体和尺寸数字字体的高度相同。

b. 标注数值时，上、下偏差的小数点必须对齐，小数点后的位数必须相同。

c. 当某一偏差为零时，用数字“0”标出，并与上偏差或下偏差的小数点前的个位数对齐。

d. 当上、下偏差相同时，偏差只需标注一次，并在偏差值和基本尺寸之间标注“±”符号。

e. 线性尺寸公差的附加符号注法：当尺寸仅需要限制单方向的极限时，应在该尺寸的右边加注符号“max”或“min”；同一基本尺寸的表面，若有不同的公差时，应用细实线分开，并按规定的形式分别标注其公差。

② 在装配图中的标注。在装配图中标注两个零件的配合关系有两种形式：一种标注配合代号；另一种标注孔和轴的极限偏差值，如图 2-1-68 所示。

五、齿轮的表达方法

齿轮是广泛应用于各种机械传动的一种常用件，用来传递动力，改变转速或旋转方向，

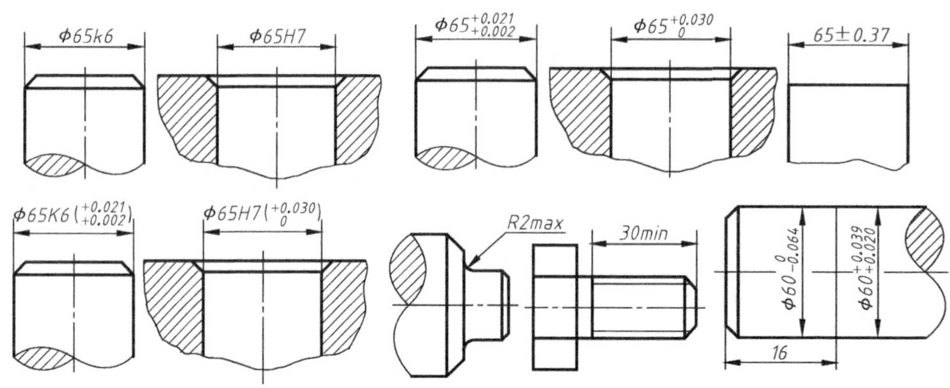

图 2-1-67 零件图中尺寸公差的标注

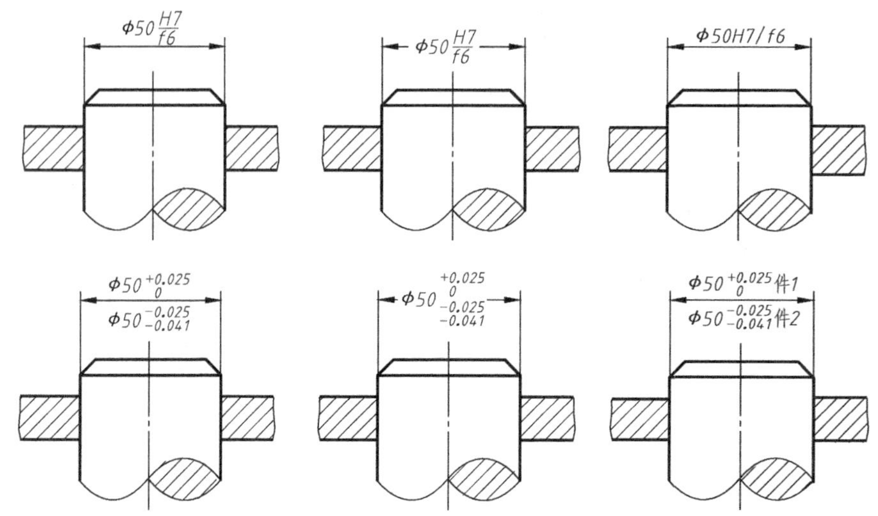

图 2-1-68 装配图中公差与配合的标注

具有传动稳定可靠、效率高、结构紧凑等特点。

常用的齿轮按传动的两轴的相对位置不同分为三种：圆柱齿轮——用于两平行轴之间的传动，如图 2-1-69（a）所示；圆锥齿轮——用于两相交轴之间的传动，如图 2-1-69（b）所示；蜗杆与蜗轮——用于两交叉轴之间的传动，如图 2-1-69（c）所示。齿轮齿条传动是圆柱齿轮的特例，如图 2-1-69（d）所示。

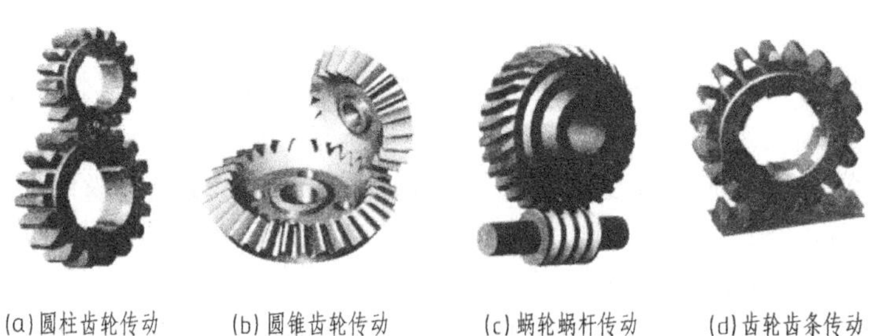

图 2-1-69 齿轮传动

齿轮的齿形曲线有渐开线、摆线、圆弧等形状。本节主要介绍渐开线直齿圆柱齿轮的有关知识和规定画法。

1. 直齿圆柱齿轮各部分名称及代号

图 2-1-70 所示为直齿圆柱齿轮，其各部分名称及代号如下。

(1) 齿顶圆　通过轮齿顶端的圆称为齿顶圆，其直径用 d_a 表示。

(2) 齿根圆　通过轮齿根部的圆称为齿根圆，其直径用 d_f 表示。

(3) 分度圆　它是计算轮齿各部分尺寸的基准圆，其直径用 d 表示。在一对标准齿轮啮合时，两齿轮的分度圆应相切。

(4) 齿顶高、齿根高和齿高　齿顶圆与分度圆之间的径向距离称为齿顶高，用 h_a 表示。齿根圆与分度圆之间的径向距离称为齿根高，用 h_f 表示。齿顶圆与齿根圆之间的径向距离称为齿高，用 h 表示。在标准齿轮中，$h=h_f+h_a$。

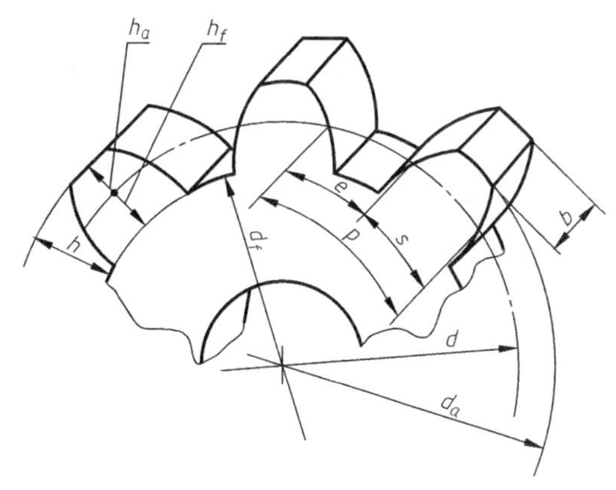

图 2-1-70　直齿圆柱齿轮

(5) 齿距、齿厚和槽宽　在分度圆周上，相邻两齿同侧齿廓间的弧长，称为分度圆齿距，用 p 表示；两啮合齿轮的齿距应相等。一个轮齿在分度圆上的弧长称为齿厚，用 S 表示；一个齿槽在分度圆上的弧长，称为槽宽，用 e 表示。在标准齿轮中，齿厚与槽宽各为齿距的 1/2，即 $s=e=p/2$，$p=s+e$。

(6) 齿数　齿轮上轮齿的个数，用 z 表示。

(7) 模数　分度圆齿距除以圆周率 π 所得的商称为齿轮的模数，即 $m=p/\pi$，单位为 mm。

当表示齿轮的齿数为 z 时，其分度圆周长 $=\pi d=zp$，故 $d=zp/\pi$，令　$m=p/\pi$　则 $d=mz$，即分度圆直径等于模数与齿数之积。一对互相啮合的齿轮的齿距 p 必须相等，所以它们的模数也必须相等。

模数 m 是设计、制造齿轮的重要参数。模数大，则齿距 p 也大，随之齿厚 s、齿高 h 也大，因而齿轮的承载能力也增大。不同模数的齿轮要用不同模数的刀具来加工制造，为了便于设计和加工，国家标准规定了齿轮模数的标准数值，见表 2-1-8。

表 2-1-8　标准模数系列　mm

第一系列	0.1　0.12　0.15　0.2　0.3　0.4　0.5　0.6　0.8　1　1.25　1.5　3　4　5　6　8　10　12　16　20　25　32　40　50
第二系列	0.35　0.7　0.9　1.75　2.25　2.75　(3.25)　3.5　(3.75)　4.5　5.5　(6.5)　7　9　(11)　14　18　22　28　36　45

注：在选用模数时，应优先选用每一系列，其次选用第二系列，括号内模数尽可能不选用。

(8) 压力角（齿形角）　一对齿轮啮合时，过齿廓曲线与分度圆交点所作的径向与切向直线所夹得锐角称为压力角，用 α 表示，标准齿轮的压力角 $\alpha=20°$。

(9) 传动比　传动比 i 为主动齿轮的转速 n_1 (r/min) 与从动齿轮的转速 n_2 (r/min) 之比，或从动齿轮的齿数与主动齿轮的齿数之比，即：

$$i=n_1/n_2=z_2/z_1$$

(10) 中心距　一对啮合的圆柱齿轮轴线之间的最短距离称为中心距，用 a 表示，即：

$$a=(d_1+d_2)/2=m(z_1+z_2)/2$$

只有模数和压力角都相同的齿轮，才能正确啮合。

2. 直齿圆柱齿轮各部分的尺寸关系

直齿圆柱齿轮的基本参数为模数和齿数。设计齿轮时，首先要确定齿轮的模数 m 和齿数 z，其他各部分尺寸都与模数和齿数有关。标准直齿圆柱齿轮各部分尺寸的计算公式见表 2-1-9。

表 2-1-9　标准直齿圆柱齿轮各部分计算公式

基本参数:模数 m，齿数 z			已知:$m=2$，$z=29$
名称	符号	计算公式	计算举例
齿距	p	$p=m\pi$	$p=6.28$
齿顶高	h_a	$h_a=m$	$h_a=2$
齿根高	h_f	$h_f=1.25m$	$h_f=2.5$
齿高	h	$h=2.25m$	$h=4.5$
分度圆直径	d	$d=mz$	$d=58$
齿顶圆直径	d_a	$d_a=m(z+2)$	$d_a=62$
齿根圆直径	d_f	$d_f=m(z-2.5)$	$d_f=53$
中心距	a	$a=m(z_1+z_2)/2$	

3. 直齿圆柱齿轮的画法

单个直齿圆柱齿轮的画法如图 2-1-71 所示。

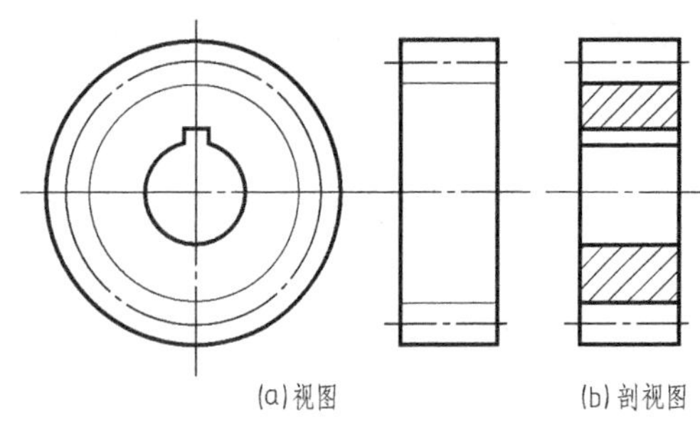

图 2-1-71　直齿圆柱齿轮画法

画图时应注意以下几个问题：

① 轮齿部分按规定画法绘制，其余部分按投影规律绘制。

② 在投影为圆的视图上，齿顶圆用粗实线，齿根圆用细实线或不画，分度圆用细点画线。

③ 在投影不为圆的视图上，一般画成剖视图，但轮齿按不剖处理，用粗实线表示齿顶线和齿根线，细点画线表示分度线。若不画成剖视图，齿根线可省略。

直齿圆柱齿轮的啮合画法如图 2-1-72 所示。

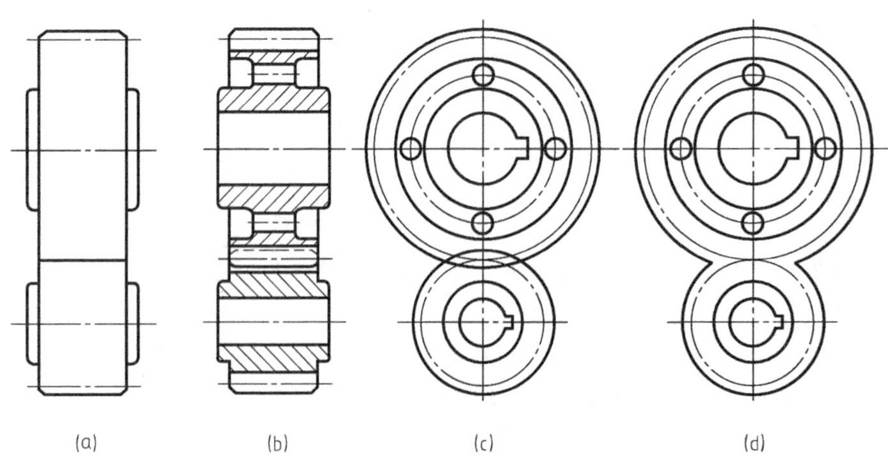

图 2-1-72　两圆柱齿轮啮合画法

画图时应注意以下几个问题：

① 两圆柱齿轮啮合时，在投影为圆的视图中，两齿轮的分度圆相切，如图 2-1-72（c）、（d）。

② 在投影为圆的视图上，啮合区的齿顶圆用粗实线绘制，也可省略不画；分度圆用细点画线画出；齿根圆用细实线或省略不画，如图 2-1-72（c）、（d）。

③ 在投影不为圆的视图上，采用剖视图时，在啮合区，一个齿轮的轮齿用粗实线绘制，另一个齿轮的轮齿按被遮挡处理，齿根线用粗实线，齿顶线用虚线。画图时需仔细，此时啮合区应出现 3 条粗实线、1 条虚线和 1 条细点画线，共 5 条线。齿顶与齿根间隙为 $0.25m$（m 为模数），如图 2-1-72（a）。

④ 当不采用剖视时，啮合区内的齿顶线和齿根线不画，用粗实线绘制分度线，如图 2-1-72（a）。

项目实施

本项目的主要内容是选择适当的表达方法绘制图 2-1-1 所示装配图中齿轮轴 8 的零件图。

分析：该齿轮轴是齿轮油泵中的主动轴，并通过齿轮传动来传递运动和转矩。该轴结构形状比较简单，有外圆柱面、齿轮、键槽、退刀槽和倒角，因此用一个基本视图表达其主要形状，且轴类零件的加工主要在车床和磨床上进行，所以其主视图一般按加工位置确定，即主视图为轴线水平横放。对于轴上的键槽可采用断面图表达，退刀槽采用局部放大图表达，齿轮轴一端的螺纹结构采用局部视图表达。

在标注尺寸时应充分考虑齿轮轴的加工工艺，以水平轴线为径向（高度和宽度方向）主要尺寸基准，由此直接注出各轴段的直径尺寸。以右端面为轴向主要尺寸基准，直接注出轴的总长、“ϕ15”轴段的长度、键槽的轴向定位尺寸等，再以轴的左端面为辅助基准，注出“ϕ18”轴段的长度及齿轮的宽度尺寸。注意轴上与标准件连接的结构，如键槽、螺纹孔的尺寸，应根据标准查表获得，轴向尺寸不能注成封闭的尺寸链。

在选择表面粗糙度和尺寸公差等技术要求时，应充分考虑齿轮轴在油泵中的作用及其与泵体、泵盖、齿轮等相邻零件的配合关系。齿轮轴左端“ϕ18”的轴段与泵盖的轴孔、右端“ϕ18”的轴段与泵体的轴孔采用间隙配合，右端“ϕ15”的轴段与传动零件则采用较紧的过渡配合，齿轮径向与泵体之间为间隙配合，齿轮轴向与泵体之间为小间隙配合。齿轮轴上凡是与其他零件相配合或接触的表面，其表面粗糙度要求也较高。

作图步骤：

① 根据轴的实际大小确定作图比例，选择所需幅面的图纸；

② 绘制图框、标题栏和作图基准线；

③ 绘制图形；

④ 标注尺寸和技术要求；

⑤ 填写标题栏。

绘图结果如图 2-1-73 所示。

拓展提高

一、键、销连接的画法

常用标准件除螺纹紧固件外，还有键、销等，见图 2-1-74。

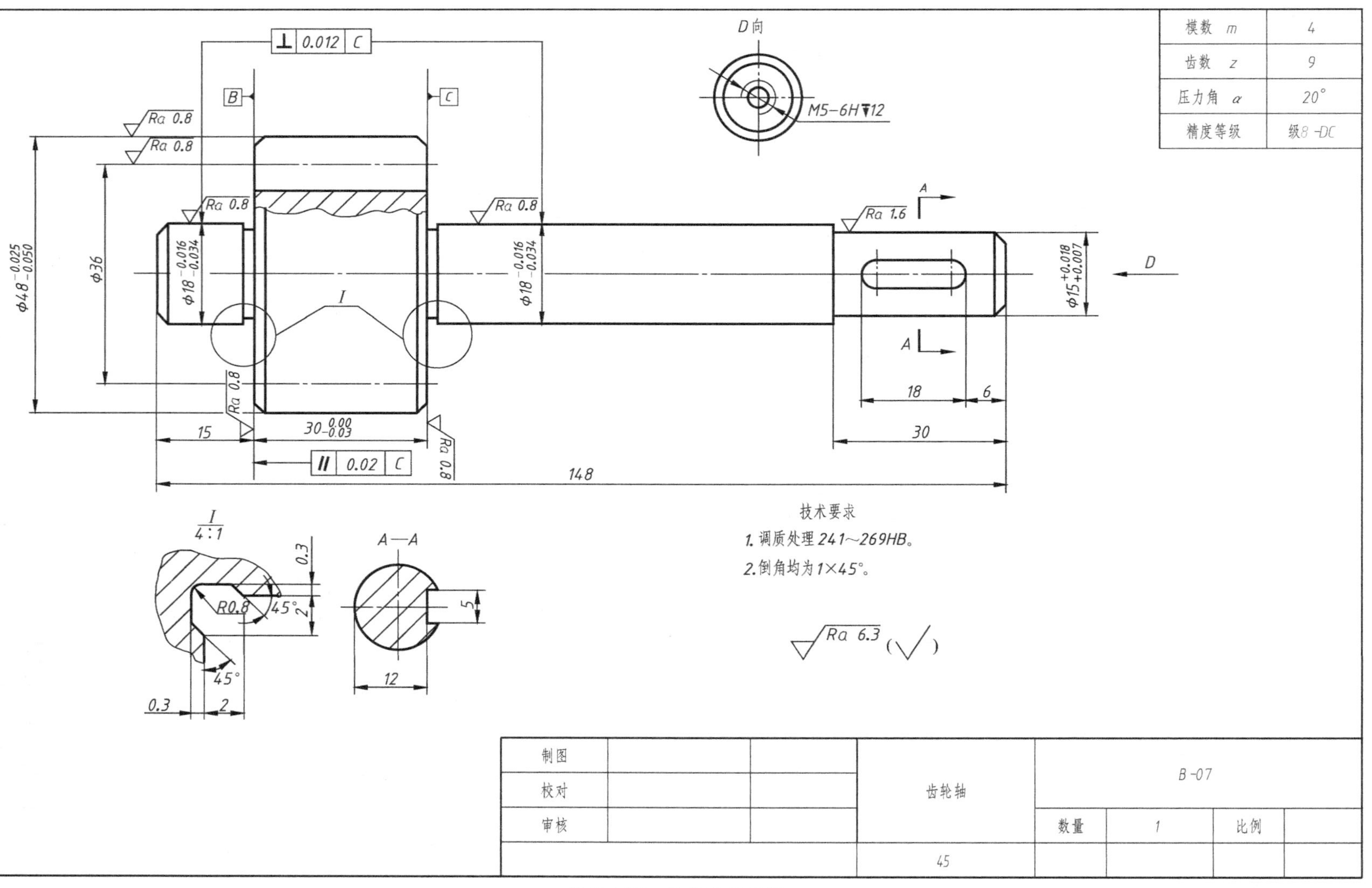

图 2-1-73 齿轮轴零件图

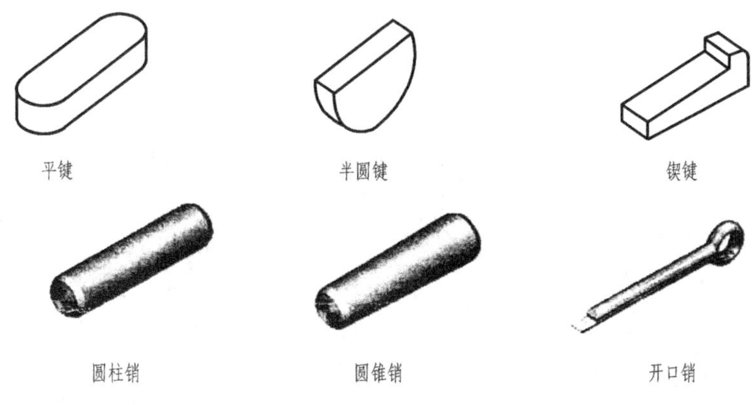

图 2-1-74　常见键、销

1. 键连接

键是用来连接轴和装在轴上的传动件（如齿轮、带轮等），起传递转矩的作用。键连接的种类较多，其中平键连接制造简单，装拆方便，应用最为广泛，见图 2-1-75（a）。

普通平键是标准件，其结构形式和尺寸都有相应的规定。选择平键时，先根据轴径 d 从标准中查取键的截面尺寸 $b \times h$，然后按轮毂宽度 B 选定键长 L，一般 $L = B - (5 \sim 10)$ mm，并取为标准值。

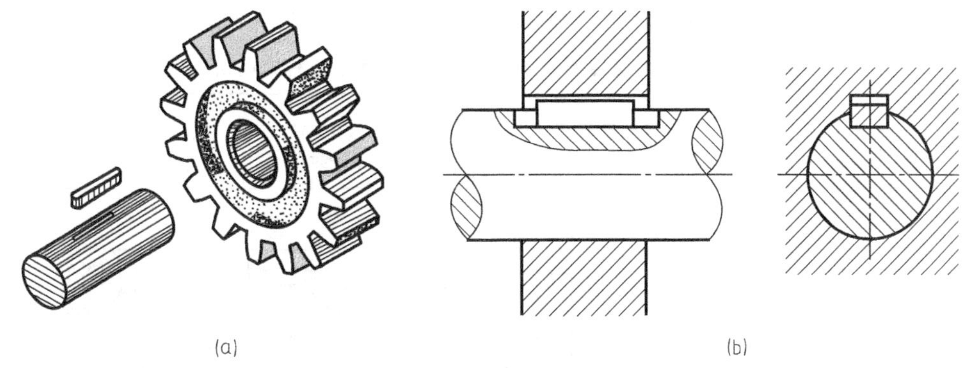

图 2-1-75　键连接的画法

键的标记示例如下：

键　16×100　GB/T 1096—2003

其含义为：圆头普通平键，键宽 $b = 16$mm，键高 $h = 10$mm，键长 $L = 100$mm（其中，键的种类和键高 $h = 10$mm 为查表所得）。

图 2-1-75（b）表示键连接的画法。键连接的画法应注意：键与键槽顶面不接触，应画两条线，双侧面接触线只画一条线，键的倒角省略不画，当剖切平面沿键的纵向剖切时，键按不剖绘制。

2. 销连接

销是标准件，主要用于零件之间的连接或定位。常用的销有圆锥销、圆柱销、开口销等。销连接的画法如图 2-1-76 所示。

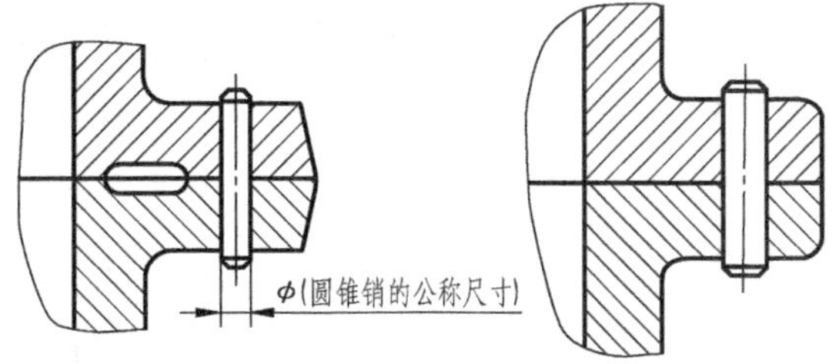

图 2-1-76　销连接的画法

二、滚动轴承、弹簧的画法

1. 滚动轴承

滚动轴承是用来支承轴的标准部件。常见的滚动轴承见图 2-1-77。

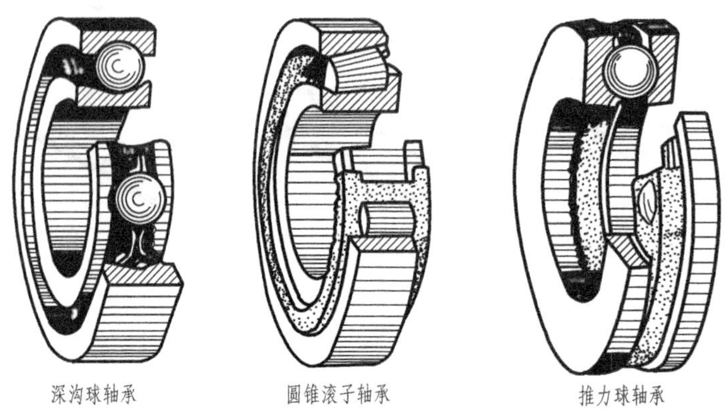

图 2-1-77 常见的滚动轴承

当需要表示滚动轴承时，可采用规定画法或简化画法。简化画法有通用画法和特征画法两种。其画法见表 2-1-10。

2. 弹簧

弹簧是一种用来减振、夹紧、测力和储存能量的零件，见图 2-1-78。

表 2-1-10 滚动轴承的通用画法、特征画法及规定画法

名称和标准号	查表主要数据	画法			装配示意图
		简化画法		规定画法	
		通用画法	特征画法		
深沟球轴承（GB/T 276—2013）	D d B	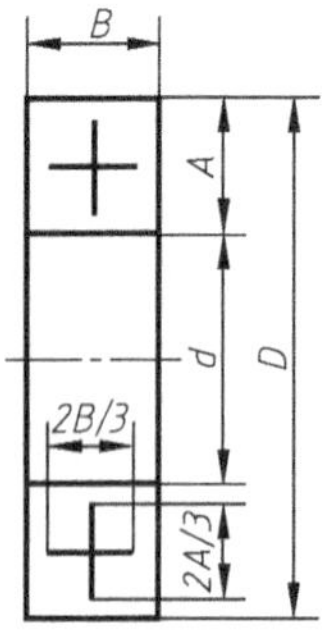	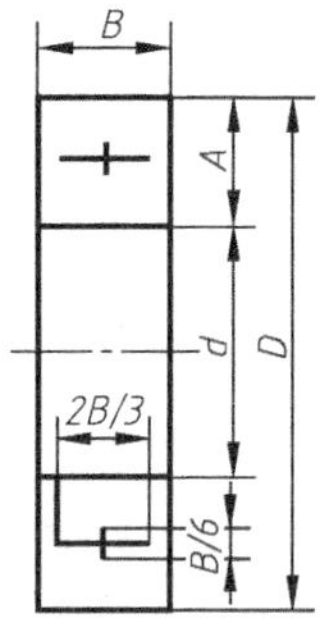	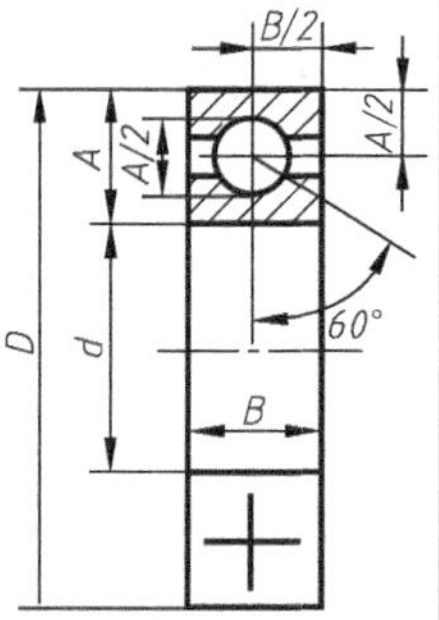	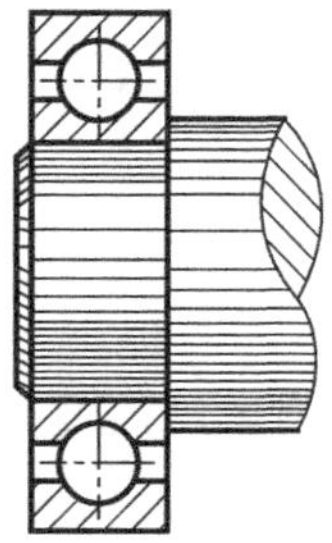
圆锥滚子轴承（GB/T 297—2015）	D d B T C		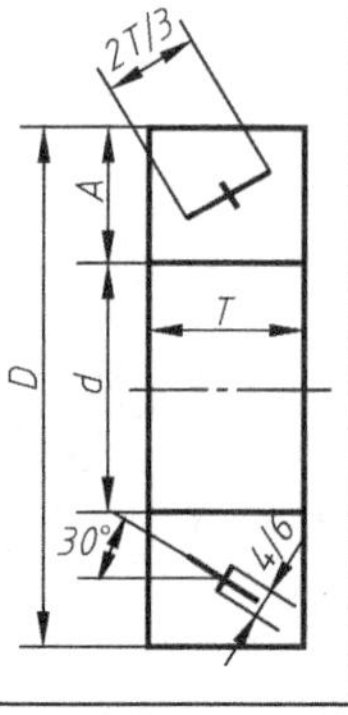	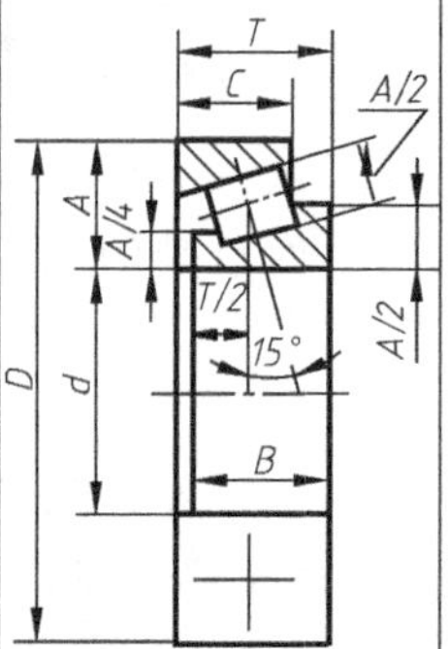	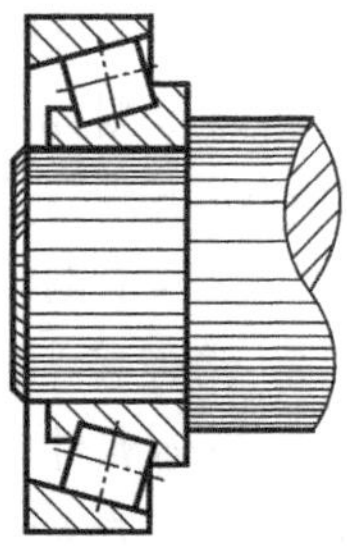

续表

名称和标准号	查表主要数据	画法			装配示意图
		简化画法		规定画法	
		通用画法	特征画法		
推力球轴承（GB/T 301—1995）	D d T				

圆柱螺旋压缩弹簧的画法如图 2-1-79 所示。

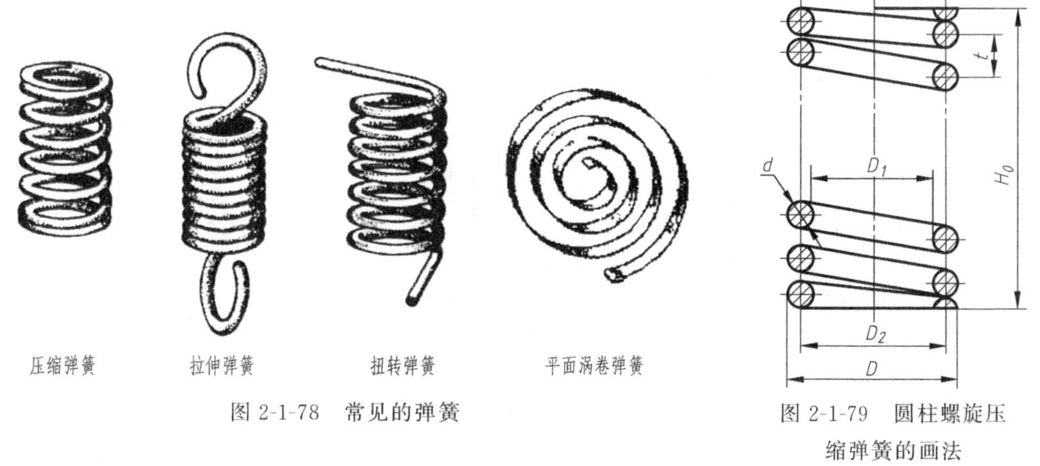

图 2-1-78　常见的弹簧

图 2-1-79　圆柱螺旋压缩弹簧的画法

(1) 圆柱螺旋压缩弹簧的各部分名称及尺寸关系

① 簧丝直径 d。即弹簧丝的直径。

② 弹簧外径 D。即弹簧最大的直径，$D=D_2+d$。

③ 弹簧内径。即弹簧最小的直径，$D_1=D-2d$。

④ 弹簧中径。即弹簧的平均直径，$D_2=D-d$。

⑤ 节距 t。相邻两个有效圈上对应点的轴向距离。

⑥ 有效圈数 n、支承圈 n_2。为了使弹簧工作时受力均匀，保证轴线垂直于支承面，常将压缩弹簧两端压紧并端面磨平，这些圈数仅起支承作用，称为支承圈，一般情况 $n_2=2.5$ 圈，除支承圈外，具有相等节距的圈数称为有效圈数。

⑦ 总圈数。有效圈数与支承圈数之和称为总圈数，即：$n_1=n+n_2$。

⑧ 自由高度 H_0。弹簧不受外力时的高度：

当支承圈为 2.5 时，$H_0=nt+2d$；

当支承圈为 2 时，$H_0=nt+1.5d$；

当支承圈为 1.5 时，$H_0=nt+d$。

⑨ 旋向。分右旋和左旋，常用右旋。

⑩ 弹簧丝展开长度

$$L \approx n_1\sqrt{(\pi D_2)^2 + t^2}$$

(2) 画图时的注意事项

① 螺旋弹簧在平行于轴线的投影面上的图形，其各圈的轮廓应画成直线。

② 有效圈数在 4 圈以上的螺旋弹簧，中间部分可以省略。可在每端只画 1～2 圈（支承圈除外），中间各圈只需用通过弹簧钢丝中心的两条点画线连起来表示，且允许适当缩短图形长度。

③ 右旋弹簧一定要画成右旋。左旋或旋向不规定的螺旋弹簧，允许画成右旋，但左旋弹簧不论画成左旋或右旋，一律要加注“LH”字。

④ 在装配图中，被弹簧挡住的结构轮廓不必画出，如图 2-1-80（a）所示，可见部分应从弹簧的外轮廓线或从弹簧钢丝断面的中心线画起。

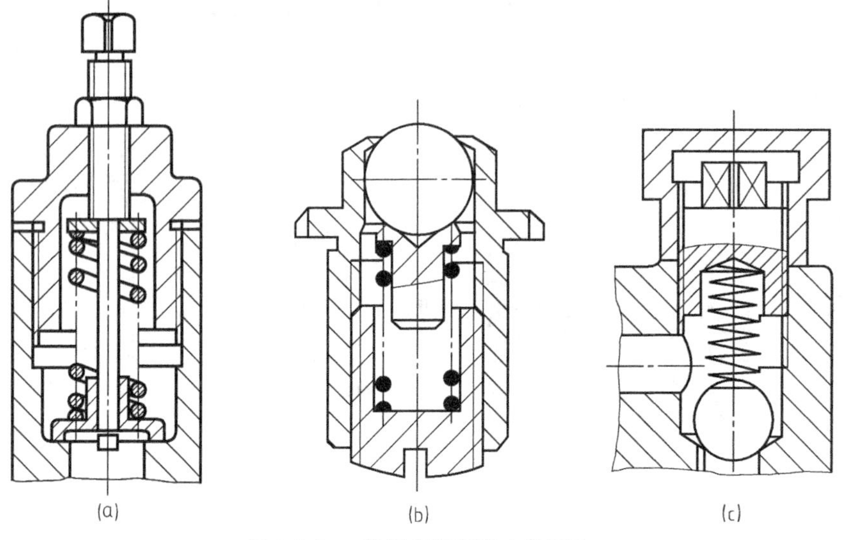

图 2-1-80　弹簧在装配图中的画法

⑤ 弹簧丝直径在图形上小于或等于 2mm 的断面可以用涂黑表示，如图 2-1-80（b）所示，也可采用示意画法，如图 2-1-80（c）所示。

已知圆柱螺旋压缩弹簧的各参数 H_0、d、D_2、n_1、n_2，其作图步骤如图 2-1-81 所示。

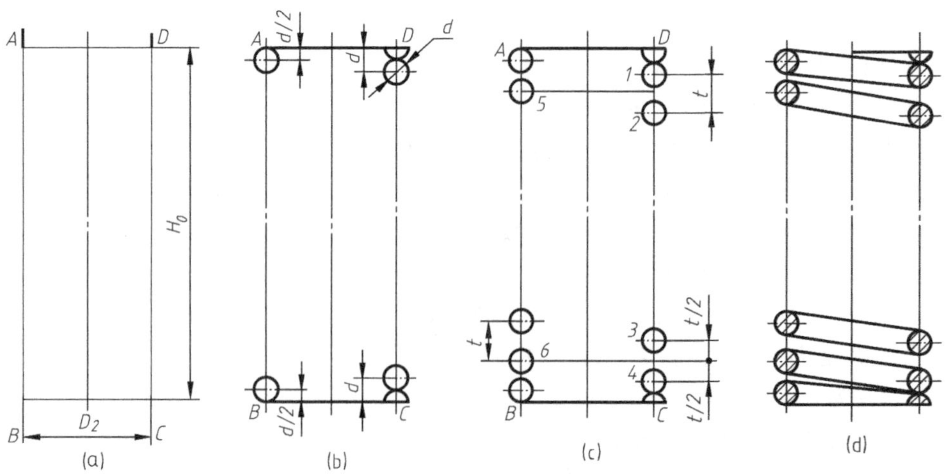

图 2-1-81　圆柱螺旋压缩弹簧的画法

项目 1.4　绘制盘盖类零件图

项目描述

绘制图 2-1-1 中泵盖 7 的零件图。

项目分析

要完成本项目，必须熟悉盘盖类零件的结构特点、加工工艺及其在部件中的作用，掌握阅读和绘制盘盖类零件图的方法、步骤。

相关知识

一、盘盖类零件的表达方案

盘盖类零件通常指齿轮、手轮、法兰盘及端盖等。零件的主要表面为同轴度要求较高的内、外回转面，零件的壁厚较薄且易变形，常带有肋、孔、槽、轮辐等结构。盘盖类零件主要在车床上加工。

盘盖类零件一般选择两个视图表达零件的轴向内部结构与端面形状结构，当内部结构比较复杂时可采用三个视图来表示，为了表达某些局部结构，常采用局部剖视图或局部放大图。

图 2-1-82 为端盖零件图。该图为一轴承端盖，用来定位、支承和密封。它的主要结构特征是轴向尺寸小于径向尺寸，其主体结构由大小不同的内、外回转体组成，在大端面均匀分布着 6 个“ϕ5.5”的孔和 4 个螺纹孔，在小端面均匀分布着 6 个槽，因此共选择两个视图表达轴向内部结构与端面形状结构。该零件主要是在车床上加工的，主视图按加工位置将其以轴线水平放置画出，为了清楚地表达轴向内部结构，主视图采用旋转剖的方法画成 $A—A$ 全剖视图，左视图反映端面形状结构，表达外形特征。

二、盘盖类零件的尺寸标注

盘盖类零件的结构特点主要以回转体为主，通常以轴孔的轴线为径向基准。如图 2-1-82 所示，以端盖轴孔的轴线为基准，直接注出“ϕ55”、“ϕ14.5”等尺寸。以重要的接触面（图中的左端面）为轴向基准，直接注出“11”、“18”、“30”、“40”等，“11”为槽深尺寸，“18”和“30”为轴向定位尺寸。

三、盘盖类零件的技术要求

由于该端盖的左端面是用来定位的，其表面结构要求较高，Ra 为 3.2μm，“ϕ55”的圆柱面与箱体孔之间形成小间隙配合，起密封作用，表面结构要求 Ra 为 1.6μm。根据端盖的作用要求其接触端面相对于外圆有垂直度或端面圆跳动误差，且接触表面有较高的表面结构要求，Ra 为 3.2μm。

项目实施

本项目的主要内容是通过读图 2-1-1 所示齿轮油泵装配图，选择适当的表达方法绘制泵盖 7 的零件图，并标注尺寸和技术要求。

分析：泵盖属于盘盖类零件。主视图按加工位置将其以轴线水平放置画出，为了清楚地表达其内部结构，主、俯视图均采用全剖视，此外采用左视图表达泵盖的外形结构和 4 个螺栓孔的分布情况。另外，用一个局部剖视图来表达螺栓孔的结构。

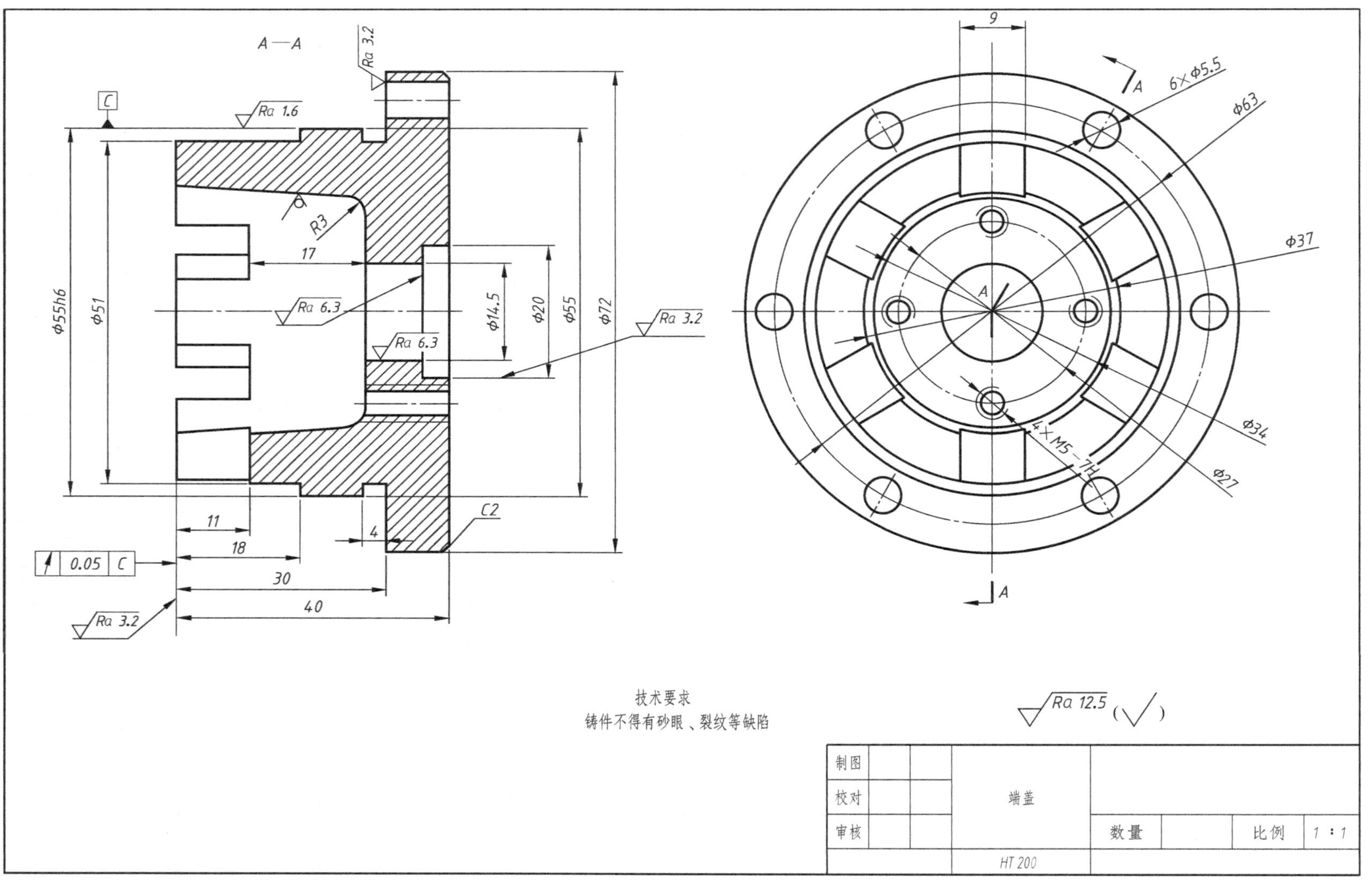

A—A
Ra 3.2
C
Ra 1.6
R3
17
Ra 6.3
Ra 6.3
Φ55h6
Φ51
Φ14.5
Φ20
Φ55
Φ72
Ra 3.2
C2
11
18
4
0.05
C
30
40
Ra 3.2
9
A
6×Φ5.5
Φ63
Φ37
A
4×M5-7H
Φ34
Φ27
A
技术要求
铸件不得有砂眼、裂纹等缺陷
Ra 12.5
( )
制图
校对
审核
端盖
数量
比例
1 : 1
HT 200

图 2-1-82 端盖零件图

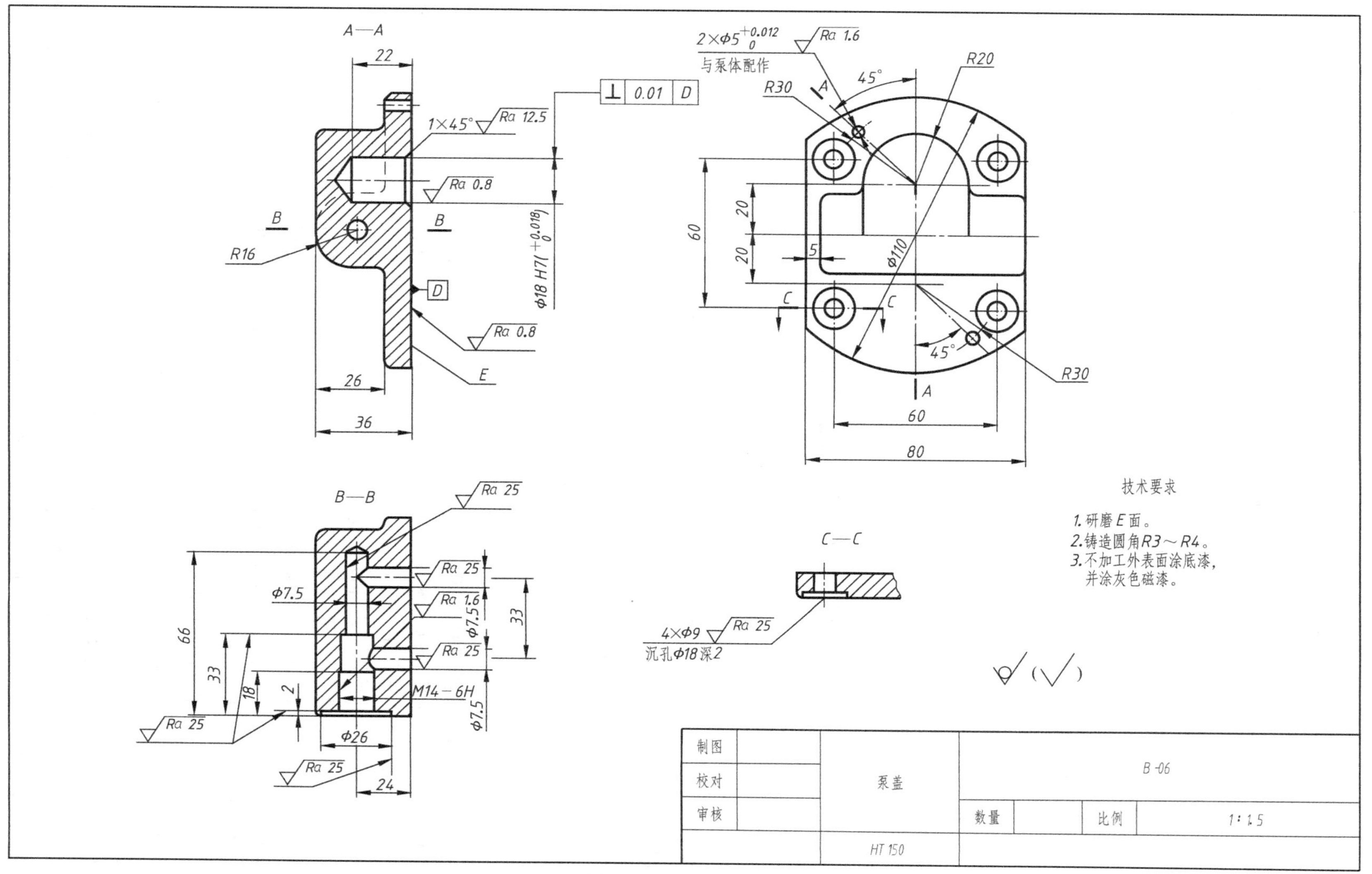
A—A
B—B
C—C
2×Φ5$^{+0.012}_{0}$
与泵体配作
⊥ 0.01 D
Φ18 H7($^{+0.018}_{0}$)
4×Φ9
沉孔Φ18深2
M14－6H
技术要求
1.研磨E面。
2.铸造圆角R3～R4。
3.不加工外表面涂底漆，
并涂灰色磁漆。
制图
校对
审核
泵盖
HT150
B-06
数量
比例
1:1.5

图 2-1-83　泵盖零件图

在标注尺寸时应充分考虑泵盖的结构和加工工艺，以泵盖和泵体的接触面为长度方向的主要尺寸基准，直接注出“22”（轴孔深度）、“36”、“24”（回流孔的定位尺寸）尺寸。以泵盖的左右对称平面为宽度方向的主要尺寸基准，注出“60”（螺栓孔的定位尺寸）、“80”、“33”（两孔间距）等，再以泵盖的前端面为辅助基准，注出“18”、“33”、“66”等尺寸。

在选择表面粗糙度和尺寸公差等技术要求时，应充分考虑泵盖在油泵中的作用及其与泵体、齿轮轴等相邻零件的装配关系。泵盖右端面与泵体接触，其表面结构要求较高，Ra 为 3.2μm，泵盖内的轴孔与齿轮轴采用间隙配合，孔的尺寸公差要求很高，公差带代号为 H7，其表面结构要求 Ra 为 0.8μm。

作图步骤：

① 根据泵盖的实际大小确定作图比例，选择所需幅面图纸；

② 绘制图框、标题栏和作图基准线；

③ 绘制图形；

④ 标注尺寸和技术要求；

⑤ 填写标题栏。

绘图结果如图 2-1-83 所示。

项目 1.5 绘制箱体类零件图

项目描述

绘制图 2-1-1 装配图中泵体 9 的零件图。

项目分析

要完成本项目，必须熟悉箱体类零件的结构特点及表达方法，了解箱体类零件在部件中的作用及常见的工艺结构，掌握阅读和绘制箱体类零件图的方法和步骤。

相关知识

一、箱体类零件的表达方法

箱体类零件指泵体、机床床身、阀体、变速箱的箱体等。此类零件的结构形状比较复杂，毛坯多为铸件，加工工序多，有许多形状、大小各异的凸台和孔等结构。主要起到包容、支承其他零件的作用，内部以圆形或方形腔体为主要特征。

箱体类零件一般采用 3 个或 3 个以上的基本视图，通常按工作位置和结构形状特征来选择主视图，并以垂直或平行于主要支承孔轴线方向作为主视图的投射方向。一般用通过主要支承孔轴线的剖切视图来表达其内部结构，另外采用局部视图、局部剖视、斜视图、断面等表达箱体的一些局部结构。

图 2-1-84 为座体零件图，座体在铣刀头部件中主要起支承轴的作用，座体的结构可分为四部分：上部为圆筒状，两端的轴孔支承轴承，轴孔直径与轴承外径一致，左右两端面上加工有螺纹孔（与端盖连接用），中间为圆形腔体（直接铸造不加工）；下部是方形底板，有四个安装孔，为了安装平稳和减少加工面，底板下部开通槽；座体的上、下两部分之间是连接板和肋板。该零件图共采用了三个视图，主视图按工作位置放置，采用通过支承孔轴线的全剖视，表达座体的形体特征和腔体结构。左视图采用局部剖视，表达圆筒端面上螺纹孔的

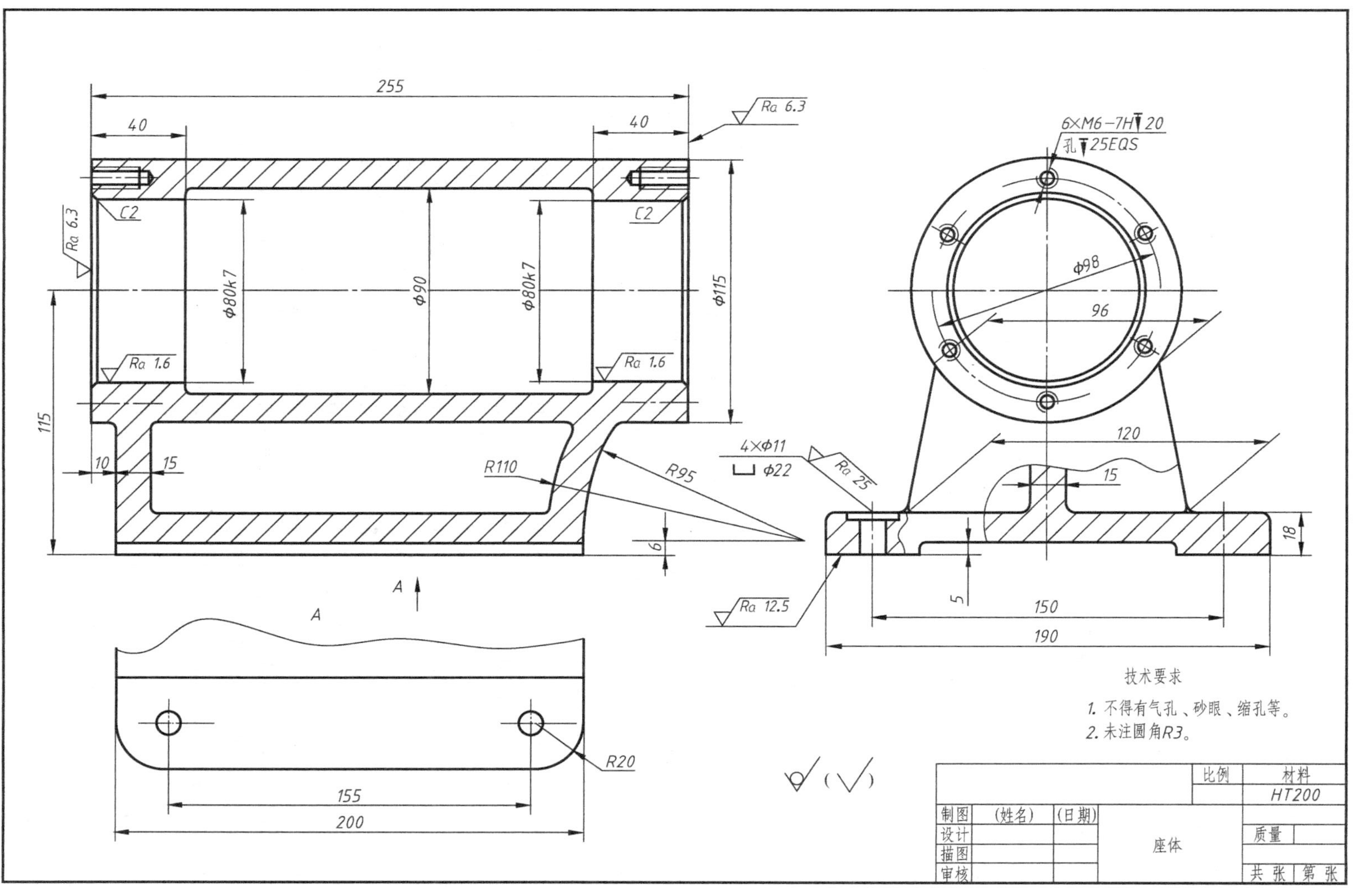
255
40
40
Ra 6.3
Ra 6.3
C2
C2
ϕ80k7
ϕ90
ϕ80k7
ϕ115
Ra 1.6
Ra 1.6
115
10
15
R110
R95
9
6×M6-7H↧20
孔↧25EQS
ϕ98
96
120
4×ϕ11
⌴ϕ22
Ra 25
15
18
Ra 12.5
5
150
190
A
A
R20
155
200
技术要求
1. 不得有气孔、砂眼、缩孔等。
2. 未注圆角R3。
比例
材料
HT200
制图
(姓名)
(日期)
设计
描图
审核
座体
质量
共 张
第 张

图 2-1-84　座体零件图

分布情况、连接板的形状、肋板的厚度、底板上沉孔和通槽的形状。底板的形状和安装孔的位置则通过 A 向局部视图表示。

二、箱体类零件的尺寸标注

箱体类零件通常以底面为高度方向的主要尺寸基准，如图 2-1-84 中直接注出的中心高“115”、底板厚度“15”等尺寸均从座体底面注起。长度和宽度方向通常以重要端面或对称面为主要尺寸基准，如图 2-1-84 的主视图，从圆筒的左、右端面出发，直接注出轴孔的长度尺寸“40”。左视图中的“150”、“190”是以座体前后对称面为基准标注的，其中“150”是安装孔宽度方向的定位尺寸。

三、箱体类零件的技术要求

箱体类零件通常通过底板安装在机器或部件上，因此其底面的表面结构要求较高，如图 2-1-84 中座体底面的 Ra 为 12.5μm。另外箱体上的支承孔与所支承的零件间是配合关系，无论是尺寸精度或表面结构要求都很高，如座体两端的轴孔与轴承形成过渡配合，公差带代号为 K7，其表面结构要求 Ra 为 1.6μm。圆筒左右两端面在装配时与端盖接触，具有较高的表面结构要求，Ra 为 6.3μm。

项目实施

本节的主要内容是通过读 2-1-1 所示齿轮油泵装配图，选择适当的表达方法绘制泵体 9 的零件图并标注尺寸和技术要求。

分析：齿轮油泵中泵体属于箱体类零件，主要作用是支承一对齿轮，并通过底板上的安装孔将油泵固定在机床上。该零件的结构形状比较复杂，首先按工作位置选择主视图的安放位置。泵体的形体特征和腔体结构可通过全剖的主视图表达，泵体左端和进、出油口的形状可通过局部剖视的左视图表达，泵体左端形状可采用右视图表达，底板的外形和未表达清楚的螺纹孔可采用俯视图表达，考虑到图纸幅面，对称的俯视图可按局部视图绘制，即只画一半，并在对称线的两端画出对称符号。

箱体类零件结构复杂，加工工序较多，因此在标注尺寸时，应注意在满足设计要求的前提下尽量满足工艺要求。根据泵体的结构和加工工艺，以泵体底面为高度方向的主要尺寸基准，直接注出性能尺寸“65”，高度方向的定位尺寸“85”等，长度方向以泵体的左端面（与泵盖的接触面）为主要尺寸基准，直接注出“15”（进、出油孔的定位尺寸）、“30”、“40”、“55”、“65”、“80”等尺寸。以泵体的左右对称平面为宽度方向的主要尺寸基准，注出“60”、“90”（安装孔的定位尺寸）、“120”等尺寸。注意箱体类零件结构复杂，尺寸数量多，应在形体分析的基础上按部分进行标注，直至注全所有的定位和定形尺寸。

在选择表面粗糙度和尺寸公差等技术要求时，应充分考虑泵体在油泵中的作用及其与泵盖、齿轮轴等相邻零件的装配关系。泵体左端面与泵盖接触，其表面结构要求较高，Ra 为 3.2μm，泵体内的轴孔与齿轮轴采用间隙配合，孔的尺寸公差要求很高，公差带代号为 H7，其表面结构要求 Ra 为 0.8μm，泵体底面是安装面，其表面结构要求 Ra 为 12.5μm。

作图步骤：

① 根据泵体的实际大小确定作图比例，选择所需图纸大小；

② 在图纸上画图框、标题栏和图形；

③ 绘制图形；

④ 标注尺寸和技术要求；

⑤ 填写标题栏。

绘图结果如图 2-1-85 所示。

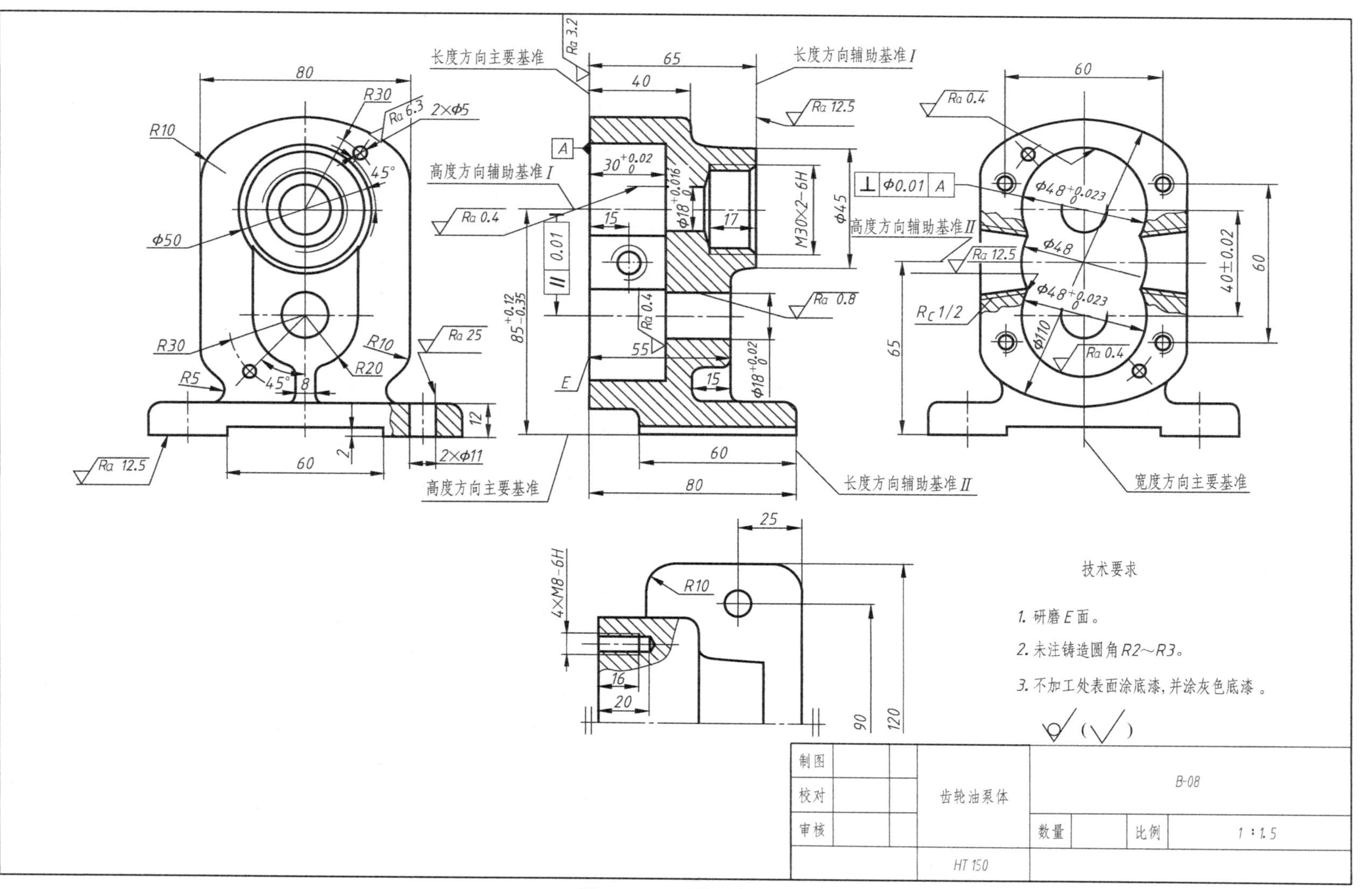

长度方向主要基准
长度方向辅助基准I
高度方向辅助基准I
高度方向辅助基准II
高度方向主要基准
长度方向辅助基准II
宽度方向主要基准
技术要求
1. 研磨E面。
2. 未注铸造圆角R2~R3。
3. 不加工处表面涂底漆，并涂灰色底漆 。
制图
校对
审核
齿轮油泵体
B-08
数量
比例
1 : 1.5
HT 150

图 2-1-85　泵体零件图

项目2　识读与绘制建筑工程图样

将一栋拟建房屋的总体布局、内外形状、平面布置、建筑构造及内外装修等内容，按照“国家标准”的规定，用正投影法详细准确画出的图样，称为房屋建筑图。房屋建筑图是指导施工的主要依据，所以又称为建筑施工图。房屋建筑图一般有平面图、立面图、剖面图和构造详图等。本项目结合某二层住宅楼，介绍建筑工程图样的绘制方法。

项目2.1　绘制建筑平面图

项目描述

某住宅为二层建筑，局部一层，试绘制底层平面图和二层平面图（图2-2-1～图2-2-3）。

项目分析

该建筑局部一层，即④～⑤轴线间为一层，二层平面图 *A* 轴线②～④之间下部为雨篷，雨篷立面形状可参考东立面图。

相关知识

建筑平面图就是假想用一水平剖切平面沿门、窗洞的位置将房屋剖开，然后移去剖切平面和它以上部分，将剩余部分从上向下投射，在水平投影面上得到的图样称为建筑平面图，简称平面图。建筑平面图实际上是一个房屋的水平全剖视图。

建筑平面图主要表示建筑物的平面形状、内部分隔、房间、走廊、楼梯、台阶、门窗、阳台的水平布置情况。多层建筑物平面图分层绘制，相同的楼层平面图可以只绘制一个，统称为标准层平面图。

一、建筑平面图的比例

由于建筑物的形状较大，因此，常用较小的比例绘制建筑平面图。建筑平面图一般采用1∶100的比例绘制，但个别的也可采用1∶50或1∶200。

根据确定的比例和图面的大小选用适当的图幅，制图前还应考虑图面布置的匀称，并留出注写尺寸、代号等的位置。

二、定位轴线

在房屋建筑图中，用来确定房屋基础、墙、柱和梁等承重构件的相对位置，并带有编号的轴线称为定位轴线，见图2-2-4。定位轴线要用细点画线画出，端部还要画上直径为8mm的细实线圆，并在圆内写上数字或字母编号。横向轴线编号用阿拉伯数字表示，如①、②、③等，纵向轴线用大写字母表示，如Ⓐ、Ⓑ、Ⓒ等，其中I、O、Z三个字母不用，以免与数字1、0及2混淆。对于前后、左右不对称的图形，应在四面标注定位轴线。若对称，则在左方和下方标注。

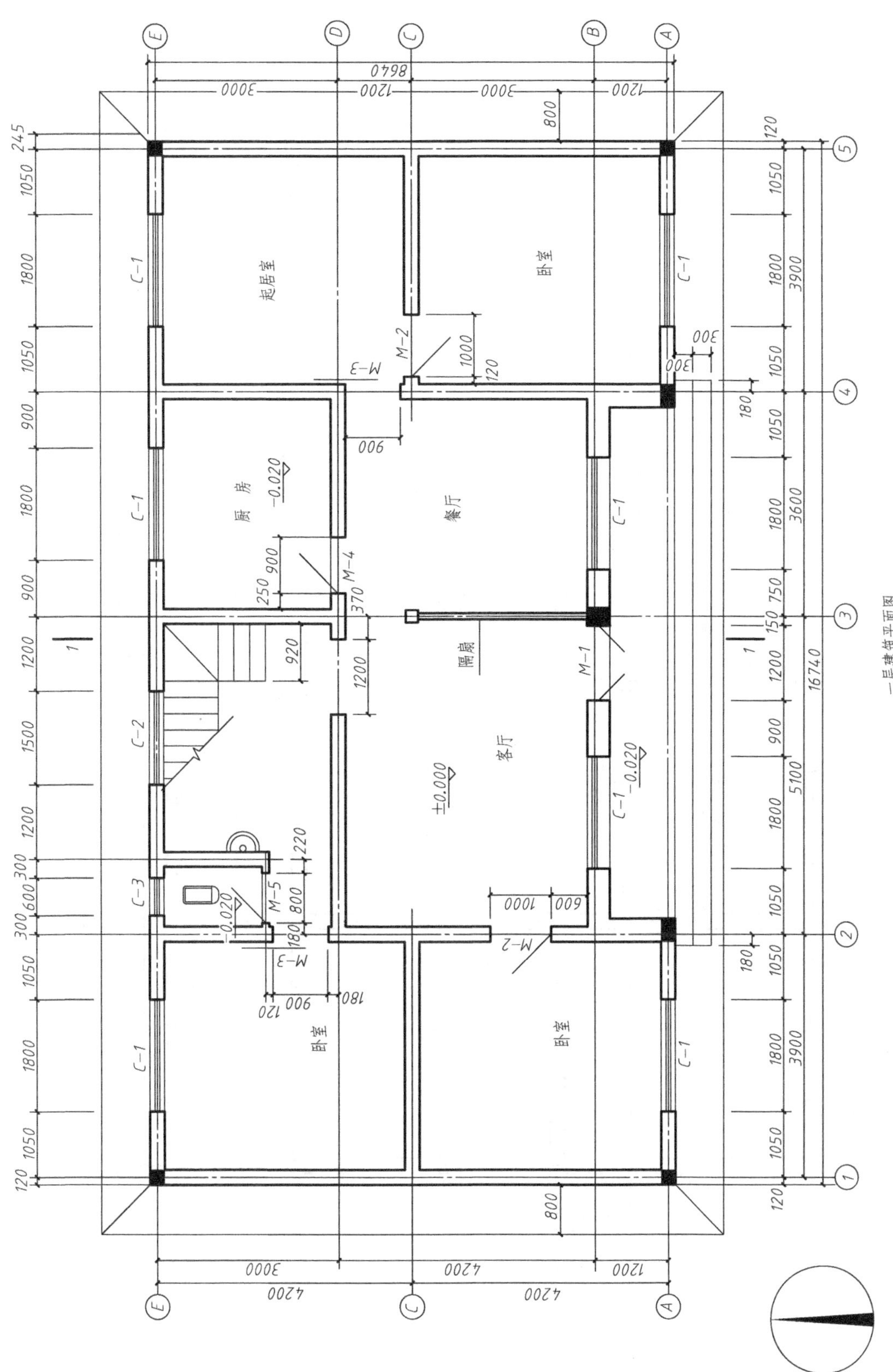

图 2-2-1　底层建筑平面图

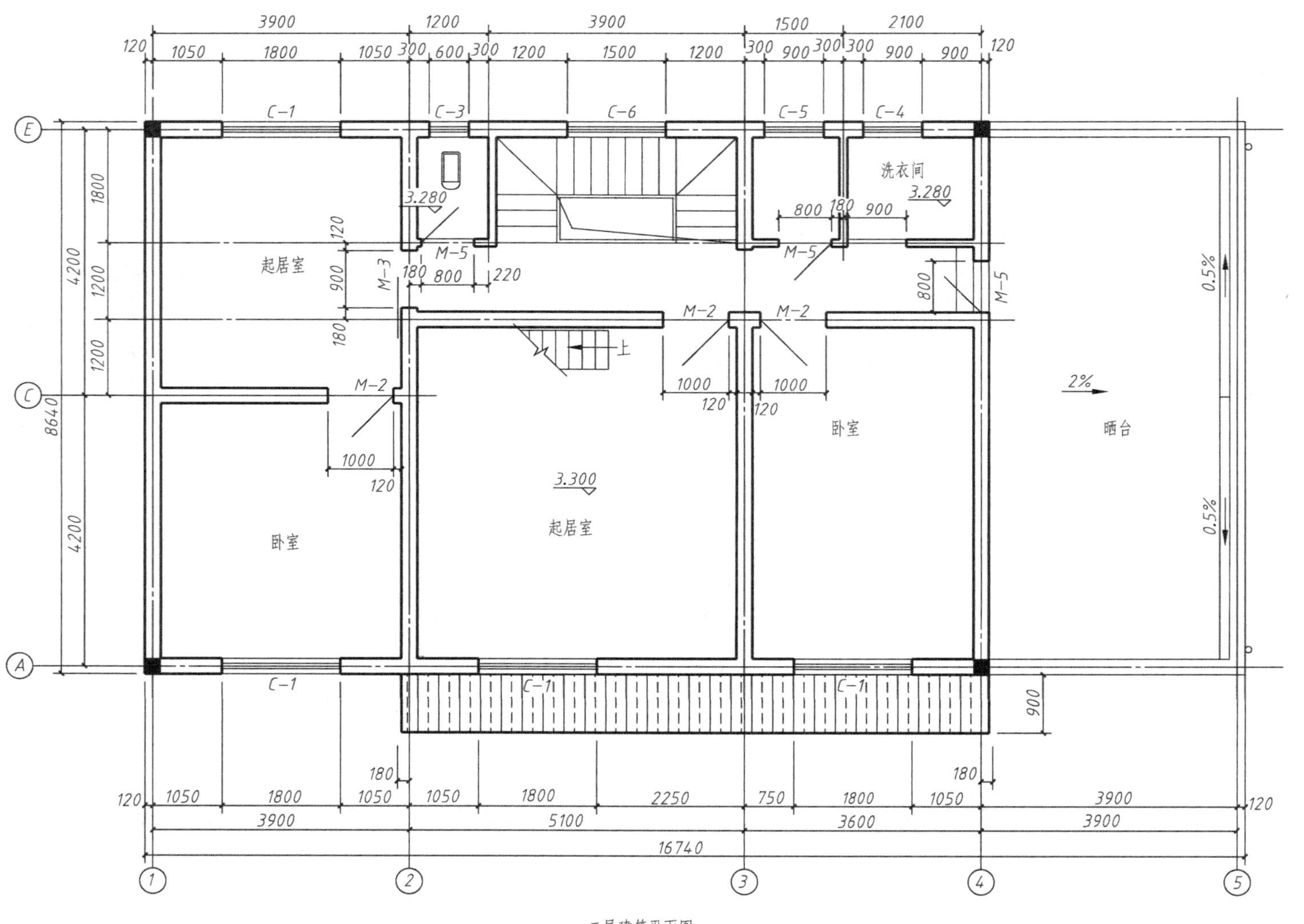

图 2-2-2 二层建筑平面图

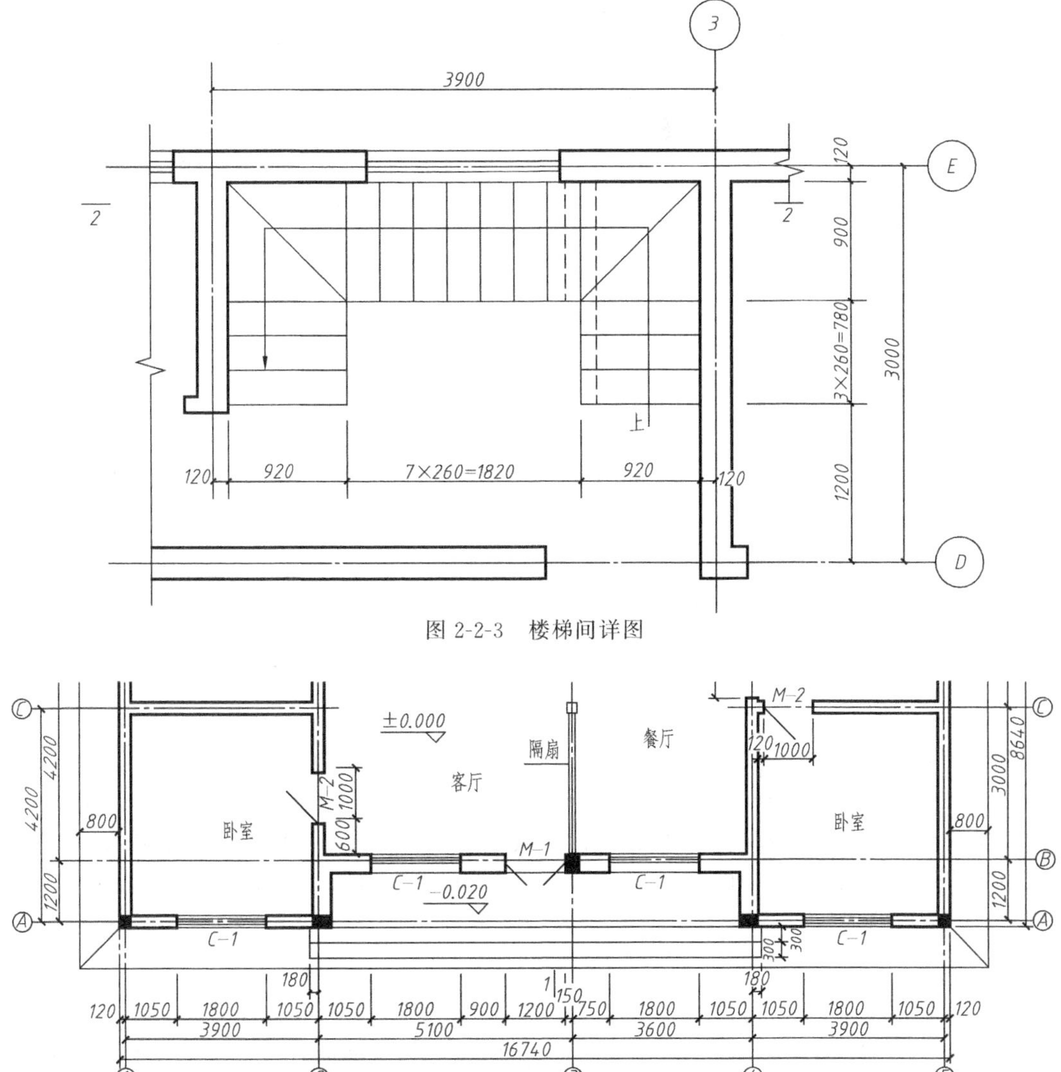

图 2-2-3　楼梯间详图

图 2-2-4　定位轴线与编号

三、图线

由于在平面图上要表示的内容较多，为了分清主次和增加图面效果，常选用不同的线宽和线型来表达不同的内容。在《房屋建筑制图统一标准》（GB/T 5001—2010）中规定，凡是被剖到的主要建筑构造，如承重墙、柱等断面轮廓线用粗实线绘制（墙、柱断面轮廓线不包括抹灰层厚度）。被剖切到的次要建筑构造以及未被剖切到但可见的配件轮廓线，如窗台、阳台、台阶、楼梯、门的开启方向和散水等均用中实线绘制。尺寸线、尺寸界线、箭头尾线、折断线等均用细线绘制，绘制较简单的图样时，可采用两种线宽的线宽组，其线宽比为 $b:0.25b$，即被剖切到的线用粗实线绘制，其余均用细线绘制。

四、门窗编号

由于建筑平面图一般采用较小比例绘制，门窗无法在平面图中表达清楚，所以“国家标准”规定门窗均用图例符号表示。常用门窗洞口图例见表 2-2-1。

表 2-2-1 常用门窗洞口图例

名 称	图 例	名 称	图 例
孔、洞		坑、槽	
窗		空门洞	
单扇门		楼板及梁	
双扇门		楼梯	底层 上 中间层 上 下 顶层 下
素土地面			
混凝土地面			
碎石地面			
钢筋混凝土			

在建筑平面图中，门窗图例旁应标出门窗代号。不同材质、不同形状、不同大小的门窗应编不同的号。如图 2-2-1 中的“M-1”、“M-2”、“M-3”、“C-1”、“C-2”等。其中 M 是门的代号，C 是窗的代号。

五、平面尺寸

平面图尺寸分外部尺寸和内部尺寸两部分。

(1) 外部尺寸 为了便于看图和施工，需在外墙外侧沿横向、竖向分别标注三道尺寸。第一道尺寸称为细部尺寸。这道尺寸离外墙线最近，它是门窗洞及洞间墙的尺寸。标注时尺寸线到图形轮廓线的距离不宜小于 10mm。第二道尺寸称为定位尺寸，表示轴线之间的距离。它标注在各轴线之间，说明房间的开间及进深的尺寸。第三道尺寸称为总尺寸。它是从建筑物一端外墙皮到另一端外墙皮的总长和总宽尺寸，三道尺寸线间的距离宜为 10mm。

当平面图的上下或左右的外部尺寸相同时，只需要标注左侧尺寸与下方尺寸就可以了；否则，平面图的上下与左右均应标注尺寸。

(2) 内部尺寸 内部尺寸是指外墙以内的全部尺寸，它主要用于注明内墙门窗的位置及其宽度、墙体厚度、房间大小、卫生器具等固定设备的位置及大小。

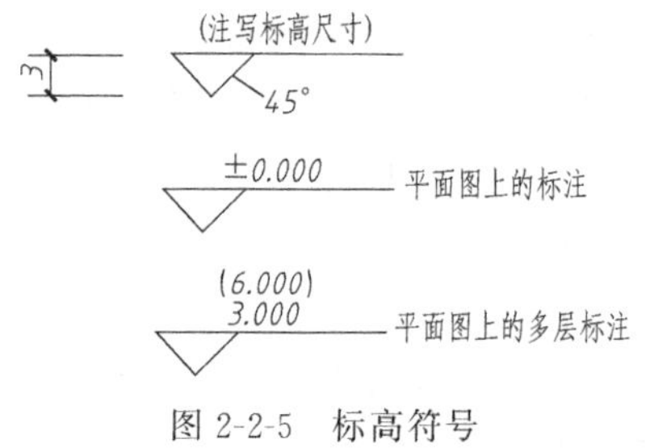

图 2-2-5 标高符号

六、室内外地面和楼面标高

在建筑平、立、剖面图上，常用标高符号表示某一部位的高度，见图 2-2-5。标高符号以细实线绘制，标高数值以米（m）为单位，一般注至小数点后三位。标高数字表示其完成面的数值。建筑平面图中应标注楼面、地面、阳台、台阶、楼梯休息平台等处的相对标高（底层室内地面定为±0.000）。

七、指北针

在底层平面图上，一般要绘制指北针符号，用以指明建筑物的朝向，见图 2-2-6。指北针用细实线圆绘制，直径宜为 24mm。指针尖为北向，指针尾部宽度宜为 3mm。需用较大直径绘制指北针时，指针尾部宽度宜为直径的 1/8。

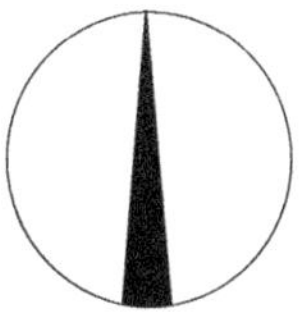

图 2-2-6　指北针

八、注写有关的符号及文字

在平面图上应注写各房间的名称，表明房间的功能。在需画详图的部位还应注出详图索引符号。建筑剖面图的剖切符号也应标注在底层平面图上。用图形表示不清楚的内容，可以用文字加以说明。

九、图名

建筑平面图画完以后，应在平面图的下方注写图名和比例，见图 2-2-1。

项目实施

平面图的绘制步骤如下（以一层平面图为例）。

① 选择图幅和绘图比例（1∶100，A3）。

② 画定位轴线，如图 2-2-7 所示。

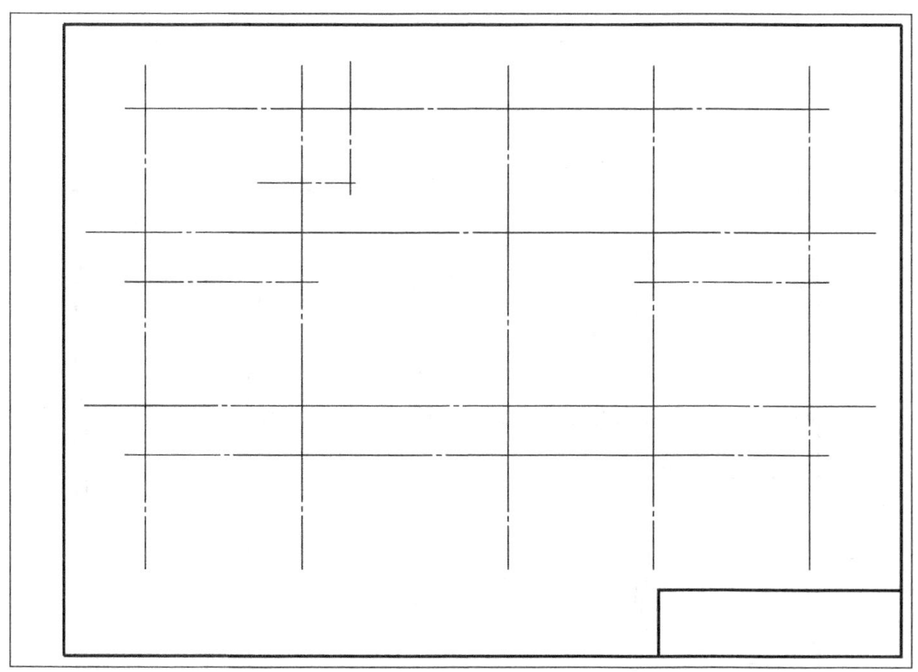

图 2-2-7　绘制定位轴线

③ 画墙轮廓线，如图 2-2-8 所示。

④ 开门窗洞，如图 2-2-9 所示。

⑤ 画门窗，如图 2-2-10 所示。

⑥ 画其他细部，如图 2-2-11 所示，凡绘制平面图时所剖切到以及所见到的各部分，均需一一绘出，如踏步、楼梯、卫生设备、平台、散水、花池等。

⑦ 标注尺寸及注写文字，如图 2-2-12 所示。

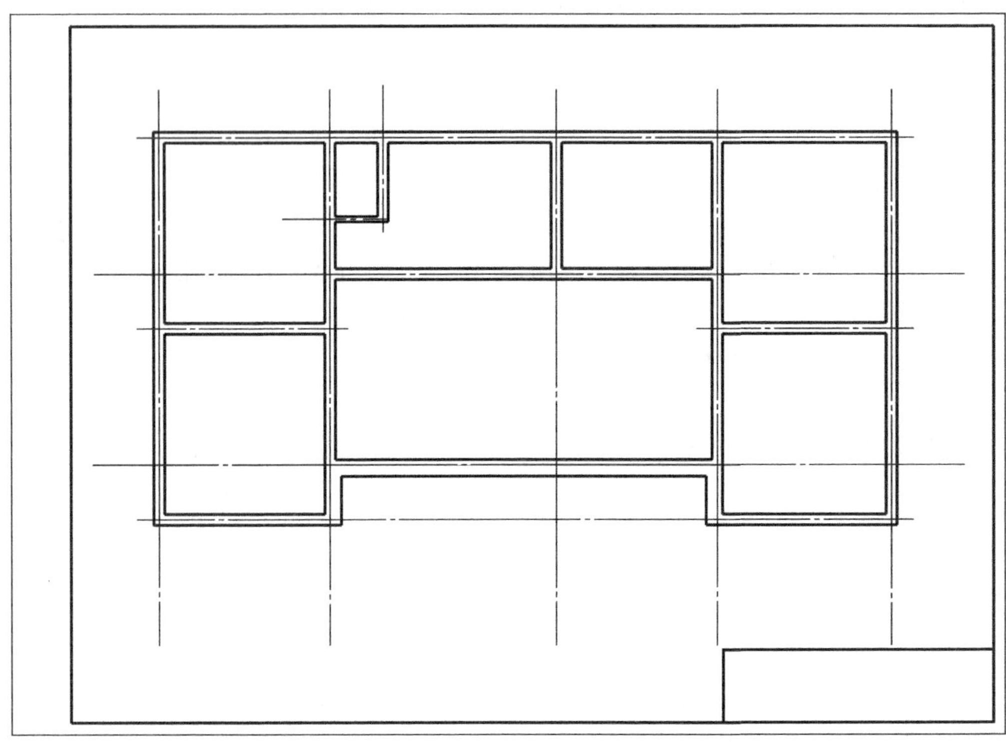

图 2-2-8 绘制墙轮廓线

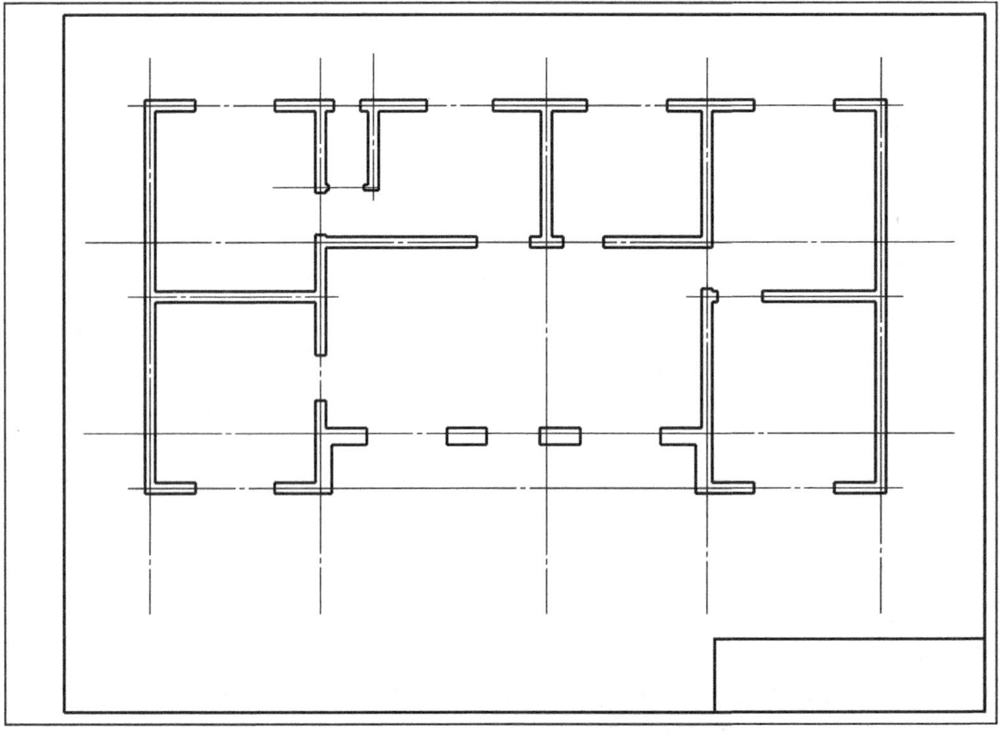

图 2-2-9 开门窗洞

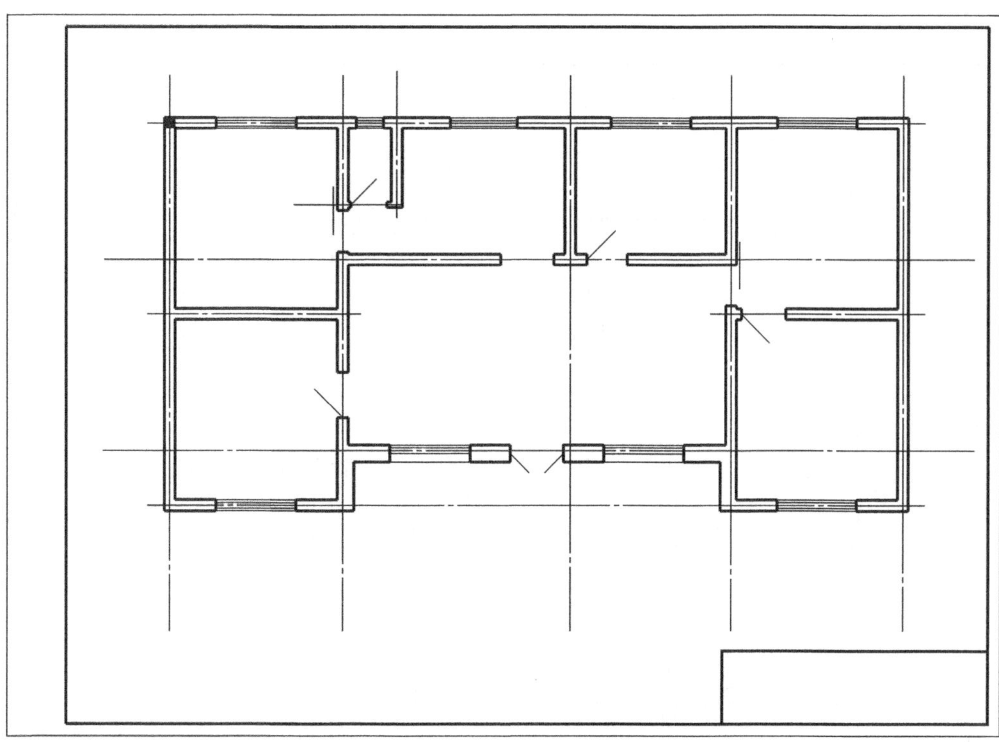

图 2-2-10　绘门窗

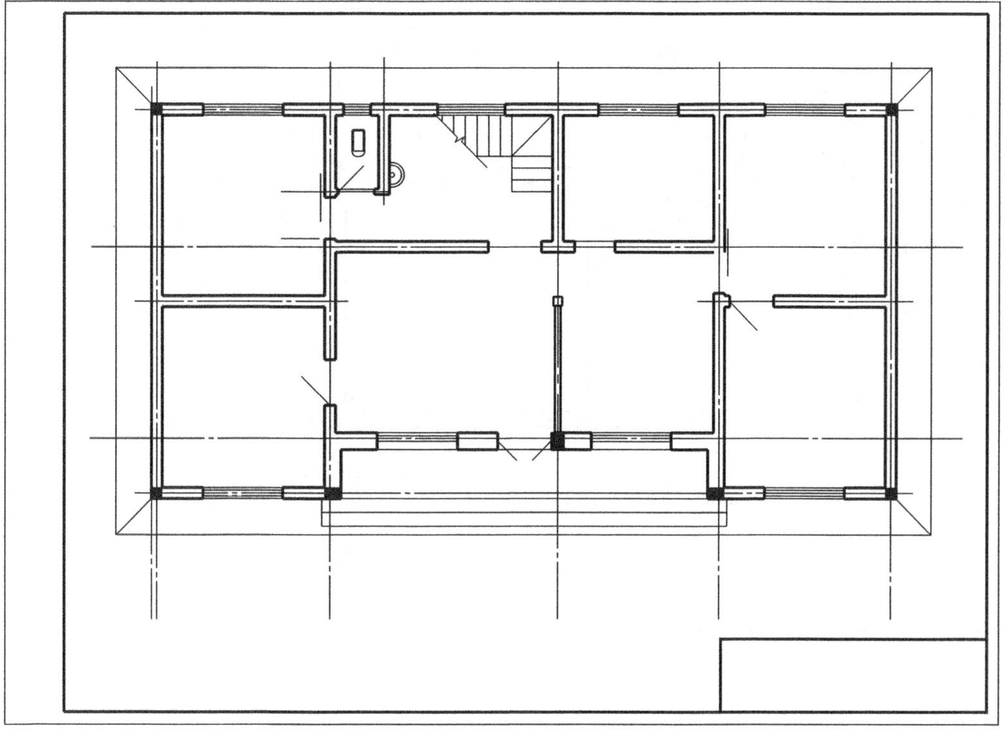

图 2-2-11　绘制其他细部

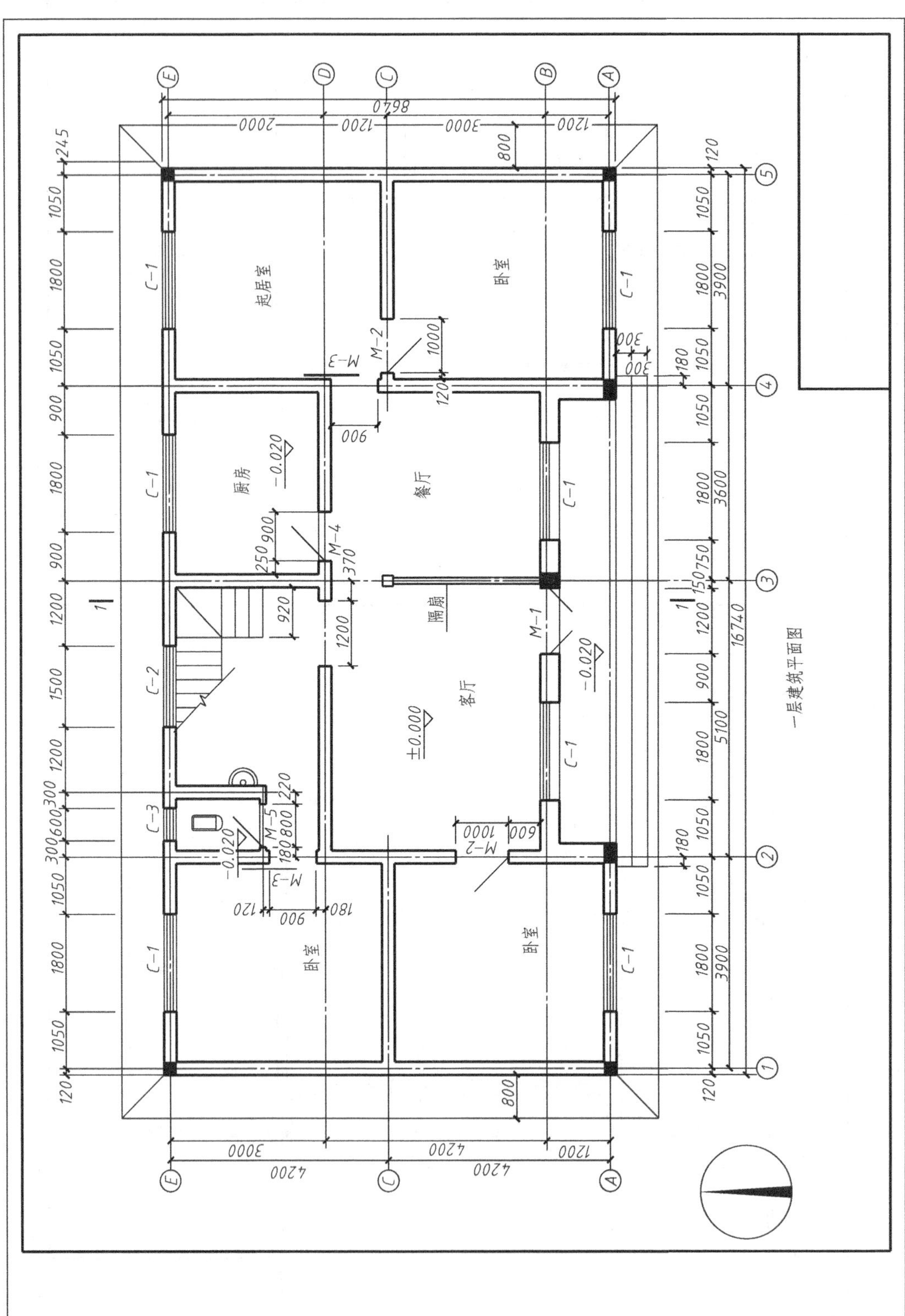

图 2-2-12 尺寸标注及文字注写

项目 2.2　绘制建筑立面图

项目描述

某住宅为二层建筑，局部一层，试绘制东、南、北立面图（图 2-2-13～图 2-2-15）。

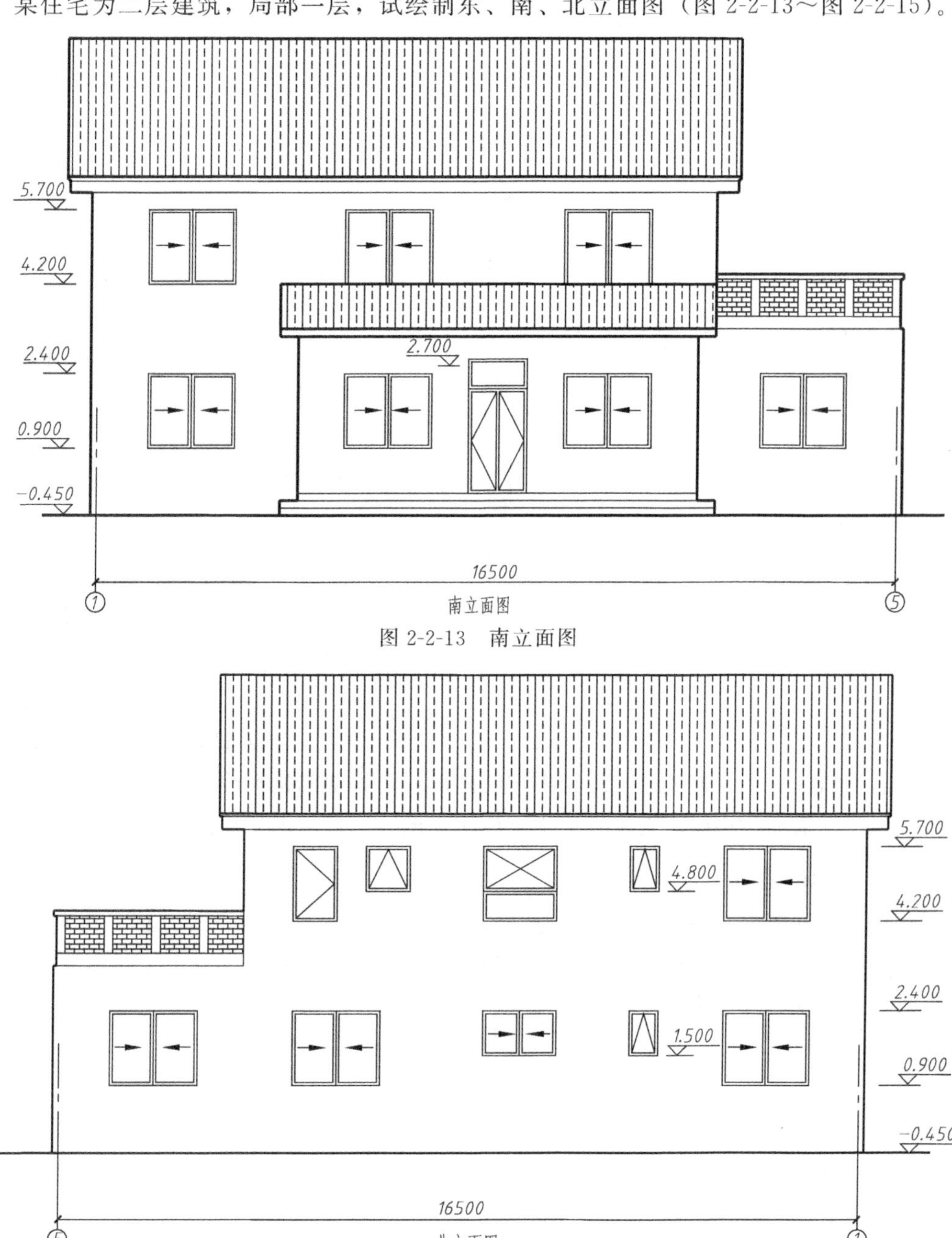

图 2-2-13　南立面图

图 2-2-14　北立面图

项目分析

立面图尺寸较少，很多尺寸在平面图上。所以，在绘制立面图时，要结合平面图确定门窗位置、檐口高度等。

相关知识

将房屋立面向与之平行的投影面上投射，所得到的正投影图称为建筑立面图。建筑立面图主要表达房屋的外部形状、房屋的层数和高度、门窗的形状和高度、外墙面的装修做法及所用材料等。

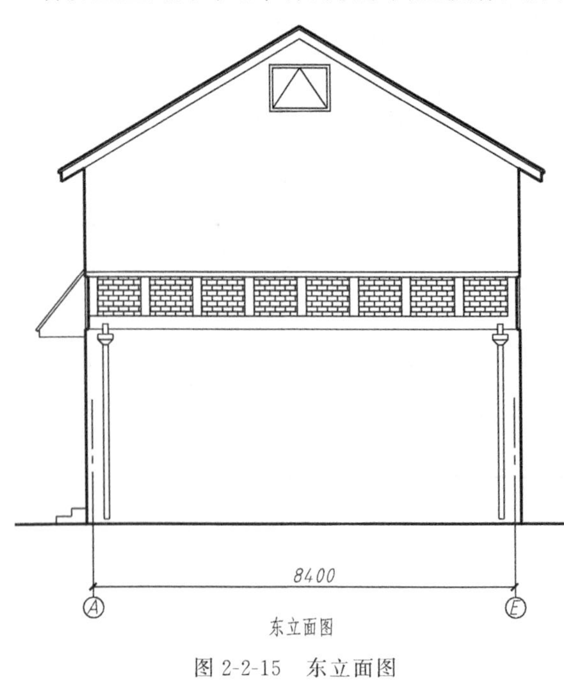

图 2-2-15 东立面图

一、立面图的命名

房屋前后、左右立面形状不同时，应画出每个方向的立面图。立面图常按房屋两端定位轴线编号命名：如①—⑤立面图、⑤—①立面图等；或者按房屋的朝向命名，如南立面图、北立面图、东立面图和西立面图。

二、立面图的图线

为了使立面图中的主次轮廓线层次分明，增强图面效果，应采用不同线型。具体要求为：室外地面用特粗线（1.4b）表示；立面外包轮廓线用粗实线绘制；门窗洞口、台阶、花台、阳台、雨篷、檐口、烟道、通风道等均用中实线画出；某些细部轮廓线，如门窗格子、阳台栏杆、装饰线脚、墙面分格线、雨水管和文字说明引出线等均用细实线画出。

三、立面图的尺寸

立面图中应注出外墙各主要部位的标高及高度方向的尺寸，如室外地面、台阶、窗台、门窗上下口、阳台、雨篷、檐口、屋顶、烟道、通风道等处的标高，对于外墙预留洞，除注出标高外，还应注明其定形尺寸和定位尺寸。

项目实施

建筑立面图的绘图步骤（以南立面图为例）如下。

① 选择图幅和绘图比例：1∶100，A3。

② 绘制定位轴线，如图 2-2-16 所示。

③ 绘室外地坪线、外墙轮廓和门窗洞口，如图 2-2-17 所示。

④ 绘屋面、雨篷、阳台、台阶等细部，如图 2-2-18 所示。

⑤ 标注标高、注写文字和索引符号等，并按规定加深图线，完成全图，如图 2-2-19 所示。

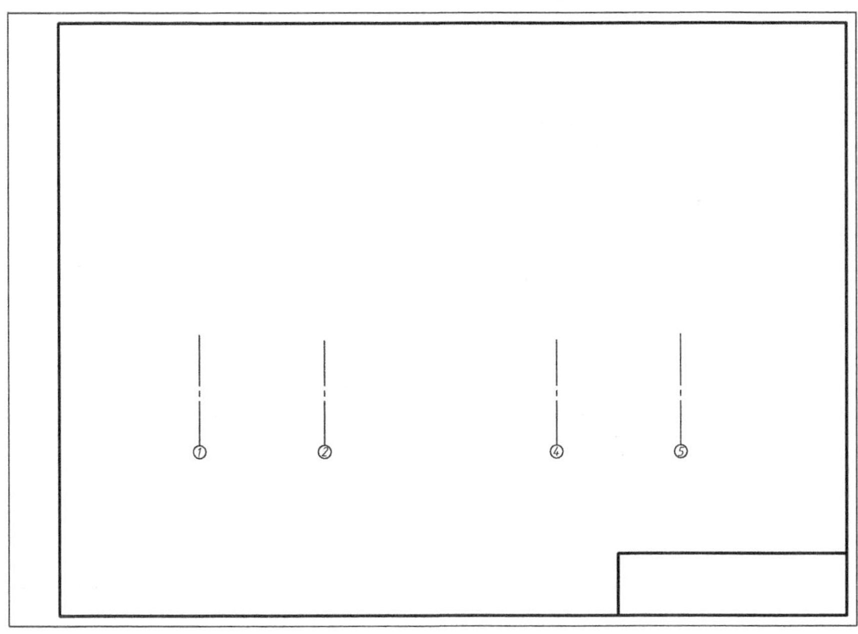

图 2-2-16 定位轴线绘制

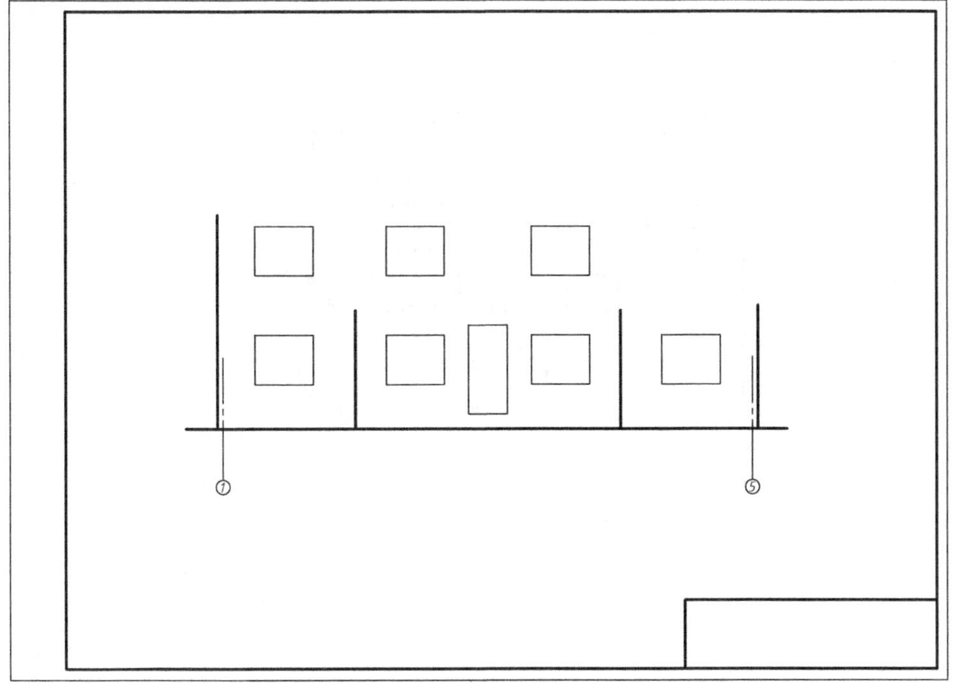

图 2-2-17 室外地坪、外墙轮廓、门窗洞口绘制

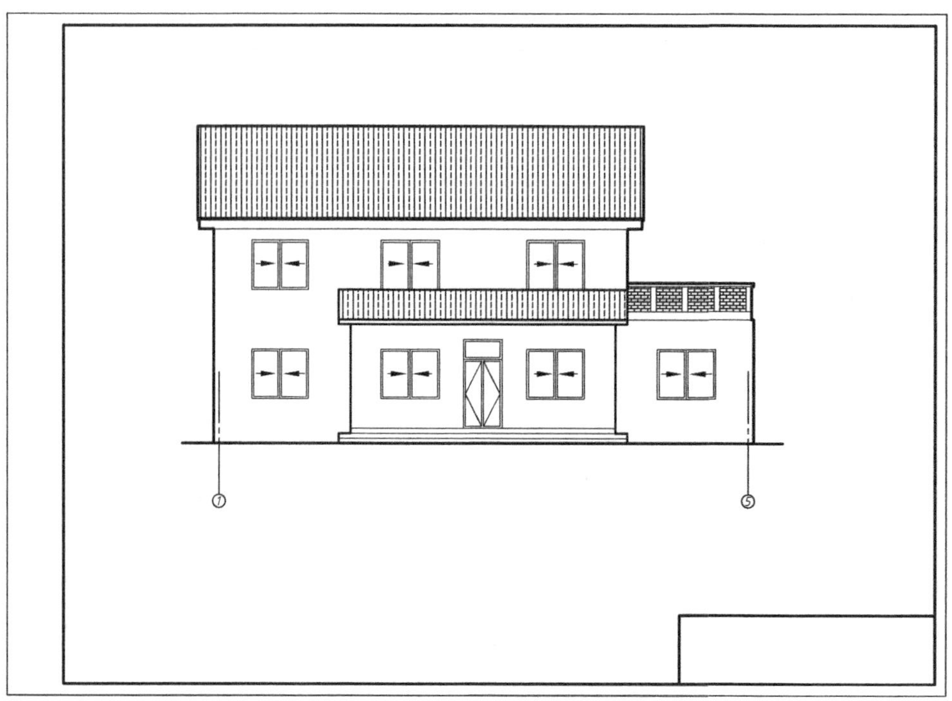

图 2-2-18 屋面、雨篷、阳台等细部绘制

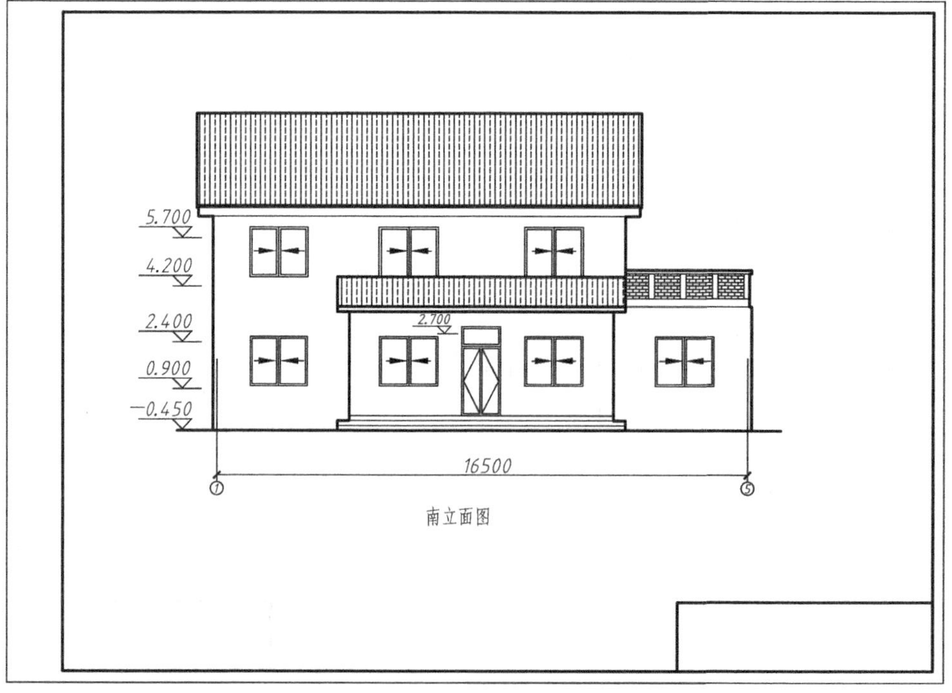

图 2-2-19 尺寸及文字注写

项目 2.3　绘制建筑剖面图

项目描述

绘制某二层住宅 1—1 和 2—2 剖面图（图 2-2-20、图 2-2-21）。

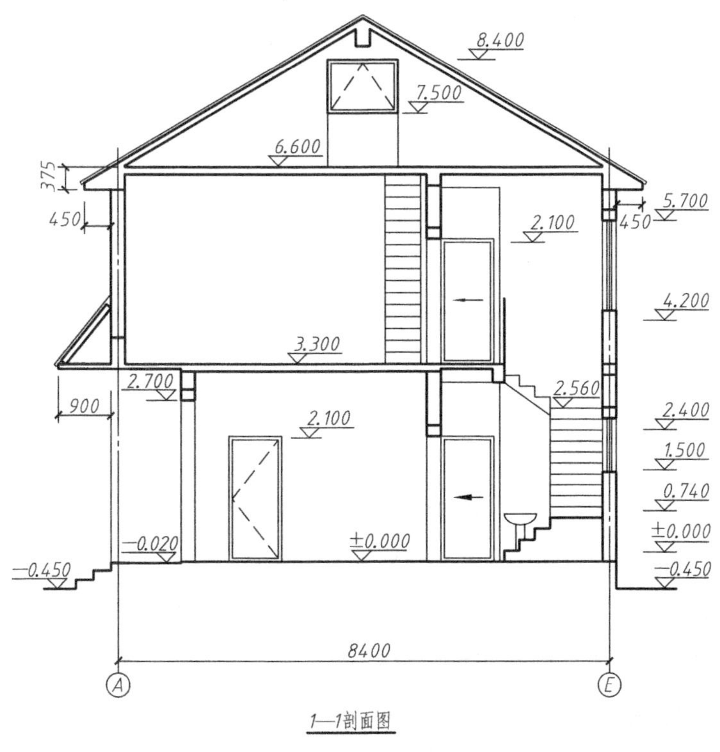

图 2-2-20　1—1 剖面图

项目分析

绘制剖视图时要明确剖切位置，1—1 剖切位置见底层平面图，2—2 剖切位置见底层楼梯详图。

相关知识

假想用一个或两个铅垂的剖切平面把房屋垂直切开，移去构造简单的一半，将剩余部分向投影面投射，所得到的剖视图称为建筑剖面图。通常是将房屋横向剖开，必要时也可将房屋纵向剖开。剖切面选择在能显露出房屋内部结构和构造比较复杂、有变化、有代表性的部位，并应通过门窗洞口的位置。若为多层房屋，剖切面应选择在楼梯间和主要入口。当一个剖切平面不能同时剖到这些部位时，可转折成两个平行的剖切平面进行剖切。

一、剖面图的作用及命名

建筑剖面图主要用于反映房屋内部在高度方面的情况，如屋顶的形式、楼房的层次、房

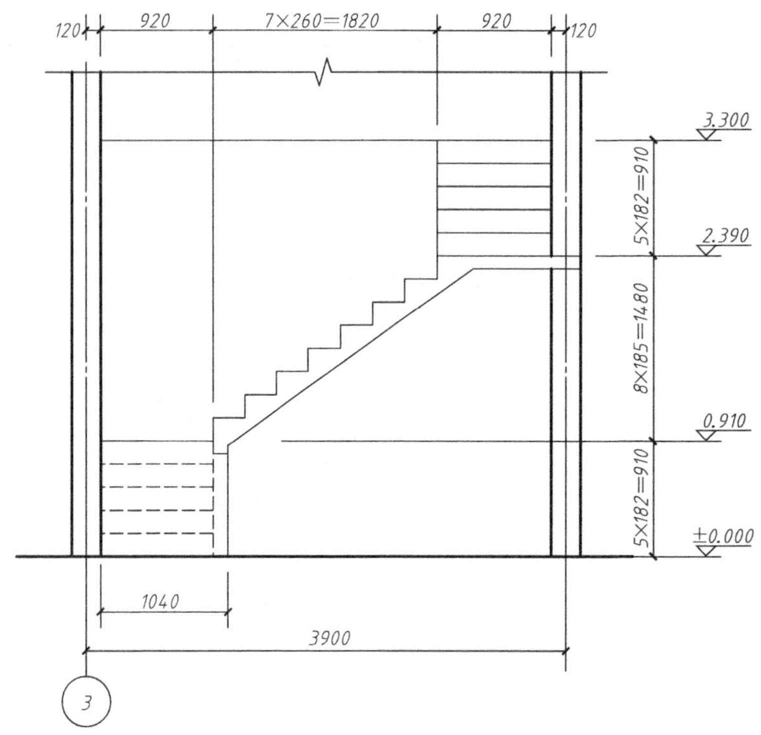

图 2-2-21　2—2 剖面图

间和门窗各部分的高度、楼板的厚度等。同时也可以表示出房屋所采用的结构形式。

剖面图命名应与底层平面图剖切符号相对应，如 1—1 剖面图。

二、剖面图的图线

在剖面图中，被剖到的室外地面线用特粗线（1.4*b*）表示，其他被剖到的部位，如散水、墙身、地面、楼梯、圈梁、过梁、雨篷、阳台、顶棚等均用粗实线表示，并填充材料图例符号（表 2-2-2）。在比例小于 1∶50 的剖面图中，钢筋混凝土构件断面允许用涂黑表示。其他未剖到但能看见的建筑构造则按投影关系用细实线画出。

表 2-2-2　常用建筑材料图例

名　称	图　例	名　称	图　例
自然土壤		砂、灰土	
夯实土壤		毛石	
普通砖		金属	
混凝土		木材	

续表

名　称	图　例	名　称	图　例
钢筋混凝土		玻璃	

三、剖面图的尺寸

房屋剖面图主要标注房屋各组成构件的高度尺寸和标高，其次应标注轴线尺寸。

(1) 高度尺寸　房屋剖面图外部尺寸需标注三道尺寸。第一道尺寸，以层高为基准的门窗洞及洞间墙的高度尺寸；第二道尺寸，层高尺寸；第三道尺寸，室外地坪至女儿墙顶之间的总尺寸。房屋剖面图内部应注出室内门窗及墙裙的高度尺寸。

(2) 标高　注出室内外地面、各层楼面、台阶等处的标高。

(3) 轴线尺寸　注出承重墙或柱定位轴线间的距离尺寸。

项目实施

建筑剖面图的绘制步骤如下。

① 选择图幅和绘图比例：1∶100，A3。

② 绘制定位轴线、室内外地坪线，如图 2-2-22 所示。

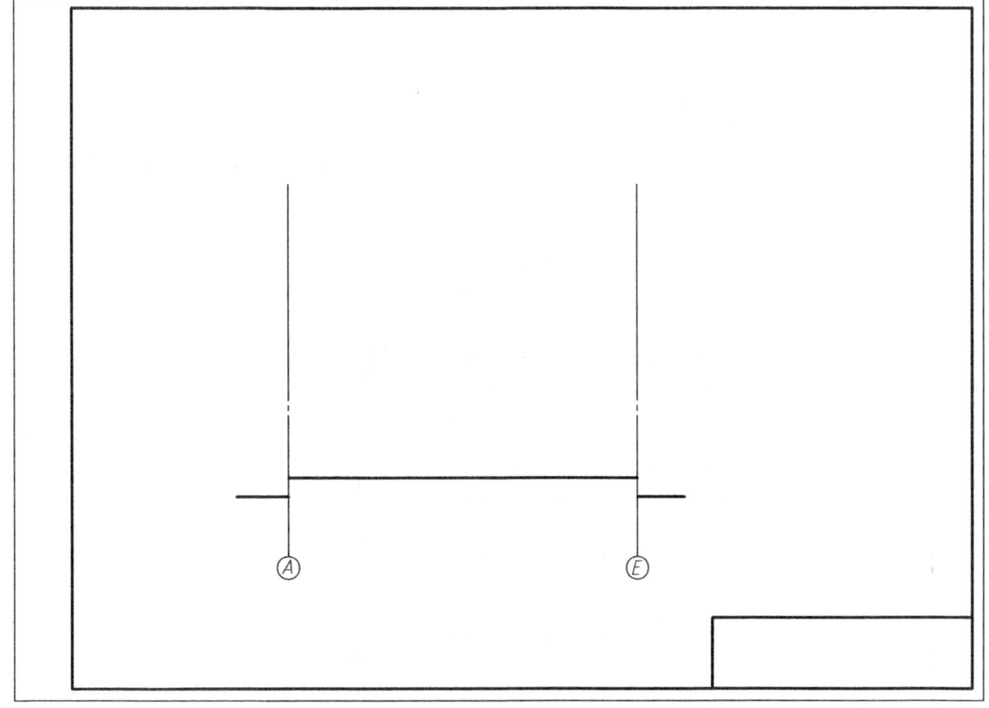

图 2-2-22　绘制轴线和室内外地坪线

③ 定楼板及楼梯休息平台位置，并绘出墙身，如图 2-2-23 所示。

④ 绘门窗、楼梯、楼板、休息平台板、梁等结构，如图 2-2-24 所示。

⑤ 标注标高及高度尺寸、注写有关文字和详图索引符号等，并按规定加深图线，完成全图，如图 2-2-25 所示。

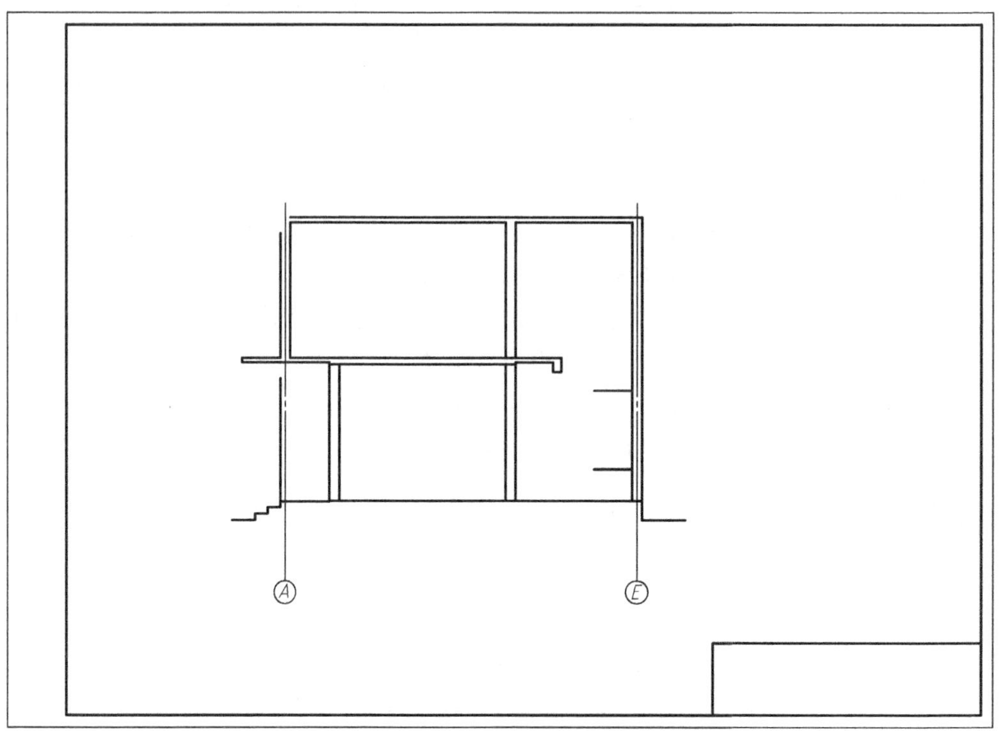

图 2-2-23 绘楼板、墙身和休息平台等

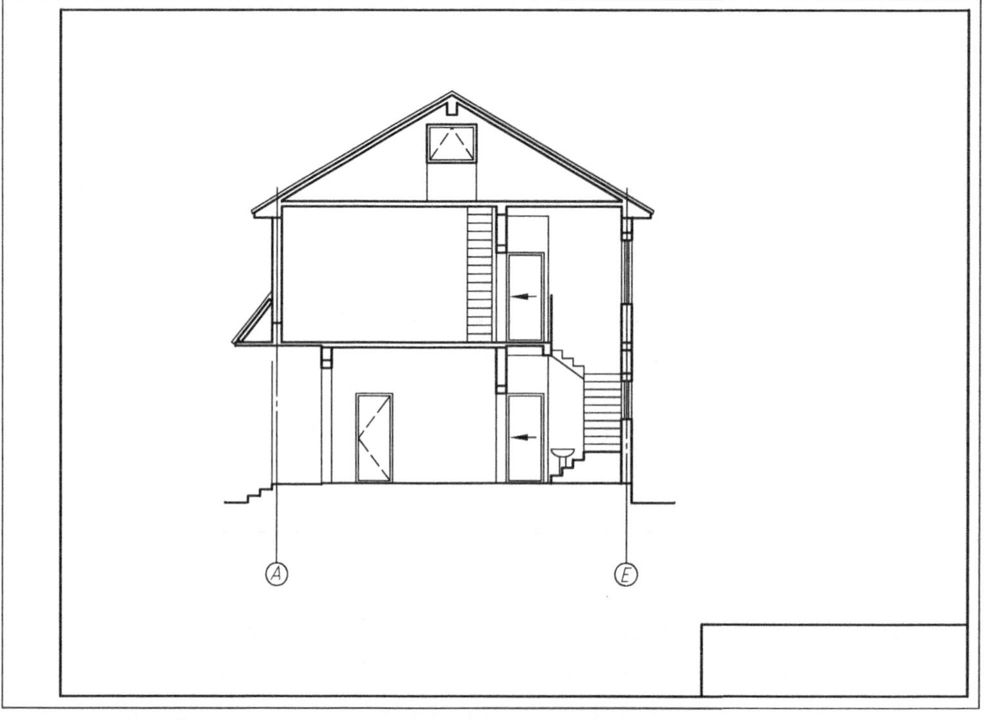

图 2-2-24 绘门窗、楼梯等细部

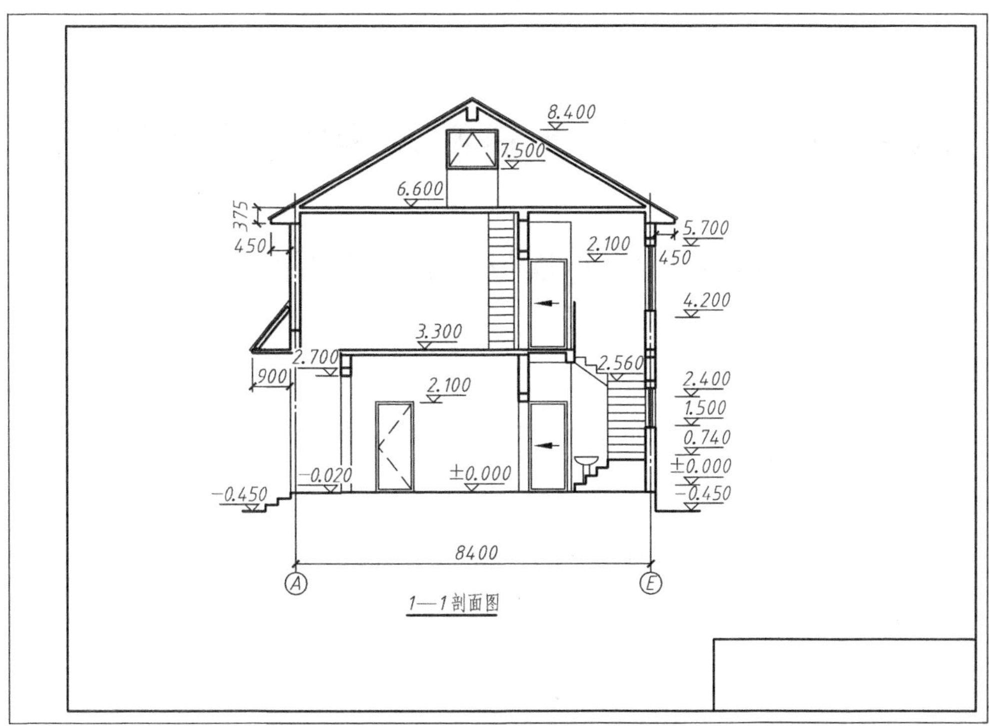

图 2-2-25　尺寸标注及文字注写

项目 3　识读与绘制制冷空调工程图样

项目 3.1　识读与绘制工程管道图

项目描述

根据如图 2-3-1 所示的管道的正面投影和水平投影的单线图，绘制正等轴测图。

项目分析

首先了解工程管道双、单线图的表示方法，掌握管道、阀门双、单线图的画法，管道的平面图、立面图、管道的剖面图的双、单线图的画法，管道轴测图单线图的画法。

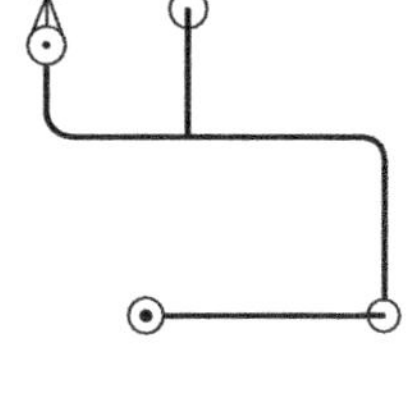

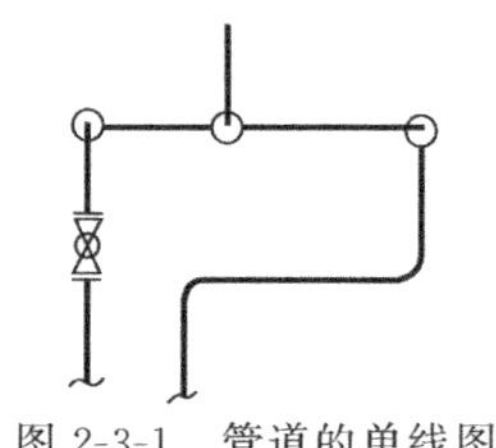

图 2-3-1　管道的单线图

相关知识

一、管道、阀门单、双线图的画法

1. 管道的单、双线图

在圆管的两面投影中，一般省略管子壁厚的虚线，如图 2-3-2 所示，这种用两根线表示管道外形的投影图称为管道的双线图。

在施工图中，通常把管子的壁厚和空心的管腔简化为一条线的投影，这种在图形中用单线表示管子和管件的图样称为单线图，如图 2-3-2（c）所示。用一根直线表示直立圆管的正面投影，其水平投影按投影关系应该积聚为点，此时用一个小圆点外面加一个圆圈表示。

2. 弯头（弯管）的单、双线图

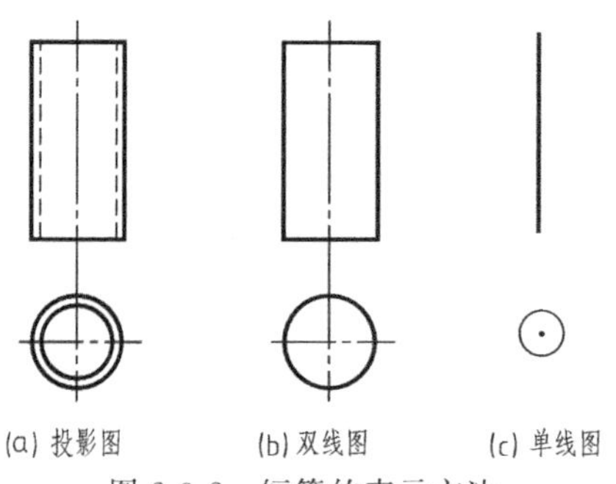

图 2-3-2　短管的表示方法

弯头常见有 90°弯头和 45°弯头两种，图 2-3-3（a）所示为 90°弯头的三面投影图，壁厚相对于管线来说尺寸较小，在绘制管线图中省略壁厚的虚线，因此 90°弯头一般采用图 2-3-3（b）、（c）所示的单、双线画法；而 45°弯头一般采用图 2-3-3（d）、（e）所示的单、双线画法，其中，图 2-3-3（b）所示的 90°弯头双线图中侧面投影的虚线可以省略不画。图 2-3-3（c）所示的 90°弯头的单线图中，水平投影中的立管按管道的单线图画法表示，横管画到小圆圆周上；侧面投影中的横管画成小圆，立管画到小圆的圆心处，表示横管是向里转弯的。另外，弯管是由直管和弯头组成，其直管的画法同图 2-3-2，因此弯管的单、双线画法与弯头的画法相同，如图 2-3-3（b）～（e）所示。

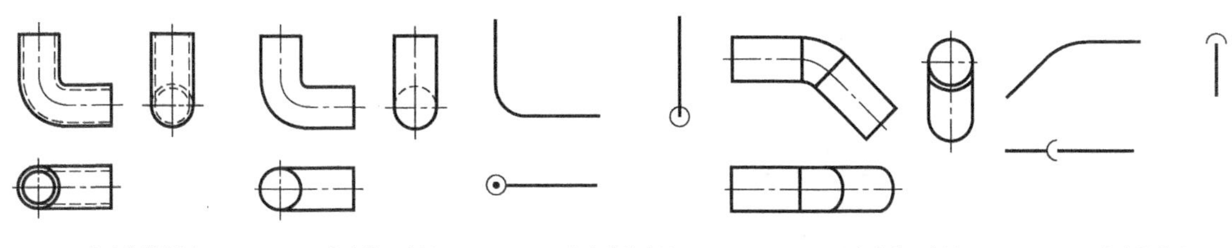

(a) 90°弯头的投影图　(b) 90°弯头的双线图　(c) 90°弯头的单线图　(d) 45°弯头的双线图　(e) 45°弯头的单线图

图 2-3-3　弯头的表示方法

3. 三通的单、双线图

常见的三通主要是同径正三通和异径正三通，其双、单线表示法如图 2-3-4、图 2-3-5 所示，在单线图中，无论同径、异径，其立面形式相同。

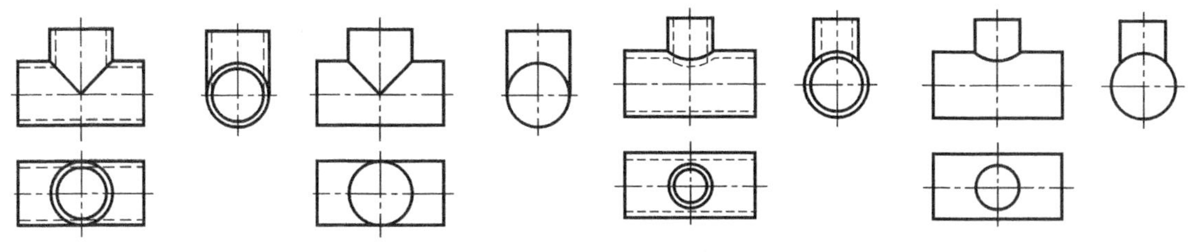

(a) 同径正三通的投影图　(b) 同径正三通的双线图　(c) 异径正三通的投影图　(d) 异径正三通双线图

图 2-3-4　三通的表示方法

4. 四通的单、双线图

图 2-3-6 为同径正四通的单、双线图，在双线图中，其相贯线与两等径正交的圆柱的相贯线相同，为两平面椭圆，其正面投影为两相交直线；在单线图中，同径正四通和异径正四通的表示形式相同。

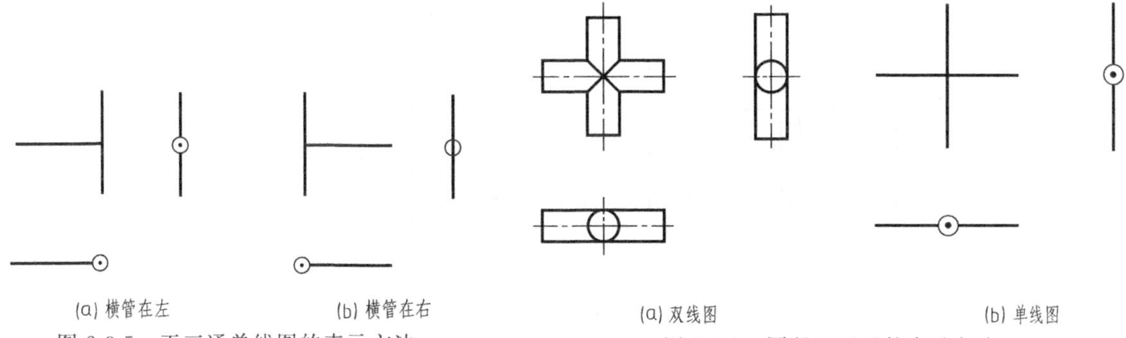

(a) 横管在左　(b) 横管在右

图 2-3-5　正三通单线图的表示方法

(a) 双线图　(b) 单线图

图 2-3-6　同径正四通的表示方法

5. 大小头的单、双线图

大小头在管段中主要起连接作用，其按大小两头圆的圆心是否同心分为同心大小头和偏心大小头。图 2-3-7 为大小头的表示方法。其中，同心大小头在单线图中有两种表示方法，一种画成等腰梯形，一种画成三角形，这两种画法表示的意义相同。

6. 阀门的单、双线图

在实际工程中所用阀门的种类很多，其图样的表现形式也较多，图 2-3-8 所示为在施工中常见阀门的单、双线图。

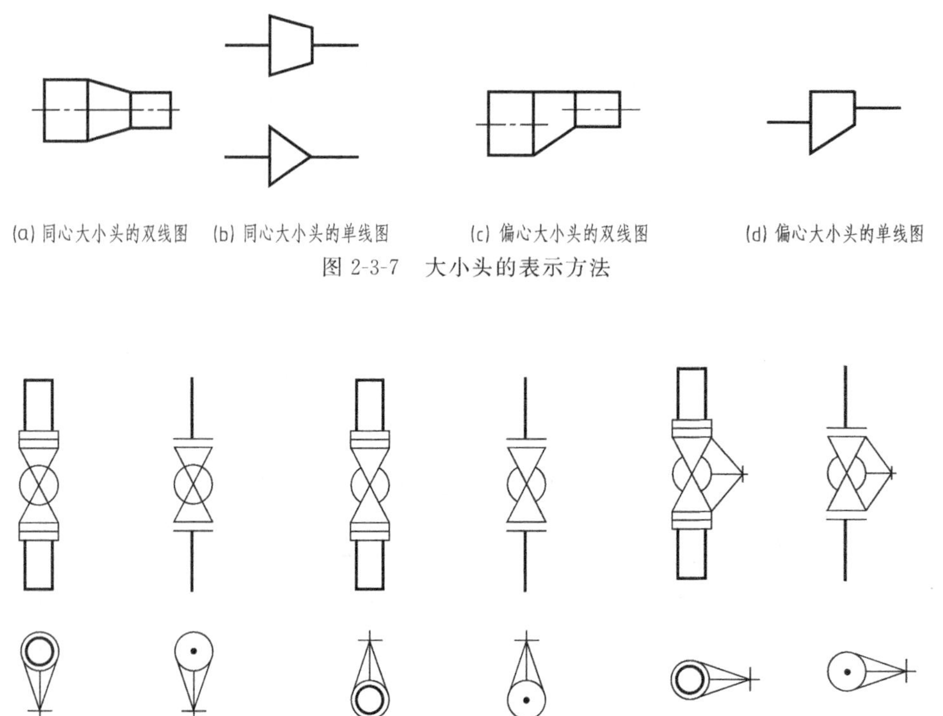

(a) 同心大小头的双线图　(b) 同心大小头的单线图　(c) 偏心大小头的双线图　(d) 偏心大小头的单线图

图 2-3-7　大小头的表示方法

(a) 双线图(阀柄向前)　(b) 单线图(阀柄向前)　(c) 双线图(阀柄向后)　(d) 单线图(阀柄向后)　(e) 双线图(阀柄向右)　(f) 单线图(阀柄向右)

图 2-3-8　阀门的表示法

7. 管道交叉的单、双线图

如图 2-3-9 所示，当管道交叉时，在双、单线图中可见的管道应画实线，不可见的管道采用断开画法表示。

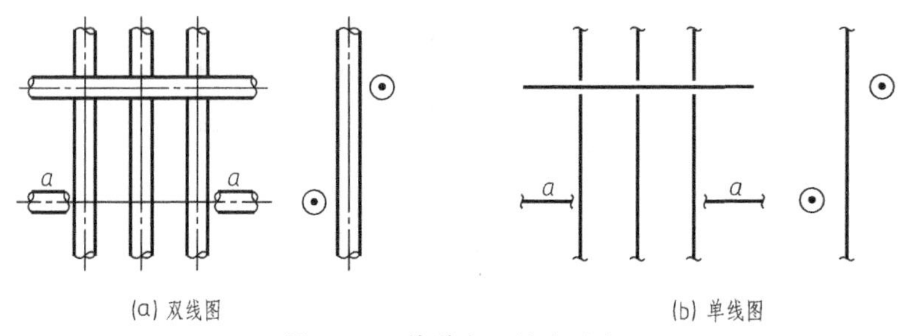

(a) 双线图　　(b) 单线图

图 2-3-9　管道交叉的表示法

二、管道剖面图的表示方法

1. 管道的剖面图

如图 2-3-10 所示，管道剖面图的表达形式，与形体剖面图相同。剖切符号表示了剖切位置与投影方向。

2. 管道间的剖面图

如图 2-3-11 所示，两根或两根以上的管道之间，假想用剖切平面切开，位置、投影方向用剖切符号表示，对剖切符号指示的部分进行投影，这样得到的投影图称为管道间的剖面图。

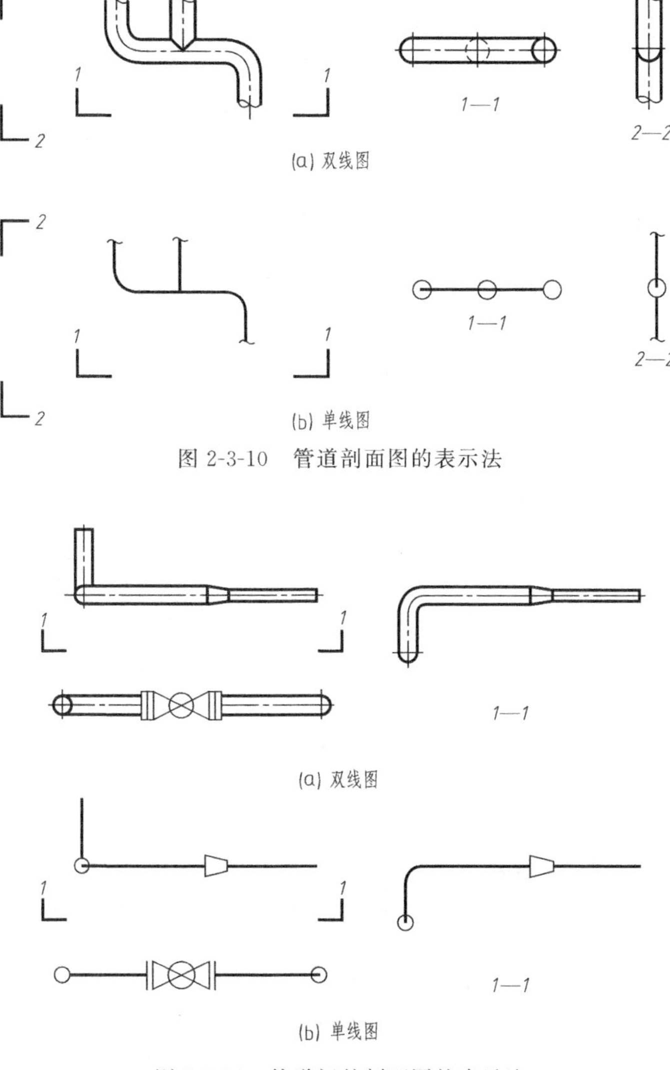

图 2-3-10　管道剖面图的表示法

图 2-3-11　管道间的剖面图的表示法

3. 管道断面的剖面图

如图 2-3-12 所示，假想用垂直于管道轴线的剖切平面将管道切开，位置、投影方向用剖切符号表示，对剖切符号指示的部分进行投影，这样得到的投影图称为管道断面的剖面图。

4. 管道间的阶梯剖面图

如图 2-3-13 所示，假想用两个或两个以上相互平行的剖切平面将管道切开，按剖切符号指示的位置、方向进行投影，这样得到的投影图称为管道间的阶梯剖面图。

项目实施

画管道的轴测图，其画图原则与画组合体轴测图相同。画图时，沿轴测轴方向量画，由于正等测的简化轴向变化率为 1，其长度沿轴向根据投影图上的每段实际长度直接量取即可。

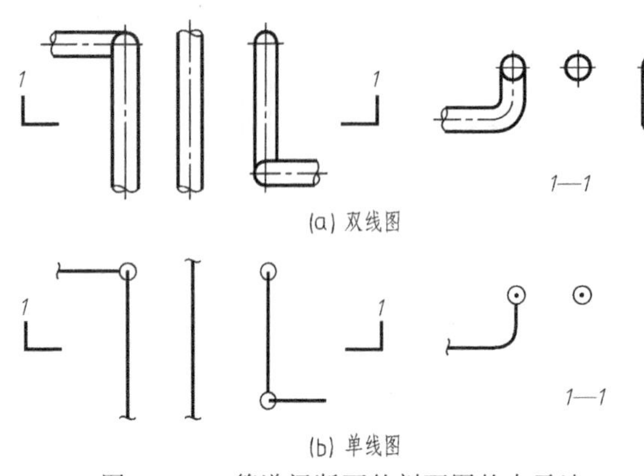

图 2-3-12 管道间断面的剖面图的表示法

绘制管道的正等测图时，首先应画出正等测图的轴测轴，如图 2-3-14（a）所示。管道的正等测图，除按正等测图画法规定外，还要注意以下几点：

① 正确选择轴测轴之间的关系。一般按左右走向的管线取 OX 轴方向，前后走向的管线取 OY 轴方向，高度走向的管线取 OZ 轴方向；

② 沿轴向量取各轴上的管线尺寸；

③ 管道轴测图多用单线条表示。

通过读图 2-3-14（b）可知，管线从Ⅰ端到Ⅸ端走向：向后Ⅰ→向右Ⅱ→向后Ⅲ→向上Ⅳ→向左Ⅴ，此处有分支，一路向上Ⅵ→向后Ⅶ，另一路向上Ⅷ→向前Ⅸ（此处有阀门，阀柄向上）。绘图结果如图 2-3-14（c）所示。

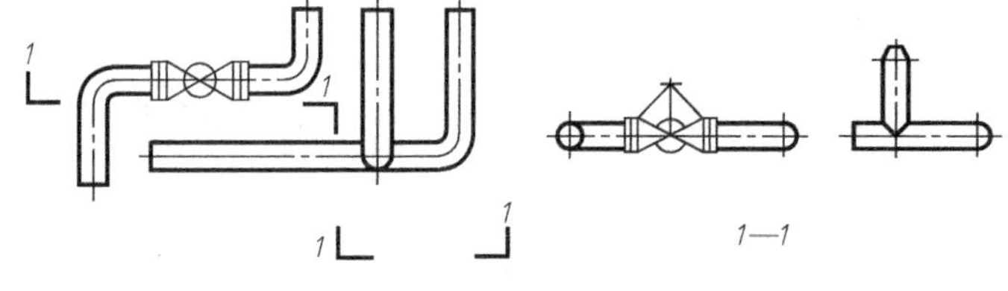

(a) 双线图

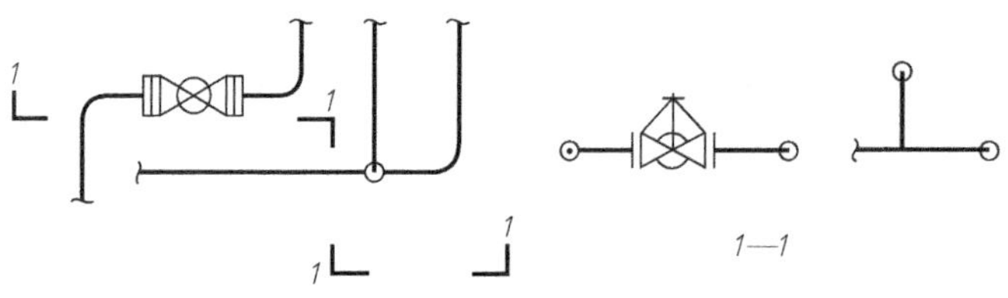

(b) 单线图

图 2-3-13 管道间阶梯剖面图的表示法

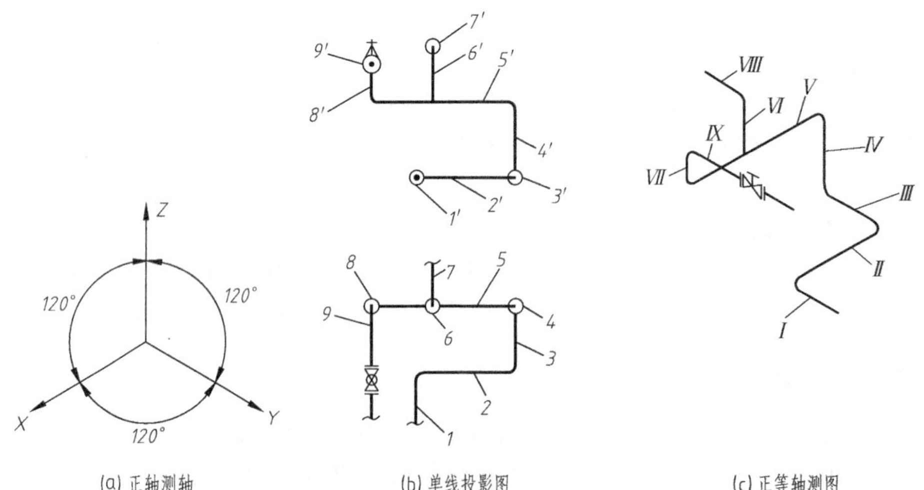

图 2-3-14 管道的投影图、正轴测图

拓展提高

斜等轴测图在空调工程图的系统图也很常用，绘制如图 2-3-15 所示管道的斜等测图。

画成斜等轴测图时，首先画出斜等测图的轴测轴，如图 2-3-15（a）所示，凡是左、右走向的水平管均与 OX 轴平行，前、后走向的立管均与 OY 轴平行，而垂直走向的水平管均与 OZ 轴平行。

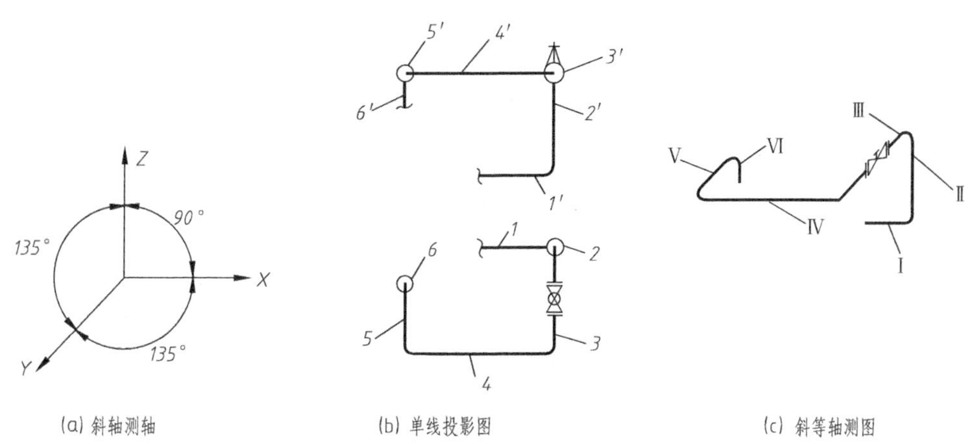

图 2-3-15　管道的投影图、斜轴测图

通过读图 2-3-15（b）可知，管线从Ⅰ端到Ⅵ端走向：向右Ⅰ→向上Ⅱ→向前Ⅲ（此处有阀门，阀柄向上）→向左Ⅳ→向后Ⅴ→向下Ⅵ。绘图结果如图 2-3-15（c）所示。

项目 3.2　识读制冷空调工程图

项目描述

识读图 2-3-17～图 2-3-19 所示某机房的制冷工艺流程图、设备布置图、管路布置图。

项目分析

空调施工图与其他工程图总体接近。送、回风管道施工图与通风管道基本一致；冷、热水管道施工图与给水施工图差别不大。在识读时可参照上述图纸，要了解空调的相关知识，根据具体情况进行识读。

相关知识

制冷空调工程图是表达制冷机房内机器、设备、阀门、仪表之间制冷工艺流程及设备、管道相互关系的工程图样。

制冷空调工程图是管道安装的重要依据，主要包括制冷机房内的制冷工艺图、设备布置图、管道布置图。

一、工艺流程图

制冷工艺流程图，又常称为原理图，是一种表示制冷生产过程的示意性图样，如图 2-3-16 所示。表示制冷生产中制冷过程及所采用的设备。流程图能准确地表达出制冷系统的工作原理、供液方式、压缩级数以及机器设备阀件数量等，但不能表示出机器与设备等的确切位置、设备管道标高关系以及管道的长度等。

1. 工艺流程图按照表达内容的详略分类

(1) 方案工艺图　一般仅画出主要设备和制冷剂及其他流体的流程线，用于粗略地表示制冷流程。

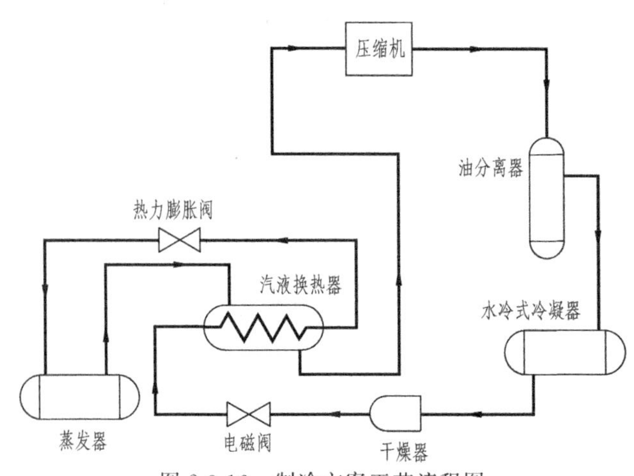

图 2-3-16　制冷方案工艺流程图

(2) 施工工艺图　是在方案工艺图的基础上绘制的、内容较为详细的一种工艺流程图，供施工安装和生产操作用，如图 2-3-17 所示。

2. 制冷工艺图的内容

(1) 图形　设备示意图和各种物料的流程线以及阀门、管件、仪表控制点。

(2) 标注　注写设备编号及名称、管段编号、控制点及必要说明。

(3) 图例　说明阀门、管件、控制点等符号的意义。

(4) 标题栏　注写图名及签字等。

3. 制冷工艺图的表达方法

(1) 设备的表示方法　采用示意性的展开画法，按照主要物料的流程，从左向右用中实线、按大致比例画出显示设备形状特征的主要轮廓。各设备之间要留有适当距离，以布置连接管道。对相同或备用的设备，一般也应画出。

设备应该编号或注写设备名称，设备编号一般包括设备分类代号、设备序号等，相同设备以尾号加以区别。

(2) 管道及附件的表示方法　施工工艺图中应画出所有管道，即各种物料的流程线。主要物料的流程线用粗实线表示，其他物料的流程线用中实线表示，见表 2-3-1。

流程线应画成水平或者垂直，转弯时画成直角，一般不用斜线或圆弧。流程线交叉时，应将其中一条断开。

每条管道上应画出箭头表示物料流向。必要时，还可注明管道压力等级、管径、管道材料、隔热或隔声等代号。

表 2-3-1　制冷工艺常用管线图例

图　例	名　称	图　例	名　称
	吸入管或回气管	L　L	盐水进管
	排气管或热氨管	L　L	盐水回管
	液管		变径
	排气管		变径三通
o　o	放空气管	S　S	上水管
y　y	放油管	S　S	下水管
x　x	安全管		伸缩弯
‖　‖	均压管		吊点

(3) 阀门及管道的表达方法　制冷工程中大量使用阀门，以实现对管道内的流体进行开、关及流量控制、止回、安全保护等功能。在流程图上，阀门及管件用细实线按规定的符号在相应处画出。由于功能和结构不同，阀门的种类很多，常用的阀门及管件的图例见表 2-3-2。

表 2-3-2　阀门及管件的图例

名　称	图　例	名　称	图　例
直通截止阀		节流阀	
直角截止阀		热力膨胀器	
电磁阀		时间控制器	
正恒		温度控制器	
主阀		压力控制器	
自动旁通阀		压差控制器	
止回阀		温度控制器	
安全阀		温差控制器	
浮球阀		铂电阻	
过滤器		温度计套管	
浮球液位控制器		观察孔	
油位控制器		压力表	
流量计		玻璃管液位指示器	

二、设备布置图

系统工艺流程设计所确定的全部设备，必须根据制冷工艺的要求，在房屋建筑的内外合理布置和安装。表达设备在房屋建筑内外安装位置的图样，称为设备布置图。设备布置图用于指导设备安装施工，并且作为管道布置设计、绘制管道布置图的重要依据。

设备布置图实际上是在简化了的房屋建筑图的基础上增加了设备布置的内容。其表达重点是设备的布置情况，所以用粗实线表示设备，而房屋建筑的所有内容用细实线表示，如图2-3-18所示。

1. 设备布置图的内容

（1）一组视图　包括设备布置平面图和立面剖视图，表示房屋建筑的基本结构和设备在房屋内外的布置情况。

（2）必要的尺寸标注　建筑物的主要尺寸，建筑物与设备之间、设备与设备之间的定位尺寸。房屋建筑定位轴线的编号、设备的名称及编号，以及注写必要的说明等。

（3）安装方位标　在图纸右上方，是确定设备安装方位的基准。

（4）标题栏　注写图名、图号、比例及签字等。

2. 设备布置平面图

设备布置平面图用来表示设备在水平面内的布置情况。当房屋为多层建筑时，应按楼层分别绘制。设备布置平面图通常表达以下内容：

① 房屋建筑（构筑）物的具体方位、占地大小、内部分隔情况、与设备安装定位有关的房屋建筑结构形状和相对位置尺寸。

② 房屋建筑的定位轴线编号和尺寸。

③ 画出所有设备的水平投影或示意图，反映设备在房屋内外的布置位置，并标注出名称和编号。

④ 各设备的定位尺寸以及设备基础的定形尺寸和定位尺寸。

3. 设备布置立面剖视图

设备布置立面剖视图是在房屋建筑的适当位置纵向剖切绘制出的剖视图，用来表达设备沿高度方向的布置安装情况。一般反映以下内容：

① 房屋建筑高度方向的结构，如楼层的分层情况、楼板的厚度及开孔等，以及设备基础的立面形状、定位轴线尺寸和标高。

② 画出有关设备的立面投影或示意图，反映其高度方向上的安装情况。

③ 房屋建筑各楼层、设备和设备基础的标高。

三、管道布置图

管道布置图又称为管道安装施工图或配管图，用于指导管道的安装施工。

管道布置图是在设备布置图的基础上画出管道、阀门及控制点等，表示房屋建筑内外各设备之间管道的连接、走向和位置，以及阀门、仪表控制点的安装位置的图样，如图2-3-19所示。

1. 管道布置图的内容

包括设备布置平面图和立面剖视图，表示房屋建筑的基本结构和设备在房屋内外的布置情况。

（1）一组视图　表达整个系统的设备、建筑物的简单轮廓以及管道、管件、阀门、仪表控制点等的布置情况，同时应标明管道内流体的流动方向。

（2）必要的尺寸标注　包括建筑物定位轴线编号、设备编号、管道和控制点代号；建筑物和设备的主要尺寸；管道、阀门、控制点的平面位置尺寸和标高以及必要的说明等。

（3）安装方位标　表示管道安装的方位基准。

（4）标题栏　注写图名、图号、比例、签字等。

2. 管道布置图表示法

管道布置图的表达重点是管道，因此图中管道用粗实线表示；房屋建筑、设备的轮廓一律用细实线表示；为了突出设备，主要设备用中实线表示，次要设备用细实线表示；管道上的阀门、管件和控制点等符号用细实线表示。

管道布置图以管道布置平面图为主，按建筑标高平面分层绘制，将楼板以下的设备、管道全部画出；在平面图的基础上，选择恰当的剖切位置画出立面剖面图，以表达管道的立面布置情况和标高；必要时还可以选择立面图、详图对管道布置情况进一步补充表达。

项目实施

识读图 2-3-17～图 2-3-19 所示某机房的制冷工艺流程图、设备布置图、管路布置图。

识读制冷空调工程图的步骤如下。

1. 熟悉图纸

（1）从图纸目录可知工程图样的种类和数量，了解工程的概况。

（2）了解设计和施工说明，包括：

① 设计所依据的有关气象资料、卫生标准等基本数据；

② 统一图例和自用图例符号的含义；

③ 图中未注明或不够明确而需要特别说明的一些内容；

④ 技术要求。

2. 详细对照读图

① 读图时，参照图例和明细栏（图 2-3-20），按照工艺流程图、设备布置图、管路布置图的顺序依次读图，并随时互相对照。

② 识读每种图样时均应按系统介质流向依次看图，逐步搞清每个系统的全部流程和几个系统之间的关系，同时按照图中设备及部件编号与材料明细表对照阅读。

③ 在识读空调工程图时需了解主要的土建图纸和相关的设备图纸，尤其要注意与设备安装和管道敷设有关的技术要求，例如，预留孔洞、管沟、预埋件等。

3. 归纳总结

结合上述读图方法，识读本项目中机房制冷工艺图、设备布置图和管路布置图。

（1）识读工艺流程图（图 2-3-17）　从冷却塔（虚线部分）出来的冷却水进入螺杆式冷水机组 1 制冷形成冷冻水，从螺杆式式冷水机组出来的冷冻供水（此处装有水流开关 16）进入分水器，由分水器分配至各个房间的空调系统用。空调系统中使用过的冷冻水回水再进入集水器，由集水器集中后的冷冻水回水通过电子水处理仪 10 由循环水泵 2 送入螺杆式水冷冷水机组 1 进行再制冷。另外，为了稳定水压，保证水量，设有补水系统。供水管道中的水进入软水器进行软化，软化水出来后进入软化水箱，然后通过补水泵进入补水管，此处设有定压膨胀罐 11 用来稳定水压。

（2）识读设备布置图（图 2-3-18）　设备布置图表达了机房内设备的布置情况，标注了设备的定形和定位尺寸，主要设备有：螺杆式水冷冷水机组 1、循环水泵 2、补水泵 4、分水器 5、集水器 6、软化水箱 7、软水器 8、定压膨胀罐 11。

（3）识读管路布置图（图 2-3-19）　管路布置图中主要表达了设备间管路的布置、走向，管道的管径、坡度，管道上的管件及仪表的安装情况。两个剖面图表达了设备、管件、仪表及管道在高度方向的定形和定位尺寸，结合平面图的尺寸，便于安装。

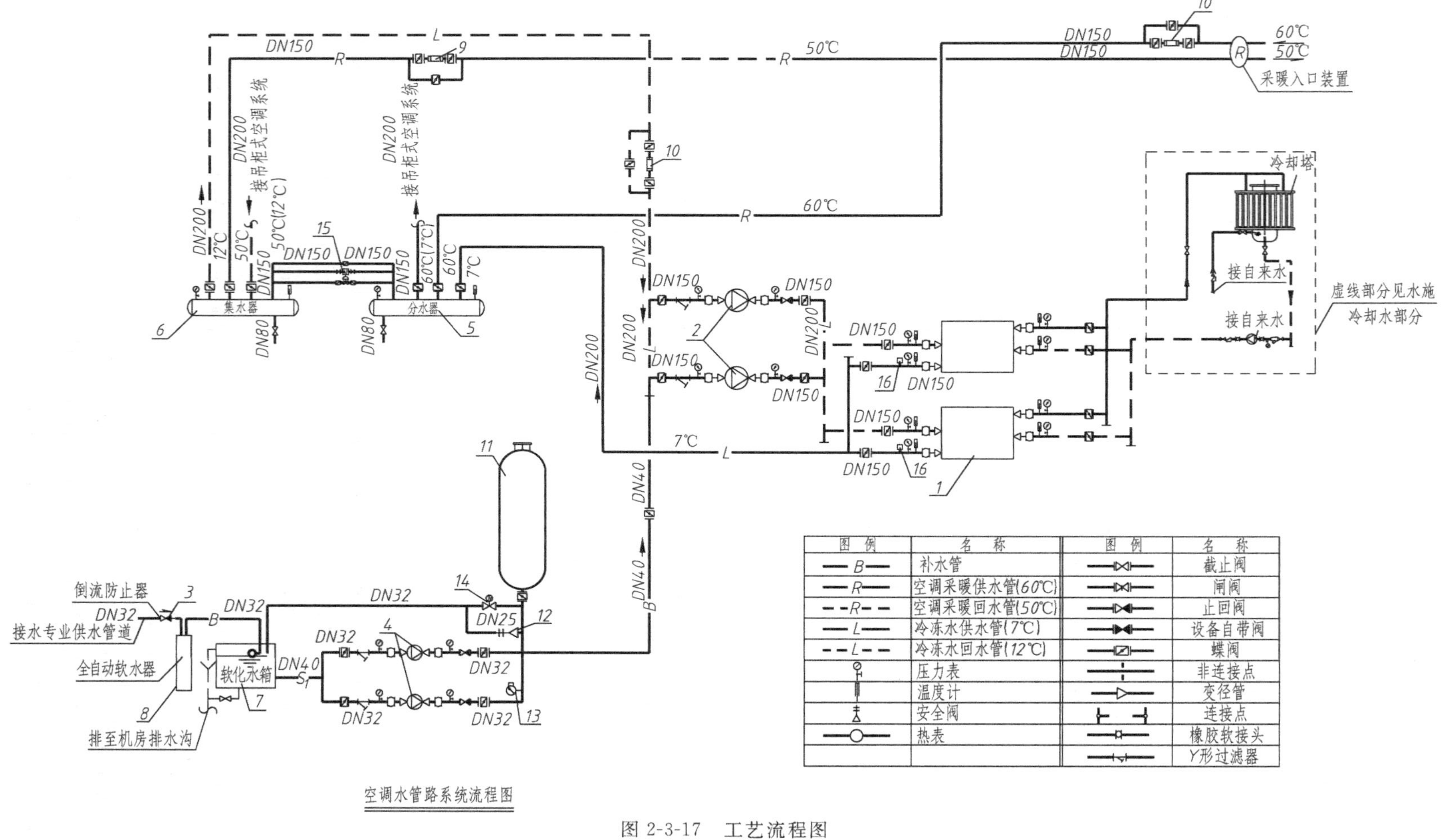

图例	名称	图例	名称
—B—	补水管		截止阀
—R—	空调采暖供水管(60℃)		闸阀
--R--	空调采暖回水管(50℃)		止回阀
—L—	冷冻水供水管(7℃)		设备自带阀
--L--	冷冻水回水管(12℃)		蝶阀
	压力表		非连接点
	温度计		变径管
	安全阀		连接点
	热表		橡胶软接头
			Y形过滤器

空调水管路系统流程图

图 2-3-17 工艺流程图

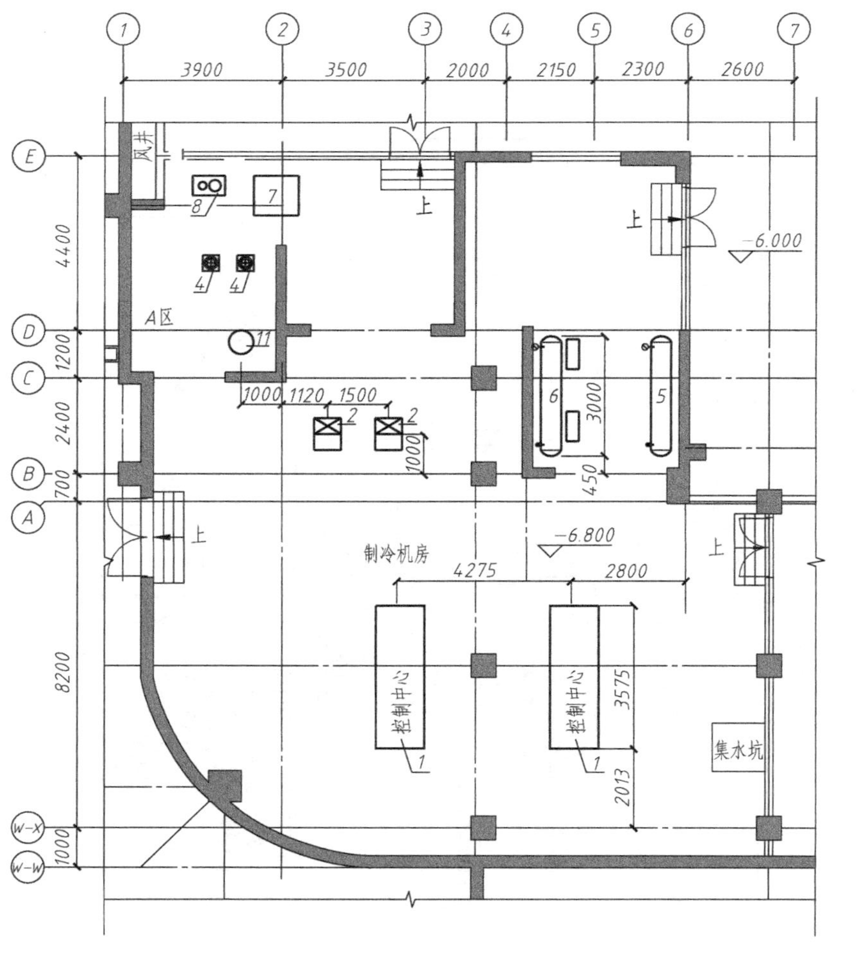

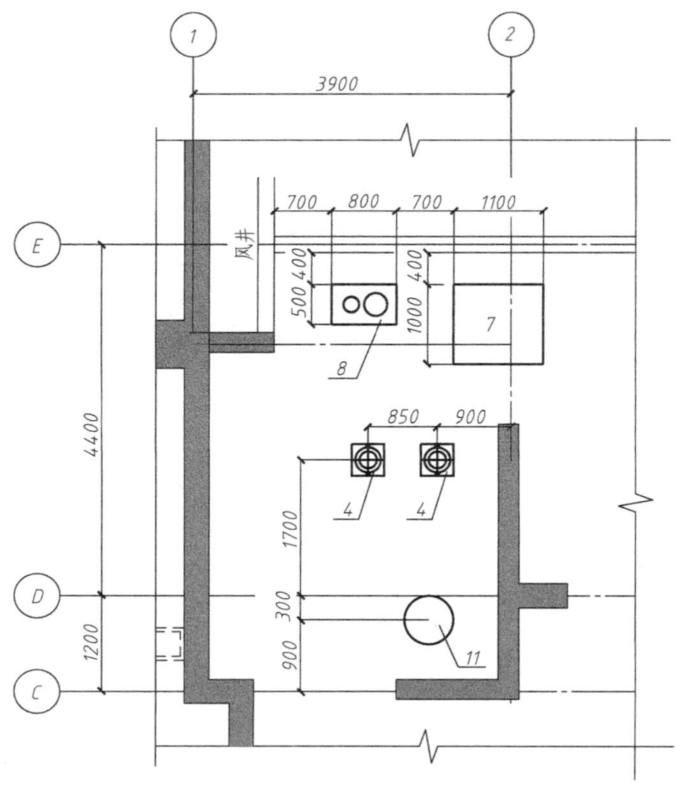

图 2-3-18　设备布置图

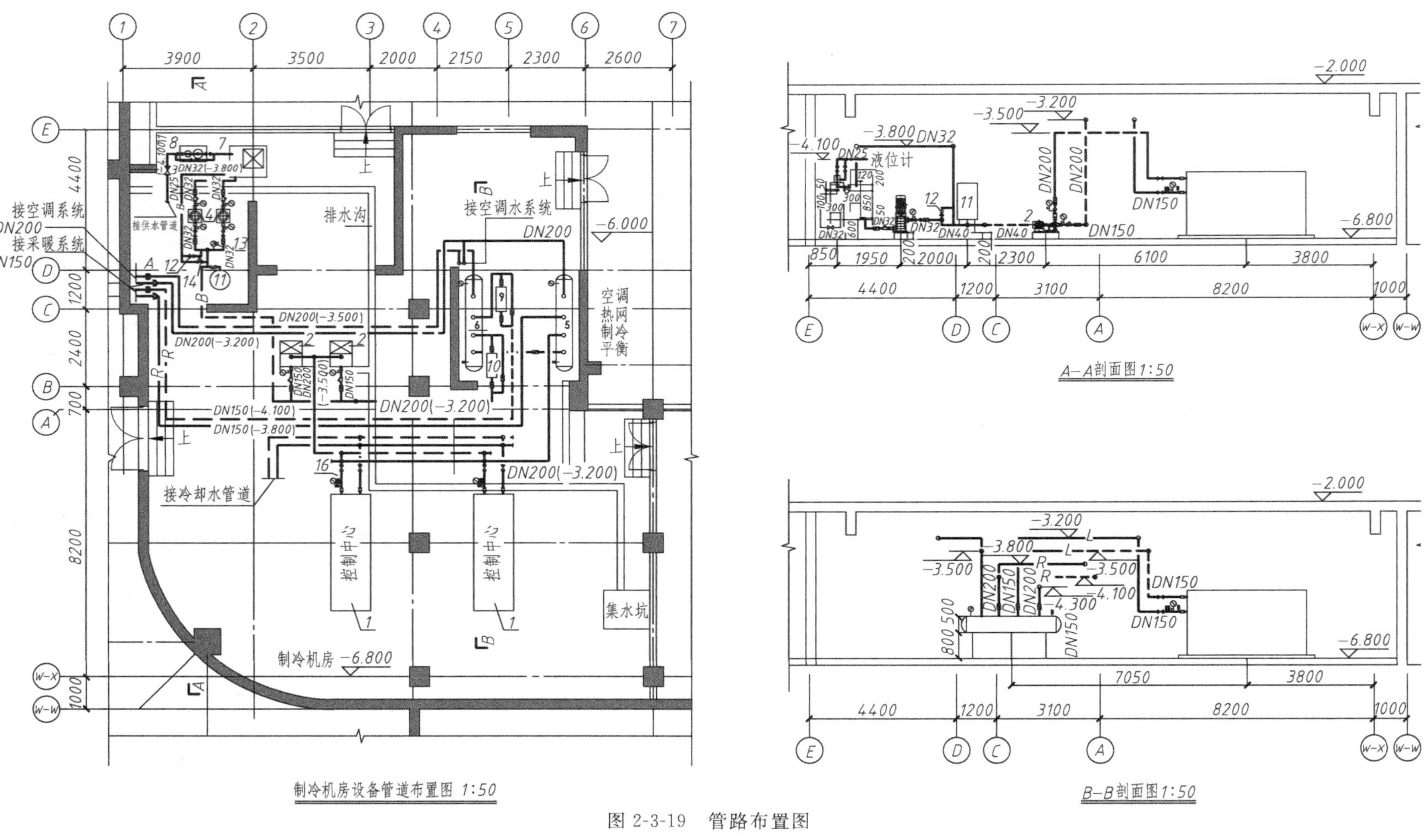
制冷机房设备管道布置图 1:50
A—A剖面图1:50
B—B剖面图1:50
接空调系统
DN200
接采暖系统
接空调水系统
排水沟
接供水管道
接冷却水管道
空调热网制冷平衡
控制中心
集水坑
制冷机房 −6.800
液位计

图 2-3-19 管路布置图

编号	名称及规格	数量	产品技术数据参考
	冷热源系统		
1	螺杆式水冷冷水机组30H×C165A 制冷量: 539kW	2	
	水流量：93m³/h　水阻力: 68kPa		
	压缩机总输入功率：118kW		
	C_{op} = 5. 49		
2	循环水泵　SLW200-400C　H= 32m	2	
	电动机功率: 22kW　水流量：113m³/h		
3	倒流防止器 DN40	1	
4	补水泵　SLG1×4　H= 28m	2	一用一备
	电动机功率：0. 55kW　水流量：0. 6m³/h		
5	分水器　φ500×2500	1	
6	集水器　φ500×2500	1	
7	软化水箱　1m³　1100×1100×1100	1	
8	软水器　QC-RST/1. 5-A　1. 5m³/h	1	
9	电子水处理仪　QC-DZ/1. 0-1501　Q= 150m³/h	1	120W
10	电子水处理仪　QC-DZ/1. 0-2001　Q= 200m³/h	1	120W
11	定压膨胀罐　φ600×1870　工作压力　0. 8MPa	1	
12	安全阀　开启工作压力：320kPa	1	
13	电接点压力表　启动补水泵压力：150kPa	1	
	停止补水泵压力：250kPa		
14	泄水电磁阀　300kPa　开启	1	
15	压差调节装置　DN200	1	
16	水流开关　DN250	1	

图 2-3-20　设备明细栏

拓展提高

抄画图 2-3-17～图 2-3-19 某机房的制冷工艺流程图、设备布置图、管路布置图。绘图步骤如下。

(1) 确定表达方案（本图抄画，按原图比例即可)。

(2) 确定比例，选择视图，合理布图。

(3) 绘制图形

① 用细实线、按比例画出房屋建筑的主要轮廓；

② 用细实线、按比例画出带管口的设备示意图；

③ 用粗实线画出管道；

④ 用细实线画出管道上各管件、阀门和控制点；

⑤ 根据需要画出系统轴测图，可以方便了解整个系统的全貌。

(4) 图样的标注

① 标注各视图的名称；

② 在各视图上标注房屋建筑的定位轴线；
③ 在立面剖面图上标注房屋、设备、管道的标高；
④ 在平面图上标注房屋、设备、管道的定位尺寸；
⑤ 标注设备的编号和名称；
⑥ 标注管道，对每一管段用箭头指明介质的流向，并以规定的代号形式注明；
⑦ 各管段的管段编号及规格等。
（5）绘制方向标，填写标题栏。

项目 3.3　识读空调施工图

项目描述

识读图 2-3-22 所示的某会议厅空调平面图。

项目分析

空调施工图与其他工程图总体接近。送、回风管道施工图与通风管道基本一致；冷、热水管道施工图与给水施工图差别不大。在识读时可参照上述图纸，要了解空调的相关知识，根据具体情况进行识读。

相关知识

一、制冷与空调的概念

（1）制冷　把某一物体或者空间的温度，降到低于环境介质的温度，并保持这一低温状态的过程。

（2）空调　为了满足人们的生活、生产需要，改善环境条件，用人工的方法使室内的温度、相对湿度、洁净度和气流速度等参数达到一定要求的技术，即为空气调节，简称空调。

二、空调系统的分类

1. 按空气处理设备设置的集中程度分类

（1）集中式空调系统　系统中的所有空气处理设备，包括风机、冷却器、加热器、加湿器、过滤器等都设置在一个集中的空调机房里，空气经过集中处理后，再送往各个空调房间。

（2）局部空调机组　把冷、热源和空气处理、输送设备、控制设备等集中设置在一个箱体内，形成一个紧凑的空调机组。可以按照需要，灵活而分散地设置在空调房间内。

（3）半集中式空调系统　主要是在空气进入空调房间之前，对来自集中处理设备的空气做进一步补充处理，进而承担一部分冷热负荷。除了集中空调机房外，还设有分散在各个房间里的二次设备，其中大多设有冷热交换装置。

风机盘管是中央空调理想的末端产品，风机将室内空气或室外混合空气通过表冷器进行冷却或加热后送入室内，使室内气温降低或升高，以满足人们的舒适性要求。

2. 按冷凝器的冷却方式分

（1）水冷式空调器　容量较大的机组，其冷凝器一般都用水冷却。用户要具备冷却水源。

（2）风冷式空调器　容量较小的机组，如窗式，其冷凝器部分设置在室外，借助风机用室外空气冷却冷凝器。

3. 按风道中空气流动的速度分类

（1）低速空调系统　风速 8～12m/s，多数空调采用。

（2）高速空调系统　风速 20～30m/s，用于建筑空间小而重要的场所。

4. 按所处理空气的来源分类

（1）封闭式空调系统　它所处理的空气全部来自空调房间本身，没有室外新鲜空气补充，全部为再循环空气。这种系统冷、热耗量最少，但卫生条件很差。

（2）直流式空调系统　所处理的空气全部来自室外的新鲜空气，新鲜空气经过处理后送入室内，吸收了室内的余热、余湿后全部排出室外。

（3）回风式空调系统　封闭式系统不能满足卫生要求，直流式系统经济上不合理，所以两者都只是在特定情况下使用，对于绝大多数场合，为了减少空调耗能和满足室内卫生条件要求，采用一部分回风的空调系统，即回风式空调系统。

三、空调系统的组成

（1）空气处理设备　对空气进行热湿处理和净化处理，如：表面式冷却器、喷水室、加热器、加湿器等。

（2）空气输送设备　包括风机（送、回、排风机）、风道系统、调节阀、消声器等。

（3）空气分布设备　空调房间内的送风口、回风口、排风口。

项目实施

识读如图 2-3-21、图 2-3-22 所示某建筑的一层、五层空调布置平面图。

图 2-3-21 为某建筑的一层空调布置平面图。从图中可以看出一层以大厅形式为主，空调机房在整个建筑平面图的右上角。从图 2-3-21（a）和图 2-3-21（b）对照来看，空调机房内编号 K-1/1 为组合式空气处理机组，由定位尺寸为 3600mm、4800mm 可确定在空调机房内的位置，其工作原理见图 2-3-21（c）。新风从防雨百叶 7 进入风道，通过电动保温对开调节阀 6 在空调处理机组的混合段与回风混合。经过加热（制冷）、加湿、净化等处理由空调机组上部的风道送入大厅内。主要分五个分支，从空调机组出来第一个分支送到空调机房，管道尺寸为 200mm×200mm，风口为方形散流器 4b；空调管道出机房外设置防火阀和微孔复合消声器，保证消防安全和噪声要求；第二分支送入值班室（兼消防控制室），管道尺寸为 400mm×320mm，风口为方形散流器 4a；第三、四、五分支送入大厅，第三分支中风口为双层百叶 4c（8 个），第四分支中风口为方形散流器 4a（5 个），第五分支风口为方形散流器（3 个）。其中第三分支中有四个送风口是侧送风，其余风口全部下送风。每个支管分支处都有手动对开风量调节阀 5a、5b、5c。在洗手间外的走廊里设置回风管道，两个回风风口为单层百叶 4d，回风在进入空调机房后安装有防火阀和微孔复合消声器。在整个大厅的入口处设有电热风幕 RM，减少冬天时室内的温度的热损失。

图 2-3-22 为某建筑五层空调布置平面图。由于五层主要是办公区域，其空调设计为新风机组和风机盘管组合的模式。新风处理机组的工作原理见图 2-3-22（d），风机盘管的工作模式见图 2-3-22（c）。对照图 2-3-22（a）和图 2-3-22（b）可知，五层所用的新风处理机组是吊顶式空气处理机组 K（X）-3/1，放置在库房的天花板内，其处理的空气全部来自室外。新风通过防雨百叶 6 进入风道，通过电动保温对开风量调节阀 5 进入微孔复合消声器 2a 进行消声，然后进入吊顶式空气处理机组进行加热（制冷）、加湿、净化等处理。处理过的空

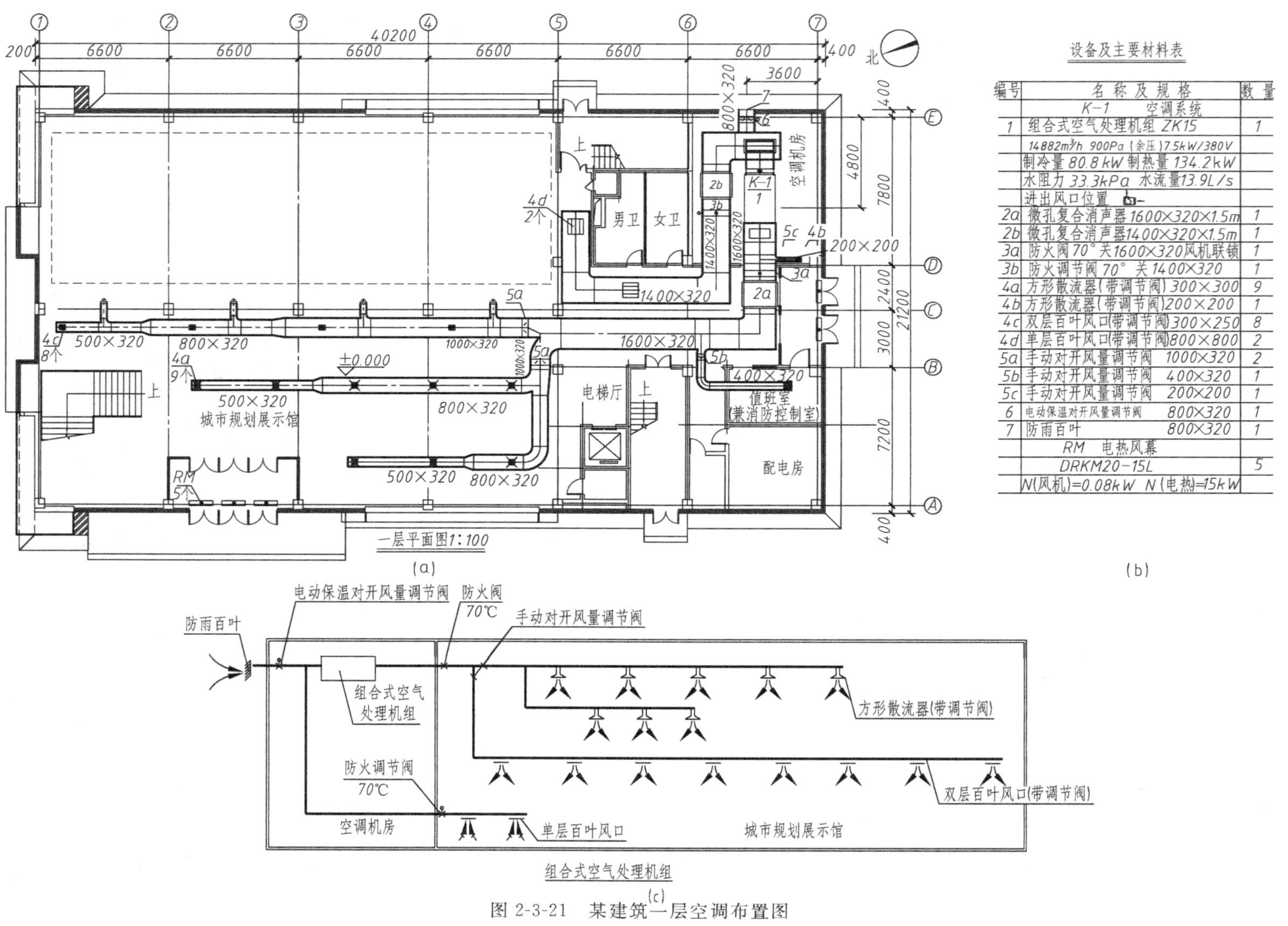

设备及主要材料表

编号	名称及规格	数量
	K-1 空调系统	
1	组合式空气处理机组 ZK15	1
	14882m³/h 900Pa(余压)7.5kW/380V	
	制冷量 80.8kW 制热量 134.2kW	
	水阻力 33.3kPa 水流量13.9L/s	
	进出风口位置	
2a	微孔复合消声器1600×320×1.5m	1
2b	微孔复合消声器1400×320×1.5m	1
3a	防火阀70°关1600×320风机联锁	1
3b	防火调节阀 70° 关 1400×320	1
4a	方形散流器(带调节阀)300×300	9
4b	方形散流器(带调节阀)200×200	1
4c	双层百叶风口(带调节阀)300×250	8
4d	单层百叶风口(带调节阀)800×800	2
5a	手动对开风量调节阀 1000×320	2
5b	手动对开风量调节阀 400×320	1
5c	手动对开风量调节阀 200×200	1
6	电动保温对开风量调节阀 800×320	1
7	防雨百叶 800×320	1
	RM 电热风幕	
	DRKM20-15L	5
	N(风机)=0.08kW N(电热)=15kW	

图 2-3-21 某建筑一层空调布置图

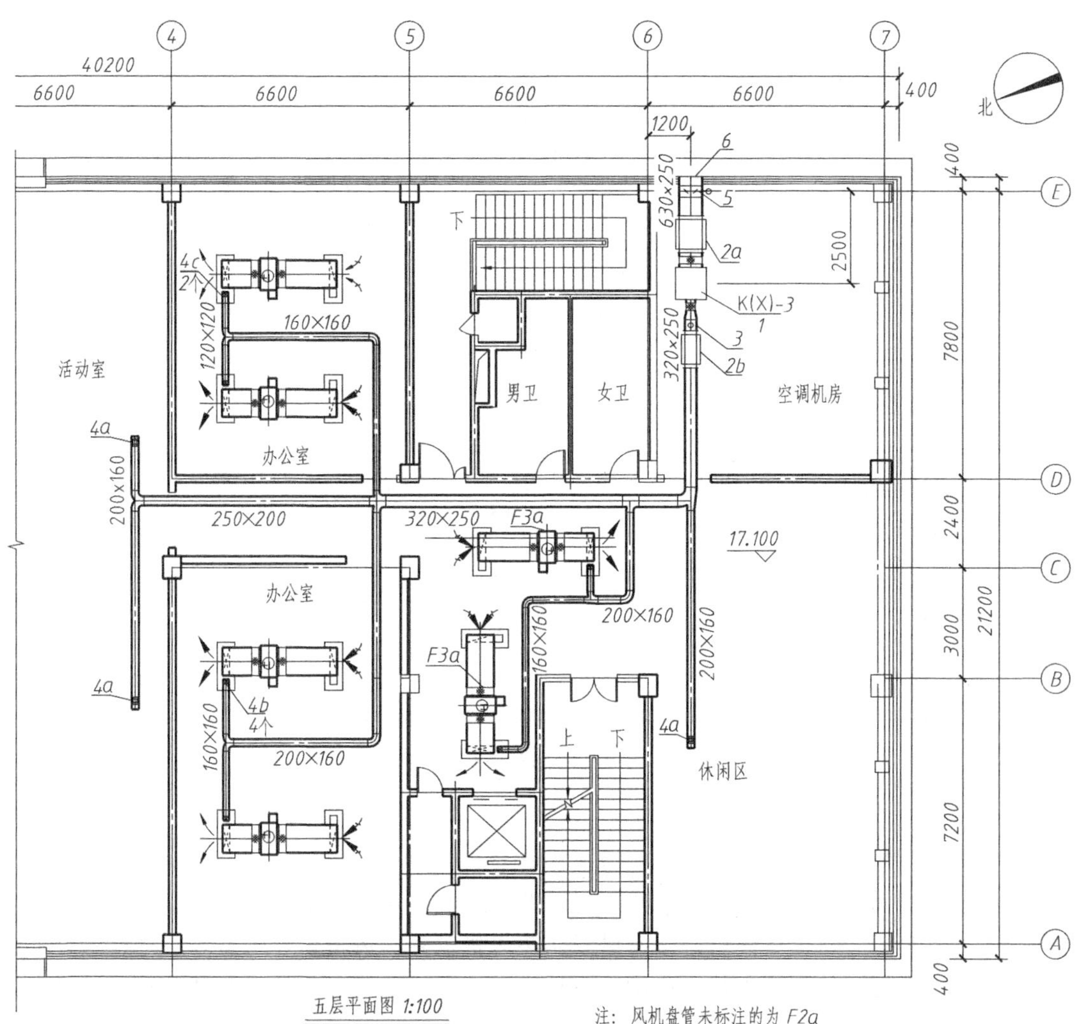

(a) 五层空调布置平面图

设备及主要材料表

编号	名称及规格	数量	产品技术数据参考
	K(X)-3 空调系统		
1	吊柜式空气处理机组　YAH1.5A	1	6排管附带湿膜加湿
	$1500m^3/h$　0.32kW/380V180Pa		
	新风额定制热23kW　新风额定制冷24.2kW		
2a	微孔复合消声器　630×250×1m	1	
2b	微孔复合消声器　320×250×1m	1	
3	防烟防火阀 70°关　320×250　风机联锁	1	
4a	双层百叶送风口(带调节阀)　200×200	3	
4b	双层百叶送风口(带调节阀)　160×160	4	
4c	双层百叶送风口(带调节阀)　120×120	2	
5	电动保温对开风量调节阀　630×250	1	
6	防雨百叶　320×250	1	
	风机盘管		
F2a	卧式暗装风机盘管FP-10　$765m^3/h$	4	
	4.32kW(冷量)6.48kW(热量)　100W/220V		
F3a	卧式暗装风机盘管FP-7.1　$510m^3/h$	2	
	2.88kW(冷量)4.32kW(热量)　67W/220V		

(b) 五层空调布置平面图中设备及主要材料表

图 2-3-22

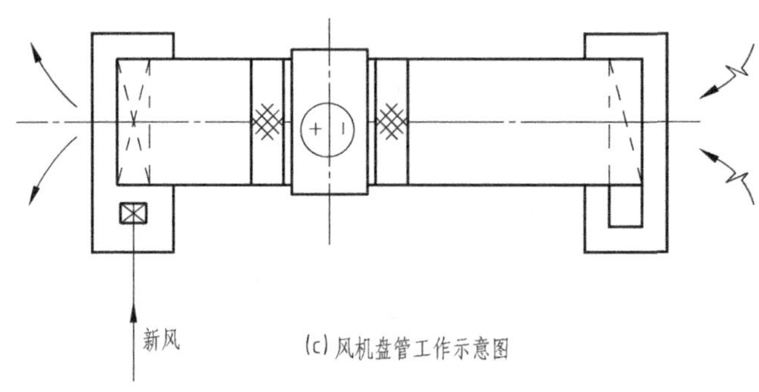

(c) 风机盘管工作示意图

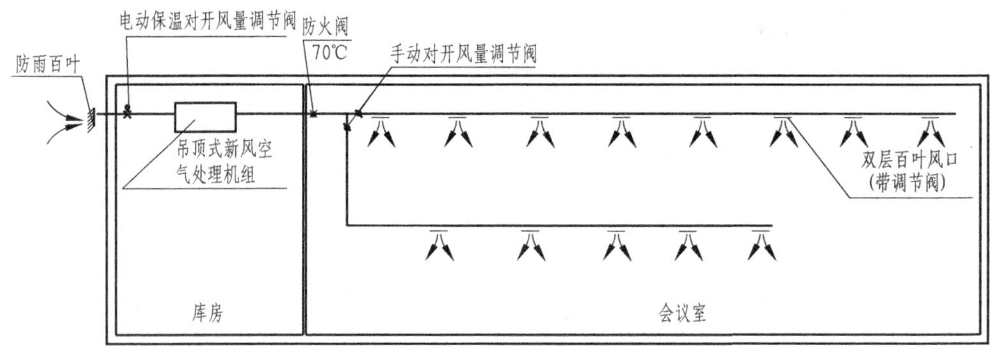

(d) 吊顶式新风空气处理机组工作示意图

图 2-3-22 某建筑五层空调及风机盘管布置平面图

气通过防烟防火阀 3 进入微孔复合消声器 2b 进行二次消声，然后通过支管送入各个房间，空调管道尺寸见图。每个房间内都设有卧式暗装风机盘管，风机盘管将室内空气或室外混合空气通过表冷器进行处理（加热或冷却）后送入室内，以达到室内的舒适度要求。风机盘管的型号及数量见图 2-3-22（b）。

项目4　识读与绘制化工图样

化工图样主要包括化工设备图和化工工艺图。表达化工设备的形状、大小、结构和制造安装等技术要求的图样称为化工设备图。表达化工生产过程与联系的图样称为化工工艺图，主要包括工艺流程图、设备布置图和管道布置图。本项目结合某化工厂的乙炔工段，介绍化工工艺图和化工设备图的表达方法、绘制方法和阅读方法。

项目4.1　识读乙炔工段工艺流程图

项目描述

阅读图2-4-1所示乙炔工段工艺管道及仪表流程图，了解乙炔生产过程中由原料转变为成品的过程及采用的设备。

项目分析

化工工艺流程图是一种表示化工生产过程的示意性图样，即按照工艺流程的顺序，将生产中采用的设备和管道从左到右展开画在同一平面上，并附以必要的标注和说明。要完成本项目，必须熟悉工艺流程图的内容，搞清楚物料的来源与去向、仪表控制点等内容的表示法，掌握阅读工艺流程图的方法。

相关知识

一、工艺方案流程图

工艺方案流程图（简称方案流程图）是工艺人员设计之初提出的一种示意性的图样，也是施工流程图设计的主要依据。它是以工艺装置的主项（工段或工序、车间或装置）为单元进行绘制，按照工艺流程的顺序将设备和工艺流程线从左至右展开在同一平面上，并附以必要的标注和说明，尽量避免流程线过多往复交叉。

方案流程图的图幅一般不作要求，图框和标题栏也可以省略，如图2-4-2所示。

图2-4-2为乙炔生产方案流程图，从图中可知：水和电石在乙炔发生器（R0102）中反应生成乙炔，含有杂质的乙炔进入正逆水封V0103，一部分气体去乙炔气柜V0104，另一部分气体进入气水分离器V0105分离出水分，经过水环泵P0106和分离罐V0107，进入低压干燥塔T0108，再送入净化酸塔T0109A-D和中和碱塔T0110，最后生成乙炔气体。由于乙炔属于易燃易爆品，故反应器的上方用N_2封住。

1. 设备的画法

方案流程图中设备用细实线从左至右按照生产过程的顺序绘制，各个设备一般不按比例绘制，要求保留其相对大小和位置的高低。绘制的设备示意图还要能够反映出设备的形状、结构特征等。各个设备之间还要留有一定的空隙用来绘制各条流程线。相同设备只绘制一套。

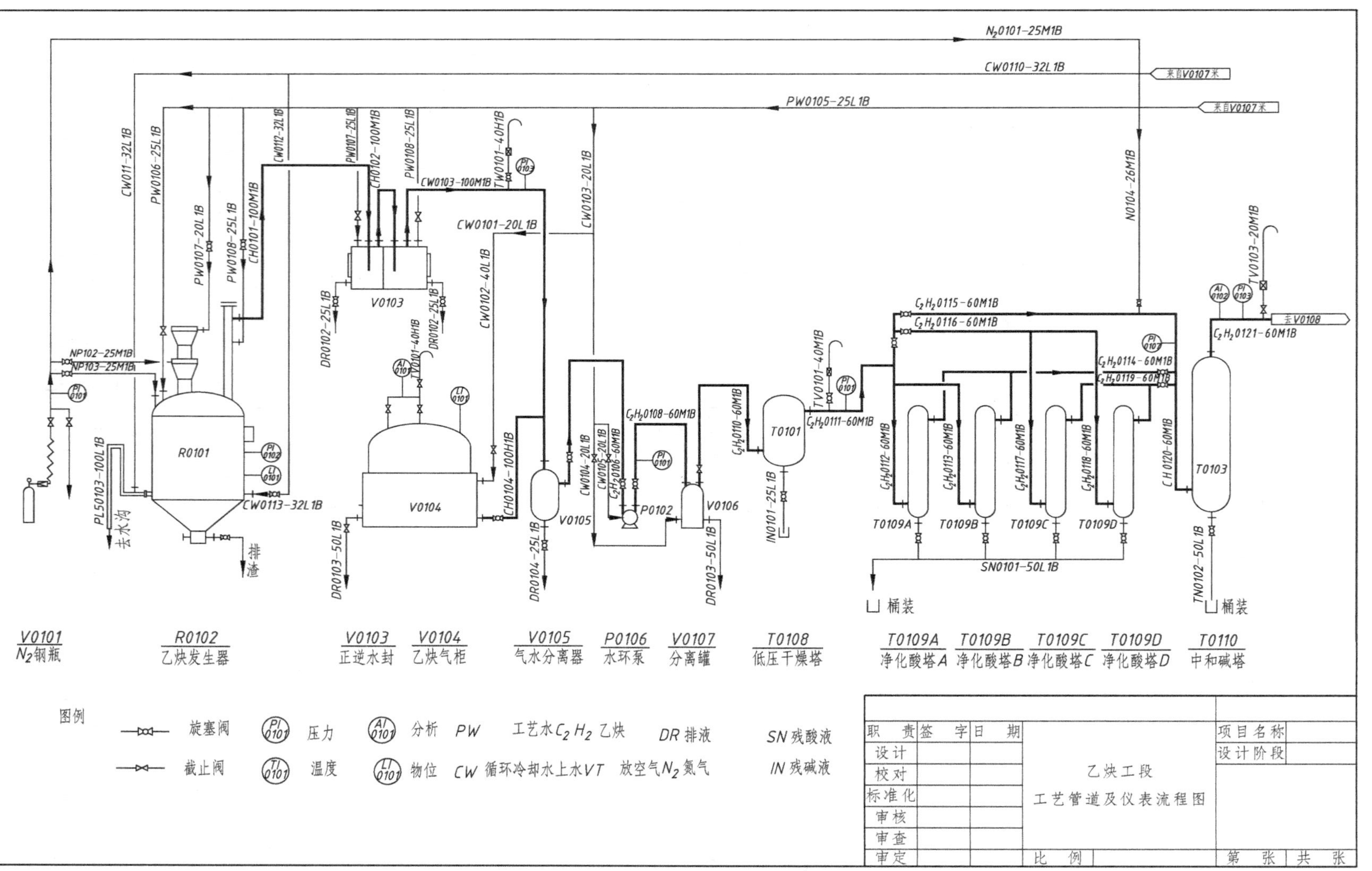

图 2-4-1 乙炔工段工艺管道及仪表流程图

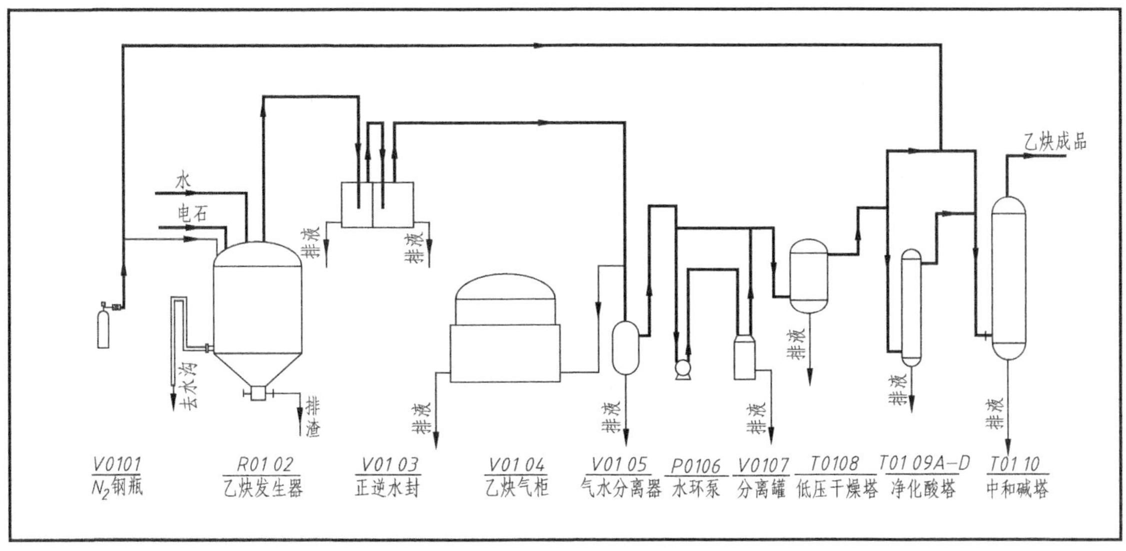

图 2-4-2　乙炔生产方案流程图

2. 流程线的绘制

用粗实线绘制主要物料的流程线，中粗线绘制辅助物料的流程线，用箭头标明各种物料的来源和去向。流程线需绘制成水平或垂直，转弯一律是直角。当同一条流程线发生交叉时要按照“先不断后断”，不同的流程线交叉时按照“主不断辅断”的原则。

3. 流程图的标注

设备的名称和位号要标注在图样的上方或下方，标注时排成一行。设备的位号包括设备分类代号(表 2-4-1)、车间或工段号、设备序号等，相同的设备以尾号区别。设备位号标注如图 2-4-3 所示。

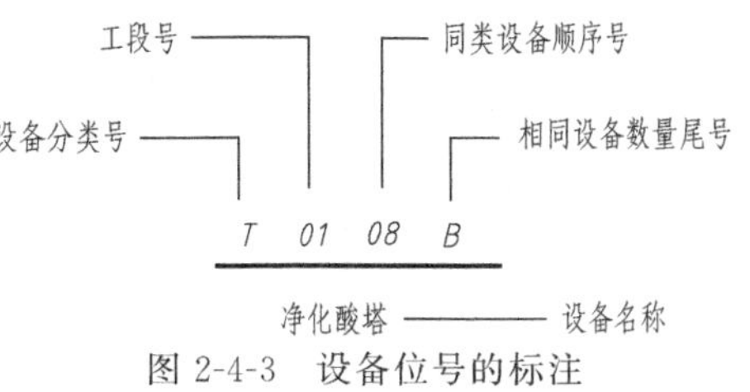

图 2-4-3　设备位号的标注

表 2-4-1　设备分类代号（摘自 HG/T 20519.2—2009）

设备类别	泵	塔	工业炉	换热器	反应器	容器	火炬、烟囱	压缩机	起重设备	计量设备	其他机械	其他设备
代　号	P	T	F	E	R	V	S	C	L	W	M	X

二、物料流程图

物料流程图是在方案基础图的基础上完成物料平衡和热量平衡计算时绘制的，采用的是图形和表格相结合的形式。物料流程图只是在方案流程图的基础上增加了一些数据，见图 2-4-4。

① 在设备的标注中增加了特性数据或参数。如塔的直径和高度，换热器的换热面积等。

② 在工艺过程中增加了一些特性数据或参数，如压力、温度等。

③ 在流程中物料变化的前后用细实线表格表示物料变化前后组分的改变，内容有组分名称、摩尔流量及摩尔分数等。

三、工艺管道及仪表流程图

工艺管道及仪表流程图是施工阶段提供的图纸，所以又称施工流程图。它是在方案流程图的基础上绘制的，它要画出所有的生产设备、管道、阀门、管件及仪表。工艺管道及仪表流程图是设备布置、管道布置的原始依据，是施工的参考资料和生产操作的指导性技术文件。

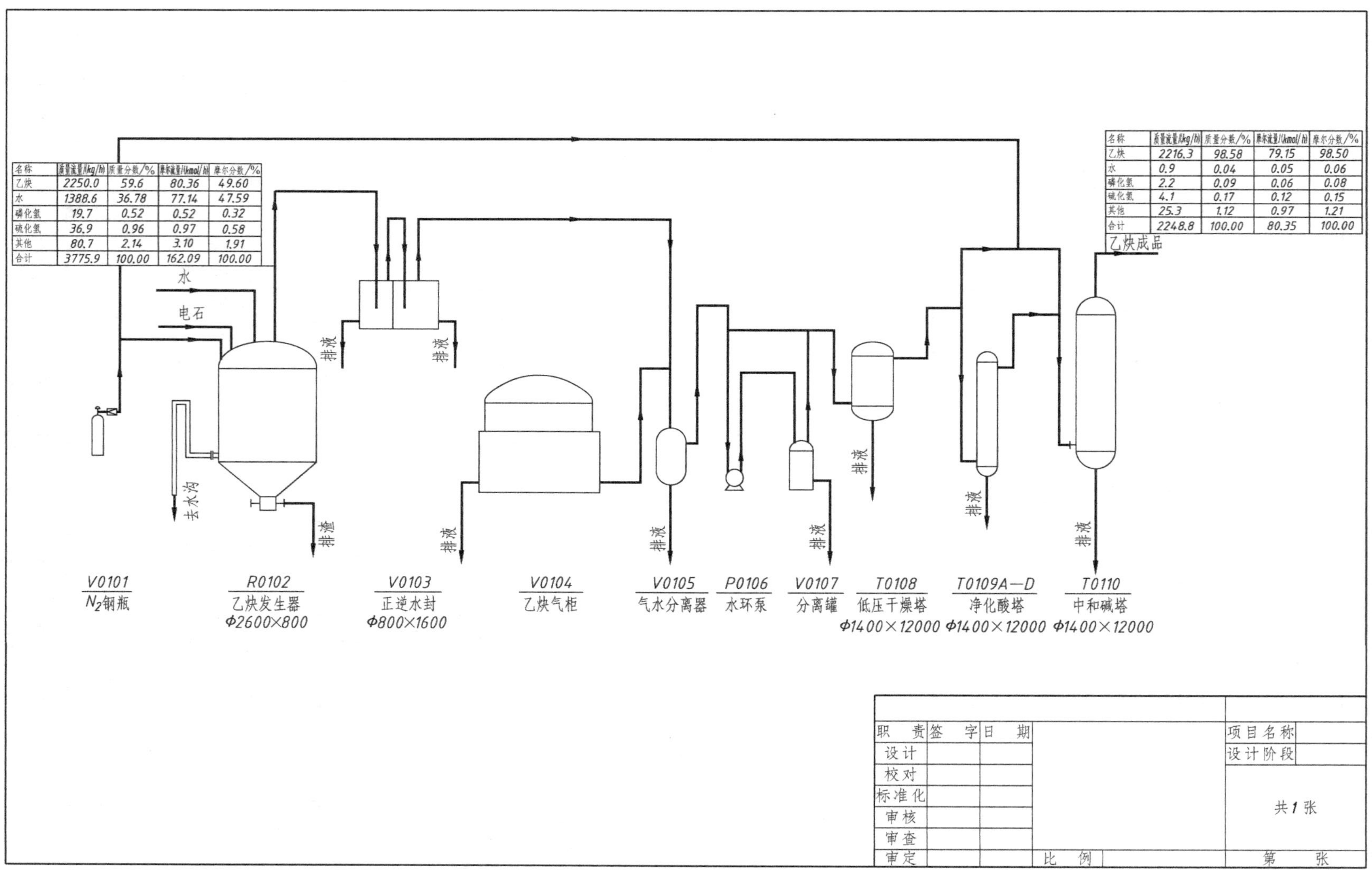

名称	质量流量/(kg/h)	质量分数/%	摩尔流量/(kmol/h)	摩尔分数/%
乙炔	2250.0	59.6	80.36	49.60
水	1388.6	36.78	77.14	47.59
磷化氢	19.7	0.52	0.52	0.32
硫化氢	36.9	0.96	0.97	0.58
其他	80.7	2.14	3.10	1.91
合计	3775.9	100.00	162.09	100.00

名称	质量流量/(kg/h)	质量分数/%	摩尔流量/(kmol/h)	摩尔分数/%
乙炔	2216.3	98.58	79.15	98.50
水	0.9	0.04	0.05	0.06
磷化氢	2.2	0.09	0.06	0.08
硫化氢	4.1	0.17	0.12	0.15
其他	25.3	1.12	0.97	1.21
合计	2248.8	100.00	80.35	100.00

图 2-4-4 乙炔生产物料流程图

1. 工艺管道及仪表流程图的画法

（1）设备和管道的画法　设备和管道的画法与方案流程图中规定相同，没有规定的设备图形可以只画出设备的简略外形和内部的结构特征，尽可能绘制出各个设备上的管口。管口一般用单细实线表示，可以与所连管道线的宽度相同。对于需要隔热的设备机器要在相应部位画出一段隔热层图例，地下或半地下设备机器在图上要表示出一段相关地面，设备底座不表示。设备图形位置的安放要便于管道线连接和标注，设备的高低位置与实际相似，有位差要求的标注出限位尺寸。同类设备和备用设备要全部画出。

（2）阀门和管件的画法　管道上的阀门和管件要用细实线按照标准所规定的符号绘制在相应的地方，如表 2-4-2 所示。

表 2-4-2　仪表安装位置图形符号（摘自 HGJ/T 7—1987）

序号	安装位置	图形符号	备注	序号	安装位置	图形符号	备注
1	就地安装仪表	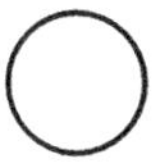		3	就地仪表盘面安装仪表		
		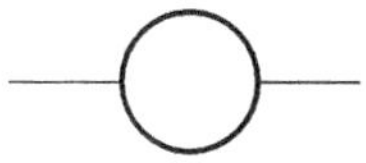	嵌在管道中	4	集中仪表盘后安装仪表	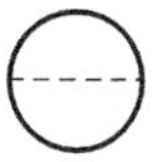	
2	集中仪表盘面安装仪表			5	就地仪表盘后安装仪表	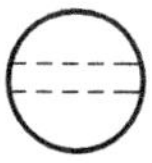	

（3）仪表控制点的画法　以细实线在相应管道设备上用符号画出。符号包括图形符号和字母代号，它们组合起来表达工业仪表所处理的被测变量和功能。字母代号见表 2-4-3。

仪表图形符号是一个细实线圆圈，直径为 10mm。在绘制时允许圆圈断开或变形。

表 2-4-3　被测变量及仪表功能代号

字母	第一位字母	后继字母	字母	第一位字母	后继字母
	被测变量或初始变量	功能		被测变量或初始变量	功能
A	分析	报警	N	供选用	供选用
B	喷嘴火焰	供选用	O	供选用	节流孔
C	电导率	控　制	P	压力或真空	试验点(接头)
D	密度		Q	数量或件数	积分、累计
E	电压(电动势)	检出元件	R	放射性	记录或打印
F	流量		S	速度和频率	开关或连锁
G	尺度(尺寸)	玻璃	T	温度	传送
H	手动(人工)		U	多变量	多功能
I	电流	指示	V	黏度	阀、挡板、百叶窗
J	功率		W	重量或力	套管
K	时间或时间程序	自动手动操作器	X	未分类	未分类
L	物位	指示灯	Y	供选用	继动器或计算器
M	水分或湿度		Z	位置	驱动、执行或未分类的执行器

2. 工艺管道及仪表流程图的标注

（1）设备的标注 设备的标注与方案流程图中标注方法相同。

（2）管道流程线的标注 管道的图例见表 2-4-4。管道流程线上除了应画出物料流向箭头，并用文字标明介质的来源或去向外，还应对每条管道进行标注。水平管道标注在管道的上方，垂直管道标注在管道的左边，字头朝左。管道标注应标注四部分的内容，即管道号（由三个单元组成，即物料代号、工段号、管道序号）、管径（一般标注公称直径）、管道等级（包括压力等级和材质类别及顺序号）和隔热隔声代号（可省略），总称为管道组合。标注的形式如图 2-4-5 所示。

表 2-4-4 管道及仪表流程图的管道图例（摘自 HG/T 20519.2—2009）

名 称	图 例	名 称	图 例
主要物料管道		电伴热管道	
辅助物料管道		夹套管	
原有管道		柔性管	
伴热(冷)管道		喷淋管	

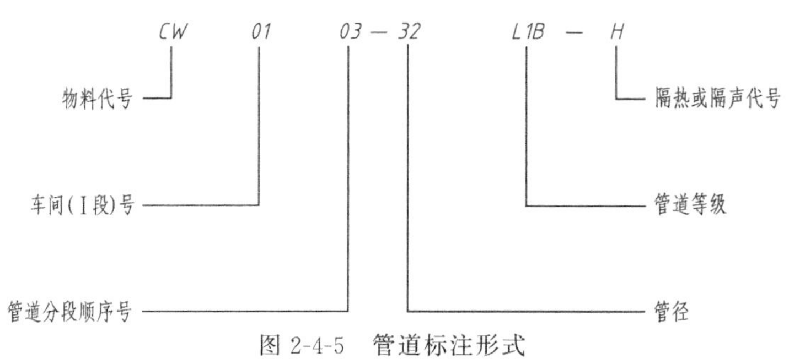

图 2-4-5 管道标注形式

管道等级中的压力等级和材质类别见表 2-4-5、表 2-4-6，物料代号以英文名称的第一个字母（大写）来表示，见表 2-4-7。

表 2-4-5 管道压力等级（摘自 HG/T 20519.2—2009）

管道公称压力等级									
压力等级(用于 ANSI 标准)				压力等级(用于国内标准)					
代号	公称压力	代号	公称压力	代号	公称压力	代号	公称压力	代号	公称压力
A	150lb	E	900lb	L	1.0MPa	Q	6.4MPa	U	22.0MPa
B	300lb	F	1500lb	M	1.6MPa	R	10.0MPa	V	25.0MPa
C	400lb	G	2500lb	N	2.5MPa	S	16.0MPa	W	32.0MPa
D	600lb			P	4.0MPa	T	20.0MPa		

表 2-4-6 管道材质类别（摘自 HG/T 20519.2—2009）

代号	管道材料	代号	管道材料	代号	管道材料	代号	管道材料
A	铸铁	C	普通低合金钢	E	不锈钢	G	非金属
B	非合金钢(碳钢)	D	合金钢	F	有色金属	H	衬里及内防腐

表 2-4-7　物料代号（摘自 HG/T 20519.2—2009）

代号	物料名称		代号	物料名称	
AR	空气	Air	LS	低压蒸汽	Law Pressure Steam
AG	氨气	Ammonia Gas	MS	中压蒸汽	Medium Pressure Steam
CSW	化学污水	Chemical Sewage Water	NG	天然气	Natural Gas
BW	锅炉给水	Boiler Water	PA	工艺空气	Process Air
CWR	循环冷却水回水	Cooling Water Return	PG	工艺气体	Process Gas
CWS	循环冷却水上水	Cooling Water Suck	PL	工艺液体	Process Liquid
CA	压缩空气	Compress Air	PW	工艺水	Process Water
DNW	脱盐水	Demineralized Water	SG	合成气	Synthetic Gas
DR	排液、导淋	Drain	SC	蒸汽冷凝水	Seam Condensate
DW	饮用水	Drinking Water	SW	软水	Soft Water
FV	火炬排放气	Flare	TS	伴热蒸汽	Tracing Steam
FG	燃料气	Fuel Gas	TG	尾气	Tail Gas
IA	仪表空气	Instrument Air	VT	放空气	Vent
IG	惰性气体	Inert Gas	WW	生产废水	Waste Water

（3）仪表及仪表位号的标注　在检测控制系统中构成一个回路的每个仪表都应该有自己的仪表位号，仪表位号由字母代号组合与阿拉伯数字编号组成。字母代号表示被测变量和仪表功能，见表 2-4-3。仪表位号（位号）的标注见图 2-4-6。

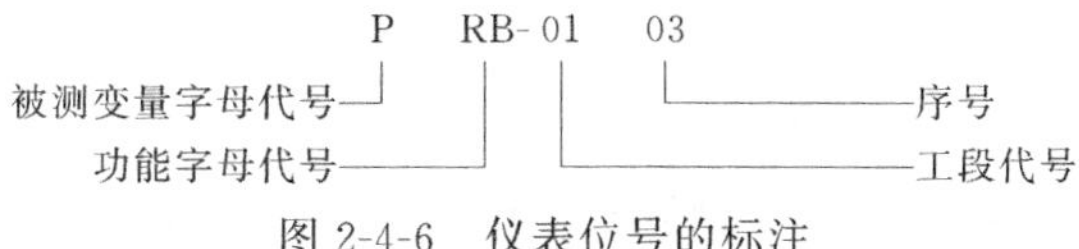

图 2-4-6　仪表位号的标注

部分仪表功能的图例见图 2-4-7。

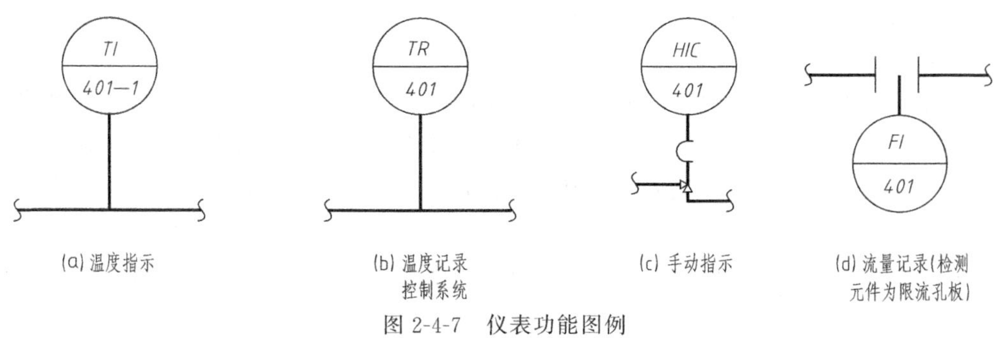

(a) 温度指示　(b) 温度记录控制系统　(c) 手动指示　(d) 流量记录(检测元件为限流孔板)

图 2-4-7　仪表功能图例

3. 工艺（流程）管道及仪表流程图的阅读

阅读工艺管道及仪表流程图可以为选用、设计、制造各种设备提供工艺条件；可以熟悉现场流程，掌握开停工顺序，维护正常的生产活动；还可以判断流程操作控制的合理性，进行工艺改革和设备改造；通过流程图可以提高操作水平和预防、处理事故的能力。阅读工艺管道及仪表流程图的步骤：大致了解，掌握各台设备的名称、位号和数量；分析主辅物料的流程；了解动力系统或其他介质系统流程；了解仪表控制点的情况。

项目实施

识读图 2-4-1 所示的乙炔工段工艺管道及仪表流程图。

(1) 掌握设备的名称、位号和数量 乙炔工段的工艺设备共有 13 台，分别是：一个 N_2 钢瓶（V0101），一台乙炔发生器（R0102），一台正逆水封（V0103），一台乙炔气柜（V0104），一台气水分离器（V0105），一台水环泵（P0106），一台分离罐（V0107），一台低压干燥器（T0108），四台相同型号的净化酸塔（T0109A～T0109D），一台中和碱塔（T0110）。

(2) 分析主要物料的流程（粗线部分） 电石和水在乙炔发生器反应，乙炔气体易燃易爆，在反应器的上方用 N_2 封住使乙炔气体不与空气接触，气体从乙炔发生器出来进入正逆水封，然后一部分气体去乙炔气柜，以维持气体的压力平衡，一部分进入气水分离器将乙炔气体中的水分离出来，经水循环泵和分离罐，送入低压干燥器，进一步除去乙炔气体中的水分，再送入净化酸塔，分离出乙炔气体中的 S、P 杂质，最后送入中和碱塔，除去乙炔气体中的次氯酸，最后生成成品乙炔气体。

(3) 了解阀门、仪表控制点的情况 从图中可知压力表有 8 个，温度表有 1 个，分析记录表有 2 个，物位表有 1 个。同时有多个旋塞阀和截止阀。

拓展提高

阅读图 2-4-8 天然气脱硫系统工艺管道及仪表流程图。

(1) 掌握设备数量、名称和位号 天然气脱硫系统的工艺设备有 9 台。相同型号的罗茨鼓风机两台（C0701A、B），一个脱硫塔（T0702），一个氨水储罐（V0703），两台相同型号的氨水泵（P0704A、B），一台空气鼓风机（C0705），一个再生塔（T0706），一个除尘塔（T0707）。

(2) 了解主要物料工艺流程 由配气站来的天然气原料，经罗茨鼓风机从脱硫塔的底部进入，在塔内与氨水逆流接触，去除掉天然气中有害的物质硫化氢。然后进入除尘塔除尘后由塔顶出，再去造气工段。

(3) 了解辅助物料工艺流程 由碳化工段来的稀氨水进入氨水储罐，经氨水泵抽出从脱硫塔上部进入。脱硫塔底部出来的氨水经过氨水泵抽出到再生塔，与塔中空气逆流接触吸收氨水中的硫化氢，产生的酸性气体送到硫黄回收装置，再生塔出来的再生氨水由氨水泵回收打入脱硫塔后循环使用。

(4) 了解动力或其他介质系统流程 整个系统中介质的流动通过一台罗茨鼓风机完成，另一台罗茨鼓风机作为备用。

(5) 了解仪表控制点情况 压力指示表安装在两台罗茨鼓风机、两台氨水泵出口以及除尘塔下部物料的入口处。取样分析点安置在天然气原料线、再生塔底出口以及除尘塔料气入口处。

(6) 了解阀门种类、数量等 各管道共使用三种阀门。截止阀有 8 个，闸阀有 7 个，止回阀有 2 个。

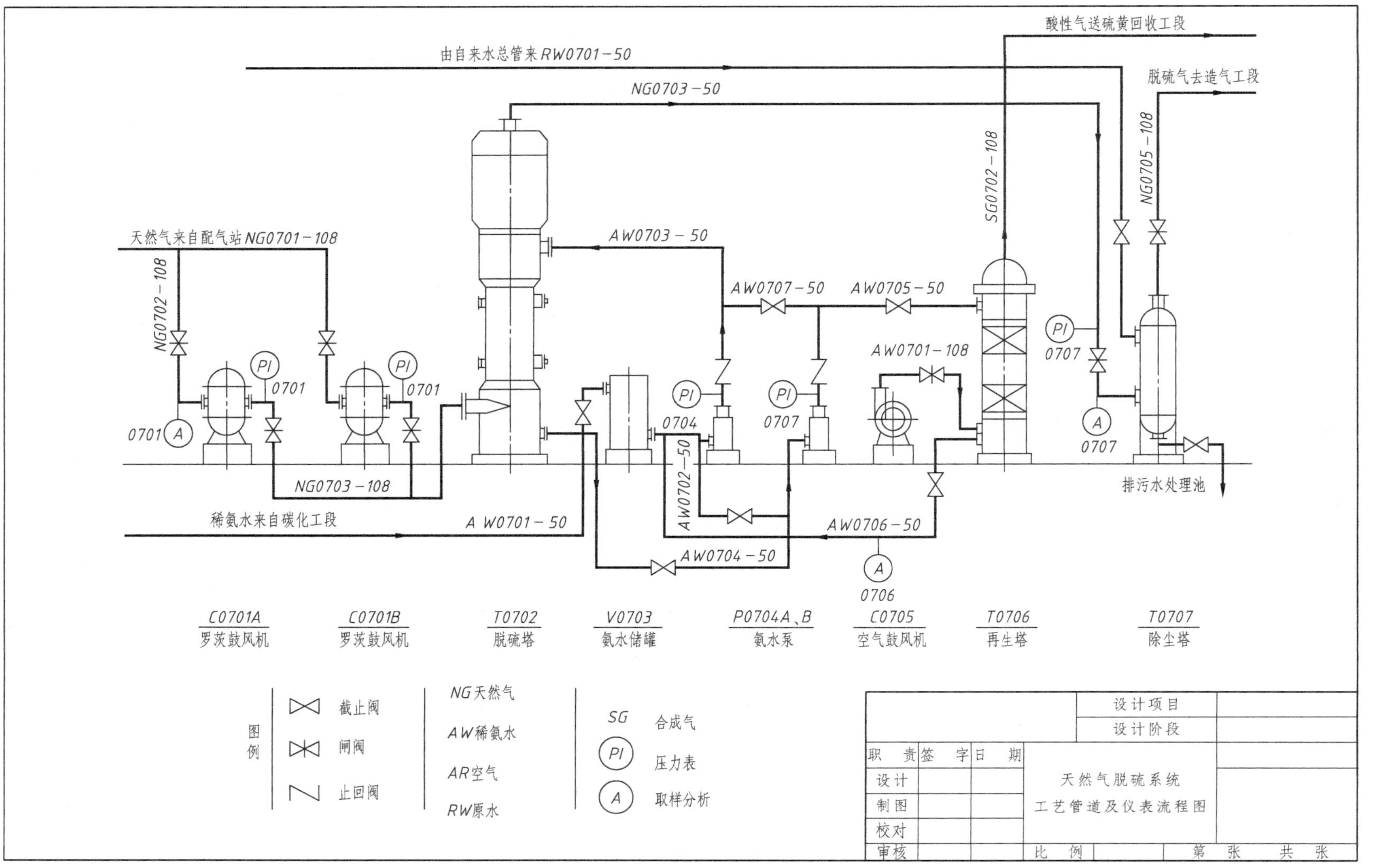

图 2-4-8　天然气脱硫系统工艺管道及仪表流程图

项目 4.2 识读均苯四甲酸计量罐的化工设备图

项目描述

① 从相关资料中查出如图 2-4-9 所示化工设备中标准件的尺寸。

② 能够阅读均苯四甲酸计量罐的化工设备装配图。

项目分析

项目中给定了化工设备的示意图和管口图，没有给出相关的零件图。由于化工设备的零部件大都已经标准化，因此在绘制化工设备图时要根据相关的手册查阅这些零部件的具体结构和尺寸大小。同时要根据化工设备装配图，读懂图中所给出的所有相关信息，如零部件的装配连接关系，零件的形状结构，装配尺寸，技术要求等。因此要能够读懂给出的化工设备装配图，应熟悉读图的目的，掌握读图的要求和步骤。

相关知识

一、化工设备图的内容

在化工厂的建设过程中，无论是设计、施工，还是设备的制造、安装等均离不开化工图样。化工生产中的化工机器（主要是指压缩机、离心机、鼓风机等），这些除部分在防腐蚀要求特殊外，其图样属于一般通用机械表达的零件图和装配图范畴。这些是化工设备中的动设备。而化工设备是那些用于化工生产单元操作（如合成、分离、过滤、吸收、澄清等）的装置和设备，它是化工生产所特有的重要技术装备。这是化工设备中的静设备。

用来表示化工设备结构形状、技术特性、各零部件之间的装配关系以及必要的尺寸和制造、检验等技术要求的图样，称为化工设备装配图，简称化工设备图。化工设备图也是按照正投影法和国家标准《技术制图》、《机械制图》的规定而绘制的。由于化工生产的特殊要求，化工设备的结构形状具有某些共同的特点，因此在绘制化工设备装配图时除了采用机械制图中表达方法之外，化工设备图还有一些特殊的表达方法。

图 2-4-9 是均苯四甲酸计量罐的化工设备装配图，包括以下几个内容。

1. 一组视图

这些视图用以表达化工设备的工作原理，各个零部件之间的装配关系以及主要零件的基本结构形状。图中采用两个基本视图将均苯四甲酸计量罐的工作原理、结构形状以及各个零部件之间的装配关系清晰地表达出来。

2. 必要的尺寸和标注

化工设备图中的尺寸是制造、装配、安装和检验设备的重要依据。标注尺寸时，除了要遵守国家标准《技术制图》与《机械制图》的规定之外，还要结合化工设备的特点，做到完整、清晰、合理，以满足化工设备制造、检验和安装的要求。

(1) 尺寸种类　化工设备图主要用来表达化工设备的工作原理、各个零部件之间的装配关系。化工设备图中主要包括以下几类尺寸。

① 特性尺寸。反映化工设备的主要性能、规格尺寸，如图中筒体的内径 ϕ600mm，筒体长度 800mm 等。

② 装配尺寸。表示组成化工设备各个零部件之间的装配关系和相对位置的尺寸，如图

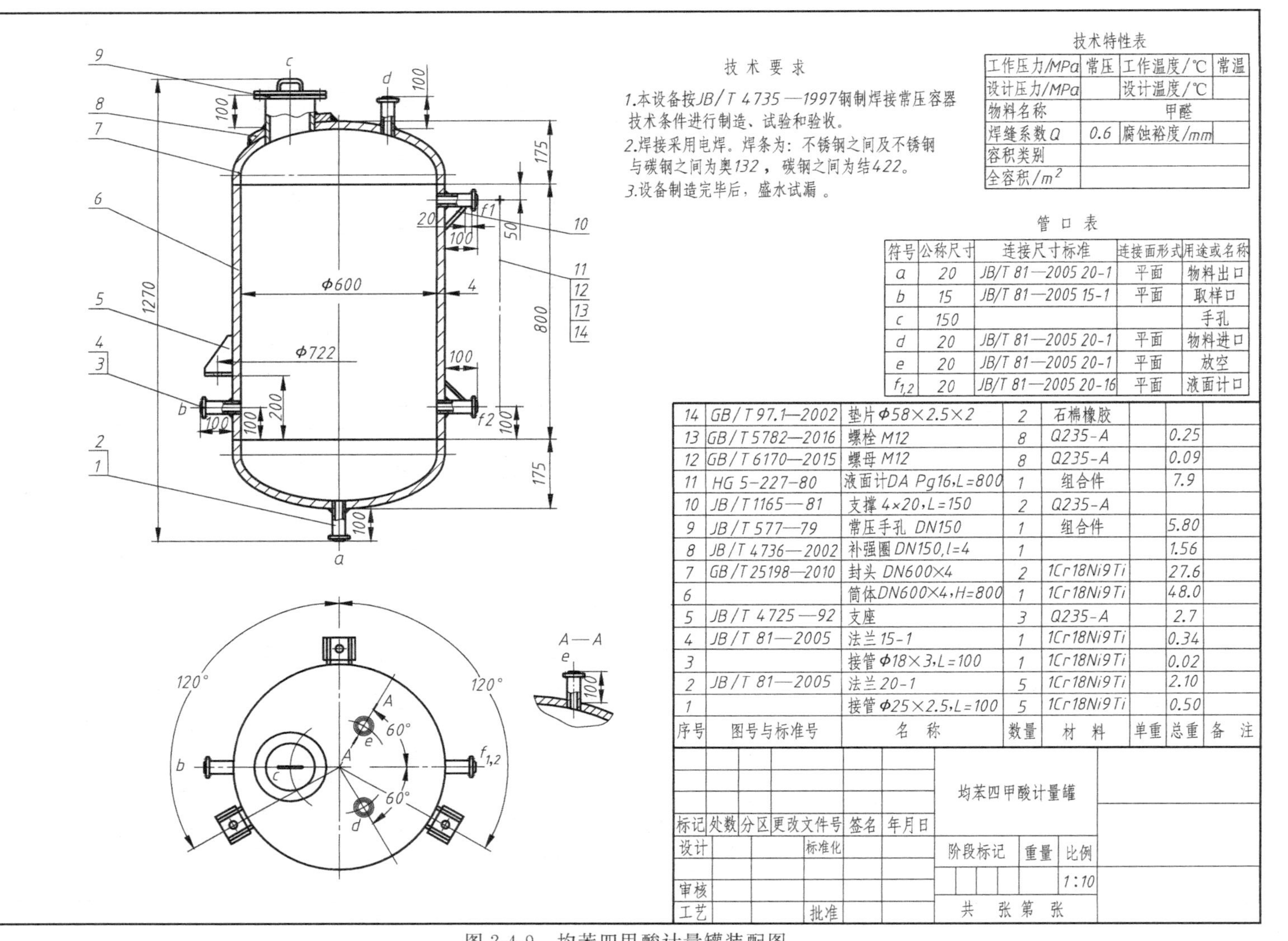

技术特性表

工作压力/MPa	常压	工作温度/℃	常温
设计压力/MPa		设计温度/℃	
物料名称	甲醛		
焊缝系数Q	0.6	腐蚀裕度/mm	
容积类别			
全容积/m^2			

管口表

符号	公称尺寸	连接尺寸标准	连接面形式	用途或名称
a	20	JB/T 81—2005 20-1	平面	物料出口
b	15	JB/T 81—2005 15-1	平面	取样口
c	150			手孔
d	20	JB/T 81—2005 20-1	平面	物料进口
e	20	JB/T 81—2005 20-1	平面	放空
$f_{1,2}$	20	JB/T 81—2005 20-16	平面	液面计口

序号	图号与标准号	名称	数量	材料	单重	总重	备注
14	GB/T 97.1—2002	垫片Φ58×2.5×2	2	石棉橡胶			
13	GB/T 5782—2016	螺栓 M12	8	Q235-A		0.25	
12	GB/T 6170—2015	螺母 M12	8	Q235-A		0.09	
11	HG 5-227-80	液面计DA Pg16,L=800	1	组合件		7.9	
10	JB/T 1165—81	支撑 4×20,L=150	2	Q235-A			
9	JB/T 577—79	常压手孔 DN150	1	组合件		5.80	
8	JB/T 4736—2002	补强圈 DN150,l=4	1			1.56	
7	GB/T 25198—2010	封头 DN600×4	2	1Cr18Ni9Ti		27.6	
6		筒体DN600×4,H=800	1	1Cr18Ni9Ti		48.0	
5	JB/T 4725—92	支座	3	Q235-A		2.7	
4	JB/T 81—2005	法兰 15-1	1	1Cr18Ni9Ti		0.34	
3		接管Φ18×3,L=100	1	1Cr18Ni9Ti		0.02	
2	JB/T 81—2005	法兰 20-1	5	1Cr18Ni9Ti		2.10	
1		接管Φ25×2.5,L=100	5	1Cr18Ni9Ti		0.50	

标记	处数	分区	更改文件号	签名	年月日	均苯四甲酸计量罐		
设计			标准化			阶段标记	重量	比例
								1:10
审核								
工艺			批准			共　张　第　张		

图 2-4-9　均苯四甲酸计量罐装配图

中 1270mm 表示了手孔与物料出口之间的相对位置。

③ 安装尺寸。表明了化工设备安装在地面或其他构件上所需的尺寸，如图中的 ϕ722mm 等。

④ 外形（总体）尺寸。表示化工设备的总长、总宽、总高的尺寸，以确定该设备占用的空间。

⑤ 其他尺寸。化工设备图中标准零部件的规格尺寸，经设计计算确定的重要的尺寸，焊缝结构形式尺寸等。

（2）尺寸标注　化工设备图中的尺寸标注应该满足设备在制造、检验、安装等要求，因此合理地选尺寸基准非常重要。化工设备图中的尺寸基准的选择有如下的几种方法：

① 设备筒体和封头焊接时的轴线；

② 设备筒体和封头焊接处的环焊缝；

③ 设备容器法兰的端面；

④ 设备支座的底面；

⑤ 管口的轴线与壳体表面的交线等。

（3）典型结构尺寸的标注

① 筒体尺寸。一般标注内径、壁厚和高度（长度）；若用无缝钢管作筒体，则标注外径、壁厚和高度（长度）。

② 封头尺寸。一般标注壁厚和封头高（包括直边高）。

③ 管口尺寸。管口直径和壁厚。如果管口的接管为无缝钢管时，一般标注“外径×壁厚”。管口在设备上的伸出长度，一般是标注管法兰端面到接管中心线和相接零件外表面的最短距离。

④ 设备中的瓷环、浮球等填充物，注出总体尺寸及填充物规格尺寸。在化工设备图中，由于各个组成零件的制造精度不高，故允许在图上将同方向（轴向）的尺寸标注为封闭的形式。对于某些总长（总高）或次要尺寸，通常将这些尺寸数字加圆括号“（）”或在数字前面加“～”，以示参考之意。

3. 管口表

管口表是用以说明化工设备上所有管口的符号、用途、规格、连接面形式等内容的一种表格，供备料、制造、检验或使用时作参考。

管口符号一律用小写拉丁字母（a、b、c 等）编写（字母中的 i、l、o、q 不推荐使用），规格、用途及连接面形式不同的管口均应单独编写管口符号。管口符号的编写顺序应从主视图的左下方开始，按顺时针方向依次编写。其他视图上的管口符号，则应根据主视图中对应的符号进行注写。

图 2-4-10　管口表的形式

管口表位于明细栏的上方，规定的格式如图 2-4-10 所示。填写管口表时要注意：

① 管口表“符号”栏内的字母应和视图中管口的符号相同，按 a、b、c 的顺序，自上而下填写。当管口规格、用途及密封面形式完全相同时，可合并成一项填写，如 b_{1-2}。

②“公称尺寸”栏内填写管口公称直

径。无公称直径的管口，按管口实际内径填写。

③“连接尺寸、标准”栏填写对外连接管口的有关尺寸和标准；不对外连接的管口（如人孔、视镜等）不填写具体内容也可用细斜线表示；螺纹连接管口填写螺纹规格。

4. 技术特性表

技术特性表是表明设备的主要技术特性的一种表格。一般都放在管口表的上方。其格式有两种，分别适用不同类型的设备，如图 2-4-11 所示。

技术特性表的内容包括工作压力、工作温度、设计压力、设计温度、物料名称等。对于不同类型的设备，需增加有关内容。如容器类，增填全容积（m^3）；反应器类，增填全容积和搅拌转速等；换热器类，增填换热面积等；塔器类，增填设计风压和地震烈度等。

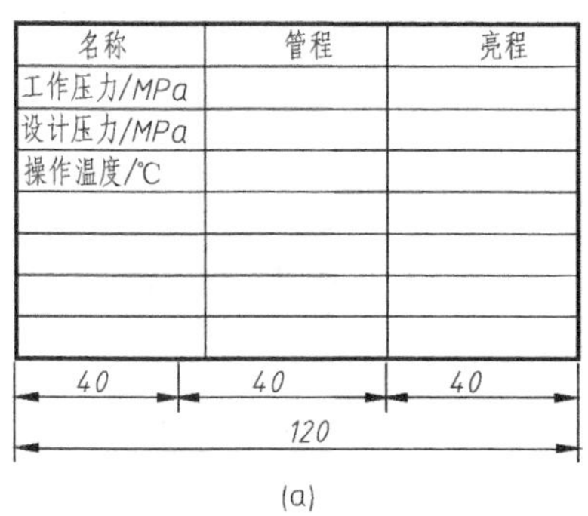

名称	管程	亮程
工作压力/MPa		
设计压力/MPa		
操作温度/℃		

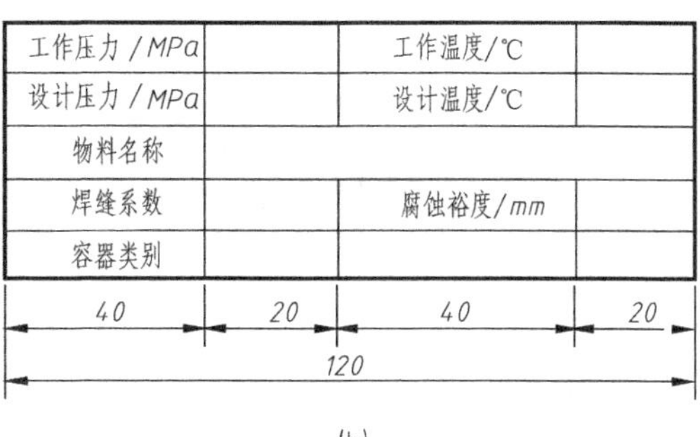

工作压力 / MPa		工作温度/℃	
设计压力 / MPa		设计温度/℃	
物料名称			
焊缝系数		腐蚀裕度/mm	
容器类别			

图 2-4-11　技术特性表的格式

5. 技术要求

技术要求是用文字说明在图中不能（或没有）表示出来的内容，包括设备在制造、装配、验收时应该遵循的标准、规范或规定，以及对材料、表面处理及涂饰、润滑、包装、运输等方面的特殊要求。

技术要求包括以下几方面的内容：

（1）通用技术条件　通用技术条件是同类化工设备在制造、装配、检验等诸方面的技术规范，已经形成标准，在技术条件中直接引用。

（2）焊接要求　设备在制造（焊接、机械加工）和装配方面的要求。通常对焊接方法、焊条型号等都作具体要求。

（3）设备的检验　包括焊缝质量检验和设备整体检验两类。

（4）其他要求　设备在机械加工、装配、保温、防腐蚀、运输等方面的要求。

6. 零部件序号、明细栏和标题栏

零部件序号的编排形式与机械装配图相同。序号一般都从主视图左下方开始，顺时针方向连续编号，整齐排列。序号若有遗漏或需增添时，则在外圈编排。

明细栏及标题栏的内容及格式参见项目 1.1 中相关内容。

二、化工设备图的表达特点

化工设备图的表达方法与化工设备的结构密切相关。因此要想了解化工设备的表达方法和特点，就要先了解化工设备的结构。

1. 化工设备的种类

化工设备的种类很多，通常情况下典型的化工设备有以下几大类。

① 容器。用以储存原料、中间成品和成品等，其形状有圆柱形、球形等，如图 2-4-12（a）所示，其中圆柱形容器应用广泛。

② 换热器。主要用来使两种不同温度的物料进行热量交换，以达到加热或冷却的目的，换热器的形状见图 2-4-12（b）。

③ 反应器。主要用于物料进行化学反应，生成新的物质，或者使物料进行搅拌、沉降等单元操作。反应器的形式多种多样，根据不同的情况而选用，有些行业（如染料、制药等)，又称为反应罐或反应釜，一般还安装有搅拌装置。图 2-4-12（c）所示为一种常用的反应器。

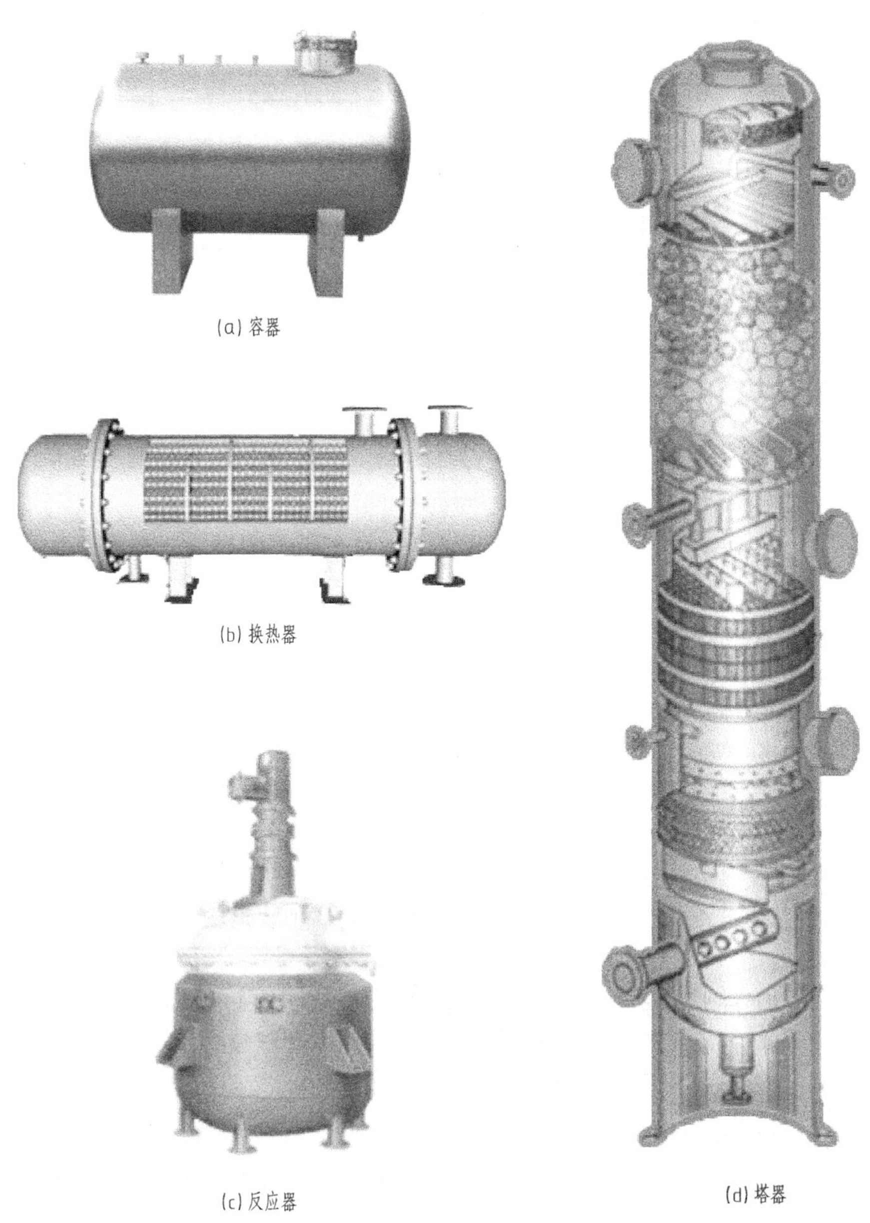

(a) 容器

(b) 换热器

(c) 反应器

(d) 塔器

图 2-4-12 常见的化工设备

④ 塔器。主要用于吸收、洗涤、精馏、萃取等化工单元的操作。塔器多为立式设备，其断面一般为圆形，塔器的高度和直径相差比较大，其基本形状如图 2-4-12（d）所示。

2. 化工设备的结构特点

各种化工设备虽然结构形状、大小尺寸不同，但从上述典型结构设备中可分析归纳出它们具有的结构特点。

（1）设备的主体（壳体）结构　化工设备的主体一般是由钢板卷制而成的回转体。

（2）尺寸相差悬殊　设备的总体尺寸与某些局部结构（如壁厚、管口等）尺寸往往相差较大。如均苯四甲酸计量罐内径为 ϕ400mm，而壁厚只有 4mm。

（3）壳体上有较多的开孔和管口　为满足化工工艺的需要，在化工设备的壳体（筒体和封头）上有较多的开孔和接管口，用以装配各种零部件和连接管道。均苯四甲酸计量罐有六个接管口。

（4）大量采用焊接结构　化工设备中各个零部件的连接广泛采用焊接的方法，均苯四甲酸计量罐中筒体和封头、筒体与接管口以及封头与接管口之间的连接都是采用的焊接。

（5）广泛采用标准化的零部件　化工设备上较多的通用零部件已标准化、系列化，在设计化工设备中可以直接选用。

3. 化工设备装配图的表达特点

（1）视图及配置　化工设备的主体结构多为回转体，为表达内部结构，常常采用剖视图。化工设备的基本视图采用两个。立式设备一般是主、俯视图；卧式设备一般是主、左（右）视图，如果设备的结构较大或图幅有限，俯（左）视图可以配置在图纸的任意位置，但是需要标注“俯（左）视图”。

当化工设备结构复杂，视图较多时，允许将部分视图绘制在数张图纸上，但设备的主视图、明细栏、管口表、技术特性表、技术要求应安排在第一张图纸上。

化工设备结构比较简单且多为标准件，允许将零件图和装配图绘制在同一张图纸上，如果在设备装配图上已经表达清楚也可以不画零件图。

化工设备除了两个基本视图之外，还需要其他视图进行补充表达设备的主要装配关系，辅助视图多采用局部放大图、局部视图、剖视及剖面等。

（2）多次旋转表达的方法　化工设备壳体的四周分布了各种管口和零部件，它们的周向位置可以在俯（左）视图中确定。为了在主视图上清楚地表达出各个管口的形状和轴向位置，主视图可以采用多次旋转表达的方法。即假想将分布在设备上不同位置的管口和零部件，分别旋转到与主视图所在投影面平行的位置然后进行投射，得到视图或剖视图，以表示这些结构的形状、装配关系和轴向位置，如图 2-4-13 所示。

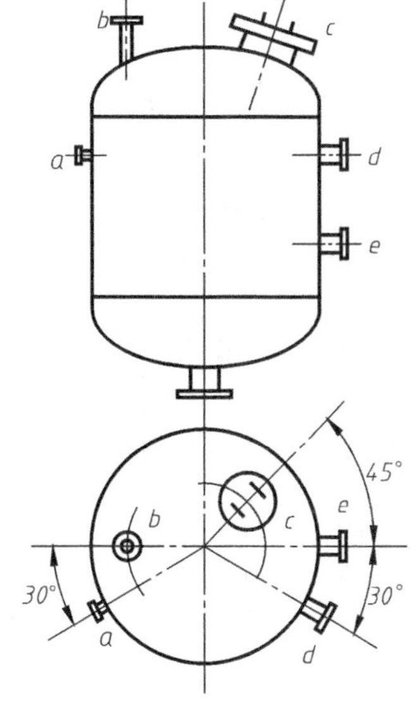

图 2-4-13　多次旋转表达的方法

用多次旋转的表达方法一般是不需要进行标注，但是这些结构的周向方位要以管口方位图（俯、左视图）为准。

（3）管口方位的表达方法　化工设备上管口及其附件的方位在设备制造、安装和使用中都是十分重要的，必须在图样中表达清楚。

管口的结构若在主体视图（或其他视图）上能表达清楚时，管口在设备上的分布方位，可以用管口方位图表示（图

2-4-14），方位图仅以中心线表示管口位置，以单线（粗实线）示意画出设备管口，在主视图和方位图上相应管口投影旁标明相同的小写拉丁字母。当俯（左）视图能将管口方位表达清楚时，可不必画管口方位图。

（4）局部结构的表达方法　化工设备上各个部分尺寸相差比较悬殊，按缩小比例绘制的基本视图中，细部结构很难表达清楚，因此常采用局部放大图和夸大画法表达这些细部结构。

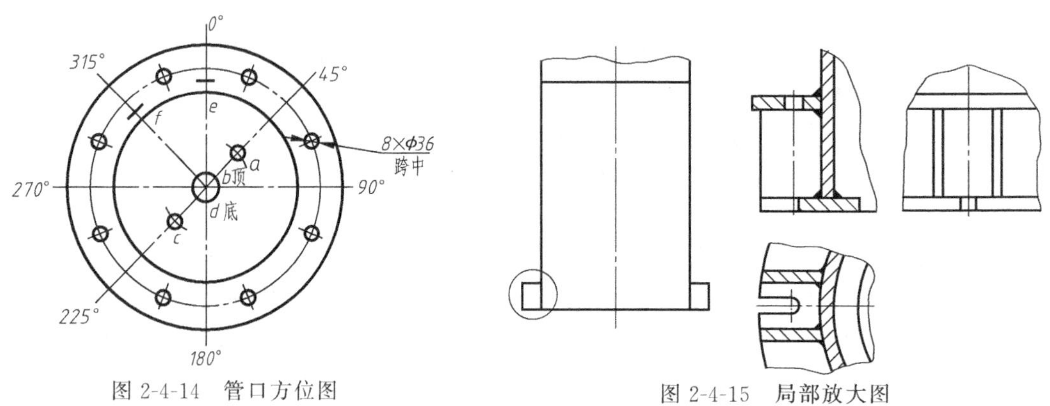

图 2-4-14　管口方位图　　图 2-4-15　局部放大图

① 局部放大图。局部放大图又称节点图，根据需要可以选择剖视、视图、断面图等表达方法，局部放大图可以按照规定比例，也可以不按比例适当放大，但都需要标注，如图 2-4-15 所示。

② 夸大画法。对于尺寸过小的结构（如壁厚、垫片厚度等）无法按比例绘制时，可以适当夸大绘制出它们的厚度，如均苯四甲酸计量罐中的壁厚。

（5）断开和分段（层）的表达方法　当设备的总体尺寸较大，又有相当部分的尺寸结构形状相同或按照一定规律变化时，可以采用断开的画法，即用双点画线将设备从重复结构或相同结构处断开，使图形缩短，节省图幅，简化作图。图 2-4-16 所示为填料塔设备，采用断开的画法，图中省略的填料层部分的结构、形状完全相同。

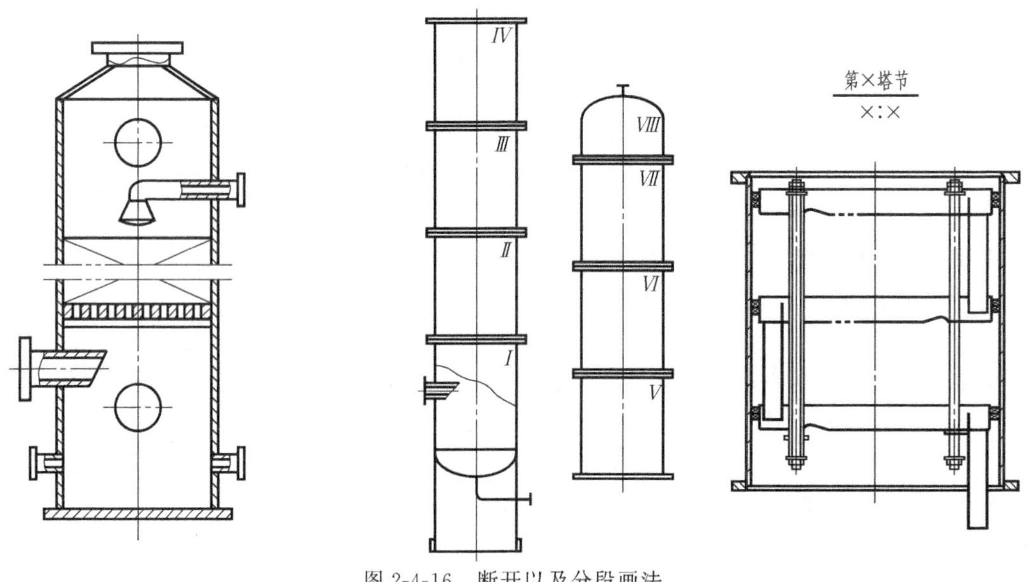

图 2-4-16　断开以及分段画法

有些设备（如塔器）形体较长，又不适于采用断开画法，为了合理选用比例和充分利用图纸，可以将整个设备分成若干段（层）画出，如图 2-4-16 所示。

（6）简化画法

① 标准零部件和外购零部件的简化画法。标准零部件都有标准图，在设备图中不必详细画出，可以按照比例画出其外部形状特征简图，如图 2-4-17 所示，同时要在明细栏中注写这些零件的名称、规格和标准号等。

外购零部件在设备的装配图中，只需根据尺寸按照比例用粗实线画出其外形轮廓简图，如图 2-4-18 所示，同时在明细栏中注明名称、规格、主要性能参数和“外购”字样。

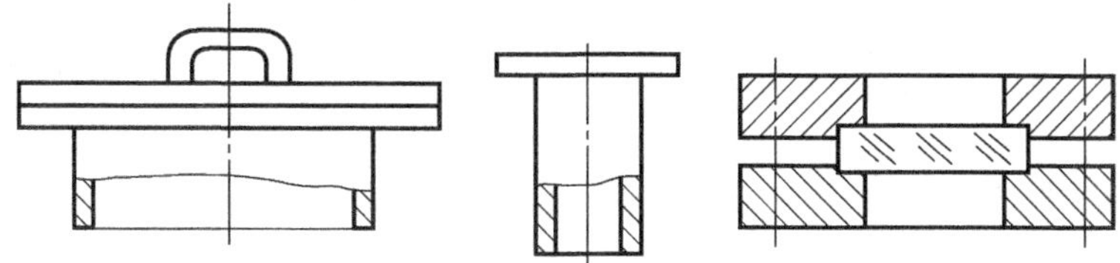

图 2-4-17　标准化零部件的简化画法

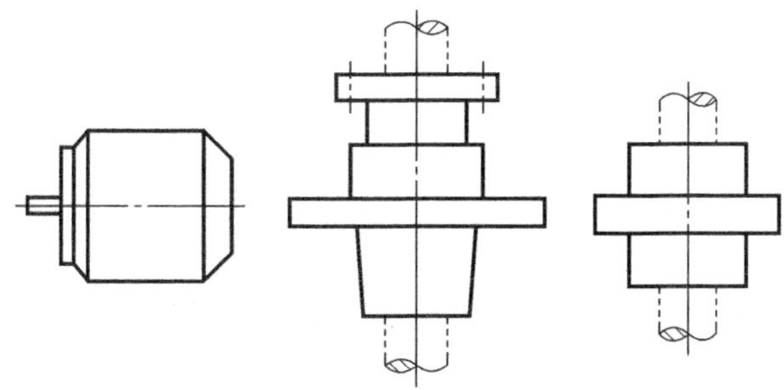

图 2-4-18　外购零件的简化画法

② 管法兰的简化画法。在化工设备图中，不论法兰密封面是什么形式（平面、凹凸面、榫槽面），管法兰的画法均可以画成图 2-4-19 所示的形式。

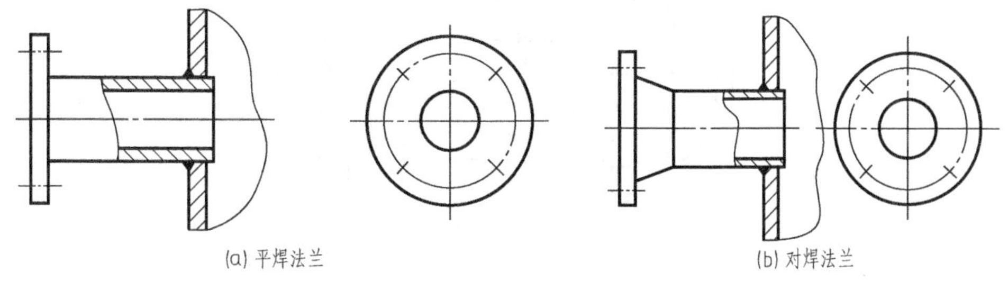

(a) 平焊法兰　(b) 对焊法兰

图 2-4-19　管法兰的简化画法

③ 重复结构的简化画法

a. 螺栓孔和螺栓连接的简化画法。螺栓孔只需要绘制出中心线和轴线，而圆孔的投影可以省略不画。装配图中的螺栓连接可以用符号“×”（粗实线绘制）表示，若数量较多且均匀分布时，可以只画出几个符号表示其分布的方位，如图 2-4-20 所示。

b. 填充物的简化画法。当化工设备中装有同一规格的材料和同一种堆放方法的填充物时，在剖视图中可以用交叉的细实线表示，同时要标注相应的文字说明（堆放方法和材料规格）和有关的尺寸，如图 2-4-21 所示；对于装有不同规格的材料或有着不同堆放方法的填

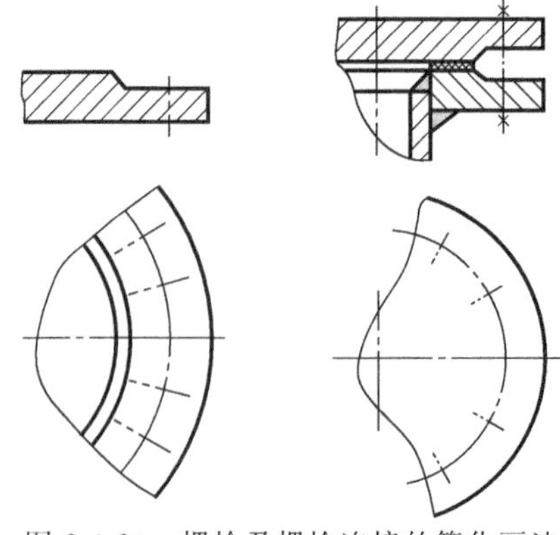
图 2-4-20 螺栓及螺栓连接的简化画法

充物时，必须分层表示，并分别标明填充物的规格和堆放方法，如图 2-4-21 所示。

c. 管束的简化画法。当设备中有密集的管子且按一定的规律排列或成管束时（列管式换热器中的换热管），在装配图中可以只画出其中一根或几根管子，其余管子均用中心线表示，如图 2-4-22 所示。

d. 多孔板的简化画法。多孔板上按规律分布的孔（如换热器中的管板）可以按照图 2-4-23 所示简化画出。

④ 液面计的简化画法。在化工设备装配图中，带有两个接管的玻璃管液面计，可以用细点画线和符号“+”（粗实线）简化表示，如图 2-4-24 所示。

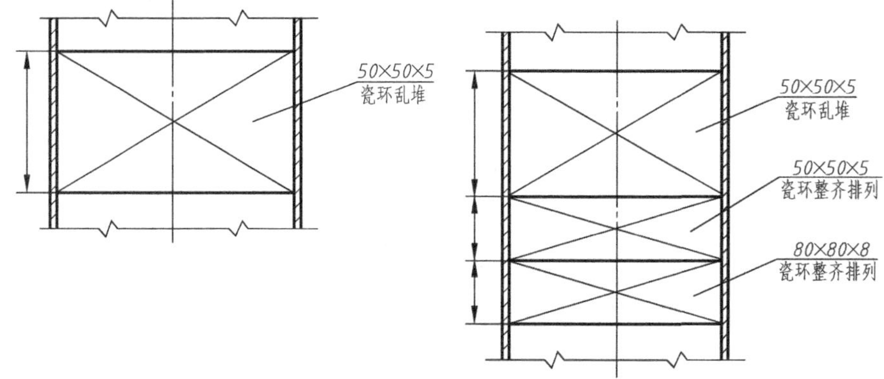

图 2-4-21 填充物的简化方法

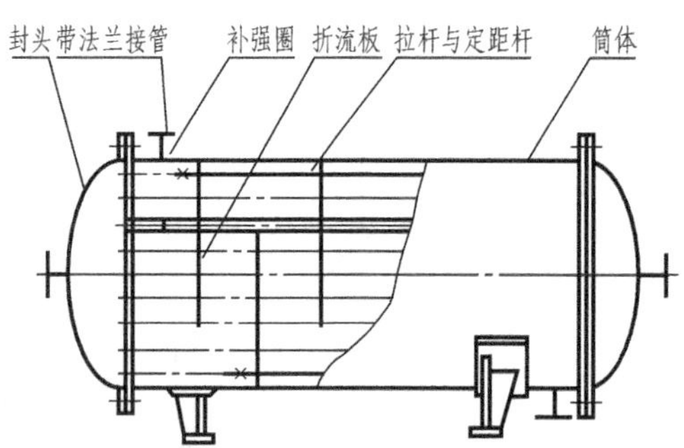

图 2-4-22 密集管束的简化画法

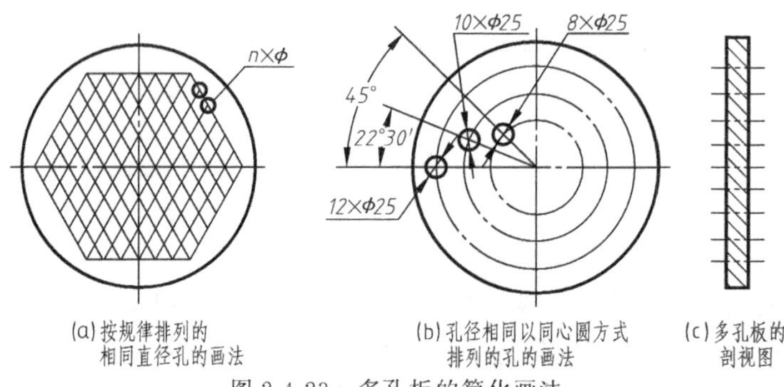

图 2-4-23 多孔板的简化画法

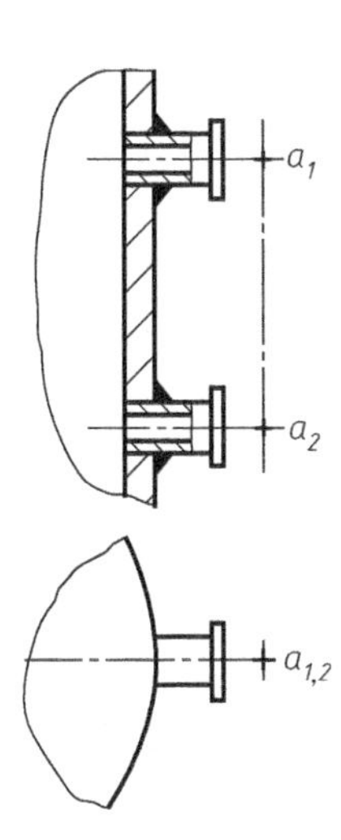

图 2-4-24　液面计的简化画法

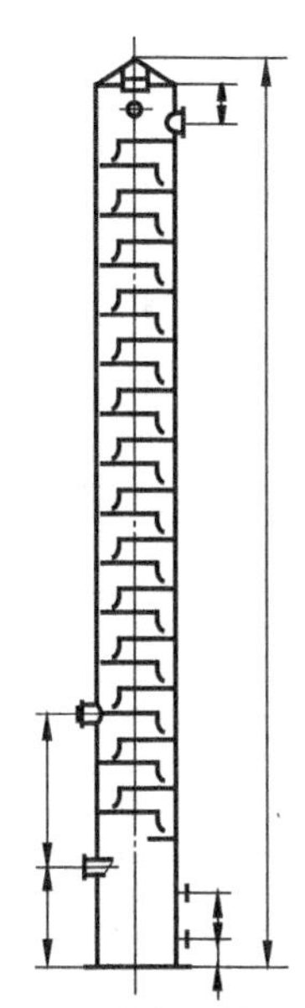

图 2-4-25　设备整体示意画法

⑤ 设备整体示意画法。为了表达设备的完整形状、有关结构的相对位置和尺寸，可以采用设备整体示意画法，即按比例用单线（粗实线）画出设备外形和必要的设备内件，并标注设备的总体尺寸、接管口的位置以及人（手）孔的位置等尺寸，如图 2-4-25 所示。

⑥ 单线示意的画法。化工设备上的某些结构已有零件图，或另外用剖视、断面、局部放大图等方法已表示清楚时，装配图中允许用单线（粗实线）表示。如图 2-4-22 所示列管式换热器，其中用引线说明的零部件，均采用单线示意画法，而其他零件仍按照装配图的要求画出。

三、化工设备图中焊缝的表示方法

焊接是化工设备制造、安装过程中广泛采用的一种连接方式，它是一种不可拆卸的连接，施工简单、连接可靠。常见的焊接接头有 T 形接、角接、搭接、对接四种形式，如图 2-4-26 所示。

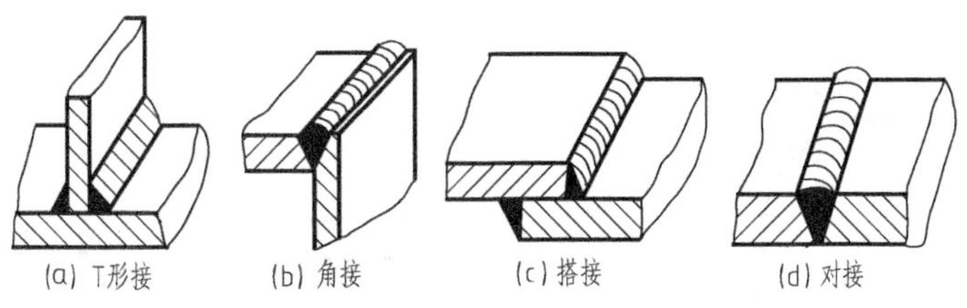

图 2-4-26　焊接接头的形式

1. 焊接方法和焊缝形式

随着焊接技术的发展，焊接方法已经有十几种。按 GB/T 5185—2005 的规定，用阿拉伯数字序号表示各种焊接方法。常用的焊接方法及其代号见表 2-4-8。

2. 焊缝的规定画法

国家标准规定：在图样中一般用焊缝符号表示焊缝，也可以用图示法表示。在视图中可见焊缝用细实线绘制的栅线（允许徒手绘制）表示，也允许用特粗线（$2d \sim 3d$）表示，但在同一图样中只允许采用一种方法绘制。在剖视图或断面图中，焊缝的金属熔焊区应涂黑表示，如图 2-4-27 所示。

表 2-4-8 常用焊接方法及其代号

代号	焊接方法	代号	焊接方法	代号	焊接方法	代号	焊接方法
111	手弧焊	21	点焊	321	空气-乙炔焊	751	激光焊
12	埋弧焊	22	缝焊	42	摩擦焊	91	硬钎焊
121	丝级埋弧焊	25	电阻对焊	43	锻焊	912	火焰硬钎焊
122	带级埋弧焊	291	高频电阻焊	441	爆炸焊	916	感应硬钎焊
15	等离子弧焊	311	氧-乙炔焊	72	电渣焊	94	软钎焊
181	碳弧焊	312	氧-丙烷焊	74	感应焊	942	火焰软钎焊

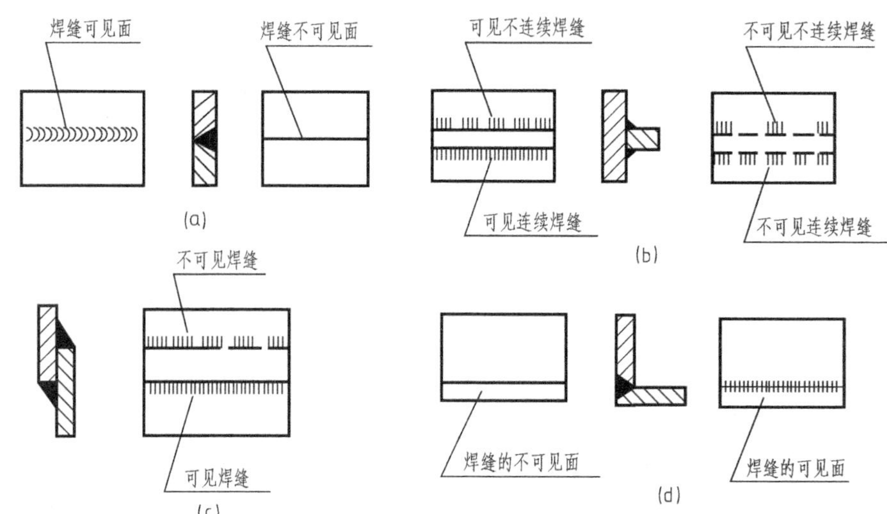

图 2-4-27 焊缝的规定画法

对于常压、低压设备，在剖视图中的焊缝用涂黑表示，视图中的焊缝省略不画，如图 2-4-28 所示；对于中、高压设备或设备上某些重要的焊缝，则需要局部放大图来详细表达焊缝结构的形状和有关尺寸，如图 2-4-29 所示。

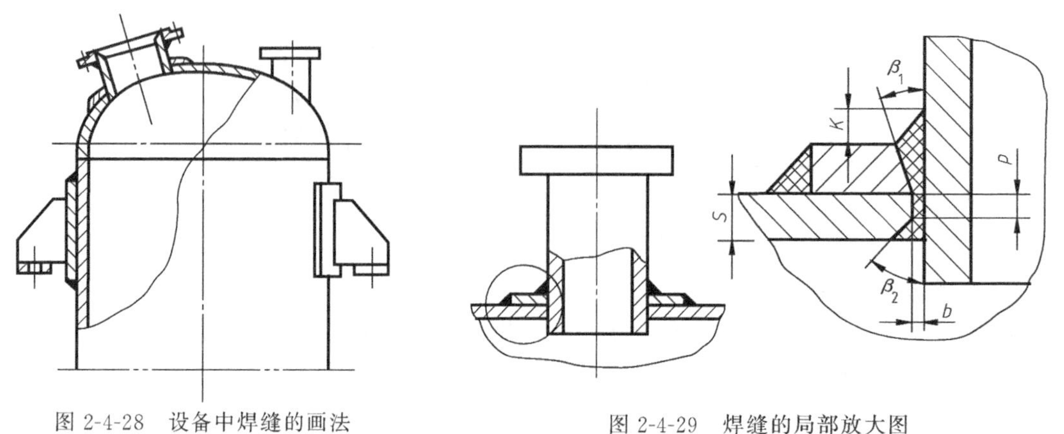

图 2-4-28 设备中焊缝的画法

图 2-4-29 焊缝的局部放大图

3. 焊缝符号表示方法及标注

当化工设备上的焊缝比较简单时可以不必画出焊缝，只是在焊缝处标注焊缝符号。焊缝符号一般是由基本符号和指引线组成，必要时还要加注辅助符号、补充符号和焊缝尺寸符号。

基本符号是表示焊缝横截面形状的符号，它用近似于焊缝的横截面形状的符号表示，见表 2-4-9；辅助符号是表示焊缝表面形状特征的符号，见表 2-4-10；补充符号是说明焊缝某些特征面采用的符号，见表 2-4-10；焊缝尺寸符号是用字母代表对焊缝的尺寸要求，见表 2-4-11。

表 2-4-9　焊缝基本符号

序号	名　称	示 意 图	符号	序号	名　称	示 意 图	符号
1	卷边焊缝（卷边完全熔化）		八	6	带钝边 V 形焊缝		Y
2	I 形焊缝	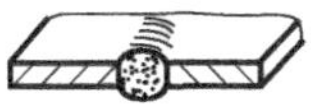	‖	7	带钝边单边 V 形焊缝		 ⊬
3	V 形焊缝		V	8	带钝边 U 形焊缝		 Y
4	单边 V 形焊缝		V	9	带钝边单边 J 形焊缝		 ⊬
5	点焊缝	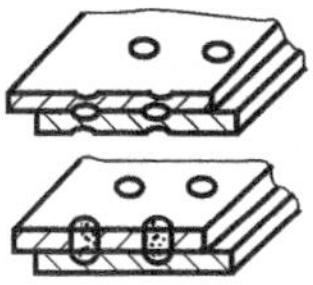	○	10	角焊缝	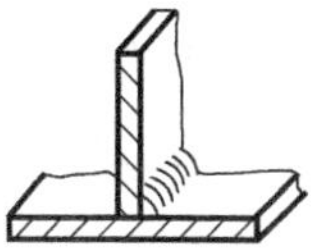	 ◿

表 2-4-10　辅助符号与补充符号标注方法

名　称	符号	示 意 图	说　明
平面符号	—	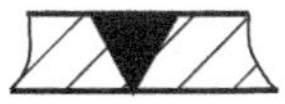	辅助符号 表示焊缝表面平齐
凹面符号	◡	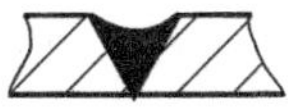	辅助符号 表面焊缝表面凹陷
凸面符号	◠	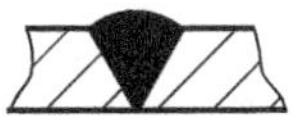	辅助符号 表示焊缝凸起
三面焊缝符号	⊏	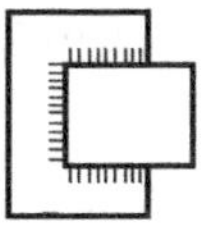	补充符号 表示三面有焊缝 符号开口的方向与实际方向一致
周围焊缝符号	○	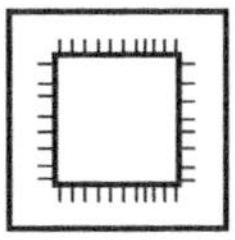	补充符号 表示环绕工件周围均有焊缝
现场符号	 ▶		补充符号 表示在现场或工地上进行焊接

表 2-4-11　焊缝尺寸符号及含义

符号	名　　称	符号	名　　称	符号	名　　称
δ	工作厚度	R	根部直径	S	焊缝有效厚度
c	焊缝宽度	β	坡口面角度	N	相同焊缝数量
h	余高	n	焊缝段数	p	钝边
e	焊缝间距	b	根部间隙	H	坡口深度
α	坡口角度	K	焊脚尺寸	l	焊缝长度

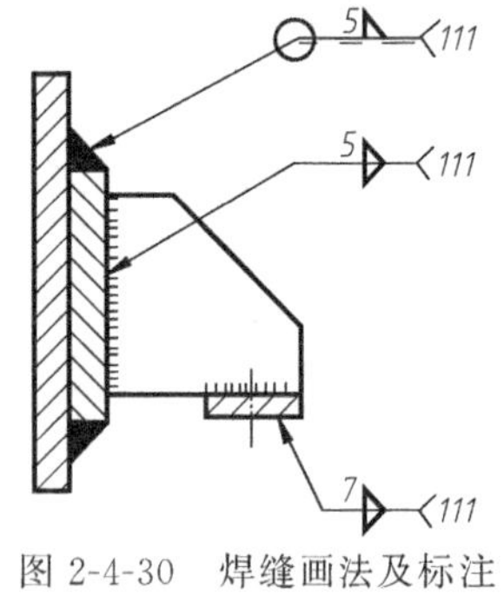

图 2-4-30　焊缝画法及标注

焊缝的指引线一般由箭头线和基准线组成，箭头用细实线绘制并指向焊缝处，基准线是两条与图样底边平行的细实线和虚线。焊接方法（代号）可以注写在基准末端尾部符号处，见图 2-4-30。

四、化工设备中常用的标准化的零部件

化工设备中零部件的种类和规格很多，一类是通用的零部件，一类是化工设备常用的零部件。化工设备中常用的零部件大都已经标准化，如筒体、封头、支座、法兰等。

1. 筒体

筒体是化工设备的主体部分，一般是由钢板卷焊而成，筒体的公称直径指的是筒体的内径；当筒体的直径小于 500mm 时，直接采用无缝钢管，其公称直径指的是筒体的外径。当筒体较长时，可用法兰连接或由多个筒节焊接而成。筒体的主要尺寸是筒体的直径、高度和壁厚，筒体直径的选择应符合《压力容器公称直径》中规定的尺寸。筒体的标注方法如下：

名称　标准编号　公称直径

例如，筒体　GB/T 9019—2015　DN1000。

在明细栏中，一般采用“DN1000×10，H（L）=2000”来表示表示筒体的内径为 1000mm，壁厚为 10mm，高或长为 2000mm。

2. 封头

封头是设备的重要组成部分，它与设备的筒体一起构成设备的壳体。封头与筒体的连接方式有两种，一种是筒体与封头直接进行焊接，这种连接方式不可拆卸，如图 2-4-9 储罐的筒体和封头之间的连接就是这种连接；另一种将筒体和封头上分别焊上法兰，再用螺栓、螺母等连接，这种连接方式是可以拆卸的，如图 2-4-22 中换热器的筒体和封头即是这种连接。

封头有多种形式，常见的有球形、椭圆形、碟形、锥形和平板形，如图 2-4-31 所示。筒体与封头配套使用，当采用无缝钢管作为筒体时，筒体对应的封头公称直径为外径；当筒体由钢板卷焊而成时，筒体对应封头的公称直径为内径。封头尺寸见附录五。封头标注方法如下：

名称　标准编号　公称直径×壁厚

例如，椭圆封头　GB/T 25198—2010　DN1000×6-16MnR，表示内径为 1000mm，厚度为 6mm，材料为 16MnR 的椭圆形封头。

3. 法兰

法兰连接在化工设备上应用广泛，它是由一对法兰、密封垫片和螺栓、螺母、垫圈等零件组成的可拆卸连接。化工设备中用的法兰有两种：设备法兰（压力容器法兰）和管法兰。前者用于筒体与封头之间的连接，后者用于管道之间的连接，如图 2-4-32 所示。

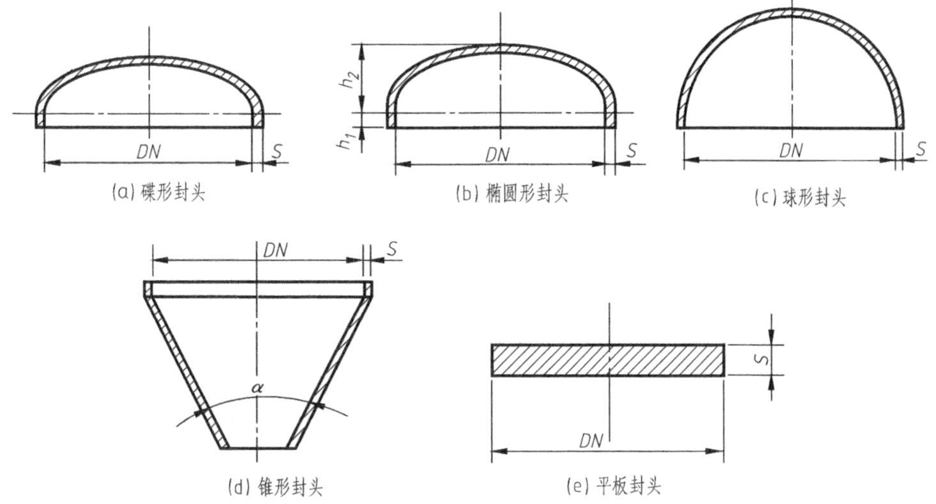

图 2-4-31　封头形式

法兰的主要参数是公称直径和公称压力，管法兰的公称直径是所连管道的外径。管法兰按照法兰与管道的连接方式可以分为平焊法兰、对焊法兰、螺纹法兰和活动法兰等，如图 2-4-33 所示。法兰密封面的形式主要有平面、凹凸面和榫槽面等，如图 2-4-34 所示。

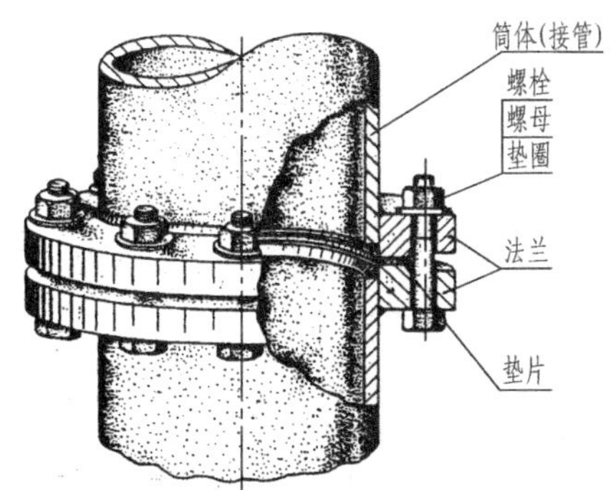

图 2-4-32　法兰连接

标记方法：

标准编号　名称　公称直径　公称压力

例如，HG/T 20592—2009　法兰　200-2.5，表示管法兰的公称直径为 200mm，公称压力为 2.5MPa 的榫槽面带颈平焊钢制管法兰。

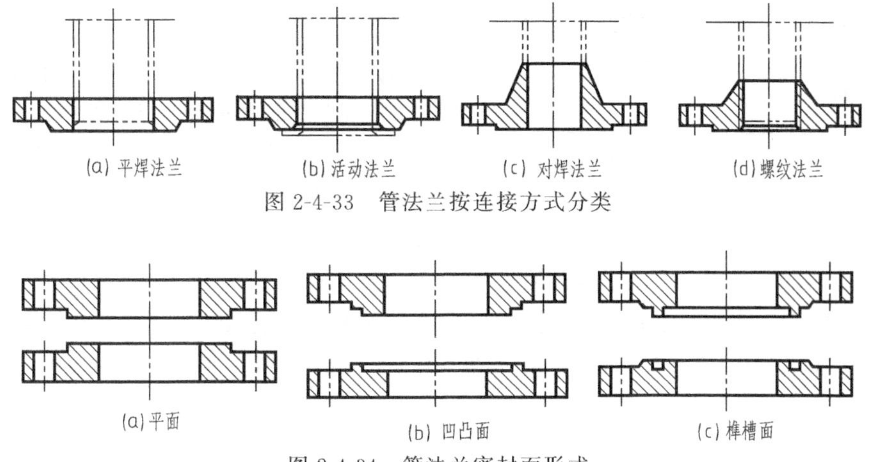

图 2-4-33　管法兰按连接方式分类

图 2-4-34　管法兰密封面形式

设备法兰（压力容器法兰）用于设备筒体与封头之间的连接，如图 2-4-35 所示，反应釜的上封头与筒体之间的连接。设备法兰（压力容器法兰）分为甲型平焊法兰、乙型平焊法兰和长颈对焊法兰。设备法兰密封面形式有平面（分三种形式，代号分别为 PⅠ、PⅡ、

PⅢ)、榫槽面（SC)、凹凸面（AT）三种，如图 2-4-35 所示。设备法兰的公称直径为所连接筒体的内径。

规定标记方法：

标准编号　名称-密封面形式　公称直径　公称压力

例如，JB/T 4701—2000　法兰-PⅠ　900-0.6，表示压力容器法兰，公称直径为 900mm，公称压力为 0.6MPa，密封面为PⅠ型平面密封的甲型平焊法兰。

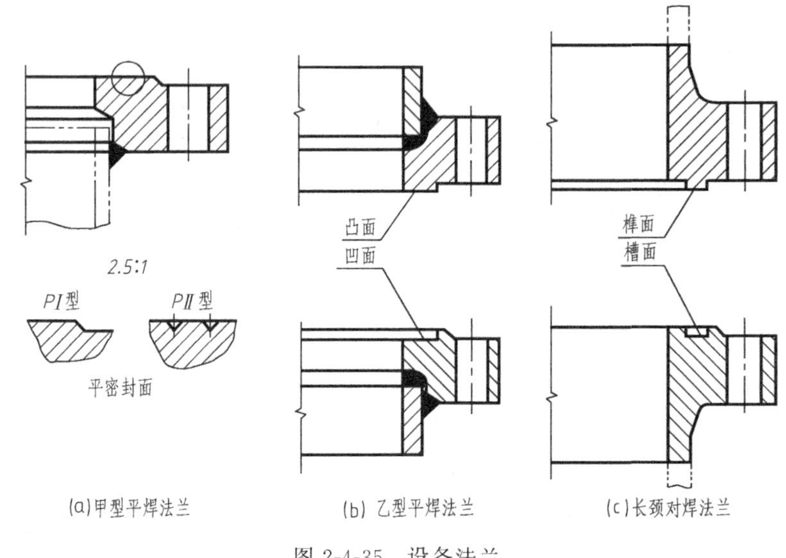

图 2-4-35　设备法兰

4. 人孔和手孔

为了便于安装、检修或清洗设备内部的装置，需要在设备上开设人孔或手孔，人孔和手孔的结构大致相同，主要区别在于孔盖开启方式和安装位置的不同，以适应不同工艺和操作条件的需要，见图 2-4-36。

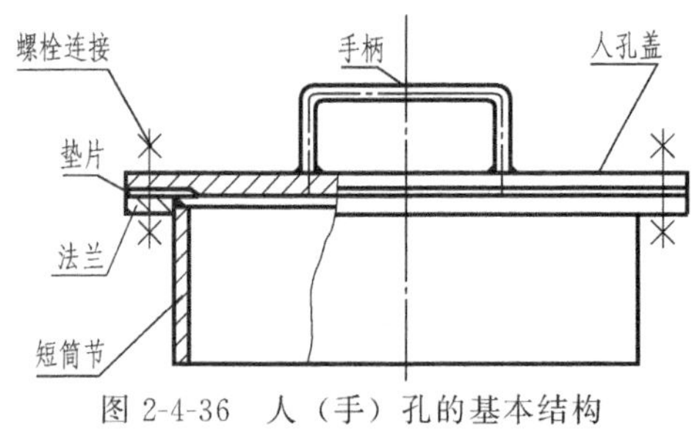

图 2-4-36　人（手）孔的基本结构

手孔直径大小应考虑操作人员戴着手套手持工具的手能顺利通过，手孔直径的标准有 *DN*150 和 *DN*250 两种。人孔的大小应该考虑人的安全进出，同时又要避免开孔过大影响容器壁的强度。人（手）孔的有关尺寸见附录五。

标记方法：

标准编号　名称　公称直径

例如，HG/T 21515—2014　人孔　450，表示公称直径是 450mm 的常压人孔。

又如，HG/T 21529—2014　手孔　250-0.6，表示公称直径为 250mm，公称压力为 0.6MPa 的手孔。

5. 支座

支座是用来支承设备的质量、固定设备位置的设备。按照设备结构形状、安装位置、材料和载荷情况不同有多种形式。常用的为悬挂式支座和鞍式支座。

(1) 悬挂式支座　悬挂式支座又称耳座，广泛用于立式设备。其结构形状如图 2-4-37 所示。一般设备筒体上四周均匀分布了四个耳座，小型设备也可以安装有两个或三个耳座。

耳座由两块肋板和一块底板组成。为改善支承处的局部应力，在支座和设备之间往往加一垫板。

耳座有 A 型、AN 型（不带垫板）、B 型、BN 型（不带垫板）四种类型。A 型、AN 型适用于一般立式设备。B 型、BN 型有较宽的安装尺寸，适用于带保温层的立式设备。耳式支座的结构尺寸见附录五。

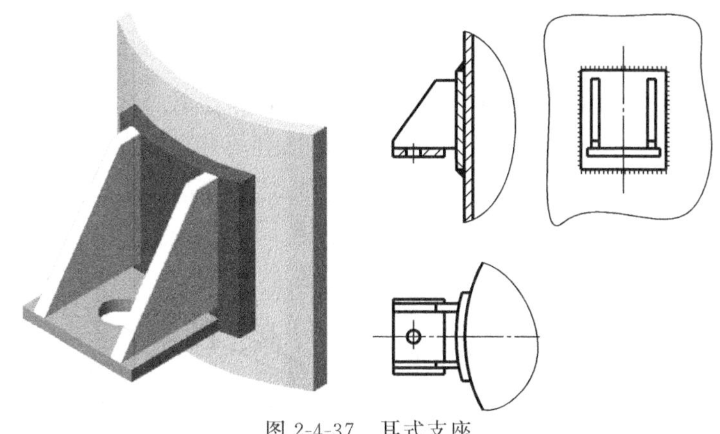

图 2-4-37　耳式支座

标记方法：

标准编号　名称　支座号

例如，JB/T 4725—2007　耳座　A3，表示 A 型带垫板 3 号耳式支座。

（2）鞍式支座　鞍式支座是应用最广泛的支座，它适用于卧式设备。其结构形状如图 2-4-38 所示。卧式设备一般用两个鞍式支座支承，当化工设备较长或较重超出支座的支承范围时，应增加支座的数目。鞍式支座分为轻型（代号 A）、重型（代号 B）两种类型。重型鞍座有五种型号，代号为 BⅠ～BⅤ。每种类型的鞍座又分为固定型（F）和滑动型（S），固定型和滑动型配对使用。固定型和滑动型的最大区别是地脚螺栓孔的结构不同，固定型是圆形孔，滑动型是长圆形孔，目的是在设备遇到热胀冷缩时，滑动支座可以调节两支座之间的距离，实时消除产生的附加应力。鞍式支座的结构尺寸见附录五。

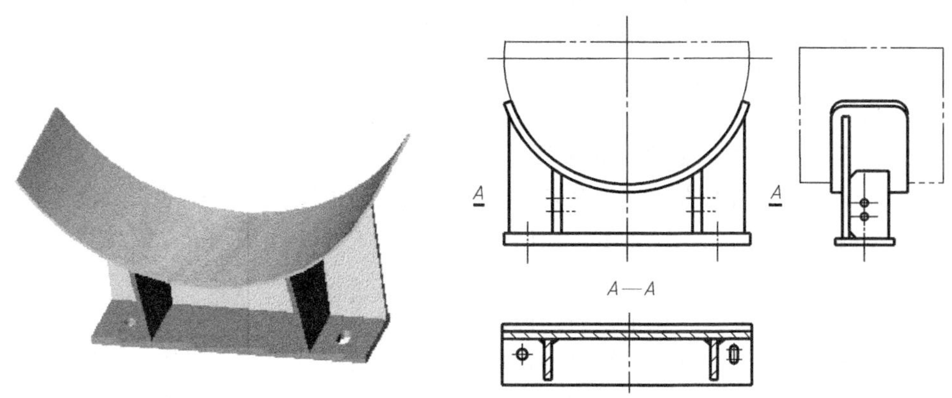

图 2-4-38　鞍式支座

标记方法：

标准编号　名称　公称直径-地脚螺栓类型

例如，JB/T 4712—2002　鞍座　B　900-S，表示公称直径为 900mm、重型带垫板的滑动式鞍式支座。

6. 补强圈

补强圈用来弥补设备因为开孔过大而造成的强度损失，其结构如图 2-4-39 所示。补强圈的形状应该与被补强部分壳体的形状相符，使之与设备壳体密切贴合，焊接后与壳体同时受力。补强圈的结构尺寸见附录五。

标记方法：

标准编号 名称 公称直径

例如，JB/T 4736—2002 补强圈 *DN*100×8-D-Q235-B，表示厚度为 8mm，接管的公称直径为 100mm，坡口类型为 D 型，材料为 Q235-B 的补强圈。

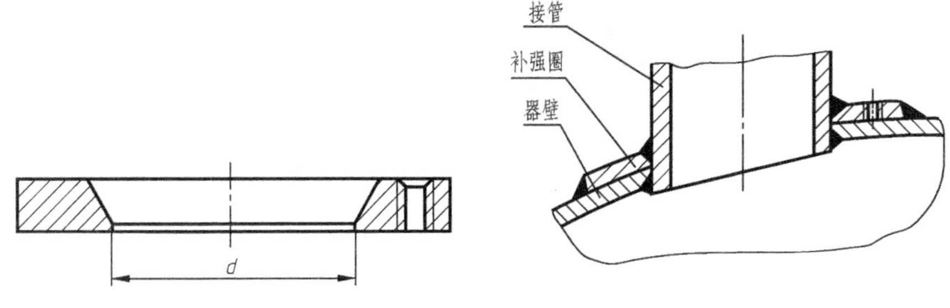

图 2-4-39 补强圈

除上述几种标准化零部件外，还有视镜、填料箱、液面计等零件，其数据可查阅有关标准。

五、阅读化工设备装配图

化工设备装配图是化工设备设计、制造、使用和维修中比较重要的技术性文件，从事化工生产的工程技术人员必须具备阅读化工设备装配图的能力。

1. 化工设备装配图读图的基本要求

通过阅读化工设备装配图，应达到以下基本要求：

① 了解设备的用途、工作原理、结构特点和技术要求；

② 了解设备上各个零部件之间的装配关系和有关尺寸；

③ 了解设备各个零件的结构、形状、规格、材料及作用；

④ 了解设备上的管口数量及方位；

⑤ 了解设备在制造、检验和安装等方面的技术要求。

2. 阅读化工设备装配图的方法和步骤

阅读化工设备装配图的方法和步骤基本上与读机械装配图一致，但是化工设备装配图有自身的特点和内容。在读化工设备装配图时可以从概括了解、详细分析、归纳总结三个大的方面进行。

（1）概括了解 通过阅读化工设备装配图的标题栏、明细栏、管口表、技术特性表、技术要求对化工设备的名称、规格、绘制的比例、管口的数目及用途、工作的状态、制造的要求等有一个大致的了解。通过对视图的阅读可以大致了解设备的表达方案，对设备有个大致的了解。

（2）详细分析 可以从视图、各个零部件之间的装配关系以及零部件结构形状等方面进行详细分析，通过分析视图可以知道化工设备图上有哪些视图，各个视图采用哪些表达方法以及采用这些表达方法的目的；从主视图入手，结合其他视图分析各个零部件之间的装配关系及相对位置；对照明细栏中各个零部件的序号，分析各个零件的结构形状和尺寸，标准化零部件的结构可以通过查阅相应的技术标准。同时对设备图上的各类尺寸及代（符）号进行分析，搞清它们的作用和含义；了解设备上所有管口的结构、形状、数目、大小和用途，以及管口的周向方位、轴向距离、外接法兰的规格和形式等。

（3）归纳总结　通过详细分析后，可以将各个部分的结构进行综合归纳，得出设备的完整形状，进一步了解设备的结构特点、工作特性、物料的流向和操作原理等。

项目实施

读图 2-4-9 所示均苯四甲酸计量罐的化工设备装配图。

（1）概括了解　从标题栏、明细栏、管口表、技术特性表、技术要求等可以概括得知，该设备的名称是均苯四甲酸计量罐，用于化工原料的储存计量，该设备为立式设备，采用 3 个耳座，壳体内径为 $DN600$，壁厚为 4mm，绘图比例 1∶10。该计量罐由 14 种零部件组成，其中有 11 种标准零部件。

均苯四甲酸计量罐有 7 个接管口，各个接管口的用途、尺寸见管口表。均苯四甲酸计量罐主要存放的物料是甲醛，在常温常压下工作。

该设备采用了两个基本视图和一个 $A—A$ 局部剖视图。

（2）详细分析

① 视图分析。主视图采用了局部剖视和多次旋转表达的方法，表达了计量罐内部的结构、各个管口和零部件在轴向位置的分布情况，各管口周向位置及支座的安装情况见俯视图，$A—A$ 剖视图反映了放空口 e 与设备封头的连接情况。

② 装配连接关系分析。该设备是立式设备，周围分布了三个耳座。筒体与封头、接管口与筒体和封头之间全部采用焊接结构，焊接的条件及焊条形式等在技术要求中有详细说明。该计量罐储存物料的多少通过液面计来测量。

③ 零部件结构分析。封头是标准件，管口结构在局部剖视图上进行了表达。

（3）归纳总结　该计量罐为悬挂式支座支承的立式设备，主要用于存储物料，并能够通过液面计得知计量罐所盛物料的多少。在计量罐上设有物料进、出口、取样口，安装有放空口和液面计口，为检修方便开有手孔，同时防止手孔开得过大影响开口处强度，在开口处加了补强圈。

拓展提高

读图 2-4-40 所示反应釜装配图。

1. 概括了解

由标题栏、明细栏可知该设备名称为反应器，用于碱和对硝氯苯反应。由 27 种零部件组成，其中有 12 种标准化零部件，该反应器的公称直径为 $DN1800$，壁厚为 12mm，由管口表可知设备共有 8 个接管，各个接管口用途和尺寸见管口表。该设备壳程压力为 0.7MPa，管程压力为 0.9MPa，设计温度为 179℃，电动机功率为 5.5kW，搅拌轴速度为 80r/min。

该设备按《钢制压力容器》（GB 150—2011）进行制造、试验和验收，采用电焊，并进行水压试验和气密性试验。

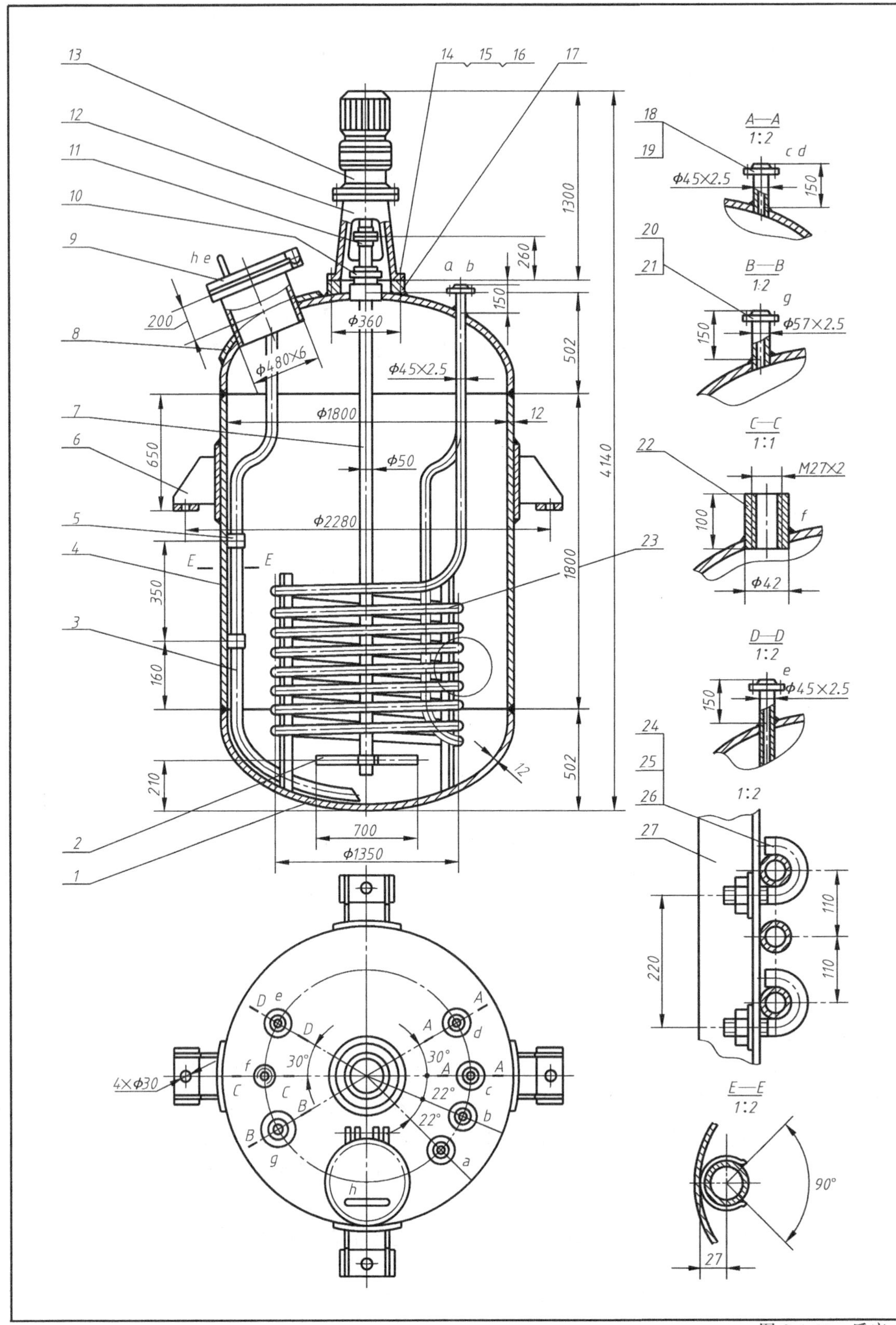
13
14 15 16
17
12
11
10
9
h e
200
8
7
6
5
4
3
2
1
A—A
1:2
c d
Φ45×2.5
150
18
19
20
21
B—B
1:2
g
Φ57×2.5
C—C
1:1
M27×2
22
100
f
Φ42
23
D—D
1:2
e
Φ45×2.5
24
25
26
27
1:2
110
220
E—E
1:2
90°
27
1300
260
150
502
1800
4140
a b
Φ360
Φ480×6
Φ45×2.5
Φ1800
12
650
Φ50
Φ2280
E E
350
160
210
700
Φ1350
4×Φ30
30°
22°
A B C D
a b c d e f g h

图 2-4-40 反应

技术要求

1.本设备按GB 150—2011《钢制压力容器》进行制造检收。
2.焊接材料、对焊接接头型式尺寸可按JB/T 4709—1992中规定。
3.设备制造完毕后，壳程以1MPa表压进行水压试验，蛇管内以1.2MPa表压进行水压试验，合格后再以0.7MPa进行气密性试验。
4.设备检验合格后，外涂红丹2遍。

技术特性表

管程压力/MPa	0.9	管程温度/℃	179
壳程压力/MPa	0.7	壳程温度/℃	168
物料名称	对硝氯苯,碱		
焊缝系数Φ	0.8	腐蚀裕度/mm	2
容器类别	1		
全容积/m^3	5		
电动机功率/kW	5.5		
搅拌轴转速/(r/min)	80		

管口表

符号	公称尺寸	连接尺寸标准	连接面形式	用途或名称
a	40	JB/T 81—2015	平面	蒸汽进口
b	40	JB/T 81—2015	平面	冷凝水出口
c	40	JB/T 81—2015	平面	进料口
d	40	JB/T 81—2015	平面	安全阀
e	40	JB/T 81—2015	平面	出料口
f	M27×2		螺纹	测温口
g	50	JB/T 81—2015	平面	放空口
h	450	JB/T 580—1979		人孔

序号	图号与标准号	名称	数量	材料	单重	总重	备注
27		蛇管架L63×63×6	3	Q235-A			
26	GB/T 97.1—2002	垫圈	12	Q235-A			
25	GB/T 6170—2015	螺母M10	12	Q235-A			
24		U形螺栓M10	12	Q235-A			
23		蛇管	1	20			
22		温度计接头	1	Q235-A			
21		接管Φ57×2.5	1	20			
20	JB/T 81—2015	法兰 PN1 DN50	1	Q235-A			
19		接管Φ45×2.5	2	20			
18	JB/T 81—2015	法兰 PN1 DN40	5	Q235-A			
17		底座	1	Q235-A			
16	GB/T 93—1987	垫圈16	8	65Mn			
15	GB/T 6170—2015	螺母M16	8	Q235-A			
14	GB/T 898—1988	双头螺柱M16×45	8	Q235-A			
13		减速器	1				组合件外购
12		机座	1	HT150			
11		联轴器	1				组合件
10	HG/T 21537—2009	填料箱	1				组合件
9	JB/T 580—1979	人孔A1 PN1 DN450	1				组合件
8	JB/T 4736—2002	补强圈 DN450×6	1	Q235-A			
7		搅拌轴Φ50	1	45			
6	JB/T 4725—1992	耳式支座B4	4	Q235-F			
5		管夹	2	Q235-A			
4		筒体DN1800×12	1	Q235-F			
3		出料管Φ45×2.5	1	20			
2		搅拌桨	1				组合件外购
1	GB/T 25198—2010	封头 DN1800×12	2	Q235-A·F			

标记	处数	分区	更改文件号	签名	年、月、日				反应器
设计			标准化			阶段标记	重量	比例	
审核								1:10	
工艺			批准			共1张　第1张			

釜装配图

2. 详细分析

（1）视图分析　设备采用主、俯两个基本视图表达其主要结构，5 个局部剖视图和 1 个局部放大图。

主视图采用全剖视图和多次旋转的表达方法表达反应器主体内部结构、各零件之间的装配关系以及各个接管口的轴向位置。俯视图采用拆卸画法，即拆去了传动装置，主要表示上、下封头各个接管口的位置、壳体器壁上各个接管的周向方位和悬挂式支座的分布情况。

$A—A$ 局部剖视图表达了接管 c、d 与封头的装配结构和尺寸；$B—B$、$C—C$、$D—D$ 局部剖视图分别表达了接管 g、f、e 与封头的装配结构和尺寸；$E—E$ 局部剖视图表达了出料管与筒体之间的连接方式。一个局部放大图表达了管架与换热管通过 U 形螺栓的连接方式。

（2）装配连接关系　设备是反应器，上部装有电动机，带动减速器，通过联轴器带动搅拌轴转动，以达到混合物料的目的。设备内部装有蛇管，满足反应的加热需要，从 a 管通入蒸汽，b 管出冷凝水。设备为立式，四周焊接了四个耳式支座，筒体与上、下封头之间皆为焊接，俯视图表示了各管口的方位，轴向位置在主视图上表达。

（3）零部件结构分析　设备主体筒体、封头的结构为标准零部件，换热管（蛇管）是缠在管架上，并通过 U 形螺栓固定，具体连接在局部放大图上已表示出来。

3. 归纳总结

由前面分析可知，该设备为悬挂式支座支承的立式设备，本反应为吸热反应，设备的工作概况是：物料从 c 管进入，经搅拌加热反应后从 e 管压出。为保证安全，在设备的上部安装了安全阀、测温口，为使反应多余的气体放出，安装有放空口，为检修方便开有人孔。

项目 4.3　识读乙炔工段设备布置图

项目描述

阅读图 2-4-41 所示乙炔工段设备布置图，了解设备与厂房建筑、设备与设备间的位置关系。

项目分析

化工工艺流程中所确定的全部化工设备必须依据生产工艺的要求和具体情况在厂房的内外进行合理布置，固定安装，以保证生产的顺利进行。设备布置图是用来表示各个设备与建筑物、设备与设备之间的相对位置，并能指导安装的技术性文件。它是进行管道布置设计、绘制管道图的重要依据。要完成本项目，首要的是熟悉厂房建筑的基本知识，并掌握绘制和阅读化工设备布置图的方法。

相关知识

一、设备布置图的内容

设备布置图采用正投影法绘制，是在简化的厂房建筑图上增加了设备布置的内容，是指导设备进行安装、布置，并作为厂房建筑、管道布置依据的技术性文件。

1. 设备的合理布置

（1）满足生产工艺的要求　根据化工工艺的要求，考虑工艺顺序、设备重量、动静设备等，将各种不同的设备安置在不同的楼层或室外。根据实际情况，结合厂房结构和设备特

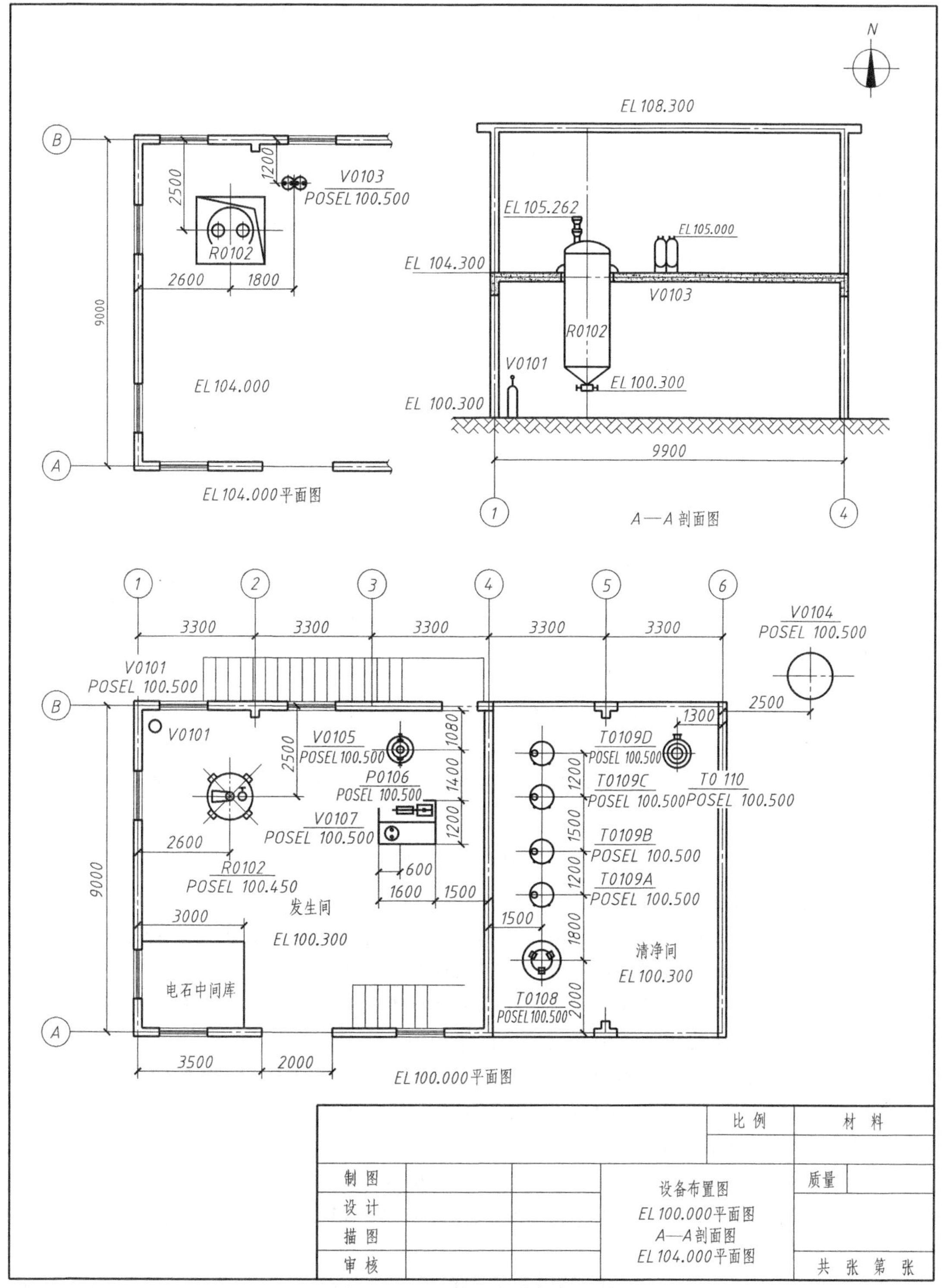

图 2-4-41　乙炔工段设备布置图

点，因地制宜地进行布置。

（2）符合经济原则　按照工艺编排的顺序布置，可以减少管线、配件；按照分区布置，方便安装、操作和维修；按照高位差布置可以减少动力设备。就近布置可以减少动力损失，提高效能。例如，真空泵靠近抽真设备；冷凝器靠近容器出口；物料罐靠近物料出口等。对于冷却水槽等不需保温、不影响使用或不太精密的设备可以放置在露天，这样可以缩小厂房建筑面积，减少投资等。当然在考虑这些的同时，要注意到全面综合，留有适当的余地，以备今后扩建。

(3) 便于安装、操作检修 在进行设备布置图绘制时，还要考虑设备检修的通道、平台以及场地的大小，同类设备用同一检修场地。立式设备人孔要面对空场或检修通道。人孔尽量布置在一条线上。设备与设备之间要有足够畅通的人行道和物运通道。操作控制台要视野开阔，便于观察设备的运行情况。振动设备要装有减振装置并远离控制室和仪表控制台。

(4) 要考虑安全要求 振动设备安装在底层；与易燃设备要保持距离；易爆设备远离厂房；有毒设备安装在下风口等；考虑门的大小、开启方向等。

设备布置影响的因素较多，在进行设备布置时，要多学习、观察，综合各方面因素，使设备布置合理。

2. 设备布置图的内容

(1) 一组视图 包括平面图和剖面图，主要用来表示厂房建筑的基本结构及设备在其内外的布置情况。

平面图是用来表达某层厂房设备布置情况的水平剖视图。当厂房为多层建筑时，需要对每层绘制平面图。平面图主要表达了厂房建筑物的方位、占地大小、内部分隔情况以及各个设备在各层的分布情况。

剖面图是垂直剖切出来的，主要表达各个设备在高度方向布置安装的情况。

(2) 尺寸及标注 注写与设备布置有关的尺寸（建筑物与设备、设备与设备之间的定位尺寸）及建筑定位轴线编号，设备的位号及名称等。

(3) 安装方位标 表示安装方位基准的图标，也称为设计北向标志，一般绘制在图纸的右上方。

(4) 标题栏 填写图号、比例、设计者等。

二、设备布置图的画法和标注

在绘制设备布置图时，要以工艺施工流程图、厂房建筑图等作为依据。通过这些图样资料，充分了解化工生产的工艺过程特点以及厂房建筑的基本结构。

(1) 分区 当装置界区范围较大，其中需要布置的设备较多时，可将设备布置图分区绘制，各区的相对位置在装置总图中表明，分区线用粗双点画线表示。

(2) 比例与图幅 常用比例为 1∶100，1∶200 或 1∶50，具体应根据设备的多少、大小等来确定。对大的装置（或主项），可分段绘制，但必须采用同一比例。图幅一般都采用 A1，若需加长应按国家标准执行。

(3) 视图的配置和标注 平面图是用来表示厂房内外设备布置情况的水平剖视图，同时表示出厂房建筑的方位、占地、大小、分隔情况及与设备安装定位有关的建筑物（构筑物）的结构形状和相对位置。

用细点画线绘制出建筑的定位轴线和厂房的平面图以及表达厂房基本结构的墙、柱、门、窗、楼梯（表 2-2-1）等，再用细点画线画出设备的中心线，粗实线绘制出设备基本轮廓，中粗线绘制设备支架、基础、操作平台等。相同的设备只画一台，其余用粗实线画出基础轮廓的投影。标注出厂房定位轴线编号和尺寸，标注设备基础的定形和定位尺寸（在平面图上，一般选用建筑定位轴线作为设备定位尺寸基准，一般立式设备以设备的中心线定位，卧式设备以中心线和靠近定位轴线一端的支座定位），注写设备的位号和名称（与工艺流程图中一致）。

绘制设备布置平面图时，应按楼层分别绘制平面图，可以每个平面图绘一张图纸，也可集中绘制在同一张图上。如在同一张图纸上绘制几层平面时，应从最低层平面开始，在图纸上由下至上或由左至右按层次顺序排列，并在图形的下方注明相应的标高，如："EL95.000 平面"，"EL105.000 平面"等。

剖面图以清楚反映设备与厂房建筑物高度方向的位置关系为准，来确定剖面图的数量，剖切位置应在平面图上加以标注，标注方法遵照《机械制图》规定，把相应的剖视名称标明在剖面图下方。剖面图可与平面图绘在同一张图纸上，也可分张绘制，在充分表达的前提下，应减少剖视图的数量。

用细实线绘制厂房剖面图，与设备安装定位关系不大的部件不需表达，用粗实线绘制出设备的立面图（被遮挡的部分不画）。标注厂房定位轴线及尺寸、厂房内外地面标高（一般以底层室内地面为基准作为零点标注，单位为 m，取小数点后三位，高于基准相加，低于基准则相减），标注厂房各层标高以及设备各主要管口、设备最高点等处的标高，卧式设备标注中心线标高。注写设备的名称和位号。

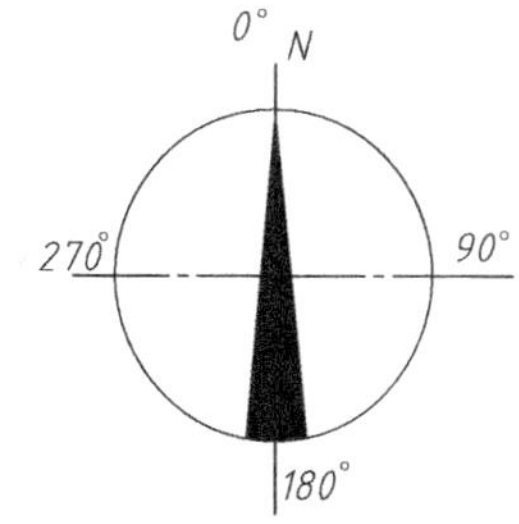

图 2-4-42　方向标示意图

（4）方向标　在设备布置图右上角应画出表示设备安装北向的标志，称方向标。方向标符号由直径 20mm 的粗线圆，水平、垂直两细点画线组成，分别注以 0°、90°、180°、270°，以箭头表示北向（用 N 表示），如图 2-4-42 所示。该方位一经确认，凡是必须表示方位的图样（管口方位图、管段图等）均应统一。

项目实施

阅读图 2-4-41 所示乙炔工段设备布置图。

阅读设备布置图的目的，是为了了解设备在工段的具体布置情况，用于指导设备的安装施工以及开工后的操作、维修或改造，并为管道布置建立基础。以图 2-4-41 为例介绍读图的方法和步骤。

（1）了解概况　根据流程图，了解基本的工艺过程，大致了解各个设备的分布情况以及设备占用建筑物和相关建筑的情况。

由标题栏可知，该设备布置图有三个视图，分别为 EL100.000 平面图、EL104.000 平面图和 A—A 剖面图。图中绘制了 13 台设备，分别布置在清净间、发生间和厂房外。厂房外布置了乙炔气柜（V0104）。清净间布置了低压干燥塔（T0108）、净化酸塔（T0109A～T0109D）、中和碱塔（T0110），发生间布置了 N_2 钢瓶（V0101）、乙炔发生器（R0102）、气水分离器（V0105）、水环泵（P0106）、分离罐（V0107），正逆水封（V0103）布置在 EL104.000 平面。

（2）了解建筑物尺寸及定位　图中绘制了厂房建筑定位轴线①-⑥和Ⓐ和Ⓑ。横向轴线间距为 3.3m，纵向轴线间距为 9m，厂房地面的标高为"EL100.000"，房顶标高为"EL108.300"。

（3）了解设备布置情况　从图中可知，乙炔发生器支承点标高为"POS EL100.450"，横向定位尺寸和纵向定位尺寸分别为 2.6m 和 2.5m，最高点标高为"EL105.262"。净化酸塔之间间距分别为 1.2m 和 1.5m，支承点标高为"POS EL100.500"。

图 2-4-41 中右上角是安装方位标，指明了厂房和设备的安装方位基准。

拓展提高

阅读图 2-4-43 所示天然气脱硫系统设备布置图。

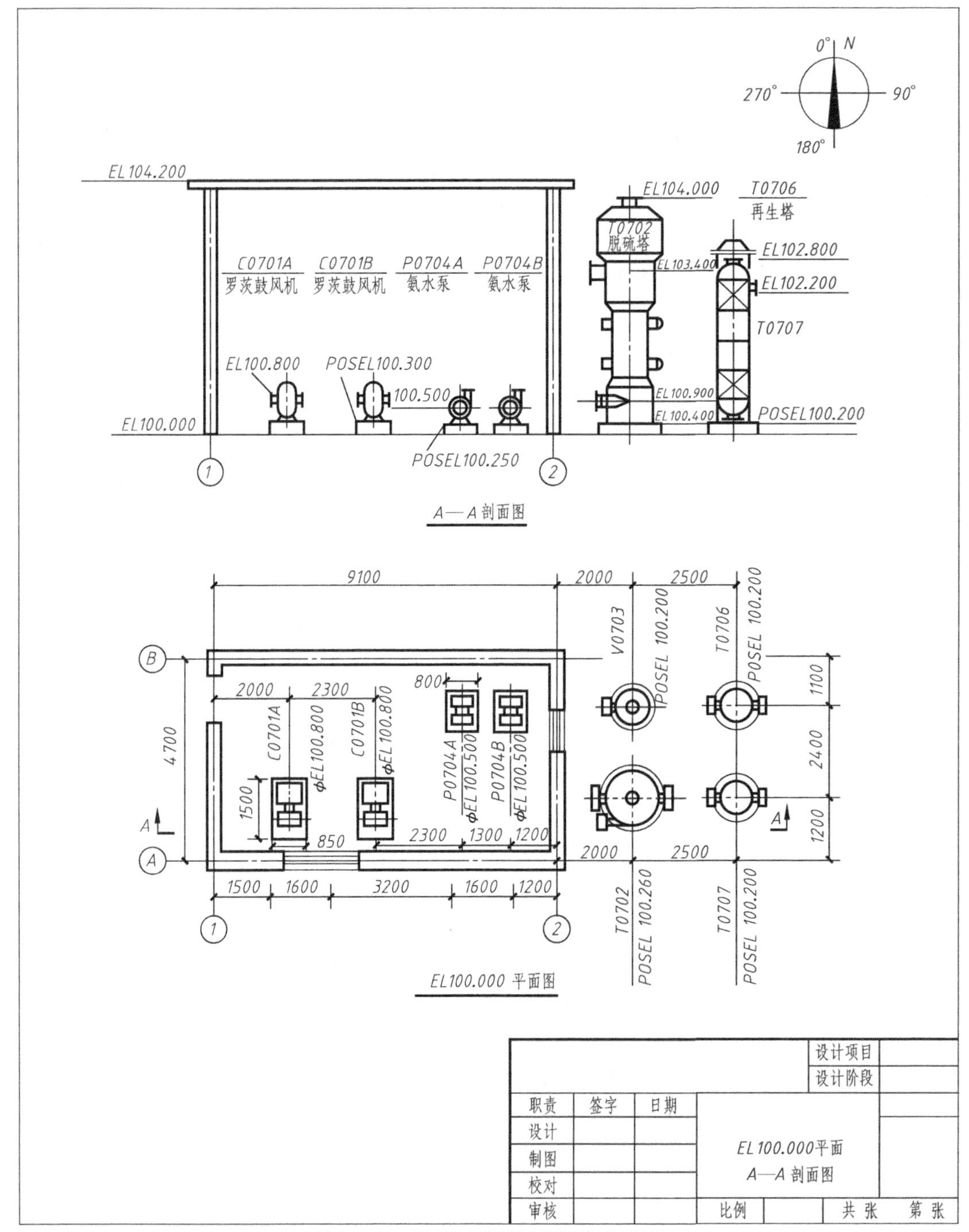

图 2-4-43 天然气脱硫系统设备布置图

(1) 概括了解 该设备有两个视图，一个是 EL100.000 平面图，一个是 A—A 剖面图。该设备布置图共绘制了 8 台设备，分别布置在厂房内外（塔区和泵区）。厂房外塔区露天布置了四台静设备，有脱硫塔（T0702）、除尘塔（T0707）、氨水储罐（V0703）和再生塔（T0706）。泵区在厂房建筑内安装了四台动设备，有两台罗茨鼓风机（C0701A、C0701B）和两台氨水泵（P0704A、P0704B）。

（2）了解建筑物尺寸及定位　厂房建筑物的横向轴线间距为 9.1m，纵向轴向间距为 4.7m，厂房地面标高为“EL100.000”，房顶标高为“EL104.200”。

（3）了解设备布置的情况　从图中可知，罗茨鼓风机的主轴线标高为“ϕEL100.800”，横向定位为 2.0m，相同设备间距为 2.3m，基础尺寸为 1.5m×0.85m，支承点标高是“POSEL100.300”。

脱硫塔横向定位为 2.0m，纵向定位是 1.2m，支承点标高是“POSEL100.260”，料气入口管口标高为“EL100.900”，稀氨水入口管口标高是“EL103.400”，废氨水出口管口标高是“EL100.400”。

氨水储罐（V0703）支承点的标高为“POSEL100.200”，横向定位为 2.0m，纵向定位尺寸为 1.0m。

图中右上角的安装方位标指明了有关厂房和设备的安装方位基准。

项目 4.4　识读乙炔工段管道布置图

项目描述

阅读图 2-4-54 所示乙炔工段管道布置图，了解设备间管道的分布情况及空间走向。

项目分析

化工生产中各物料在设备之间的输送大部分都是在管道中进行的。表达管道及其附件（阀门、仪表等）在建筑物内外的空间位置、尺寸和规格以及与有关机器、设备的连接关系的图样称为管道布置图，又称管系图，或者配管图。配管图是管道安装施工的重要依据。要完成本项目，必须熟悉管道的各种表示法，掌握管道布置图的绘制和阅读方法。

相关知识

一、管道的规定画法

1. 管道的表示法

在管道布置图中，公称直径（DN）大于或等于 400mm（或 16in[1]）的管道，用双线表示，小于或等于 350mm（或 14in）的管道，用单线表示。如果在管道布置图中，大口径的管道不多时，则公称直径（DN）大于或等于 250mm（或 10in）的管道用双线表示，小于或等于 200mm（或 8in）的管道，用单线表示，如图 2-4-44 所示。

管道布置图表达的重点是管道布置情况，因此管道用粗实线表示（双线管道用中实线），其他（包括建筑、设备轮廓、阀门、管件及仪表控制点等）用细实线。

2. 管道弯折的表示法

管道弯折的画法，如图 2-4-45 所示。

[1] 1in=0.0254m。

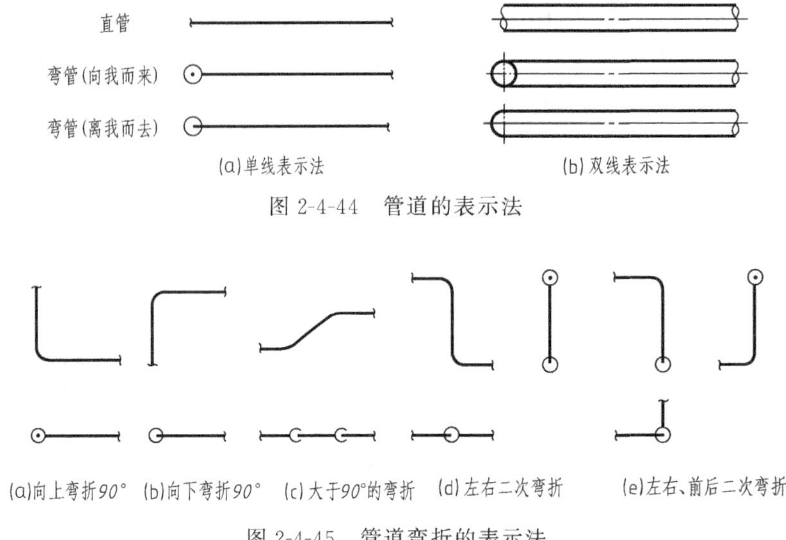

图 2-4-44 管道的表示法

图 2-4-45 管道弯折的表示法

3. 管道交叉的表示法

管道交叉的表示方法，如图 2-4-46 所示。

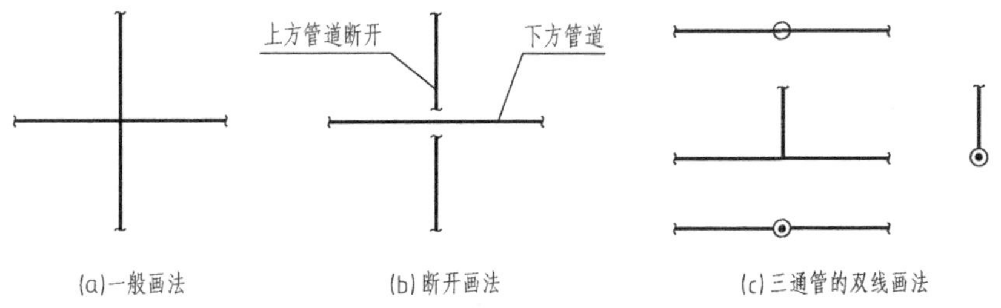

图 2-4-46 管道交叉的表示法

4. 管道重叠的表示法

当管道的投影重合时，将可见管道的投影断裂表示；当多条管道的投影重合时，最上一条画双重断裂符号；也可在管道投影断裂处，注上 a、b 等小写字母加以区分；当管道转折后的投影重合时，则后面的管道画至重影处，并稍留间隙，如图 2-4-47 所示。

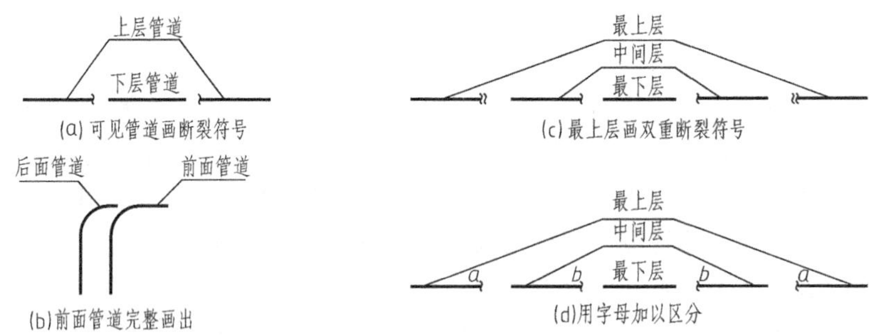

图 2-4-47 管道重叠的表示法

5. 管道连接的表示法

当两段直管相连时，根据连接的形式不同，其画法也不同。常见的管道连接形式及画法见表 2-4-12。

表 2-4-12　管道连接形式及画法

连接方式	轴测图	装配图	规定画法
法兰连接			单线 双线
承插连接			单线 双线
螺纹连接			单线 双线
焊接			单线 双线

二、阀门及仪表控制元件的表示法

控制元件通过阀门来调节流量，切断或切换管道，对管道起安全、控制作用。阀门和控制元件图形符号的一般组合方式如图 2-4-48 所示。阀门与管道的连接方式如图 2-4-49 所示。

常用阀门在管道中的安装方位，一般应在管道中画出，其三视图和轴测图画法如图 2-4-50 所示。

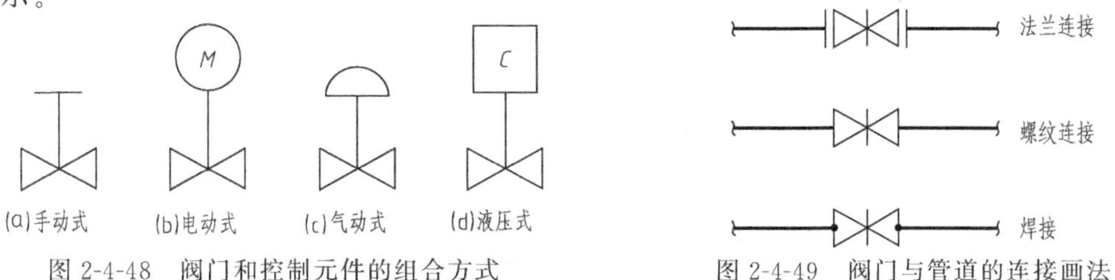

图 2-4-48　阀门和控制元件的组合方式　　图 2-4-49　阀门与管道的连接画法

三、管件、管件与管道连接的表示法

管道与管件连接的表示法如表 2-4-13 所示，表中连接符号之间的是管件。

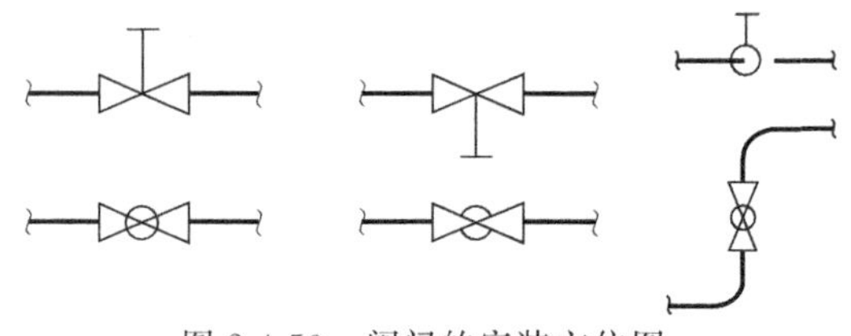

图 2-4-50　阀门的安装方位图

表 2-4-13　管道与管件连接的表示法

名　称	连接方式		
	螺纹或承插焊	对焊	法兰式
90°弯头			
三通管			
四通管			
45°弯头			
偏心异径管			
管帽			

例 2-4-1　已知一段管道的轴测图，试画出其主、俯、左、右的四面投影。

从图 2-4-51（a）中可知该管道的走向为：自左向右→拐弯向上→再拐弯向前→再拐弯

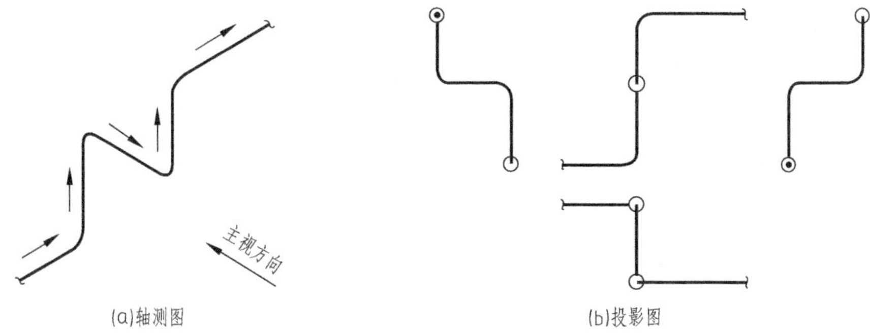

图 2-4-51　管道转折的画法

向上→最后拐弯向右。根据管道弯折的规定画法，画出该管道的四面投影，如图 2-4-51（b）所示。

例 2-4-2　已知一段（装有阀门）管道的轴测图［图 2-4-52（a)］，试画出其平面图和立面图。

该段管道分为三部分组成，主体部分为：自前向后，向右拐弯，再向上，最后拐向右。该主管上有三个截止阀，手轮按顺序分别为向上，向前，向前；另两段管道，一段不带阀门，自左向右，一段带有一截止阀，手轮向下管道自后向前。据此画出该段管道的平面图和立面图，如图 2-4-52（b)、(c）所示。

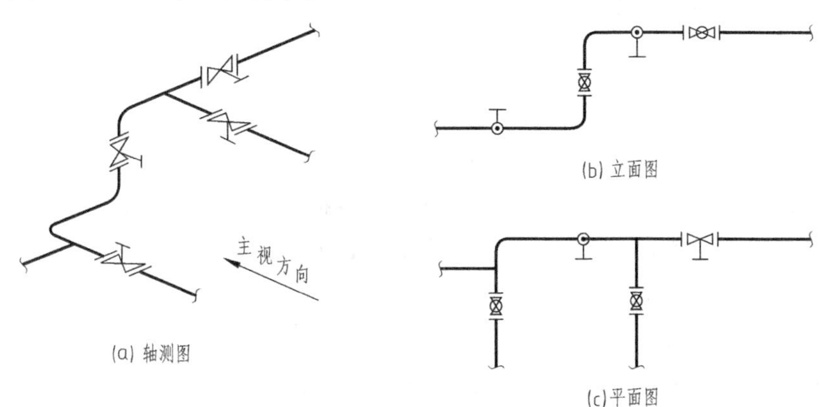

图 2-4-52　由轴测图画平面图和立面图

四、管架的表示方法和编号

管道是利用各种形式的管架安装，并固定在建筑物或基础之上的。管架在管道平面图上的符号表示如图 2-4-53（a）所示。管架的编号由五部分内容组成，标注的格式如图 2-4-53（b）所示。管架类别和管架生根部位的结构，用大写英文字母表示，详见表 2-4-14。

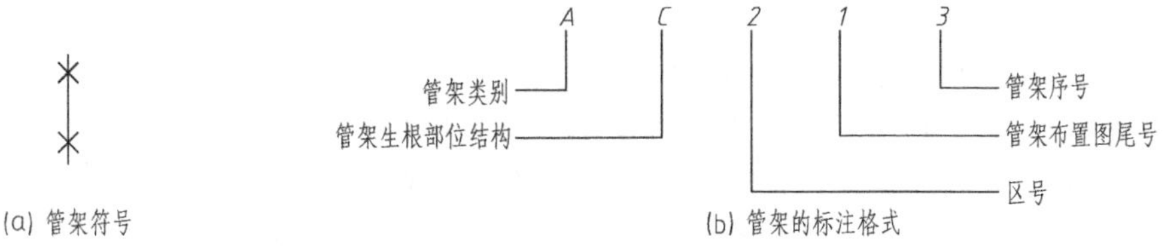

图 2-4-53　管架的表示及编号方法

五、管道布置图的内容

（1）视图 用于表达管道在厂房内外的布置以及与设备的连接情况。管道布置平面图表达管道、阀门、仪表控制点等的平面布置情况，将楼板以下的设备、管道、阀门、仪表控制点等全部画出，不受剖切位置影响；当某一层管道上下重叠过多，布置比较复杂时，也可分层绘制。

表 2-4-14 管架类别和管架生根部位的结构（摘自 HG/T 20519.4—2009）

管架类别					
代号	类　别	代号	类　别	代号	类　别
A	固定架	H	吊架	E	特殊架
G	导向架	S	弹性吊架	T	轴向限位架
R	滑动架	P	弹簧支座	—	—
管架生根部位的结构					
代号	结构	代号	结构	代号	结构
C	混凝土结构	S	钢结构	W	墙
F	地面基础	V	设备	—	—

（2）尺寸标注 管道布置图的尺寸标注主要包括以下几个方面：

① 建筑物墙柱的轴线编号和尺寸、门窗尺寸、地面标高；

② 设备位号、设备定位尺寸、设备标高；

③ 管道代号、管道标高，对每段管道用箭头指明介质流向，并以规定的代号注明各管段物料名称、管段编号及规格；

④ 标注阀门、仪表控制点等代号及其标高；

⑤ 标注管架的编号、定位尺寸和标高。

（3）方位标 表示管道安装的方位基准（与设备布置图中的一致）。

（4）标题栏 注写图名、图号、比例、责任人签字等。

六、管道布置图的画法

1. 确定表达表达方案

管道布置图通常以车间（装置）或工段为单元进行绘制。一般只绘平面图，多层建筑按楼层绘制管道布置图。平面图要求将楼板以下与管道布置安装有关的建筑物、设备、管道全部画出。平面图上不能表达清楚的部分，可按需要采用剖面图或轴测图。图 2-4-54 为乙炔工段管道布置图，其中采用了 EL100.300 平面图和 B—B 剖面图。

2. 确定比例、选择图幅、合理布局

表达方案确定后，根据尺寸的大小及管道复杂程度，选择适当的比例和图幅。常用比例为 1∶30，或者 1∶25 或 1∶50，图幅尽量采用 A0，比较简单的采用 A1 或 A2 图幅。

3. 绘制视图

绘制管道布置图的步骤如下。

① 用细实线按比例根据设备布置图画出墙、柱、楼板等建筑物。

② 用细实线按比例以设备布置图所确定的位置，画出带管口设备的简单外形轮廓和基础、平台、梯子等。动设备可只画基础、驱动机位置及特征管口。

③ 根据管道的图示方法，按流程顺序、管道布置原则，画出全部工艺物料管道（粗实线）、辅助物料管道（中实线），管道直径 $DN \leqslant 50$mm 或 2in 的弯头，用直角表示。

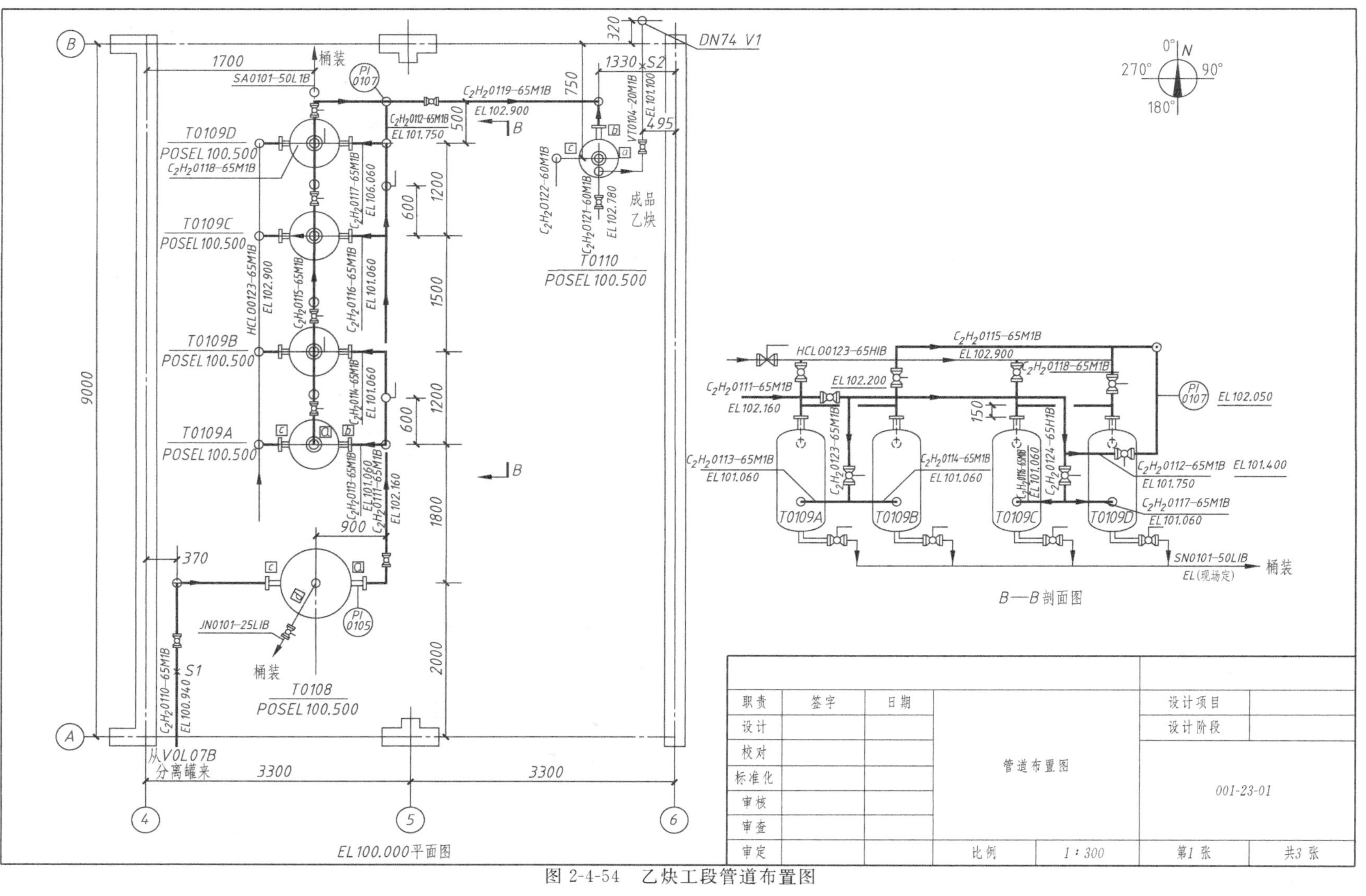

图 2-4-54 乙炔工段管道布置图

④ 用细实线按规定符号画出管道上的管件、阀门、仪表控制点等。控制点的符号和编号与管道仪表流程图相同。

绘制管道布置平面图时，若厂房为多层建筑，则按楼层和标高分别绘制各层平面图，在图形下方注明标高，如 EL105.00 平面，如图形较大而图幅有限时，则管道布置情况可分区绘制。管道布置平面图中要画出全部机器设备和基础支架，并画出设备上连接管口的位置，对于定型设备的外形可画更简单。

绘制管道布置剖面图用以表达在平面图上不能表达的高度方向的管道布置情况。剖面图中规定用 $A—A$、$B—B$ 等表示，并在平面图上标注剖切位置，管道布置剖面图可与平面图画在同一张图纸上，也可单独绘制。

4. 标注

(1) 建筑物　作为管道定位的定位基准，必须标出建筑定位轴线的编号及间距尺寸，注出地面、楼板、平台及构筑物的标高。

(2) 设备　在管道布置图中的设备，应标注出与设备布置图相同的设备定位尺寸基础面的标高。在设备中心线上方标注与流程图一致的设备位号，下方标注支承点的标高（如“POSEL100.500”）或中轴中心线的标高（如“EL100.900”）。剖面图上设备的位号注在设备近侧或设备内，按设备布置图标注设备的定位尺寸及设备的管口符号。

(3) 管道　管道的定位尺寸以建筑定位轴线、设备中心线、设备管口法兰、区域界线等为基准进行标注。管道上方要标注与流程图一致的管道编号，下方标注管道标高，管道布置图以平面图为主，标出所有管道的定位尺寸及标高，管道的标高以中心线为基准时，标注如“EL104.000”，以管底为基准标注时，标注如“BOPEL104.000”。在管道的适当位置画出箭头表示物料的流向。

(4) 标注管架的编号、定位尺寸、标高　管道上的管道附件一般不标注尺寸，对有特殊要求的管件，应标注出特殊要求与说明。

此外，在剖面图上除标出管道等标高外，还需标出竖管上阀门的标高等。

5. 绘方向标、填写管口表和标题栏

在管道布置图的右上角，绘方向标，如有需要还需填写该管道布置图中的设备管口表，管口符号应与布置图中标注在设备上的符号一致，填写标题栏。

七、管道布置图的阅读

阅读管道布置图的目的是了解管道在厂房内外布置的情况以及如何用管道将设备连接起来，每条管道及管件、阀门、控制点等的具体布置情况。由于管道布置是在工艺管道及仪表流程图和设备布置图的基础上进行的，因此读图前，应先通过工艺管道及仪表流程图和设备布置图了解生产工艺过程及设备配置情况。读图时以平面布置图为主，配以剖面图，逐一搞清管道的空间走向。

项目实施

阅读乙炔工段管道布置图（图 2-4-54)。

1. 概括了解

先了解图中平面图、剖面图的配置情况，视图数量等。图中仅表示了净化酸塔与中和碱塔的管道布置情况，用了两个视图，分别是 EL100.000 平面图和 $B—B$ 剖面图。

2. 详细分析

① 了解厂房建筑、设备的布置情况、定位尺寸、管口方位等。由于管道图较复杂，在

图中只画出了净化酸塔、低压干燥塔及中和碱塔的管道布置图，建筑物长 9m、宽 6.6m，四台净化酸塔、一台低压干燥塔在同一轴线上，距离建筑定位轴线为 1.7m，四台净化酸塔中两台设备为一组，两台的间距为 1.2m，两组之间的间距为 1.5m，与低压干燥塔之间的间距为 1.8m，中和碱塔与建筑定位轴线⑥的间距为 1.33m，与建筑定位轴线Ⓑ之间的间距为 0.75m。

② 分析管道走向、编号、规格及配件等的安装位置。从 EL100.000 平面图与 *B—B* 剖面图可看到，来自 V0107 分离罐的物料经管道编号为“$C_2H_2$0110-65M1B”、标高为“EL100.940”的管道进入 T0108 低压干燥器，除去乙炔中的水分，然后从接管 *a* 流出，经管道编号为“$C_2H_2$0111-65M1B”、标高为“EL102.160”的管道分为两路。T0109 净化酸塔共四台，两台为一组，管道一路进入 T0109A、T0109B 净化酸塔组，一路进入 T0109C、T0109D 净化酸塔组，在净化酸塔中分离出硫、磷，再从上部经管道编号为“$C_2H_2$0119-65M1B”、标高为“EL102.900”的管道进入 T0110 中和碱塔，以中和物料中的次氯酸，完成乙炔气体的净化，最后从上部流出进入下一工段。

3. 归纳总结

对所有管道分析完毕后，再综合全面地了解管道及附件的安装布置情况，建立完整的空间概念。

拓展提高

以图 2-4-55 为例，识读某化工工段管道布置图。

1. 概括了解

图中用了两个视图，分别是 EL100.000 平面图和 *A—A* 剖面图。

2. 详细分析

(1) 了解厂房和设备布置情况　图中厂房横向定位轴线①、②、③，间距为 4.5m，纵向定位轴线Ⓑ，离心泵的基础标高为“EL100.250”，冷却器中心线标高为“EL101.200”。

(2) 分析管道走向　编号为“PL0802-65”的管道在管沟中由南向北→向东，再分两路穿过地面拐向北进入两台离心泵；工艺液体从离心泵出来后汇集到编号为“PL0803-65”的管道中，由西向东→向下→向北→向上→向东，由管口 *b* 进入冷凝器冷却，冷却后的工艺液体由管口 *a* 出来沿着编号为“PL0804-65”的管道向西→向上→向北→向东→向南。循环上水沿着编号为“CW0805-75”的管道在管沟中由南向北→向东，再穿过地面拐向北→向上由管口 *c* 进入冷凝器，循环下水由管口 *d* 出来沿编号为“CWR0806-75”的管道拐向南→向下进入管沟。

(3) 了解管道上阀门等附件的分布安装情况　两台离心泵的出口分别安装四个阀门，泵出口阀门后的管道上安装有同心异径管接头。冷凝器上水入口处有一个阀门。离心泵的出口安装有流量指示仪表。冷凝器物料出口以及循环回水出口处装有温度指示仪表。

3. 归纳总结

综合、全面了解管道及附件的安装布置情况，建立完整的空间概念。学有余力的同学可以练习绘制管道轴测图。

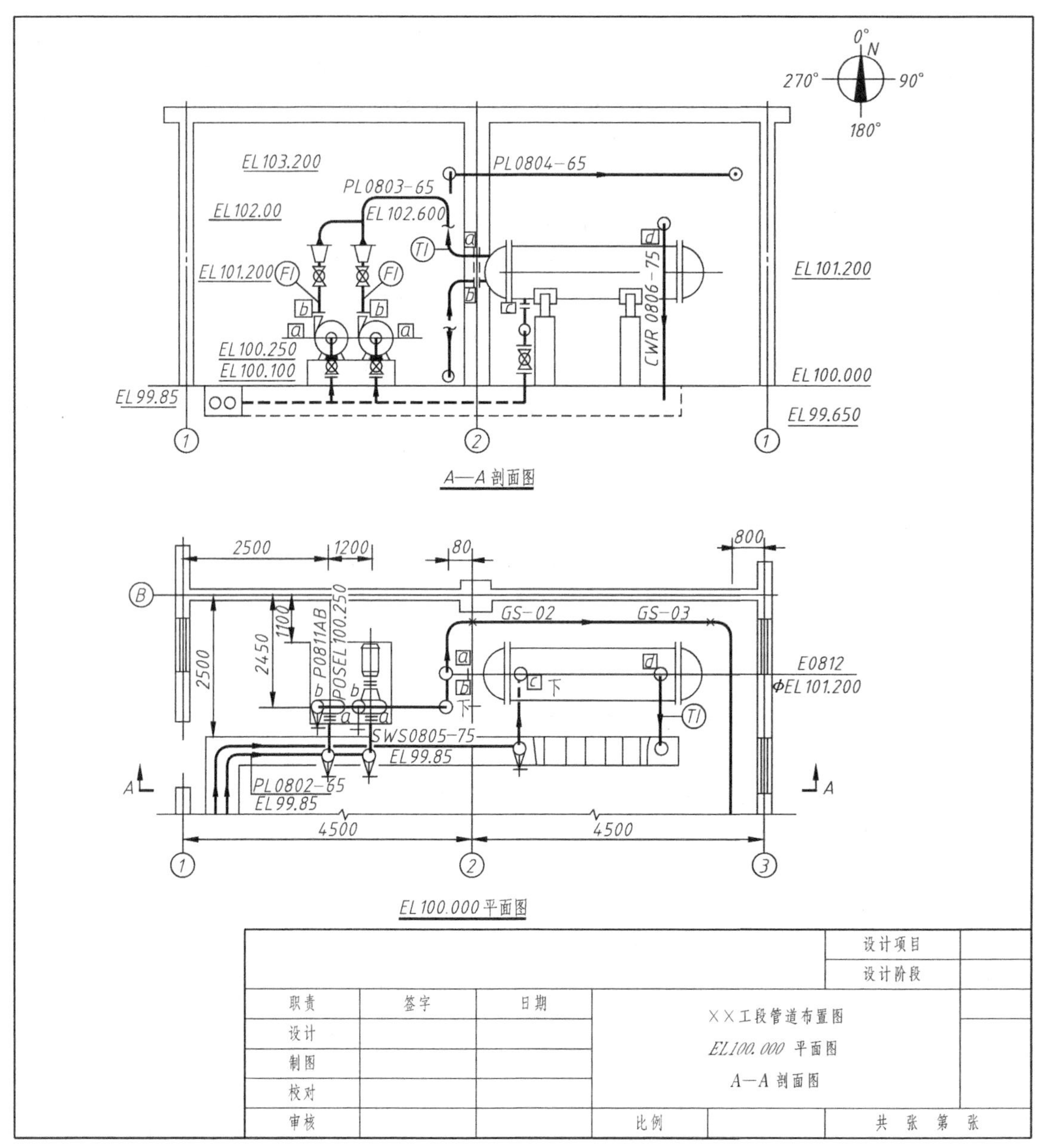

图 2-4-55 某工段管道布置图

附　　录

附录一　螺　　纹

附表 1　普通螺纹直径与螺距系列（摘自 GB/T 196—2003）　　　mm

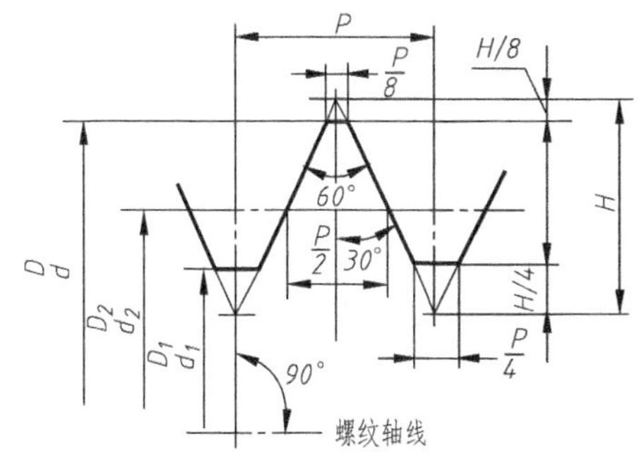

$H=0.866P$

$d_2=d-0.6495P$

$d_1=d-1.0825P$

D、d 为内、外螺纹大径

D_2、d_2 为内、外螺纹中径

D_1、d_1 为内、外螺纹小径

P 为螺距

标记示例：

公称直径 20 的粗牙右旋内螺纹，大径和中径的公差带均为 6H 的标记：

M20—6H

同规格的外螺纹、公差带为 6g 的标记：

M20—6g

上述规格的螺纹副的标记：

M20—6H/6g

公称直径 20、螺距 2 的细牙左旋外螺纹，中径大径的公差带分别为 5g、6g，短旋合长度的标记：

M20×2 左—5g6g—S

公称直径 第一系列	公称直径 第二系列	螺距 P	中径 D_2、d_2	小径 D_1、d_1	公称直径 第一系列	公称直径 第二系列	螺距 P	中径 D_2、d_2	小径 D_1、d_1	公称直径 第一系列	公称直径 第二系列	螺距 P	中径 D_2、d_2	小径 D_1、d_1
3		0.5	2.675	2.459	12		1.75	10.863	10.106	22		1	21.350	20.917
		0.35	2.773	2.621			1.5	11.026	10.376	24		3	22.051	20.752
	3.5	(0.6)	3.110	2.850			1.25	11.188	10.674			2	22.701	21.835
		0.35	3.273	3.121			1	11.350	10.917			1.5	23.026	22.376
4	4.5	0.7	3.545	3.242		14	2	12.701	11.835			1	23.350	22.917
		0.5	3.675	3.459			1.5	13.026	12.376		27	3	25.051	23.752
		0.75	4.013	3.688			1	13.350	12.917			2	25.701	24.835
		0.5	4.175	3.959	16		2	14.701	13.835			1.5	26.026	25.376
5		0.8	4.48	4.134			1.5	15.026	14.376			1	26.350	25.917
		0.5	4.675	4.459			1	15.350	14.917	30		3.5	27.727	26.211
6		1	5.350	4.917		18	2.5	16.376	15.294			(3)	28.051	26.752
		(0.75)	5.513	5.188			2	16.701	15.835			2	28.701	27.835
	7	1	6.350	5.917			1.5	17.030	16.376			1.5	29.026	28.376
		0.75	6.513	6.188			1	17.350	16.917			1	29.350	28.917
8		1.25	7.188	6.647	20		2.5	18.376	17.294		33	3.5	30.727	29.211
		1	7.350	6.917			2	18.701	17.835			(3)	31.051	29.752
		0.75	7.513	7.188			1.5	19.026	18.376			2	31.701	30.835
10		1.5	9.026	8.376			1	19.350	18.917			1.5	32.026	31.376
		1.25	9.188	8.647		22	2.5	20.376	19.294	36		4	33.402	31.670
		1	9.350	8.917			2	20.701	19.835			3	34.051	32.752
		0.75	9.513	9.188			1.5	21.026	20.376			2	34.701	33.835

续表

公称直径		螺距	中径	小径	公称直径		螺距	中径	小径	公称直径		螺距	中径	小径
第一系列	第二系列	P	D_2、d_2	D_1、d_1	第一系列	第二系列	P	D_2、d_2	D_1、d_1	第一系列	第二系列	P	D_2、d_2	D_1、d_1
36		1.5	35.026	34.376	45		2	43.701	42.835	56		5.5	52.428	50.046
	39	4	36.402	34.670			1.5	44.026	43.376			4	53.402	51.670
		3	37.051	35.752	48		5	44.752	42.587			3	54.051	54.752
		2	37.701	36.835			(4)	45.402	43.670			2	54.701	53.835
		1.5	38.026	37.376			3	46.051	44.752			1.5	55.026	54.376
42		4.5	39.077	37.129			2	46.701	45.835		60	5.5	56.428	54.046
		3	40.051	38.752			1.5	47.026	46.376			4	57.402	55.67
		2	40.701	39.835		52	5	48.752	46.587			3	58.051	56.752
		1.5	41.026	40.376			(4)	49.402	47.670			2	58.701	57.835
	45	4.5	42.077	40.129			3	50.051	48.752			1.5	59.026	58.376
		(4)	42.402	40.670			2	50.701	49.835	64		6	60.103	57.505
		3	43.051	41.752			1.5	51.026	50.376			4	61.402	59.670

注：1. “螺距 P”栏中第一个数值为粗牙螺纹，其余为细牙螺纹。

2. 优先选用第一系列，其次选用第二系列。

3. 括号内尺寸尽可能不用。

附表 2 梯形螺纹（GB/T 5796.3—2005） mm

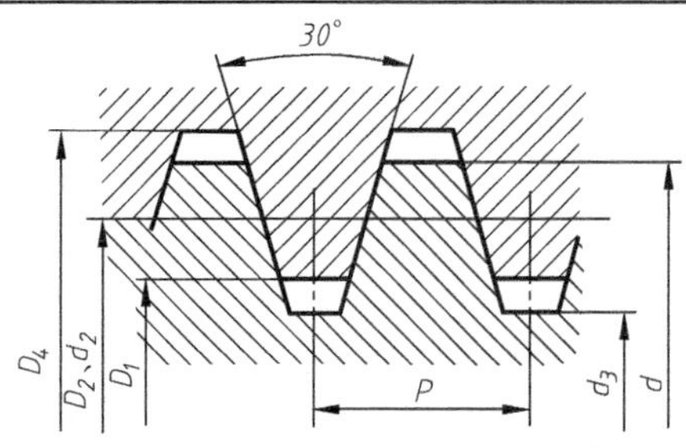

标记示例：

Tr36×6—6H—L

（单线梯形内螺纹、公称直径 d=36、螺距 P=6、右旋、中径公差带代号为 6H、长旋合长度）

Tr40×14(P7)LH—7e

（双线梯形外螺纹、公称直径 d=40、导程 S=14、螺距 P=7、左旋、中径公差带为 7e、中等旋合长度）

公称直径 d		螺距	中径	大径	小径		公称直径 d		螺距	中径	大径	小径	
第一系列	第二系列	P	$D_2=d_2$	D_4	d_3	D_1	第一系列	第二系列	P	$D_2=d_2$	D_4	d_3	D_1
8		1.5	7.25	8.30	6.20	6.50		22	5	19.50	22.50	16.50	17.00
	9	2	8.00	9.50	6.50	7.00	24			21.50	24.50	18.50	19.00
10			9.00	10.50	7.50	8.00		26		23.50	26.50	20.50	21.00
	11		10.00	11.50	8.50	9.00	28			25.50	28.50	22.50	23.00
12		3	10.50	12.50	8.50	9.00		30	6	27.00	31.00	23.00	24.00
	14		12.50	14.50	10.50	11.00	32			29.00	33.00	25.00	26.00
16		4	14.00	16.50	11.50	12.00		34		31.00	35.00	27.00	28.00
	18		16.00	18.50	13.50	14.00	36			33.00	37.00	29.00	30.00
20			18.00	20.50	15.50	16.00		38	7	34.50	39.00	30.00	31.00

续表

公称直径 d		螺距 P	中径 $D_2=d_2$	大径 D_4	小径		公称直径 d		螺距 P	中径 $D_2=d_2$	大径 D_4	小径	
第一系列	第二系列				d_3	D_1	第一系列	第二系列				d_3	D_1
40		7	36.50	41.00	32.00	33.00		50	8	46.00	51.00	41.00	42.00
	42		38.50	43.00	34.00	35.00	52			48.00	53.00	43.00	44.00
44			40.50	45.00	36.00	37.00		55	9	50.50	56.00	45.00	46.00
	46	8	42.00	47.00	37.00	38.00	60			55.50	61.00	50.00	51.00
48			44.00	49.00	39.00	40.00		65	10	60.00	66.00	54.00	55.00

注：1. 优先选用第一系列的直径。

2. 表中所列的直径与螺距系优先选择的螺距及与之对应的直径。

附表 3　管螺纹

用螺纹密封的管螺纹
（摘自 GB 7306—2000）

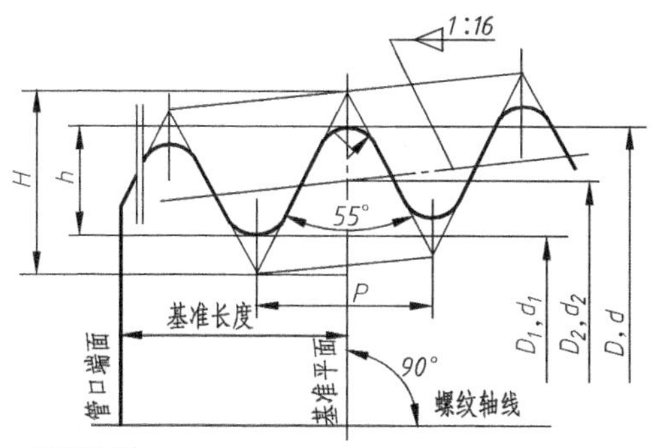

标记示例：

R1/2（尺寸代号 1/2，右旋圆锥外螺纹）

R_c1/2-LH（尺寸代号 1/2，左旋圆锥内螺纹）

R_p1/2（尺寸代号 1/2，右旋圆柱内螺纹）

非螺纹密封的管螺纹
（摘自 GB 7307—2001）

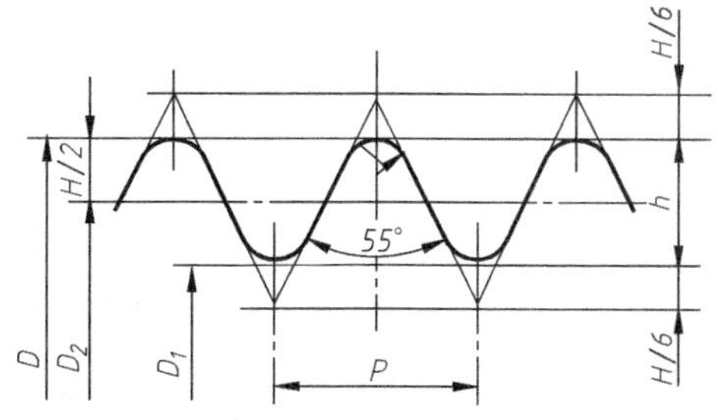

标记示例：

G1/2-LH（尺寸代号 1/2，左旋内螺纹）

G1/2A（尺寸代号 1/2，A 级右旋外螺纹）

G1/2B-LH（尺寸代号 1/2，B 级左旋外螺纹）

尺寸代号	基面上的直径(GB 7306) 基本直径(GB 7307)			螺距 P /mm	牙高 h /mm	圆弧半径 r /mm	每 25.4mm 内的牙数 n	有效螺纹长度 (GB 7306) /mm	基准的基本长度 (GB 7306) /mm
	大径 $d=D$/mm	中径 $d_2=D_2$/mm	小径 $d_1=D_1$/mm						
1/16	7.723	7.142	6.561	0.907	0.581	0.125	28	6.5	4.0
1/8	9.728	9.147	8.566						
1/4	13.157	12.301	11.445	1.337	0.856	0.184	19	9.7	6.0
3/8	16.662	15.806	14.950					10.1	6.4
1/2	20.955	19.793	18.631	1.814	1.162	0.249	14	13.2	8.2
3/4	26.441	25.279	24.117					14.5	9.5
1	33.249	31.770	30.291	2.309	1.479	0.317	11	16.8	10.4
1¼	41.910	40.431	28.952					19.1	12.7
1½	47.803	46.324	44.845						
2	59.614	58.135	56.656					23.4	15.9
2½	75.184	73.705	72.226					26.7	17.5
3	87.884	86.405	84.926					29.8	20.6
4	113.030	111.551	110.072					35.8	25.4
5	138.430	136.951	135.472					40.1	28.6
6	163.830	162.351	160.872						

附表 4 常用的螺纹公差带

螺纹种类	精度	外螺纹			内螺纹		
		S	N	L	S	N	L
普通螺纹 (GB/T 197—2003)	中等	(5g6g) (5h6h)	[*6g], *6e *6h, *6f	7g6g (7h6h)	*5H (5G)	[*6H] (6G)	*7H (7G)
	粗糙	—	8g,(8h)	—	—	7H,(7G)	—
梯形螺纹 (GB/T 5796.4—2005)	中等	—	7h,7e	8e	—	7H	8H
	粗糙	—	8e,8c	8c	—	8H	9H
锯齿形螺纹 (GB/T 13576.4—2008)	中等	—	7c	8c	—	7A	8A
	粗糙	—	8c	9c	—	8A	9A

注：1. 大量生产的精制紧固件螺纹，推荐采用带方框的公差带。

2. 带“*”的公差带优先选用，括号内的公差带尽可能不用。

3. 两种精度选用原则：中等——一般用途；粗糙——对精度要求不高时采用。

附录二 常用的标准件

附表 5 六角头螺栓 A和B级（摘自 GB/T 5782—2016）

六角头螺栓 全螺纹 A和B级（摘自 GB/T 5783—2016） mm

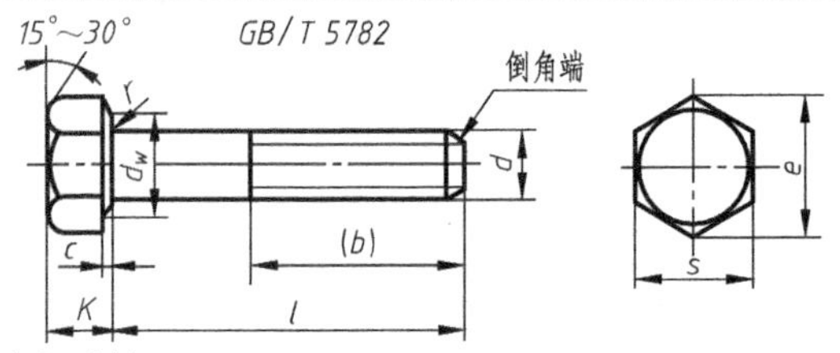

标记示例：

螺纹规格 d=M12、公称长度 l=80，性能等级为 8.8 级、表面氧化、A 级的六角头螺栓的标记为：

螺栓 GB/T 5782—2016 M12×80

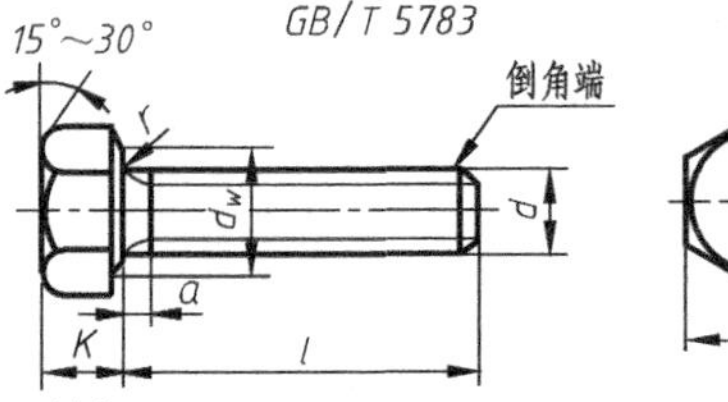

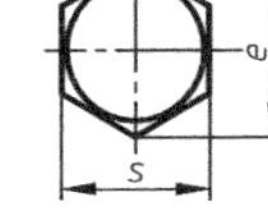

标记示例：

螺纹规格 d=M12、公称长度 l=80，性能等级为 8.8 级、表面氧化、全螺纹、A 级的六角头螺栓的标记为：

螺栓 GB/T 5783—2016 M12×80

螺纹规格 d			M3	M4	M5	M6	M8	M10	M12	(M14)	M16	(M18)	M20	(M22)	M24	(M27)	M30	M36
b 参考	$l \leqslant 125$		12	14	16	18	22	26	30	34	38	42	46	50	54	60	66	78
	$125 < l \leqslant 200$		—	—	—	—	28	32	36	40	44	48	52	56	60	66	72	84
	$l > 200$		—	—	—	—	—	—	—	53	57	61	65	69	73	79	85	97
a	max		1.5	2.1	2.4	3	3.5	4.5	5.25	6	6	7.5	7.5	7.5	9	9	10.5	12
c	max		0.4	0.4	0.5	0.5	0.6	0.6	0.6	0.6	0.8	0.8	0.8	0.8	0.8	0.8	0.8	0.8
	min		0.15	0.15	0.15	0.15	0.15	0.15	0.15	0.15	0.2	0.2	0.2	0.2	0.2	0.2	0.2	0.2
d_w	min	A	4.6	5.9	6.9	8.9	11.6	14.6	16.6	19.6	22.5	25.3	28.2	31.7	33.6	—	—	—
		B	—	—	6.7	8.7	11.4	14.4	16.4	19.2	22	24.8	27.7	31.4	33.2	38	42.7	51.1
e	min	A	6.07	7.66	8.79	11.05	14.38	17.77	20.03	23.35	26.75	30.14	33.53	37.72	39.98	—	—	—
		B	—	—	8.63	10.89	14.20	17.59	19.85	22.78	26.17	29.56	32.95	37.29	39.55	45.2	50.85	60.79
K	公称		2	2.8	3.5	4	5.3	6.4	7.5	8.8	10	11.5	12.5	14	15	17	18.7	22.5
r	min		0.1	0.2	0.2	0.25	0.4	0.4	0.6	0.6	0.6	0.6	0.8	1	0.8	1	1	1
s	公称		5.5	7	8	10	13	16	18	21	24	27	30	34	36	41	46	55
$l_{范围}$			20~30	25~40	25~50	30~60	35~80	40~100	45~120	60~140	55~160	60~180	65~200	70~220	80~240	90~260	90~300	110~360
$l_{范围}$（全螺线）			6~30	8~40	10~50	12~60	16~80	20~100	25~100	30~140	35~100	35~180	40~100	45~200	40~100	55~200	40~400	
$l_{系列}$			6,8,10,12,16,20~70(5 进位),80~160(10 进位),180~360(20 进位)															

续表

螺纹规格 d	M3	M4	M5	M6	M8	M10	M12	(M14)	M16	(M18)	M20	(M22)	M24	(M27)	M30	M36
技术条件	材料		力学性能等级			螺纹公差		公差产品等级						表面处理		
	钢		8.8			6g		A 级用于 $d\leqslant 24$ 和 $l\leqslant 10d$ 或 $l\leqslant 150$ B 级用于 $d>24$ 和 $l>10d$ 或 $l>150$						氧化或镀锌钝化		

注：1. A、B 为产品等级，A 级最精确、C 级最不精确。C 级产品详见 GB/T 5780—2016、GB/T 5781—2016。
2. $l_{系列}$中，M14 中的 55、56，M18 和 M20 中的 65，全螺纹中的 55、65 等规格尽量不采用。
3. 括号内为第二系列螺纹直径规格，尽量不采用。

附表 6　双头螺纹（摘自 GB/T 897～900—88）　　mm

双头螺柱——$b_m=d$（摘自 GB/T 897—88）
双头螺柱——$b_m=1.25d$（摘自 GB/T 898—88）
双头螺柱——$b_m=1.5d$（摘自 GB/T 899—88）
双头螺柱——$b_m=2d$（摘自 GB/T 900—88）

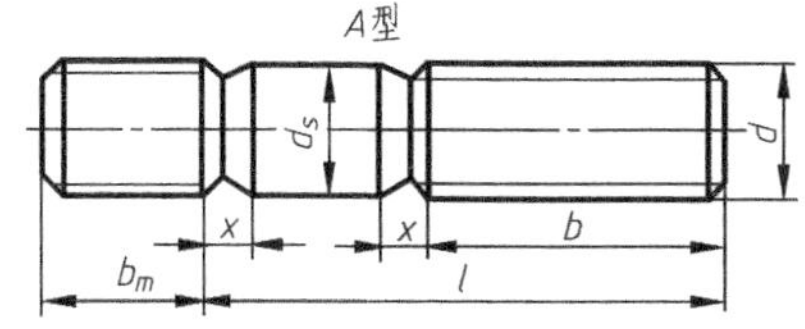

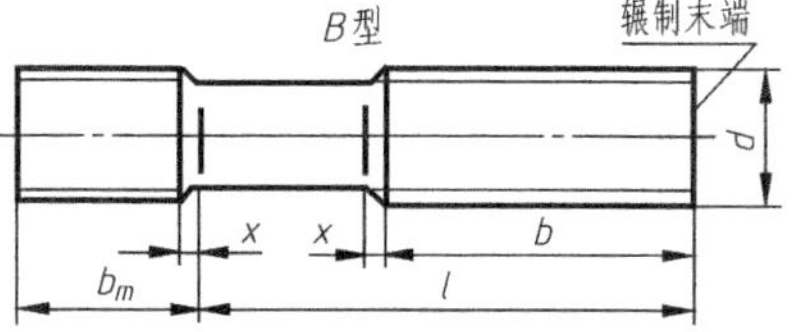

标记示例：
两端均为粗牙普通螺纹，$d=10$mm，$l=50$mm，性能等级为 4.8 级，B 型，$b_m=1d$，记为：
螺柱　GB/T 897—88　M10×50
旋入端为粗牙普通螺纹，紧固端为 $P=1$mm 的细牙普通螺纹，$d=10$mm，$l=50$mm，性能等级为 4.8 级，A 型，$b_m=1d$，记为：螺柱　GB/T 897—88　AM10—M10×1×50

螺纹规格 d	b_m（旋入端长度）				d_s	x	l/b（螺柱长度/紧固端长度）
	GB/T 897	GB/T 898	GB/T 899	GB/T 900			
M4			6	8	4	1.5P	16～22/8　25～40/14
M5	5	6	8	10	5	1.5P	16～22/10　25～50/16
M6	6	8	10	12	6	1.5P	20～22/10　25～30/14　32～75/18
M8	8	10	12	16	8	1.5P	20～22/12　25～30/16　32～90/22
M10	10	12	15	20	10	1.5P	25～28/14　30～38/16　40～120/26　130/32
M12	12	15	18	24	12	1.5P	25～30/16　32～40/20　45～120/30　130～180/36
M16	16	20	24	32	16	1.5P	30～38/20　40～55/30　60～120/38　130～200/44
M20	20	25	30	40	20	1.5P	35～40/25　45～65/35　70～120/46　130～200/52
M24	24	30	36	48	24	1.5P	45～50/30　55～75/45　80～120/54　130～200/60
M30	30	38	45	60	30	1.5P	60～65/40　70～90/50　95～120/66　130～200/72　210～250/85
M36	36	45	54	72	36	1.5P	65～75/45　80～110/60　120/78　130～200/84　210～300/97
M42	42	52	65	84	42	1.5P	70～80/50　85～110/70　120/90　130～200/96　210～300/109
M48	48	60	72	96	48	1.5P	80～90/60　95～110/80　120/102　130～200/108　210～300/121
$l_{系列}$	12，(14)，16，(18)，20，(22)，25，(28)，30，(32)，35，(38)，40，45，50，(55)，60，(65)，70，(75)，80，(85)，90，(95)，100，110～260(10 进位)，280，300						

注：1. 括号内的规格尽可能不用。
2. P 为螺距。
3. $b_m=d$，一般用于钢对钢；$b_m=1.25d$、$b_m=1.5d$，一般用于钢对铸铁；$b_m=2d$，一般用于钢对铝合金。

附表 7　六角螺母

mm

六角螺母——C 级（GB/T 41—2016）　Ⅰ型六角螺母——A 和 B 级（GB/T 6170—2015）　六角薄螺母——A 和 B 级（GB/T 6172.1—2016）

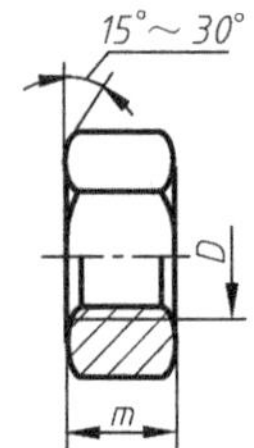

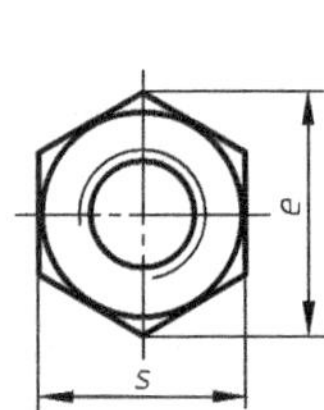

标记示例：

螺纹规格 D=M12、C 级六角螺母　记为：螺母　GB/T 41—2016　M12

螺纹规格 D=M12、A 级Ⅰ型六角螺母　记为：螺母　GB/T 6170.1—2015　M12

螺纹规格 D=M12、A 级六角薄螺母　记为：螺母　GB/T 6172.1—2016　M12

螺纹规格 D		M3	M4	M5	M6	M8	M10	M12	M16	M20	M24	M30	M36	M42
e_{min}	GB/T 41			8.63	10.89	14.20	17.59	19.85	26.17	32.95	39.55	50.85	60.79	72.02
	GB/T 6170	6.01	7.66	8.79	11.05	14.38	17.77	20.03	26.75	32.95	39.55	50.85	60.79	72.02
	GB/T 6172	6.01	7.66	8.79	11.05	14.38	17.77	20.03	26.75	32.95	39.55	50.85	60.79	72.02
s_{max}	GB/T 41			8	10	13	16	18	24	30	36	46	55	65
	GB/T 6170	5.5	7	8	10	13	16	18	24	30	36	46	55	65
	GB/T 6172	5.5	7	8	10	13	16	18	24	30	36	46	55	65
m_{max}	GB/T 41			5.6	6.4	7.9	9.5	12.2	15.9	18.7	22.3	26.4	31.95	34.9
	GB/T 6170	2.4	3.2	4.7	5.2	6.8	8.4	10.8	14.8	18	21.5	25.6	31	34
	GB/T 6172	1.8	2.2	2.7	3.2	4	5	6	8	10	12	15	18	21

注：A 级用于 $D \leqslant 16$mm；B 级用于 $D > 16$mm。

附表 8　垫圈

mm

小垫圈——A 级（GB/T 848—2002）

平垫圈——A 级（GB/T 97.1—2002）

平垫圈　倒角型——A 级（GB/T 97.2—2002）

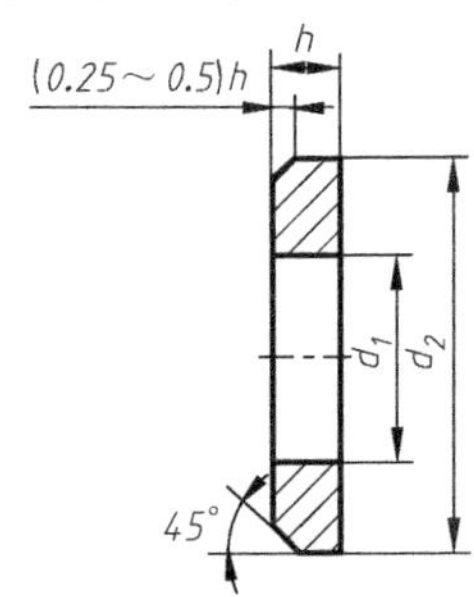

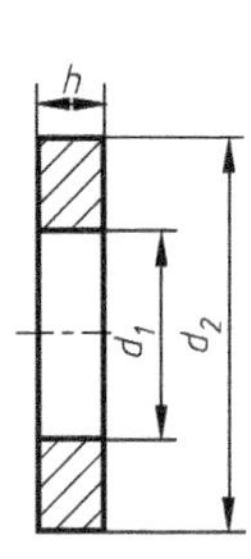

标记示例：

标准系列、公称规格为 8mm、由钢制造的硬度等级为 200HV 级、不经表面处理的平垫圈

记为：垫圈　GB/T 97.1—2002　8

公称规格（螺纹大径 d）	内径 d_1		外径 d_2		厚度 h		
	公称(min)	max	公称(min)	min	公称	max	min
1.6	1.7	1.84	4	3.7	0.3	0.35	0.25
2	2.2	2.34	5	4.7	0.3	0.35	0.25
2.5	2.7	2.84	6	5.7	0.5	0.55	0.45
3	3.2	3.38	7	6.64	0.5	0.55	0.45
4	4.3	4.48	9	8.64	0.8	0.9	0.7
5	5.3	5.48	10	9.64	1	1.1	0.9

续表

公称规格（螺纹大径 d）	内径 d_1		外径 d_2		厚度 h		
	公称(min)	max	公称(min)	min	公称	max	min
6	6.4	6.62	12	11.57	1.6	1.8	1.4
8	8.4	8.62	16	15.57	1.6	1.8	1.4
10	10.5	10.77	20	19.48	2	2.2	1.8
12	13	13.27	24	23.48	2.5	2.7	2.3
16	17	17.27	30	29.48	3	3.3	2.7
20	21	21.33	37	36.38	3	3.3	2.7
24	25	25.33	44	43.38	4	4.3	3.7
30	31	31.39	56	55.26	4	4.3	3.7
36	37	37.62	66	64.8	5	5.6	4.4
42	45	45.62	78	76.8	8	9	7
48	52	52.74	92	90.6	8	9	7
54	62	62.74	105	103.6	10	11	9
64	70	70.74	115	113.6	10	11	9

附表 9　平键连接的剖面和键槽尺寸（摘自 GB/T 1095—2003）

普通型平键的形式和尺寸（摘自 GB/T 1096—2003）　mm

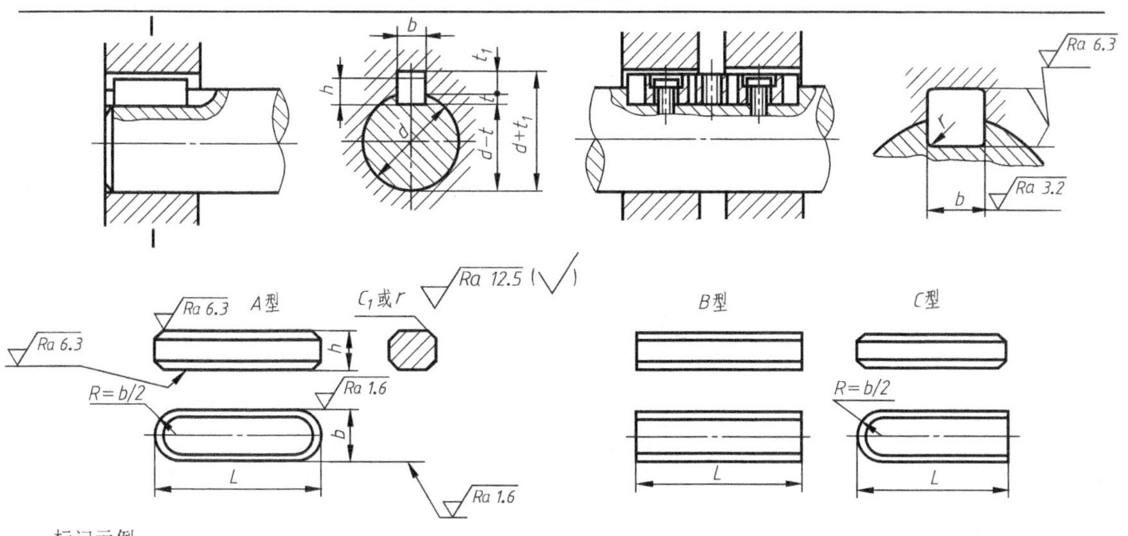

标记示例：

键 16×10×100　GB/T 1096—2003[圆平普通平键(A 型)、$b=16$mm、$h=10$mm、$L=100$mm]

键 B16×10×100　GB/T 1096—2003[圆平普通平键(B 型)、$b=16$mm、$h=10$mm、$L=100$mm]

键 C16×10×100　GB/T 1096—2003[单圆头普通平键(C 型)、$b=16$mm、$h=10$mm、$L=100$mm]

轴	键	键槽											
公称直径 d	公称尺寸 $b\times h$	宽度						深度				半径 r	
		公称尺寸 b	极限偏差					轴 t		毂 t_1			
			较松键连接		一般键连接		较紧键连接						
			轴 H9	毂 D10	轴 N9	毂 Js9	轴和毂 P9	公称尺寸	极限偏差	公称尺寸	极限偏差	最小	最大
自 6～8	2×2	2	+0.025 0	+0.060 +0.020	−0.004 −0.029	±0.0125	−0.006 −0.031	1.2	+0.1 0	1	+0.1 0	0.08	0.16
>8～10	3×3	3						1.8		1.4			
>10～12	4×4	4	+0.030 0	+0.078 +0.030	0 −0.030	±0.015	−0.012 −0.042	2.5		1.8			
>12～17	5×5	5						3.0		2.3		0.16	0.25
>17～22	6×6	6						3.5		2.8			

续表

轴	键	键槽											
公称直径 d	公称尺寸 $b\times h$	宽度						深度				半径 r	
		公称尺寸 b	极限偏差					轴 t		毂 t_1			
			较松键连接		一般键连接		较紧键连接						
			轴 H9	毂 D10	轴 N9	毂 Js9	轴和毂 P9	公称尺寸	极限偏差	公称尺寸	极限偏差	最小	最大
>22~30	8×7	8	+0.036	+0.098	0	±0.018	−0.015	4.0		3.3		0.16	0.25
>30~38	10×8	10	0	+0.040	−0.036		−0.051	5.5		3.3			
>38~44	12×8	12						5.0		3.3		0.25	0.40
>44~50	14×9	14	+0.043	+0.120	0	±0.0215	−0.018	5.5		3.8			
>50~58	16×10	16	0	+0.050	−0.043		−0.061	6.0	+0.2	4.3	+0.2		
>58~65	18×11	18						7.0	0	4.4	0		
>65~75	20×12	20						7.5		4.9		0.40	0.60
>75~85	22×14	22	+0.052	+0.149	0	±0.026	−0.022	9.0		5.4			
>85~95	25×14	25	0	+0.065	−0.052		−0.074	9.0		5.4			
>95~110	28×16	28						10.0		6.4			
键的长度系列	6,8,10,12,14,16,18,20,22,25,28,32,36,40,45,50,56,63,70,80,90,100,110,125,140,160,180,200,220,250,280,320,360												

注：1. 在工作图中，轴槽深用 t 或 $(d-t)$ 标注，轮毂槽深用 $(d+t_1)$ 标注。

2. $(d-t)$ 和 $(d+t_1)$ 两组组合尺寸的极限偏差按相应的 t 和 t_1 极限偏差选取，但 $(d-t)$ 极限偏差值应取负号 (−)。

3. 键尺寸的极限偏差 b 为 h9，h 为 h11，L 为 h14。

4. 平键常用材料为 45 钢。

附表 10 普通圆柱销（摘自 GB/T 119—2000） mm

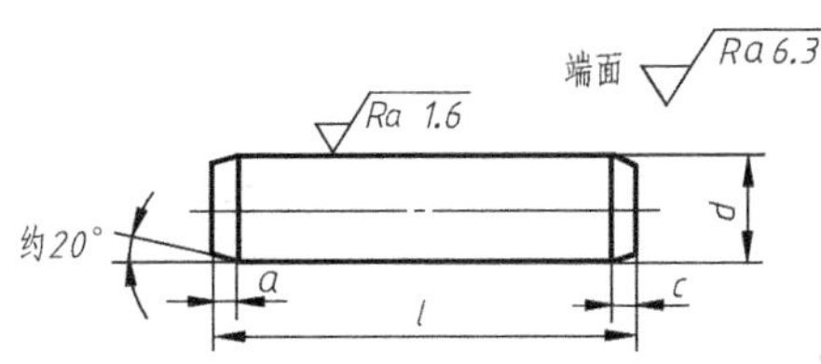

标记示例：

销 GB/T 119.1 10×90(公称直径 d=10mm、长度 l=90mm、材料为钢、不经淬火、不经表面处理的圆柱销)

销 GB/T 119.1 10×90-A1 (公称直径 d=10mm、长度 l=90mm、材料为 A1 组奥氏体不锈钢、表面简单处理的圆柱销)

$d_{公称}$	2	3	4	5	6	8	10	12	16	20	25
$a\approx$	0.25	0.4	0.5	0.63	0.8	1.0	1.2	1.6	2.0	2.5	3.0
$c\approx$	0.35	0.5	0.63	0.8	1.2	1.6	2.0	2.5	3.0	3.5	4.0
$l_{范围}$	6~20	8~30	8~40	10~50	12~60	14~80	18~95	22~140	26~180	35~200	50~200
$l_{系列}$	2、3、4、5、6~32(2 进位)、35~100(5 进位)、120~200(20 进位)										

附表 11 圆锥销（摘自 GB/T 117—2000） mm

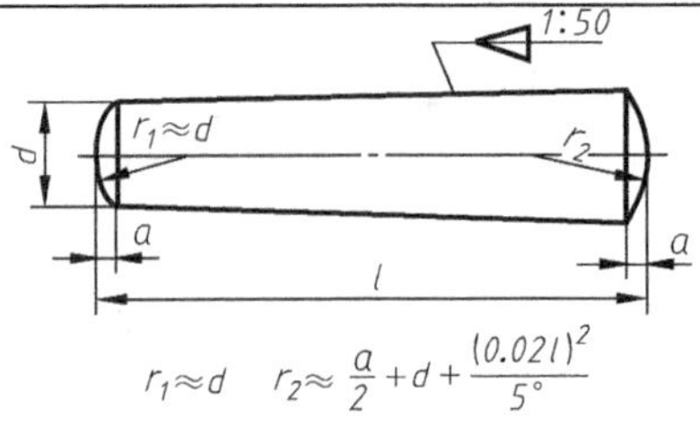

A 型(磨削)：锥面表面粗糙度 Ra=0.8μm

B 型(切削或冷镦)：锥面表面粗糙度 Ra=3.2μm

端面 Ra=6.3μm

标记示例：

销 GB/T 117 10×60(公称直径 d=10mm、公称长度 l=60mm、材料为 35 钢、热处理硬度 28~38HRC、表面氧化处理的 A 型圆锥销)

续表

$d_{公称}$	2	2.5	3	4	5	6	8	10	12	16	20	25
$a\approx$	0.25	0.3	0.4	0.5	0.63	0.8	1.0	1.2	1.6	2.0	2.5	3.0
$l_{范围}$	10～35	10～35	12～45	14～55	18～60	22～90	22～120	26～160	32～180	400～200	45～200	50～200
$l_{系列}$	2、3、4、5、6～32(2 进位)、35～100(5 进位)、120～200(20 进位)											

附表 12　滚动轴承　　mm

深沟球轴承
(摘自 GB/T 276—2013)

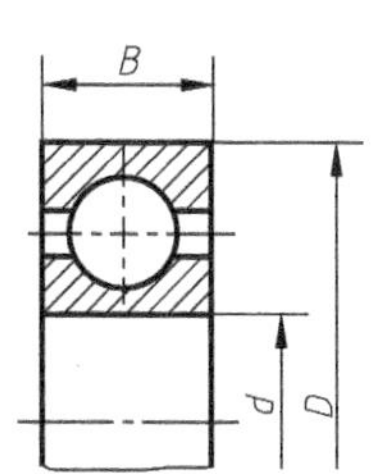

标记示例：
滚轴承　6310　GB/T 276—2013

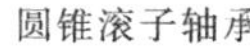

轴承代号	尺寸		
	d	D	B
尺寸系列[(0)2]			
6202	15	35	11
6203	17	40	12
6204	20	47	14
6205	25	52	15
6206	30	62	16
6207	35	72	17
6208	40	80	18
6209	45	85	19
6210	50	90	20
6211	55	100	21
6212	60	110	22
尺寸系列[(0)3]			
6302	15	42	13
6303	17	47	14
6304	20	52	15
6305	25	62	17
6306	30	72	19
6307	35	80	21
6308	40	90	23
6309	45	100	25
6310	50	110	27
6311	55	120	29
6312	60	130	31

圆锥滚子轴承
(摘自 GB/T 297—2015)

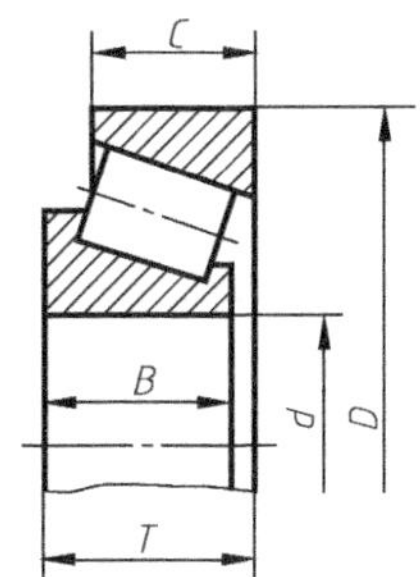

标记示例：
滚动轴承　30212　GB/T 297—2015

轴承代号	尺寸				
	d	D	B	C	T
尺寸系列[02]					
30203	17	40	12	11	13.25
30204	20	47	14	12	15.25
30205	25	52	15	13	16.25
30206	30	62	16	14	17.25
30207	35	72	17	15	18.25
30208	40	80	18	16	19.75
30209	45	85	19	16	20.75
30210	50	90	20	17	21.75
30211	55	100	21	18	22.75
30212	60	110	22	19	23.75
30213	65	120	23	20	24.75
尺寸系列[03]					
30302	15	42	13	11	14.25
30303	17	47	14	12	15.25
30304	20	52	15	13	16.25
30305	25	62	17	15	18.25
30306	30	72	19	16	20.75
30307	35	80	21	18	22.75
30308	40	90	23	20	25.25
30309	45	100	25	22	27.25
30310	50	110	27	23	29.25
30311	55	120	29	25	31.50
30312	60	130	31	26	33.50

推力球轴承
(摘自 GB/T 301—1995)

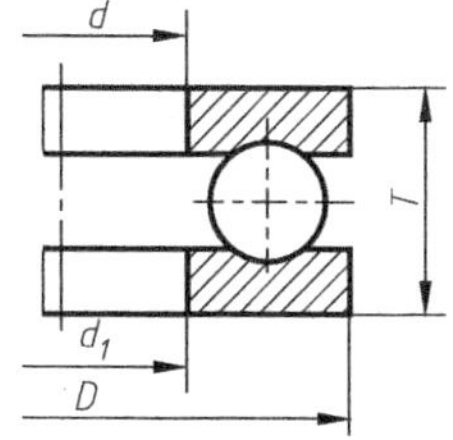

标记示例：
滚动轴承　51305　GB/T 301—1995

轴承代号	尺寸			
	d	D	T	d_1
尺寸系列[12]				
51202	15	32	12	17
51203	17	35	12	19
51204	20	40	14	22
51205	25	47	15	27
51206	30	52	16	32
51207	35	62	18	37
51208	40	68	19	42
51209	45	73	20	47
51210	50	78	22	52
51211	55	90	25	57
51212	60	95	26	62
尺寸系列[13]				
51304	20	47	18	22
51305	25	52	18	27
51306	30	60	21	32
51307	35	68	24	37
51308	40	78	26	42
51309	45	85	28	47
51310	50	95	31	52
51311	55	105	35	57
51312	60	110	35	62
51313	65	115	36	67
51314	70	125	40	72

注：圆括号中的尺寸系列代号在轴承型号中省略。

附录三　极限与配合

附表 13　轴的基本偏差

基本尺寸/mm		基本偏														
		上偏差 es														
		所有标准公差等级												IT5 和 IT6	IT7	IT8
大于	至	a	b	c	cd	d	e	ef	f	fg	g	h	js	j		
—	3	−270	−140	−60	−34	−20	−14	−10	−6	−4	−2	0	偏差=±(IT$_n$)/2，式中IT$_n$是IT值数	−2	−4	−6
3	6	−270	−140	−70	−46	−30	−20	−14	−8	−6	−4	0		−2	−4	—
6	10	−280	−150	−80	−56	−40	−25	−18	−13	−8	−5	0		−2	−5	—
10	14	−290	−150	−95	—	−50	−32	—	−16	—	−6	0		−3	−6	—
14	18															
18	24	−300	−160	−110	—	−65	−40	—	−20	—	−7	0		−4	−8	—
24	30															
30	40	−310	−170	−120	—	−80	−50	—	−25	—	−9	0		−5	−10	—
40	50	−320	−180	−130												
50	65	−340	−190	−140	—	−100	−60	—	−30	—	−10	0		−7	−12	—
65	80	−360	−200	−150												
80	100	−380	−220	−170	—	−120	−72	—	−36	—	−12	0		−9	−15	—
100	120	−410	−240	−180												
120	140	−460	−260	−200	—	−145	−85	—	−43	—	−14	0		−11	−18	—
140	160	−520	−280	−210												
160	180	−580	−310	−230												
180	200	−660	−340	−240	—	−170	−100	—	−50	—	−15	0		−13	−21	—
200	225	−740	−380	−260												
225	250	−820	−420	−280												
250	280	−920	−480	−300	—	−190	110	—	−56	—	−17	0		−16	−26	—
280	315	−1060	−540	−330												
315	355	−1200	−600	−360	—	−210	−125	—	−62	—	−18	0		−18	−28	—
355	400	−1350	−680	−400												
400	450	−1500	−760	−440	—	−230	−135	—	−68	—	−20	0		−20	−32	—
450	500	−1650	−840	−480												

注：1. 基本尺寸小于或等于 1mm 时，基本偏差 a 和 b 均不采用。

2. 公差带 js7～js11，若 IT$_n$ 值是奇数，则取偏差＝±(IT$_n$－1)/2。

数值（摘自 GB/T 1800.1—2009）　　　　单位：μm

差　数　值

下　偏　差 ei

IT4至IT7	≤IT3 >IT7	所有标准公差等级													
k		m	n	p	r	s	t	u	v	x	y	z	za	zb	zc
0	0	+2	+4	+6	+10	+14	—	+18	—	+20	—	+26	+32	+40	+60
+1	0	+4	+8	+12	+15	+19	—	+23	—	+28	—	+35	+42	+50	+80
+1	0	+6	+10	+15	+19	+23	—	+28	—	+34	—	+42	+52	+67	+97
+1	0	+7	+12	+18	+23	+28	—	+33	—	+40	—	+50	+64	+90	+130
									+39	+45	—	+60	+77	+108	+150
+2	0	+8	+15	+22	+28	+35	—	+41	+47	+54	+63	+73	+98	+136	+188
							+41	+48	+55	+64	+75	+88	+118	+160	+218
+2	0	+9	+17	+26	+34	+43	+48	+60	+68	+80	+94	+112	+148	+200	+274
							+54	+70	+81	+97	+114	+136	+180	+242	+325
+2	0	+11	+20	+32	+41	+53	+66	+87	+102	+122	+144	+172	+226	+300	+405
					+43	+59	+75	+102	+120	+146	+174	+210	+274	+360	+480
+3	0	+13	+23	+37	+51	+71	+91	+124	+146	+178	+214	+258	+335	+445	+585
					+54	+79	+104	+144	+172	+210	+254	+310	+400	+525	+690
+3	0	+15	+27	+43	+63	+92	+122	+170	+202	+248	+300	+365	+470	+620	+800
					+65	+100	+134	+190	+228	+280	+340	+415	+535	+700	+900
					+68	+108	+146	+210	+252	+310	+380	+465	+600	+780	+1000
+4	0	+17	+31	+50	+77	+122	+166	+236	+284	+350	+425	+520	+670	+880	+1150
					+80	+130	+180	+258	+310	+385	+470	+575	+740	+960	+1250
					+84	+140	+196	+284	+340	+425	+520	+640	+820	+1050	+1350
+4	0	+20	+34	+56	+94	+158	+218	+315	+385	+475	+580	+710	+920	+1200	+1550
					+98	+170	+240	+350	+425	+525	+650	+790	+1000	+1300	+1700
+4	0	+21	+37	+62	+108	+190	+268	+390	+475	+590	+730	+900	+1150	+1500	+1900
					+114	+208	+294	+435	+532	+660	+820	+1000	+1300	+1650	+2100
+5	0	+23	+40	+68	+126	+232	+330	+490	+595	+740	+920	+1100	+1450	+1850	+2400
					+132	+252	+360	+540	+660	+820	+1000	+1250	+1600	+2100	+2600

附表 14 孔的基本偏差

基本尺寸/mm		基本偏																		
		下偏差 EI																		
		所有标准公差等级												IT6	IT7	IT8	≤IT8	>IT8	≤IT8	>IT8
大于	至	A	B	C	CD	D	E	EF	F	FG	G	H	JS	J			K		M	
—	3	+270	+140	+60	+34	+20	+14	+10	+6	+4	+2	0	偏差=±$(IT_n)/2$，式中IT_n是IT值数	+2	+4	+6	0	0	−2	−2
3	6	+270	+140	+70	+46	+30	+20	+14	+10	+6	+4	0		+5	+6	+10	−1+Δ	—	−4+Δ	−4
6	10	+280	+150	+80	+56	+40	+25	+18	+13	+8	+5	0		+5	+8	+12	−1+Δ	—	−6+Δ	−6
10	14	+290	+150	+95	—	+50	+32	—	+16	—	+6	0		+6	+10	+15	−1+Δ	—	−7+Δ	−7
14	18																			
18	24	+300	+160	+110	—	+65	+40	—	+20	—	+7	0		+8	+12	+20	−2+Δ	—	−8+Δ	−8
24	30																			
30	40	+310	+170	+120	—	+80	+50		+25	—	+9	0		+10	+14	+24	−2+Δ	—	−9+Δ	−9
40	50	+320	+180	+130																
50	65	+340	+190	+140	—	+100	+60	—	+30	—	+10	0		+13	+18	+28	−2+Δ	—	−11+Δ	−11
65	80	+360	+200	+150																
80	100	+380	+220	+170	—	+120	+72	—	+36	—	+12	0		+16	+22	+34	−3+Δ	—	−13+Δ	−13
100	120	+410	+240	+180																
120	140	+460	+260	+200	—	+145	+85	—	+43	—	+14	0		+18	+26	+41	−3+Δ	—	−15+Δ	−15
140	160	+520	+280	+210																
160	180	+580	+310	+230																
180	200	+660	+340	+240	—	+170	+100	—	+50	—	+15	0		+22	+30	+47	−4+Δ	—	−17+Δ	−17
200	225	+740	+380	+260																
225	250	+820	+420	+280																
250	280	+920	+480	+300	—	+190	+110	—	+56	—	+17	0		+25	+36	+55	−4+Δ	—	−20+Δ	−20
280	315	+1050	+540	+330																
315	355	+1200	+600	+360	—	+210	+125	—	+62	—	+18	0		+29	+39	+60	−4+Δ	—	−21+Δ	−21
355	400	+1350	+680	+400																
400	450	+1500	+760	+440	—	+230	+135	—	+68	—	+20	0		+33	+43	+66	−5+Δ	—	−23+Δ	−23
450	500	+1650	+840	+480																

注：1. 基本尺寸小于或等于 1mm 时，基本偏差 A 和 B 及大于 IT8 的 N 均不采用。

2. 对公差带 JS7～JS11，若 IT_n 值数是奇数，则取偏差＝±$(IT_n-1)/2$。

3. 对小于或等于 IT8 的 K、M、N 和小于或等于 IT7 的 P～ZC，所需 Δ 值从表内右侧选取。

例如：18 至 30mm 段的 K7 中，Δ=8μm，所以 ES=−2+8 =+6μm；18～30mm 段的 S6 中，Δ=4μm，所以 ES=−35+

4. 特殊情况：250～315mm 段的 M6，ES=−9μm（代替−11μm）。

数值（摘自 GB/T 1800.1—2009）　　单位：μm

差数值															Δ值					
上偏差 ES																				
≤IT8	>IT8	≤IT7	标准公差等级大于 IT7												标准公差等级					
N		P至ZC	P	R	S	T	U	V	X	Y	Z	ZA	ZB	ZC	IT3	IT4	IT5	IT6	IT7	IT8
−4	−4	在大于IT7的相应数值上增加一个Δ值	−6	−10	−14	—	−18	—	−20	—	−26	−32	−40	−60	0	0	0	0	0	0
−8+Δ	0		−12	−15	−19	—	−23	—	−28	—	−35	−42	−50	−80	1	1.5	2	3	6	7
−10+Δ	0		−15	−19	−23	—	−28	—	−34	—	−42	−52	−67	−97	1	1.5	2	3	6	7
−12+Δ	0		−18	−23	−28	—	−33	—	−40	—	−50	−64	−90	−130	1	2	3	3	7	9
								—	−45	—	−60	−77	−108	−150						
−15+Δ	0		−22	−28	−35	—	−41	—	−54	—	−73	−98	−136	−188	1.5	2	3	4	8	12
						−41	−48	−55	−64	−75	−88	−118	−160	−218						
−17+Δ	0		−26	−35	−43	−48	−60	−68	−80	−94	−112	−148	−200	−274	1.5	3	4	5	9	14
						−54	−71	−81	−97	−114	−136	−180	−242	−325						
−20+Δ	0		−32	−43	−53	−66	−87	−102	−122	−144	−172	−226	−300	−405	2	3	5	6	11	16
				−53	−59	−75	−102	−120	−146	−174	−210	−274	−360	−480						
−23+Δ	0		−37	−59	−71	−91	−124	−146	−178	−214	−258	−335	−445	−585	2	4	5	7	13	19
				−71	−79	−104	−144	−172	−210	−254	−310	−400	−525	−690						
−27+Δ	0		−43	−79	−92	−122	−170	−202	−248	−300	−365	−470	−620	−800	3	4	6	7	15	23
				−92	−100	−134	−190	−228	−280	−340	−415	−535	−700	−900						
				−100	−108	−146	−210	−252	−310	−380	−465	−600	−780	−1000						
−31+Δ	0		−50	−122	−122	−166	−236	−284	−350	−425	−620	−670	−880	−1150	3	4	6	9	17	26
				−130	−130	−180	−258	−310	−385	−470	−575	−740	−960	−1250						
				−140	−140	−196	−284	−340	−425	−520	−640	−820	−1050	−1350						
−34+Δ	0		−56	−158	−158	−218	−315	−385	−475	−580	−710	−920	−1200	−1550	4	4	7	9	20	29
				−170	−170	−240	−350	−425	−525	−650	−790	−1000	−1300	−1700						
−37+Δ	0		−62	−190	−190	−268	−390	−475	−590	−730	−900	−1150	−1500	−1900	4	5	7	11	21	32
				−208	−208	−294	−435	−530	−660	−820	−1000	−1300	−1650	−2100						
−40+Δ	0		−68	−232	−232	−330	−490	−595	−740	−920	−1100	−1450	−1850	−2400	5	5	7	13	23	34
				−252	−252	−360	−540	−660	−820	−1000	−1250	−1600	−2100	−2600						

4＝−31μm。

附表 15 优先及常用配合轴的

代号		a	b	c	d	e	f	g	h					
基本尺寸/mm		公差												
大于	至	11	11	*11	*9	8	*7	*6	5	*6	*7	8	*9	10
—	3	−270 −330	−140 −200	−60 −120	−20 −45	−14 −28	−6 −16	−2 −8	0 −4	0 −6	0 −10	0 −14	0 −25	0 −40
3	6	−270 −345	−140 −215	−70 −145	−30 −60	−20 −38	−10 −22	−4 −12	0 −5	0 −8	0 −12	0 −18	0 −30	0 −48
6	10	−280 −338	−150 −240	−80 −170	−40 −76	−25 −47	−13 −28	−5 −14	0 −6	0 −9	0 −15	0 −22	0 −36	0 −58
10	14	−290 −400	−150 −260	−95 −205	−50 −93	−32 −59	−16 −34	−6 −17	0 −8	0 −11	0 −18	0 −27	0 −43	0 −70
14	18													
18	24	−300 −430	−160 −290	−110 −240	−65 −117	−40 −73	−20 −41	−7 −20	0 −9	0 −13	0 −21	0 −33	0 −52	0 −84
24	30													
30	40	−310 −470	−170 −330	−120 −280	−80 −142	−50 −89	−25 −50	−9 −25	0 −11	0 −16	0 −25	0 −39	0 −62	0 −100
40	50	−320 −480	−180 −340	−130 −290										
50	65	−340 −530	−190 −380	−140 −330	−100 −174	−60 −106	−30 −60	−10 −29	0 −13	0 −19	0 −30	0 −46	0 −74	0 −120
65	80	−360 −550	−200 −390	−150 −340										
80	100	−380 −600	−220 −440	−170 −390	−120 −207	−72 −126	−36 −71	−12 −34	0 −15	0 −22	0 −35	0 −54	0 −87	0 −140
100	120	−410 −630	−240 −460	−180 −400										
120	140	−460 −710	−260 −510	−200 −450	−145 −245	−85 −148	−43 −83	−14 −39	0 −18	0 −25	0 −40	0 −63	0 −100	0 −160
140	160	−520 −770	−280 −530	−210 −460										
160	180	−580 −830	−310 −560	−230 −480										
180	200	−660 −950	−340 −630	−240 −530	−170 −285	−100 −172	−50 −96	−15 −44	0 −20	0 −29	0 −46	0 −72	0 −115	0 −185
200	225	−740 −1030	−380 −670	−260 −550										
225	250	−820 −1110	−420 −710	−280 −570										
250	280	−920 −1240	−480 −800	−300 −620	−190 −320	−110 −191	−56 −108	−17 −49	0 −23	0 −32	0 −52	0 −81	0 −130	0 −210
280	315	−1050 −1370	−540 −860	−330 −650										
315	355	−1200 −1560	−600 −960	−360 −720	−210 −350	−125 −214	−62 −119	−18 −54	0 −25	0 −36	0 −57	0 −89	0 −140	0 −230
355	400	−1350 −1710	−680 −1040	−400 −760										
400	450	−1500 −1900	−760 −1160	−440 −840	−230 −385	−135 −232	−68 −131	−20 −60	0 −27	0 −40	0 −63	0 −97	0 −155	0 −250
450	500	−1650 −2050	−840 −1240	−480 −880										

注：带 * 者为优先选用的，其他为常用的。

极限偏差表　　单位：μm

		js	k	m	n	p	r	s	t	u	v	x	y	z
等级														
*11	12	6	*6	6	*6	*6	6	*6	6	*6	6	6	6	6
0 -60	0 -100	±3	+6 0	+8 +2	+10 +4	+12 +6	+16 +10	+20 +14	—	+24 +18	—	+26 +20	—	+32 +26
0 -75	0 -120	±4	+9 +1	+12 +4	+16 +8	+20 +12	+23 +15	+27 +19	—	+31 +23	—	+36 +28	—	+43 +35
0 -90	0 -150	±4.5	+10 +1	+15 +6	+19 +10	+24 +15	+28 +19	+32 +23	—	+37 +28	—	+43 +34	—	+51 +42
0 -110	0 -180	±5.5	+12 +1	+18 +7	+23 +12	+29 +18	+34 +23	+39 +28	—	+44 +33	—	+51 +40	—	+61 +50
									—		+50 +39	+56 +45	—	+71 +60
0 -130	0 -210	±6.5	+15 +2	+21 +8	+28 +15	+35 +22	+41 +28	+48 +35	—	+54 +41	+60 +47	+67 +54	+76 +63	+86 +73
									+54 +41	+61 +48	+68 +55	+77 +64	+88 +75	+101 +88
0 -160	0 -250	±8	+18 +2	+25 +9	+33 +17	+42 +26	+50 +34	+59 +43	+64 +48	+76 +60	+84 +68	+96 +80	+110 +94	+128 +112
									+70 +54	+86 +70	+97 +81	+113 +97	+130 +114	+152 +136
0 -190	0 -300	±9.5	+21 +2	+30 +11	+39 +20	+51 +32	+60 +41	+72 +53	+85 +66	+106 +87	+121 +102	+141 +122	+163 +144	+191 +172
							+62 +43	+78 +59	+94 +75	+121 +102	+139 +120	+165 +146	+193 +174	+229 +210
0 -220	0 -350	±11	+25 +3	+35 +13	+45 +23	+59 +37	+73 +51	+93 +71	+113 +91	+146 +124	+168 +146	+200 +178	+236 +214	+280 +258
							+76 +54	+101 +79	+126 +104	+166 +144	+194 +172	+232 +210	+276 +254	+332 +310
0 -250	0 -400	±12.5	+28 +3	+40 +15	+52 +27	+68 +43	+88 +63	+117 +92	+147 +122	+195 +170	+227 +202	+273 +248	+325 +300	+390 +365
							+90 +65	+125 +100	+159 +134	+215 +190	+253 +228	+305 +280	+365 +340	+440 +415
							+93 +68	+133 +108	+171 +146	+235 +210	+277 +252	+335 +310	+405 +380	+490 +465
0 -290	0 -460	±14.5	+33 +4	+46 +17	+60 +31	+79 +50	+106 +77	+151 +122	+195 +166	+265 +236	+313 +284	+379 +350	+454 +425	+549 +520
							+109 +80	+159 +130	+209 +180	+287 +258	+339 +310	+414 +385	+499 +470	+604 +575
							+113 +84	+169 +140	+225 +196	+313 +284	+369 +340	+454 +425	+549 +520	+669 +640
0 -320	0 -520	±16	+36 +4	+52 +20	+66 +34	+88 +56	+126 +94	+190 +158	+250 +218	+347 +315	+417 +385	+507 +475	+612 +580	+742 +710
							+130 +98	+202 +170	+272 +240	+382 +350	+457 +425	+557 +525	+682 +650	+822 +790
0 -360	0 -570	±18	+40 +4	+57 +21	+73 +37	+98 +62	+144 +108	+226 +190	+304 +268	+426 +390	+511 +475	+626 +590	+766 +730	+936 +900
							+150 +114	+244 +208	+330 +294	+471 +435	+566 +530	+696 +660	+856 +820	+1036 +1000
0 -400	0 -630	±20	+45 +5	+63 +23	+80 +40	+108 +68	+166 +126	+272 +232	+370 +330	+530 +490	+635 +595	+780 +740	+960 +920	+1140 +1100
							+172 +132	+292 +252	+400 +360	+580 +540	+700 +660	+860 +820	+1040 +1000	+1290 +1250

附表 16 优先及常用配合孔

代号		A	B	C	D	E	F	G	H					
基本尺寸/mm		公差												
大于	至	11	11	*11	*9	8	*8	*7	6	*7	*8	*9	10	*11
—	3	+330 +270	+200 +140	+120 +60	+45 +20	+28 +14	+20 +6	+12 +2	+6 0	+10 0	+14 0	+25 0	+40 0	+60 0
3	6	+345 +270	+215 +140	+145 +70	+60 +30	+38 +20	+28 +10	+16 +4	+8 0	+12 0	+18 0	+30 0	+48 0	+75 0
6	10	+370 +280	+240 +150	+170 +80	+76 +40	+47 +25	+35 +13	+20 +5	+9 0	+15 0	+22 0	+36 0	+58 0	+90 0
10	14	+400 +290	+260 +150	+205 +95	+93 +50	+59 +32	+43 +16	+24 +6	+11 0	+18 0	+27 0	+43 0	+70 0	+110 0
14	18													
18	24	+430 +300	+290 +160	+240 +110	+117 +65	+73 +40	+53 +20	+28 +7	+13 0	+21 0	+33 0	+52 0	+84 0	+130 0
24	30													
30	40	+470 +310	+330 +170	+280 +120	+142 +80	+89 +50	+64 +25	+34 +9	+16 0	+25 0	+39 0	+62 0	+100 0	+160 0
40	50	+480 +320	+340 +180	+290 +130										
50	65	+530 +340	+380 +190	+330 +140	+174 +100	+106 +60	+76 +30	+40 +10	+19 0	+30 0	+46 0	+74 0	+120 0	+190 0
65	80	+550 +360	+390 +200	+340 +150										
80	100	+600 +380	+440 +220	+390 +170	+207 +120	+126 +72	+90 +36	+47 +12	+22 0	+35 0	+54 0	+87 0	+140 0	+220 0
100	120	+630 +410	+460 +240	+400 +180										
120	140	+710 +460	+510 +260	+450 +200	+245 +145	+148 +85	+106 +43	+54 +14	+25 0	+40 0	+63 0	+100 0	+160 0	+250 0
140	160	+770 +520	+530 +280	+460 +210										
160	180	+830 +580	+560 +310	+480 +230										
180	200	+950 +660	+630 +340	+530 +240	+285 +170	+172 +100	+122 +50	+61 +15	+29 0	+46 0	+72 0	+115 0	+185 0	+290 0
200	225	+1030 +740	+670 +380	+550 +260										
225	250	+1110 +820	+710 +420	+570 +280										
250	280	+1240 +920	+800 +480	+620 +300	+320 +190	+191 +110	+137 +56	+69 +17	+32 0	+52 0	+81 0	+130 0	+210 0	+320 0
280	315	+1370 +1050	+860 +540	+650 +330										
315	355	+1560 +1200	+960 +600	+720 +360	+350 +210	+214 +125	+151 +62	+75 +18	+36 0	+57 0	+89 0	+140 0	+230 0	+360 0
355	400	+1710 +1350	+1040 +680	+760 +400										
400	450	+1900 +1500	+1160 +760	+840 +440	+385 +230	+232 +135	+165 +68	+83 +20	+40 0	+63 0	+97 0	+155 0	+250 0	+400 0
450	500	+2050 +1650	+1240 +840	+880 +480										

注：带“*”者为优先选用的，其他为常用的。

的极限偏差表

单位：μm

	JS		K			M	N		P		R	S	T	U
等　级														
12	6	7	6	*7	8	7	6	7	6	*7	7	*7	7	*7
+100 0	±3	±5	0 −6	0 −10	0 −14	−2 −12	−4 −10	−4 −14	−6 −12	−6 −16	−10 −20	−14 −24	—	−18 −28
+120 0	±4	±6	+2 −6	+3 −9	+5 −13	0 −12	−5 −13	−4 −16	−9 −17	−8 −20	−11 −23	−15 −27	—	−19 −31
+150 0	±4.5	±7	+2 −7	+5 −10	+6 −16	0 −15	−7 −16	−4 −19	−12 −21	−9 −24	−13 −28	−17 −32	—	−22 −37
+180 0	±5.5	±9	+2 −9	+6 −12	+8 −19	0 −18	−9 −20	−5 −23	−15 −26	−11 −29	−16 −34	−21 −39	—	−26 −44
+210 0	±6.5	±10	+2 −11	+6 −15	+10 −23	0 −21	−11 −24	−7 −28	−18 −31	−14 −35	−20 −41	−27 −48	—	−33 −54
													−33 −54	−40 −61
+250 0	±8	±12	+3 −13	+7 −18	+12 −27	0 −25	−12 −28	−8 −33	−21 −37	−17 −42	−25 −50	−34 −59	−39 −64	−51 −76
													−45 −70	−61 −86
+300 0	±9.5	±15	+4 −15	+9 −21	+14 −32	0 −30	−14 −33	−9 −39	−26 −45	−21 −51	−30 −60	−42 −72	−55 −85	−76 −106
											−32 −62	−48 −78	−64 −94	−91 −121
+350 0	±11	±17	+4 −18	+10 −25	+16 −38	0 −35	−16 −35	−10 −45	−30 −52	−24 −59	−38 −73	−58 −93	−78 −113	−111 −146
											−41 −76	−66 −101	−91 −126	−131 −166
+400 0	±12.5	±20	+4 −21	+12 −28	+20 −43	0 −40	−20 −45	−12 −52	−36 −61	−28 −68	−48 −88	−77 −117	−107 −147	−155 −195
											−50 −90	−85 −125	−119 −159	−175 −215
											−53 −93	−93 −133	−131 −171	−195 −235
+460 0	±14.5	±23	+5 −24	+13 −33	+22 −50	0 −46	−22 −51	−14 −60	−41 −70	−33 −79	−60 −106	−105 −151	−149 −195	−219 −265
											−63 −109	−113 −159	−163 −209	−241 −287
											−67 −113	−123 −169	−179 −225	−267 −313
+520 0	±16	±26	+5 −27	+16 −36	+25 −56	0 −52	−25 −57	−14 −66	−47 −79	−36 −88	−74 −126	−138 −190	−198 −250	−295 −347
											−78 −130	−150 −202	−220 −272	−330 −382
+570 0	±18	±28	+7 −29	+17 −40	+28 −61	0 −57	−26 −62	−16 −73	−51 −87	−41 −98	−87 −144	−169 −226	−247 −304	−369 −426
											−93 −150	−187 −244	−273 −330	−414 −471
+630 0	±20	±31	+8 −32	+18 −45	+29 −68	0 −63	−27 −67	−17 −80	−55 −95	−45 −108	−103 −166	−209 −272	−307 −370	−467 −530
											−109 −172	−229 −292	−337 −400	−517 −580

附表 17 标准公差数值（摘自 GB/T 1800.1—2009）

基本尺寸/mm		标准公差等级																	
		IT1	IT2	IT3	IT4	IT5	IT6	IT7	IT8	IT9	IT10	IT11	IT12	IT13	IT14	IT15	IT16	IT17	IT18
大于	至	μm											mm						
—	3	0.8	1.2	2	3	4	6	10	14	25	40	60	0.1	0.14	0.25	0.4	0.6	1	1.4
3	6	1	1.5	2.5	4	5	8	12	18	30	48	75	0.12	0.18	0.3	0.45	0.75	1.2	1.8
6	10	1	1.5	2.5	4	6	9	15	22	36	58	90	0.15	0.22	0.36	0.58	0.9	1.5	2.2
10	18	1.2	2	3	5	8	11	18	27	43	70	110	0.18	0.27	0.43	0.7	1.1	1.8	2.7
18	30	1.5	2.5	4	6	9	13	21	33	52	84	130	0.21	0.33	0.52	0.84	1.3	2.1	3.3
30	50	1.5	2.5	4	7	11	16	2.5	39	62	100	160	0.25	0.39	0.62	1	1.6	2.5	3.9
50	80	2	3	5	8	13	19	30	46	74	120	190	0.3	0.46	0.74	1.2	1.9	3	4.6
80	120	2.5	4	6	10	15	22	35	54	87	140	220	0.35	0.54	0.87	1.4	2.2	3.5	5.4
120	180	3.5	5	8	12	18	25	40	63	100	160	250	0.4	0.63	1	1.6	2.5	4	6.3
180	250	4.5	7	10	14	20	29	46	72	115	185	290	0.46	0.72	1.15	1.85	2.6	4.6	7.2
250	315	6	8	12	16	23	32	52	81	130	210	320	0.52	0.81	1.3	2.1	3.2	5.2	8.1
315	400	7	9	13	18	25	36	57	89	140	230	360	0.57	0.89	1.4	2.3	3.6	5.7	8.9
400	500	8	10	15	20	27	40	63	97	155	250	400	0.63	0.97	1.55	2.5	4	6.3	9.7

注：基本尺寸小于 1mm 时，无 IT14～IT18。

附录四 材料及热处理

附表 18 热处理方法及应用

名 称	说 明	应 用
退火	将钢材或钢件加热至适当温度，保温一段时间后，缓慢冷却，以获得接近平衡状态组织的热处理工艺	退火作为预备热处理，安排在铸造或锻造之后，粗加工之前，用以消除前一道工序所带带的缺陷，为随后的工序做准备
正火	将钢材或钢件加热到临界点 A_{c3} 或 A_{cm} 以上的适当温度保持一定时间后在空气中冷却，得到珠光体类组织的热处理工艺	改善低碳钢和低碳合金钢的切削加工性；作为普通结构零件或大型及形状复杂零件的最终热处理；作为中碳和低合金结构钢重要零件的预备热处理
淬火	将钢奥氏体化后以适当的冷却速度冷却，使工件在横截面内全部或一定的范围内发生马氏体等不稳定组织结构转变的热处理工艺	钢的淬火多半是为了获得马氏体，提高它的硬度和强度，例如各种工模具、滚动轴承的淬火，是为了获得马氏体以提高其硬度和耐磨性
回火	将经过淬火的工件加热到临界点 A_{c1} 以下的适当温度保持一定时间，随后用符合要求的方法冷却，以获得所需要的组织和性能的热处理工艺	低温回火（150～250℃）所得组织为回火马氏体。其目的是在保持淬火钢的高硬度和高耐磨性的前提下，降低其淬火内应力和脆性，以免使用时崩裂或过早损坏。它主要用于各种高碳的切削刃具，量具，冷冲模具，滚动轴承以及渗碳件等，回火后硬度一般为 58～64HRC；中温回火（350～500℃）所得组织为回火屈氏体。其目的是获得高的屈服强度，弹性极限和较高的韧性。因此，它主要用于各种弹簧和热作模具的处理，回火后硬度一般为 35～50HRC；高温回火（500～650℃）所得组织为回火索氏体。能获得强度、硬度和塑性、韧性都较好的综合力学性能。因此，广泛用于汽车，拖拉机，机床等的重要结构零件，如连杆、螺栓、齿轮及轴类。回火后硬度一般为 200～330HB
调质	将淬火加高温回火相结合的热处理称为调质处理	

续表

名　称	处　理　方　法	应　　用
表面淬火	用火焰或高频电流将零件表面迅速加热到临界温度以上，快速冷却	表层获得硬而耐磨的马氏体组织，而心部仍保持一定的韧性，使零件既耐磨又能成承受冲击，表面淬火常用来处理齿轮等
渗碳	向钢件表面渗入碳原子的过程	使零件表面具有高硬度和耐磨性，而心部仍保持一定的强度及较高的塑性、韧性，可用于汽车、拖拉机齿轮、套筒等
渗氮	向钢件表面渗入氮原子的过程	增加钢件的耐磨性、硬度、疲劳强度和耐蚀性，可用于模具、螺杆、齿轮、套筒等
氰化	氰化是向钢的表层同时渗入碳和氮的过程	目前以中温气体碳氮共渗和低温气体碳氮共渗(即气体软氮化)应用较为广泛。中温气体碳氮共渗的主要目的是提高钢的硬度、耐磨性和疲劳强度。低温气体碳氮共渗以渗氮为主，其主要目的是提高钢的耐磨性和抗咬合性
时效	低温回火后，精加工之前，加热到100～160℃，保持10～40h。对铸件也可天然时效	使工件消除内应力和稳定尺寸，用于量具、精密丝杠、床身导轨等
发蓝发黑	将金属零件放在很浓的碱和氧化剂溶液中加热氧化，使金属表面形成一层氧化铁所组成的保护性薄膜	能耐蚀，美观。用于一般连接的标准件和其他电子类零件
HB (布氏硬度)	硬度指金属材料抵抗外物压入其表面的能力，也是衡量金属材料软硬程度的一种力学性能指标	用于退火、正火、调质的零件及铸件的硬度检验。优点：测量结果准确，缺点：压痕大，不适合成品检验
HRC (洛氏硬度)		用于经淬火、回火及表面渗碳、渗氮等处理的零件的硬度检验。优点：测量迅速简便，压痕小，可在成品零件上检测
HV (维氏硬度)		维氏硬度试验所用载荷小，压痕深度浅，适用于测量零件薄的表面硬化层的硬度。试验载荷可任意选择，故可测硬度范围宽，工作效率较低

附表 19　常用的金属材料与非金属材料

名　　称		牌　号	说　　明	应　用　举　例
黑色金属	灰铸铁 (GB/T 9439—2010)	HT150	HT——“灰铁”代号 150——抗拉强度，MPa	用于制造端盖、带轮、轴承座、阀壳、管子及管子附件、机床底座、工作台等
		HT200		用于制造较重要铸件，如汽缸、齿轮、机器、飞机、床身、阀壳、衬筒等
	球墨铸铁 (GB/T 1438—2009)	QT450—10 QT500—7	QT——“球铁”代号 450——抗拉强度，MPa 10——伸长率，%	具有较高的强度和塑性。广泛用于机械制造业中受磨损和受冲击的零件，如曲轴、汽缸套、活塞环、摩擦片、中低压阀门、千斤顶座等
	铸钢 (GB/T 11352—2009)	ZG200—400 ZG270—500	ZG——“铸钢”代号 200——屈服强度，MPa 400——抗拉强度，MPa	用于制造各种形状的零件，如机座、变速箱座、飞轮、重负荷机座、水压机工作缸等
	碳素结构钢 (GB/T 700—2006)	Q216—A Q235—A	Q——“屈”字代号 215——屈服点数值，MPa A——质量等级	有较高的强度和硬度，易焊接，是一般机械上的主要材料。用于制造垫圈、铆钉、轻载齿轮、键、拉杆、螺栓、螺母、轮轴等

续表

名称		牌号	说明	应用举例
黑色金属	优质碳素结构钢(GB/T 699—2015)	15	15——平均含碳量(万分之几)	塑性、韧性、焊接性和冷冲性能均良好，但强度较低，用于制造螺钉、螺母、法兰盘及化工储器等
		35		用于制造强度要求较高的零件，如汽轮机叶轮、机床主轴、花键轴等
		15Mn 65Mn	15——平均含碳量(万分之几) Mn——含锰量较高	其性能与15钢相似，但其塑性、强度比15钢高
				强度高，适宜制作大尺寸的各种扁、圆弹簧
	低合金结构钢(GB/T 1591—2008)	15MnV	15——平均含碳量(万分之几) Mn——含锰量较高 V——合金元素钒	用于制造高中压石油化工容器、桥梁、船舶、起重机等
		16Mn		用于制造车辆、管道、大型容器、低温压力容器、重型机械等
有色金属	普通黄铜(GB/T 5232—2001)	H96	H——"黄"铜的代号 96——基体元素铜的含量	用于制造导管、冷凝管、散热器管、散热片等
		H59		用于制造一般机器零件、焊接件、热冲及热轧零件等
	铸造锡青铜(GB/T 1176—2013)	ZCuSn10Zn2	Z——"铸"造代号 Cu——基体金属铜元素符号 Sn10——锡元素符号及名义含量，%	制造在中等及较高载荷下工作的重要管件，以及阀、旋塞、泵体、齿轮、叶轮等
	铸造铝合金(GB/T 1173—2013)	ZAlSi5Cu1Mg	Z——"铸"造代号 Al——基体元素铝元素符号 Si5——硅元素符号及名义含量，%	用于制造水冷发动机的汽缸体、汽缸头、汽缸盖、空冷发动机头和发动机曲轴箱等
非金属	耐油橡胶板(GB/T 5574)	3707 3807	37,38——顺序号 07——扯断强度，kPa	硬度较高，可在温度为－30～＋100℃的机油、变压器油、汽油等介质中工作，适于冲制各种形状的垫圈
	耐热橡胶板(GB/T 5574—2008)	4708 4808	47,48——顺序号 08——扯断强度，kPa	硬度较高，具有耐热性能，可在温度为－30～＋100℃且压力不大的条件下于蒸汽、热空气等介质中工作，用于冲制各种垫圈和垫板
	油浸石棉盘根(JC/T 1019—2006)	YS350 YS250	YS——"油石"代号 350——适用的最高温度	用于回转轴、活塞或阀门杆上做密封材料，介质为蒸汽、空气、工业用水、重质石油等
	橡胶石棉盘根(JC/T 1019—2006)	XS550 XS350	XS——"橡石"代号 550——适用的最高温度	用于蒸汽机、往复泵的活塞和阀门杆上做密封材料
	聚四氟乙烯(PTFE)			主要用于耐蚀、耐高温的密封元件，如填料、衬垫、胀圈、阀座，也用于制作输送腐蚀介质的高温管路、耐蚀衬里、容器的密封圈等

附表 20　钢管　　mm

低压流体输送用焊接钢管(摘自 GB/T 3091—2008)							
公称口径	外径	普通管壁厚	加厚管壁厚	公称口径	外径	普通管壁厚	加厚管壁厚
6	10.0	2.00	2.50	40	48.0	3.50	4.25
8	13.5	2.25	2.75	50	60.0	3.50	4.50
10	17.0	2.25	2.75	65	75.5	3.75	4.50
15	21.3	2.75	3.25	80	88.5	4.00	4.75
20	26.8	2.75	3.50	100	114.0	4. 00	5.00
25	33.5	3.25	4.00	125	140.0	4.00	5.50
32	42.3	3.25	4.00	150	165.0	4.50	5.50

低、中压锅炉用钢管(摘自 GB 3087—2008)															
外径	壁厚	外径	壁厚	外径	壁厚	外径	壁厚	外径	壁厚	外径	壁厚	外径	壁厚	外径	壁厚
10	1.5～2.5	19	2～3	30	2.5～4	45	2.5～5	70	3～6	114	4～12	194	4.5～26	426	11～26
12	1.5～2.5	20	2～3	32	2.5～4	48	2.5～5	76	3.5～8	121	4～12	219	6～26	—	—
14	2～3	22	2～4	35	2.5～4	51	2.5～5	83	3.5～8	127	4～12	245	6～26	—	—
16	2～3	24	2～4	38	2.5～4	57	3～5	89	4～8	133	4～18	273	7～26	—	—
17	2～3	25	2～4	40	2.5～4	60	3～5	102	4～12	159	4.5～26	325	8～26	—	—
18	2～3	29	2.5～4	42	2.5～5	63.5	3～5	108	4～12	168	4.5～26	377	10～26	—	—
壁厚尺寸系列	1.5,22.5,3,3.5,4,4.5,5,6,7,8,9,10,11,12,13,14,15,16,17,18,19,20,21,22,23,24,25,26														

高压锅炉用无缝钢管(摘自 GB 5310—2008)															
外径	壁厚	外径	壁厚	外径	壁厚	外径	壁厚	外径	壁厚	外径	壁厚	外径	壁厚	外径	壁厚
22	2～3.2	42	2.8～6	76	3.5～19	121	5～26	194	7～45	325	13～60	480	14～70	—	—
25	2～3.5	48	2.8～7	83	4～20	133	5～32	219	7.5～50	351	13～60	500	17～70	—	—
28	2.5～3.5	51	2.8～9	89	4～20	146	6～36	245	9～50	377	13～70	530	14～70	—	—
32	2.8～5	57	3.5～12	102	4.5～22	159	6～36	273	9～50	426	14～70	—	—	—	—
38	2.8～5.5	60	3.5～12	108	4.5～26	168	6.5～40	299	9～60	450	14～70	—	—	—	—
壁厚尺寸系列	2,2.5,2.8,3,3.2,3.5,4,4.5,5,5.5,6,(6.5),7,(7.5),8,9,10,11,12,13,14,(15),16,(17),18,(19),20,22,(24),25,26,28,30,32,(34),36,38,40,(42),45,(48),50,56,60,63,(65),70														

注：1. 括号内的尺寸不推荐使用。

2. GB/T 3091 适用于常压容器，但用作工业用水及煤气输送等用途时，可用于≤0. 6MPa 的场合。

3. GB 3087 用于设计压力≤10MPa 的受压元件，GB 5310 用于设计压力≥10MPa 的受压元件。

附录五　化工设备标准零部件

附表 21　内压筒体壁厚（经验数据）

<table>
<tr><th rowspan="3">材料</th><th rowspan="3">工作压力/MPa</th><th colspan="29">公称直径/mm</th></tr>
<tr><th>300</th><th>(350)</th><th>400</th><th>(450)</th><th>500</th><th>(550)</th><th>600</th><th>(650)</th><th>700</th><th>800</th><th>900</th><th>1000</th><th>(1100)</th><th>1200</th><th>1300</th><th>1400</th><th>(1500)</th><th>1600</th><th>(1700)</th><th>1800</th><th>(1900)</th><th>2000</th><th>(2100)</th><th>2200</th><th>(2300)</th><th>2400</th><th>2600</th><th>2800</th><th>3000</th></tr>
<tr><th colspan="29">筒体壁厚/mm</th></tr>
<tr><td rowspan="5">Q235-A
Q235-A・F</td><td>≤0.3</td><td rowspan="4">3</td><td rowspan="3">3</td><td rowspan="3">3</td><td rowspan="3">3</td><td rowspan="2">3</td><td rowspan="2">3</td><td rowspan="2">3</td><td rowspan="3">4</td><td rowspan="3">4</td><td rowspan="2">4</td><td rowspan="2">4</td><td rowspan="3">5</td><td rowspan="3">5</td><td rowspan="3">5</td><td rowspan="2">5</td><td rowspan="2">5</td><td rowspan="2">5</td><td rowspan="2">5</td><td rowspan="2">5</td><td rowspan="2">6</td><td rowspan="2">6</td><td rowspan="2">6</td><td rowspan="2">6</td><td rowspan="2">6</td><td rowspan="2">6</td><td rowspan="2">6</td><td rowspan="2">8</td><td rowspan="2">8</td><td rowspan="2">8</td></tr>
<tr><td>≤0.4</td></tr>
<tr><td>≤0.6</td><td>4</td><td>4</td><td>4</td><td>4.5</td><td>4.5</td><td>6</td><td>6</td><td>6</td><td>6</td><td>8</td><td>8</td><td>8</td><td>8</td><td>8</td><td>8</td><td>10</td><td>10</td><td>10</td><td>10</td><td>10</td></tr>
<tr><td>≤1.0</td><td>4</td><td>4</td><td>4.5</td><td>4.5</td><td>5</td><td>6</td><td>6</td><td>6</td><td>6</td><td>6</td><td>8</td><td>8</td><td>8</td><td>8</td><td>10</td><td>10</td><td>10</td><td>10</td><td>12</td><td>12</td><td>12</td><td>12</td><td>12</td><td>14</td><td>14</td><td>14</td><td>16</td><td>16</td></tr>
<tr><td>≤1.6</td><td>4.5</td><td>5</td><td>6</td><td>6</td><td>8</td><td>8</td><td>8</td><td>8</td><td>8</td><td>8</td><td>10</td><td>10</td><td>10</td><td>12</td><td>12</td><td>12</td><td>14</td><td>14</td><td>16</td><td>16</td><td>16</td><td>18</td><td>18</td><td>18</td><td>20</td><td>20</td><td>22</td><td>24</td><td>24</td></tr>
</table>

续表

材料	工作压力/MPa	公称直径/mm 300	(350)	400	(450)	500	(550)	600	(650)	700	800	900	1000	(1100)	1200	1300	1400	(1500)	1600	(1700)	1800	(1900)	2000	(2100)	2200	(2300)	2400	2600	2800	3000
		筒体壁厚/mm																												
不锈钢	≤0.3	3	3	3	3	3	3	3	3	3	3	3	4	4	4	4	4	4	4	5	5	5	5	5	5	5	5	7	7	7
	≤0.4																										7			
	≤0.6														5	5	5	5	5	6	6	6	6	7	7	7	8	8	9	9
	≤1.0				4	4	4	4	5	5	5	5	6	6	6	7	7	8	8	9	9	10	10	12	12	12	12	14	14	16
	≤1.6	4	4	5	5	6	6	7	7	7	7	8	8	9	10	12	12	12	14	14	14	16	16	18	18	18	18	20	22	24

附表 22 椭圆形封头（摘自 GB/T 25198—2010） mm

以内径为公称直径的封头

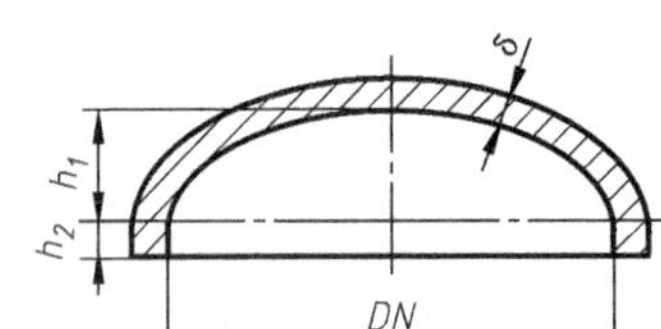

以外径为公称直径的封头

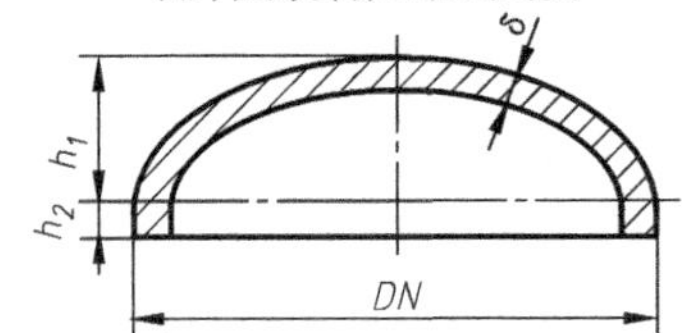

以内径为公称直径的封头

公称直径（DN）	曲面高度（h_1）	直边高度（h_2）	厚度（δ）	公称直径（DN）	曲面高度（h_1）	直边高度（h_2）	厚度（δ）
300	75	25	4～8	750	188	25	4～8
350	88					40	10～18
400	100	25	4～8			50	20～26
		40	10～16	800	200	25	4～8
450	112	25	4～8			40	10～18
		40	10～18			50	20～26
500	125	25	4～8	900	225	25	4～8
		40	10～18			40	10～18
		50	20			50	20～28
550	137	25	4～8	1000	250	25	4～8
		40	10～18			40	10～18
		50	20～22			50	20～30
600	150	25	4～8	1100	275	25	6～8
		40	10～18			40	10～18
		50	20～24			50	20～24
650	162	25	4～8	1200	300	25	6～8
		40	10～18			40	10～18
		50	20～24			50	20～34
700	175	25	4～8	1300	325	25	6～8
		40	10～18			40	10～18
		50	20～24			50	20～24

续表

公称直径（DN）	曲面高度（h_1）	直边高度（h_2）	厚度（δ）	公称直径（DN）	曲面高度（h_1）	直边高度（h_2）	厚度（δ）
1400	350	25	6～8	1800	450	25	8
		40	10～18			40	10～18
		50	20～38			50	20～50
1500	375	25	6～8	1900	475	25	8
		40	10～18			40	10～18
		50	20～24	2000	500	25	8
1600	400	25	6～8			40	10～18
		40	10～18			50	20～50
		50	20～42	2100	525	40	10～14
1700	425	25	8	2200	550	25	8,9
		40	10～18			40	10～18
		50	20～24			50	20～50
以外径为公称直径的封头							
159	40	25	4～8	325	81	25	8
219	55					40	10～12
273	68	25	4～8	377	94	40	10～14
		40	10～12	426	106		

注：厚度 δ 系列 4～50 之间 2 进位。

附表 23　管口法兰及垫片　　mm

凸面板式平焊钢制管法兰
摘自(JB/T 81—2015)

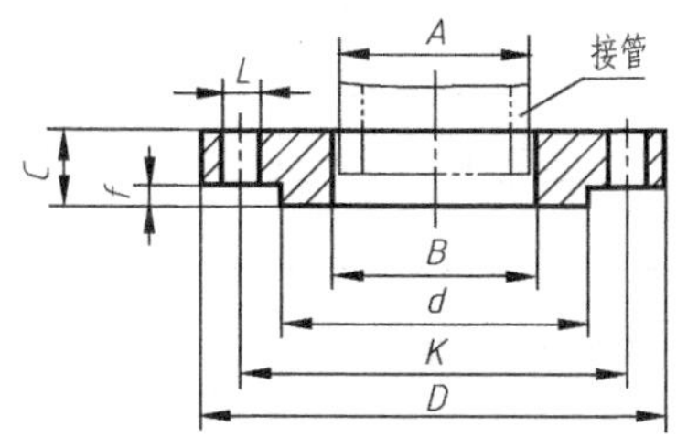

管路法兰用石棉橡胶垫片
摘自(JB/T 87—2015)

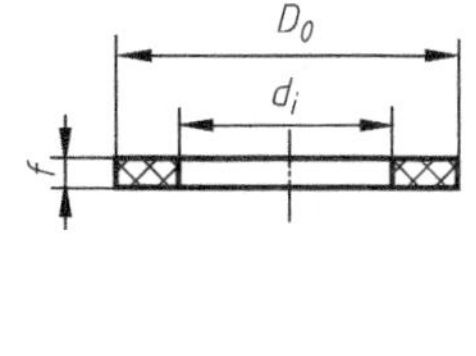

凸面板式平焊钢制管法兰/mm

PN/MPa	公称通径(DN)	10	15	20	25	32	40	50	65	80	100	120	150	200	250	300
直径/mm																
0.25 0.6 1.0 1.6	管子外径(A)	14	18	25	32	38	45	57	73	89	108	133	159	219	273	325
	法兰内径(B)	15	19	26	33	39	46	59	75	91	110	135	161	222	276	328
	密封面厚度(f)	2	2	2	2	2	3	3	3	3	3	3	3	3	3	4
0.25 0.6	法兰外径(D)	75	80	90	100	120	130	140	160	190	210	240	265	320	375	440
	螺栓中心直径(K)	50	55	65	75	90	100	110	130	150	170	200	225	280	335	395
	密封面直径(d)	32	40	50	60	70	80	90	110	125	145	175	200	255	310	362

续表

PN/MPa	公称通径 *DN*	10	15	20	25	32	40	50	65	80	100	120	150	200	250	300
1.0	法兰外径(D)	90	95	105	115	140	150	165	185	200	220	250	285	340	395	445
	螺栓中心直径(K)	60	65	75	85	100	110	125	145	460	480	210	240	295	350	400
1.6	密封面直径(d)	40	45	55	65	78	85	100	120	135	155	185	210	265	320	368
厚度/mm																
0.25	法兰厚度(C)	10	10	12	12	12	12	12	14	14	14	14	16	18	22	22
0.6		12	12	14	14	16	16	16	16	18	18	20	20	22	24	24
1.0							18	18	20	20	22	24	24	24	26	28
1.6		14	14	16	18	18	20	22	24	24	26	28	28	30	32	32
螺 栓																
0.25,0.6	螺栓数量(n)	4	4	4	4	4	4	4	4	4	4	8	8	8	12	12
0.6										4	8			8		
1.6										8	8			12		
0.25 0.6	螺栓孔直径(L)	12	12	12	12	14	14	14	14	18	18	18	18	18	18	23
	螺栓规格	M10	M10	M10	M10	M12	M12	M12	M12	M16	M16	M16	M16	M16	M16	M20
1.0	螺栓孔直径(L)	14	14	14	14	18	18	18	18	18	18	18	23	23	23	23
	螺栓规格	M12	M12	M12	M12	M16	M16	M16	M16	M16	M16	M16	M20	M20	M20	M20
1.6	螺栓孔直径(L)	14	14	14	14	18	18	18	18	18	18	18	23	23	26	26
	螺栓规格	M12	M12	M12	M12	M16	M16	M16	M16	M16	M16	M16	M20	M20	M24	M24
管路法兰用石棉橡胶垫片																
0.25,0.6	垫片外径(D_0)	38	43	53	63	76	86	96	116	132	152	182	207	262	317	372
1.0		46	51	61	71	82	92	107	127	142	462	492	217	272	327	377
1.6															330	385
垫片内径(d_i)		14	18	25	32	38	45	57	76	89	108	133	159	219	273	325
垫片厚度(t)		2														

附表 24 设备法兰及垫片 mm

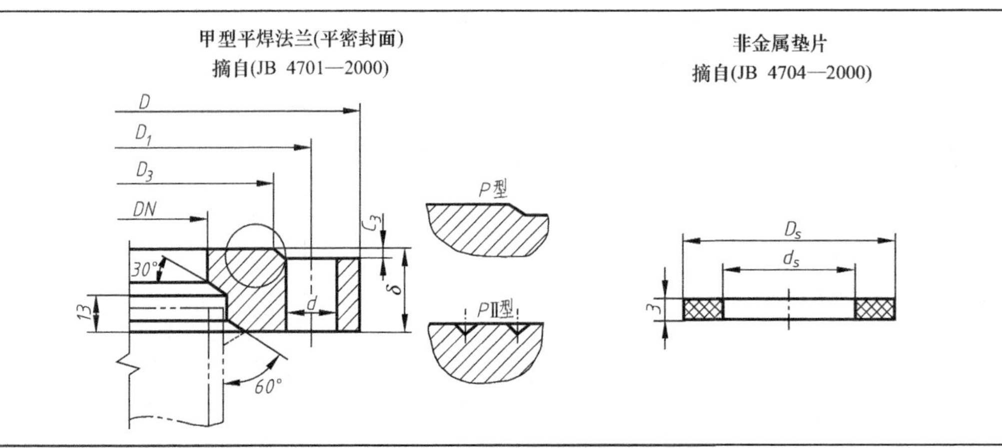

续表

公称直径	甲型平焊法兰					非金属垫片		螺柱	
(*DN*)	*D*	D_1	D_3	δ	*d*	D_5	d_5	规格	数量
*PN*0.25MPa									
700	815	780	740	36	18	739	703	M16	28
800	115	880	840	36		839	803		32
900	1015	980	940	40		939	903		36
1000	1030	1090	1045	40	23	1044	1004	M20	32
1200	1330	1290	1241	44		1240	1200		36
1400	1530	1490	1441	46		1440	1400		40
1600	1730	1690	1641	50		1640	1600		48
1800	1930	1890	1841	56		1840	1800		52
2000	2130	2090	2041	60		2040	2000		60
PN=0.6MPa									
500	615	580	540	30	18	539	503	M16	20
600	715	680	640	32		639	603		24
700	830	790	745	36	23	744	704	M20	24
800	930	890	845	40		844	804		24
900	1030	990	945	44		944	904		32
1000	1130	1090	1045	48		1044	1004		36
1200	1330	1290	1241	60		1240	1200		52
PN=1.0MPa									
300	415	380	340	26	18	339	303	M16	16
400	515	480	440	30		439	403		20
500	630	590	545	34	23	544	504	M20	20
600	730	690	645	40		644	604		24
700	830	790	745	46		744	704		32
800	930	890	845	54		844	804		40
900	1030	990	945	60		944	904		48
PN=1.6MPa									
300	430	390	345	30	23	344	304	M20	16
400	530	490	445	36		444	404		20
500	630	590	545	44		544	504		28
600	730	690	645	54		644	604		40

附表 25 人孔与手孔 mm

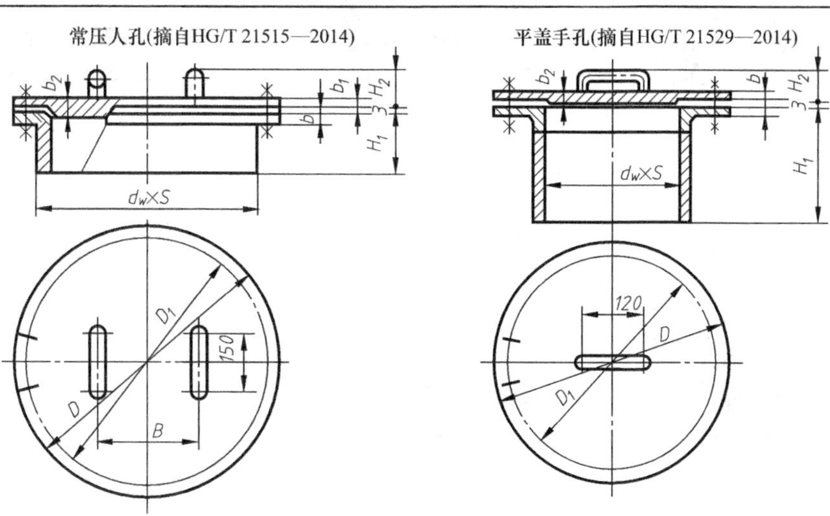

续表

公称压力/MPa	公称直径(DN)	$d_w \times S$	D	D_1	b	b_1	b_2	H_1	H_2	B	螺栓数量	螺栓规格
常压人孔												
常压	450	480×6	570	535	14	10	12	160	90	250	20	M16×50
	500	530×6	620	585						300		
	600	630×6	720	685	16	12	14	180	92		24	
平盖手孔												
1.0	150	159×45	280	240	24	16	18	160	82	—	8	M20×65
	250	273×8	390	350	26	18	20	190	84	—	12	M20×70
1.6	150	159×6	280	240	28	18	20	170	84	—	8	M20×70
	250	273×8	405	355	32	24	26	200	90	—	12	M22×85

注：表中带括号的公称直径尽量不采用。

附表 26　补强圈（摘自 JB/T 4736—2002）　mm

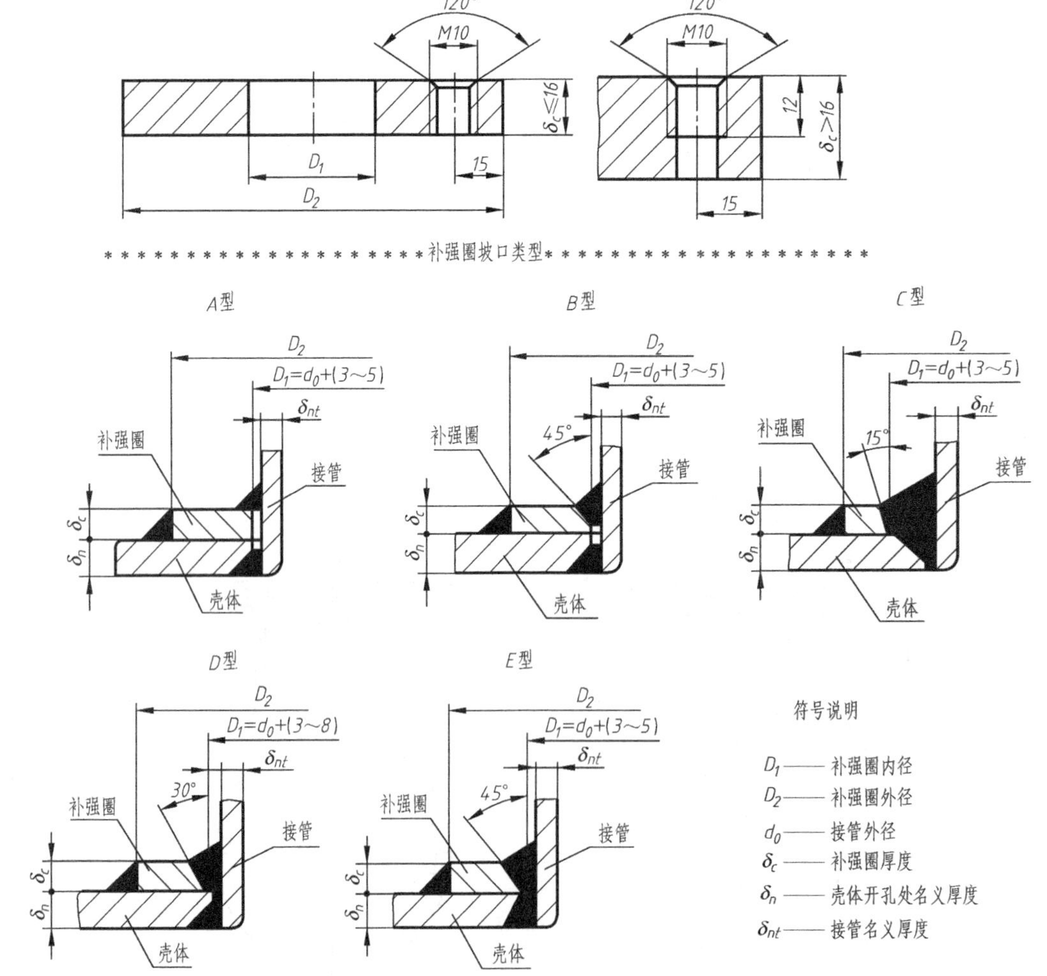

续表

接管公称直径（DN）	50	65	80	100	125	150	175	200	225	250	300	350	400	450	500	600
外径（D_2）	130	160	180	200	250	300	350	400	440	480	550	620	680	760	840	980
内径（D_1）	按补强圈坡口类型确定															
厚度系列（δ_c）	4,6,8,10,12,14,16,18,20,22,24,26,28															

附表 27　耳式支座（摘自 JB/T 4275—1992）　mm

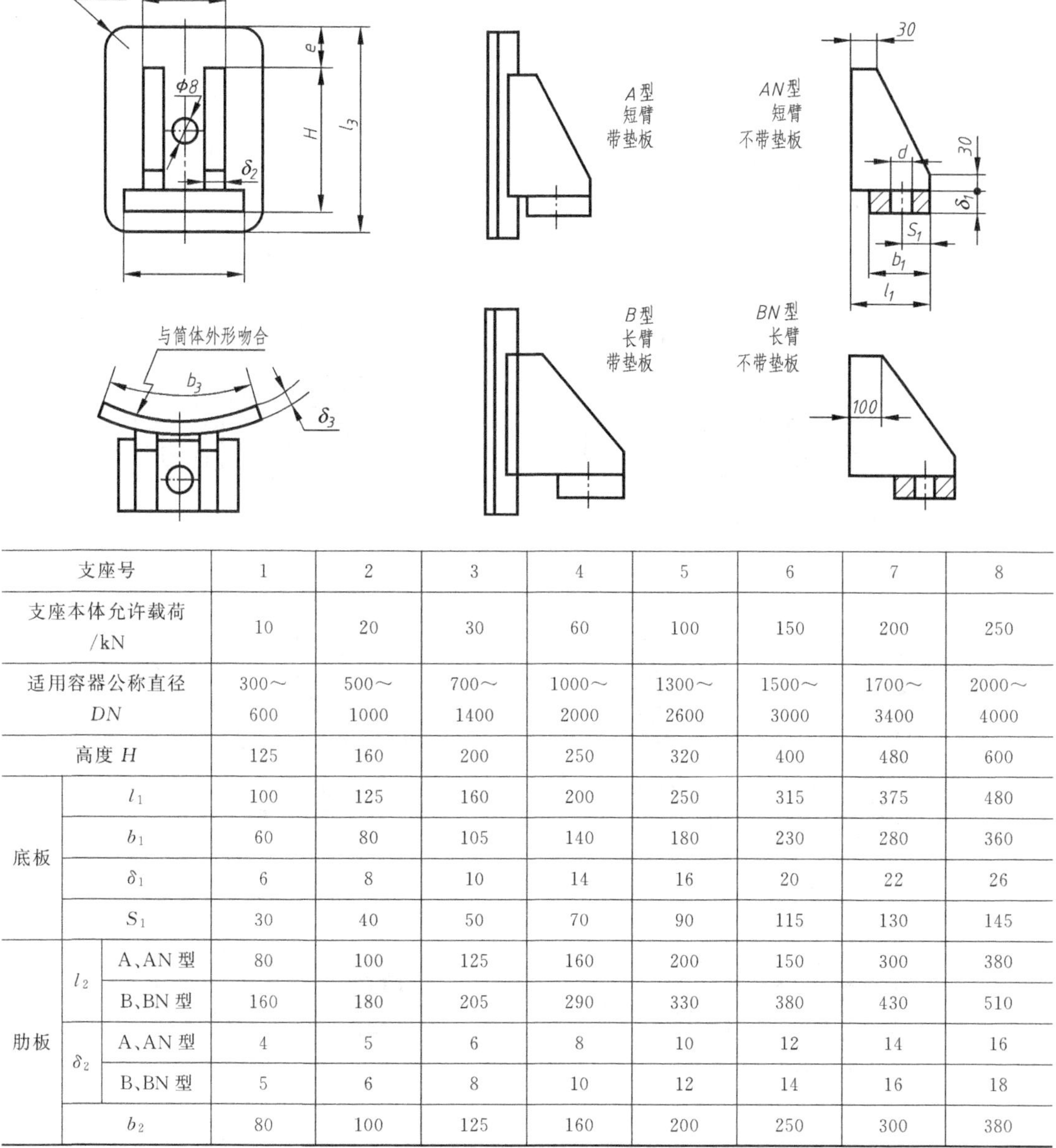

支座号			1	2	3	4	5	6	7	8
支座本体允许载荷/kN			10	20	30	60	100	150	200	250
适用容器公称直径 DN			300～600	500～1000	700～1400	1000～2000	1300～2600	1500～3000	1700～3400	2000～4000
高度 H			125	160	200	250	320	400	480	600
底板	l_1		100	125	160	200	250	315	375	480
	b_1		60	80	105	140	180	230	280	360
	δ_1		6	8	10	14	16	20	22	26
	S_1		30	40	50	70	90	115	130	145
肋板	l_2	A、AN 型	80	100	125	160	200	150	300	380
		B、BN 型	160	180	205	290	330	380	430	510
	δ_2	A、AN 型	4	5	6	8	10	12	14	16
		B、BN 型	5	6	8	10	12	14	16	18
	b_2		80	100	125	160	200	250	300	380

续表

支座号		1	2	3	4	5	6	7	8
垫板	l_3	160	200	250	315	400	500	600	720
	b_3	125	160	200	250	320	400	480	600
	δ_3	6	6	8	8	10	12	14	16
	e	20	24	30	40	48	60	70	72
地脚螺栓	d	24	24	30	30	30	36	36	36
	规格	M20	M20	M24	M24	M24	M30	M30	M30

附表 28 鞍式支座（摘自 JB/T 4712—2007） mm

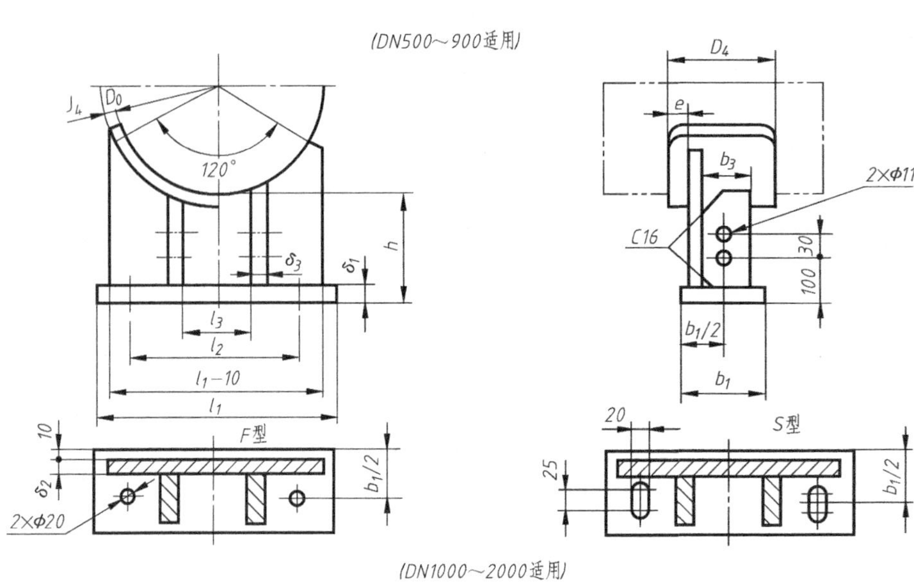

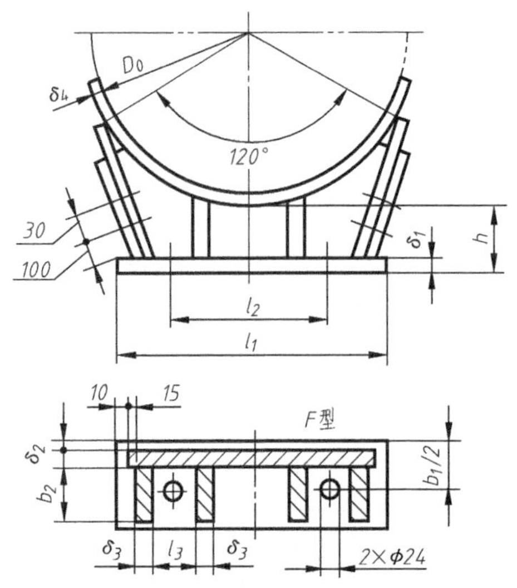

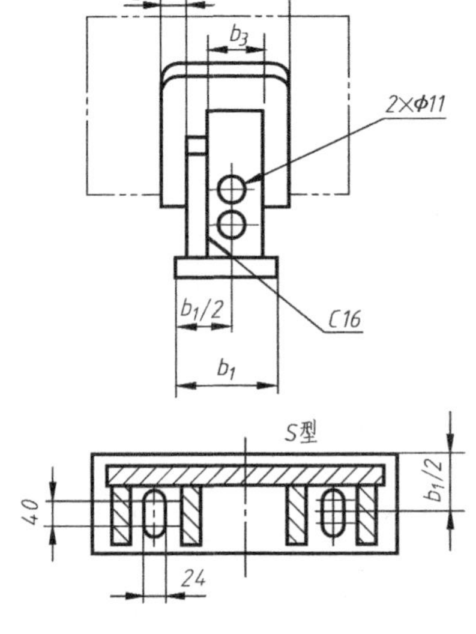

续表

型式特征	公称直径(DN)	鞍座高度(h)	底板			腹板 δ_2	肋板				垫板				螺栓间距 l_2
			l_1	b_1	δ_1		l_3	b_2	b_3	δ_3	弧长	b_4	δ_4	e	
DN500～900 120°包角 重型(BⅠ) 焊制、带垫板	500		460				250				590				330
	550		510				275				650				360
	600		550			8	300			8	710				400
	650	200	590	150	10		325		120		770	200	6	36	430
	700		640				350				830				460
	800		720			10	400			12	940				530
	900		810				450				1060				590
DN1000～2000 120°包角 重型(BⅠ) 焊制、带垫板	1000		760			8	170			8	1180				600
	1100		820				185				1290				660
	1200	200	880	170	12		200	140	180		1410	270	8		720
	1300		940			10	215			10	1520				780
	1400		1000				230				1640				840
	1500		1060				242				1760			40	900
	1600		1120	200		12	257	170	230		1870	320			960
	1700	250	1200		16		277			12	1990		10		1040
	1800		1280				296				2100				1120
	1900		1360	220		14	316	190	260		2220	350			1200
	2000		1420				331				2330				1260

附录六　化工工艺图上常用代号和图例

附表 29　管件与管路连接的表示法（摘自 HG/T 20519.4—2009）

名称	连接方式		
	螺纹或承插焊	对焊	法兰式
90°弯头	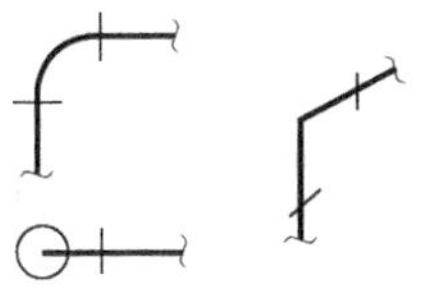	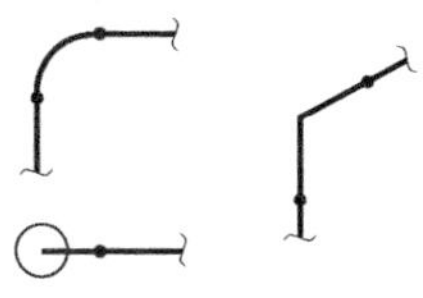	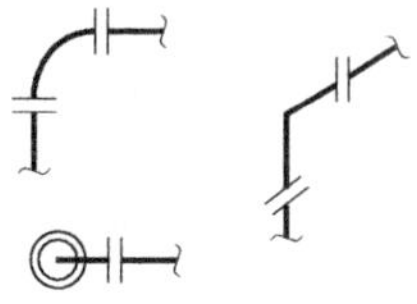
三通管	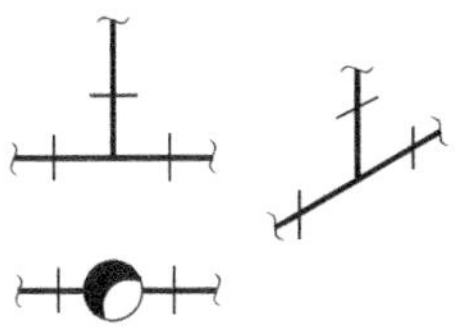	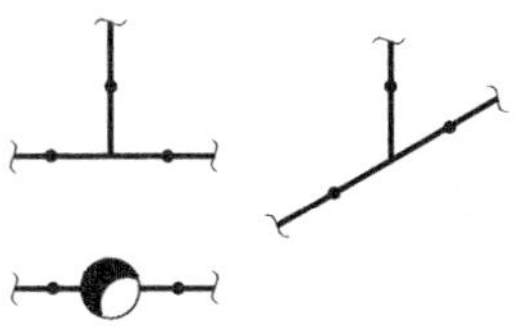	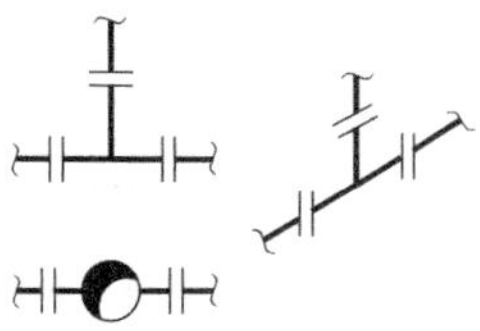

续表

名称	连接方式		
	螺纹或承插焊	对焊	法兰式
四通管	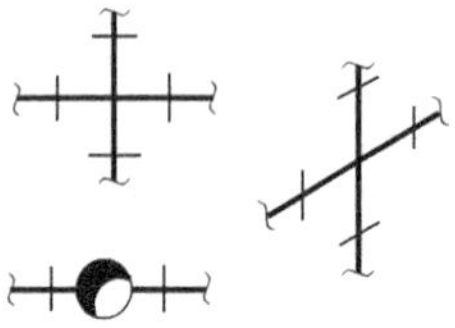	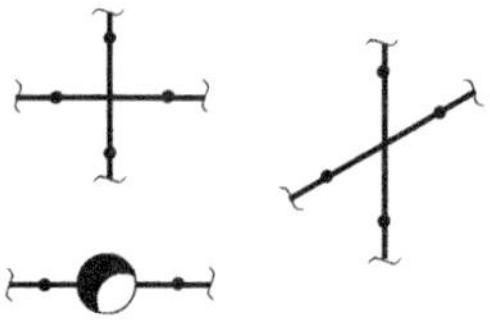	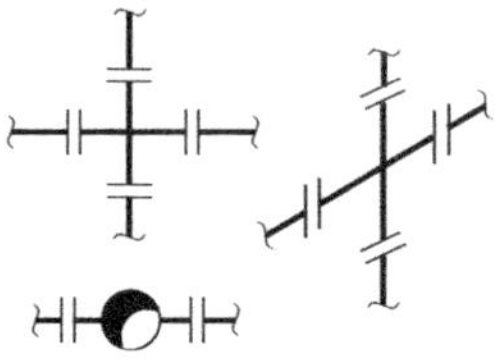
45°弯头	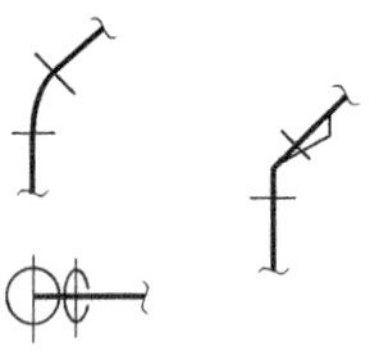	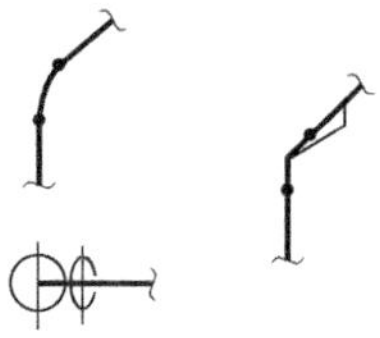	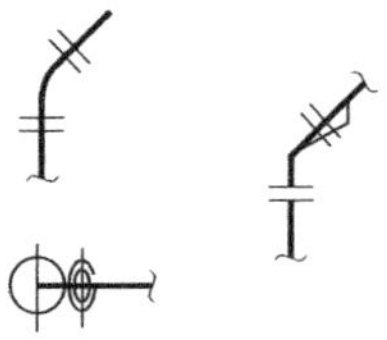
偏心异径管	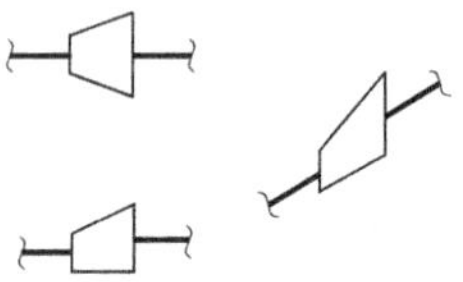	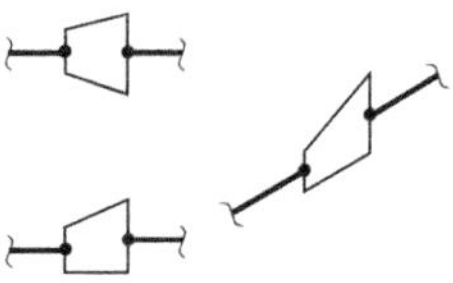	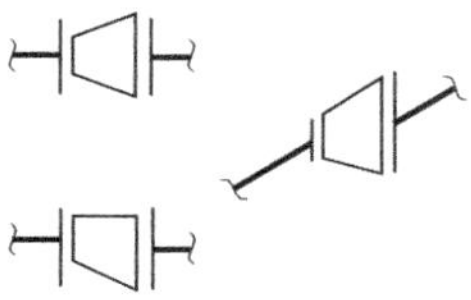
管帽	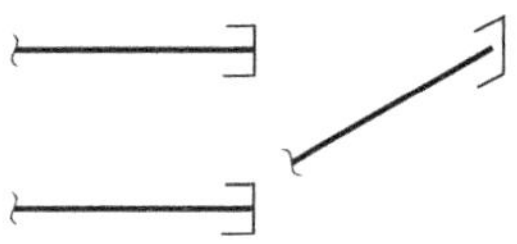	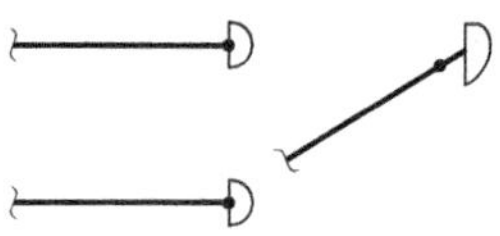	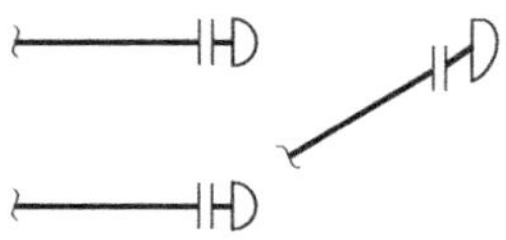

附表 30　管路及仪表流程图中设备、机器图例（摘自 HG/T 20519.2—2009）

设备类型及代号	图　例	设备类型及代号	图　例
塔（T）	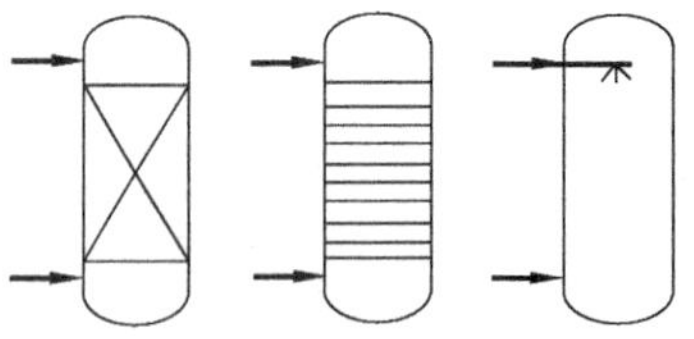 填料塔　板式塔　喷洒塔	泵（P）	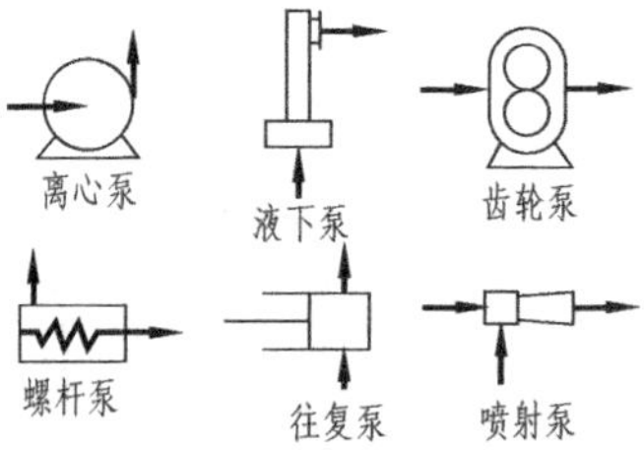 离心泵　液下泵　齿轮泵　螺杆泵　往复泵　喷射泵
工业炉（F）	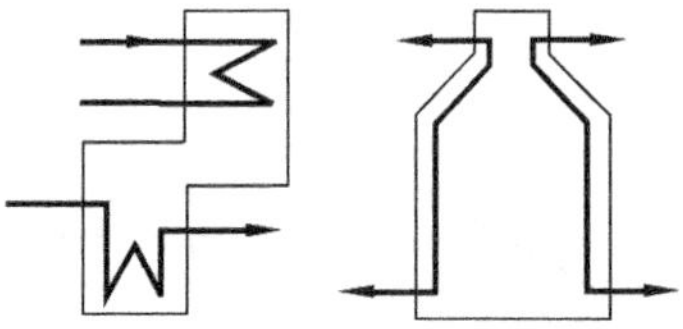 箱式炉　圆筒炉	火炬烟囱（S）	 火炬　烟囱

续表

设备类型及代号	图　　例	设备类型及代号	图　　例
容器（V）	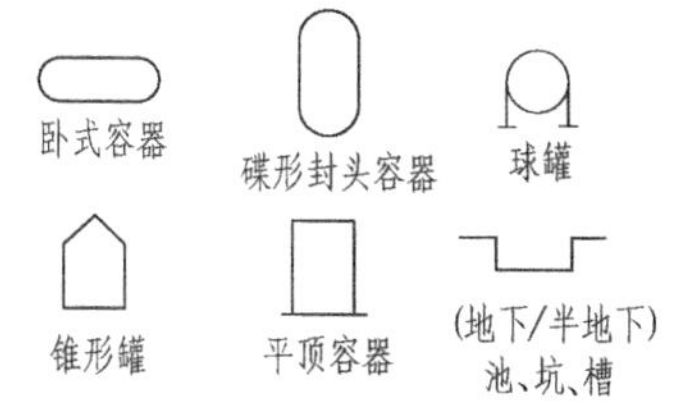 卧式容器　碟形封头容器　球罐　锥形罐　平顶容器　(地下/半地下)池、坑、槽	换热器（E）	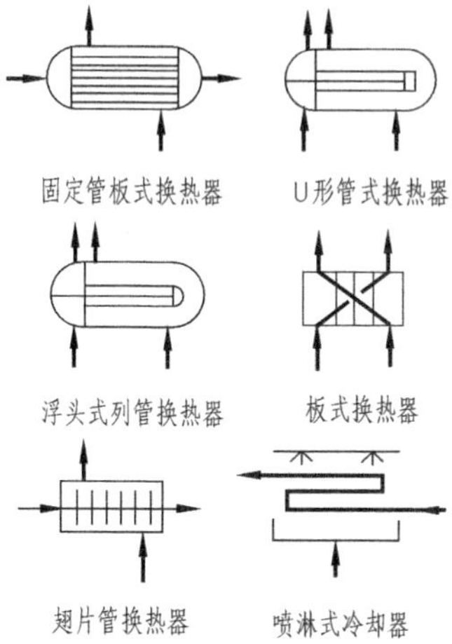 固定管板式换热器　U形管式换热器　浮头式列管换热器　板式换热器　翅片管换热器　喷淋式冷却器
压缩机（C）	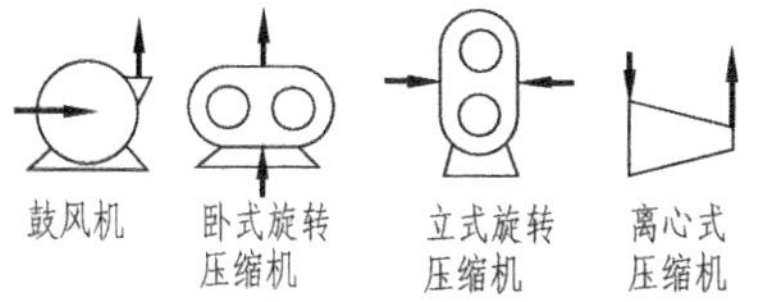 鼓风机　卧式旋转压缩机　立式旋转压缩机　离心式压缩机		
反应器（R）	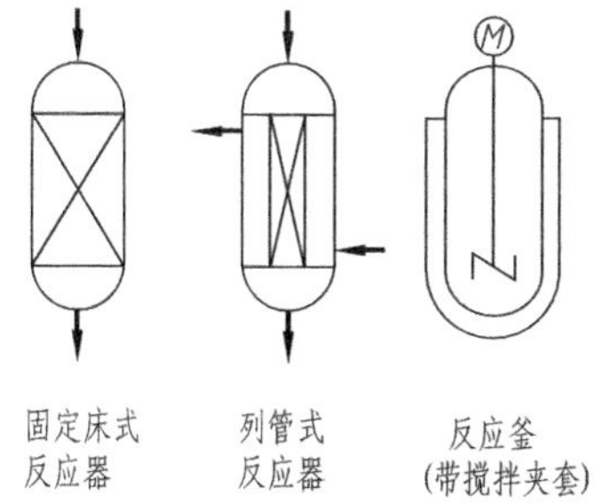 固定床式反应器　列管式反应器　反应釜(带搅拌夹套)	其他机械（M）	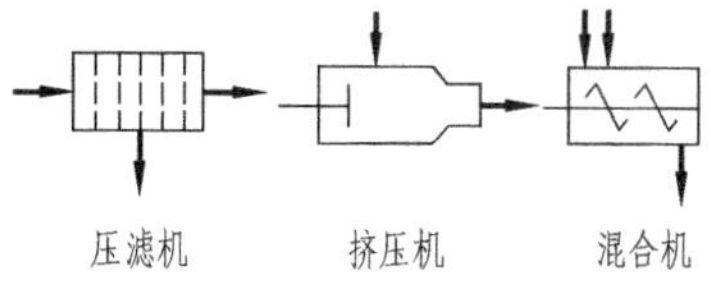 压滤机　挤压机　混合机
		动力机（M、E、S、D）	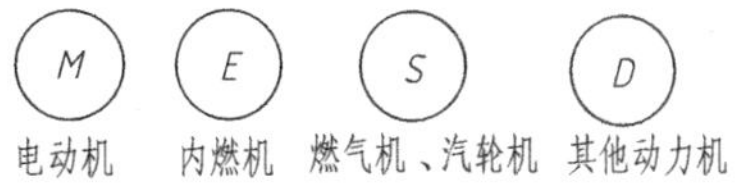 电动机　内燃机　燃气机、汽轮机　其他动力机

参考文献

[1] 严竹生，王成华. 化工制图. 北京：化学工业出版社，2010.

[2] 易慧君，范书果. 机械制图. 第2版：上海：上海科学技术出版社，2015.

[3] 姚茂河. 机械制图. 北京：高等教育出版社，2009.

[4] 尚久名. 工程制图. 第2版. 北京：中国建筑工业出版社，2010.

[5] 李广慧，萧时诚. 工程制图基础. 上海：上海科学技术出版社，2010.

[6] 胡建生. 工程制图. 北京：化学工业出版社，2010.